AF320108

PIERRE VARIGNON PROFESSEVR ROYAL DE MATHEMATIQVES,
ET MEMBRE DES ACADEMIES ROYALES DES SCIENCES DE FRANCE D'ANGLETERRE,
ET DE PRUSSE, NÉ Á CAEN L'AN 1654, MORT A PARIS LE 22 DEC. 1722.
Geo: Vertue Londini Sculp. 1725

# NOUVELLE MECANIQUE

## OU

# STATIQUE,

## DONT LE PROJET FUT DONNÉ

### EN M. DC. LXXXVII.

*Ouvrage posthume de* **M. VARIGNON**, *des Académies Royales des Sciences de France, d'Angleterre & de Prusse, Lecteur du Roy en Philosophie au College Royal, & Professeur des Mathématiques au College Mazarin.*

## TOME PREMIER.

**A PARIS,**

Chez **Claude Jombert**, ruë S. Jacques, au coin de la ruë des Mathurins, à l'Image Notre-Dame.

---

## M. DCC. XXV.

*Avec Approbation & Privilege du Roy.*

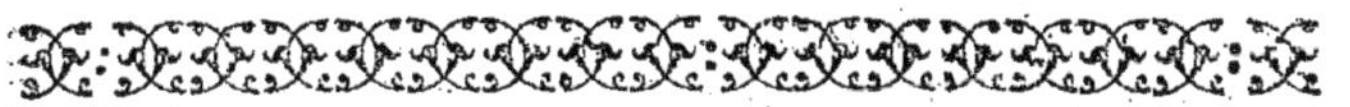

# AVERTISSEMENT.

DEs que M. *Varignon* eut découvert que les mouvemens compofez expliquoient avec une grande facilité l'emploi des forces dans les Machines ; qu'ils donnoient exactement les rapports de ces forces, felon quelque direction qu'on les y fuppofât placées, avantage qui manquoit aux méthodes que l'on avoit fuivies avant lui : il s'attacha à en faire l'application aux Machines fimples ; & en 1685. dans l'*Hiftoire de la République des Lettres*, il donna un Memoire fur les Poulies à moufles, dans lequel il fe fervoit des mouvemens compofez pour déterminer tout ce que l'on peut defirer fur cette efpece de Machine.

En 1687. il publia fon *Projet d'une Nouvelle Mécanique*. Cet Ouvrage entierement fondé fur la compofition des mouvemens, ne contenoit de principes que ce qu'il en falloit à ceux qui poffedoient déja cette Science. Auffi ne le rendoit-il public que pour fçavoir le fentiment des Géométres fur ce nouveau Syftême. Le jugement qu'ils en ont porté, l'a engagé à en faire un Traité complet de Mécanique, qui fervît à apprendre cette Science à fonds. Il y travailloit encore lorfqu'il eft mort. Il ne lui reftoit qu'à mettre dans l'ordre qui convenoit à tout l'ouvrage, les Problêmes qui en devoient être la derniere partie.

M. *de Fontenelle* à qui M. *Varignon* a légué fes papiers, a remis ce Traité à M. *de Beaufort* de l'Aca-

ã ij

démie Royale des Sciences, qui s'eſt chargé du
ſoin de l'Edition avec M. l'Abbé *Camus*. Tout eſt
ici tel que l'Auteur l'a laiſſé. Il n'y a que les Problêmes, qui étant demeurez ſans ordre, ont été
arrangez comme on a pû juger qu'ils l'euſſent été
par M. *Varignon* lui-même.

On a ajoûté deux petits Traitez qui dépendent
de la Mécanique, & qui étoient dignes d'être conſer-
vez. Le premier regarde la Machine ſans frottemens, dont parle M. *Perrault* dans ſon *Commentaire
ſur Vitruve*. L'analyſe que M. *Varignon* en fait, indi-
quera la maniere dont on doit juger des autres
Machines, en y appliquant la méthode des mouvemens compoſez.

Le ſecond Traité eſt l'Examen de l'opinion de
M. *Borelli* ſur les Poids ſuſpendus à des cordes; on le
donne comme M. *Varignon* l'avoit mis à la ſuite de
ſon Projet de Mécanique; à cela prés que quelques-
unes des propoſitions de cet Examen ſe trouvant
déja dans le corps de l'Ouvrage, on s'eſt contenté
de les citer.

On a crû devoir conſerver l'Epitre Dedicatoire à
Meſſieurs de l'Académie Royale des Sciences, & la
Préface qui étoient à la tête du Projet de cette Mécanique, l'Auteur n'en ayant point compoſé d'autres : enfin on y a joint l'Eloge de ce grand Géométre par le Secretaire de l'Académie.

Dans la ſuite on donnera au Public tout ce que
l'on trouvera de M. *Varignon* en état de lui être donné. On commencera par ſon commerce de Lettres
avec les plus fameux Mathématiciens de l'Europe.

# A MESSIEURS

## DE

# L'ACADEMIE

## ROYALE

## DES SCIENCES.

ESSIEURS,

*Je n'ai pas crû devoir exposer au jugement du Public ce Projet d'une Nouvelle Mécanique, sans m'appuyer*

# EPITRE.

d'une auffi grande autorité que la vôtre, moi qui n'ai encore aucun nom dans les Lettres, & qui dois par confequent me défier de ces premiers mouvemens que l'amour des Sciences infpire à ceux qui commencent à s'y appliquer. Sans cela on pourroit juftement m'accufer de quelque temerité, d'avoir entrepris de découvrir dans cette matiere ce que tant de fçavans Auteurs n'ont pas découvert; & je craindrois de m'être laiffé tromper par ces illufions flateufes de la nouveauté, qui abufent d'ordinaire les hommes, lorfqu'ils fe piquent d'avoir des opinions particulieres. Je puis dire néanmoins, MESSIEURS, que ce n'eft pas l'ambition de me fignaler par des idées extraordinaires qui m'a pouffé à écrire ce petit Traité; c'eft un effai que j'ai voulu faire de mes forces pour être connu de vous, & pour vous donner occafion de m'encourager dans l'étude que j'ai embraffée. Si je n'ai pas tout ce qui eft neceffaire pour inftruire les autres, j'ai du moins toute la docilité qu'il faut pour être inftruit : je ne me flatte point auffi d'avoir établi des principes certains dans ce Projet, ni d'en pouvoir tirer des confequences infaillibles. Vous en jugerez mieux que perfonne, MESSIEURS, vous qui pénetrez fi avant dans les Sciences les plus relevées. On fçait que rien n'échappe à vos foins & à votre exactitude. La Nature fi avare aux autres de fes tréfors, & fi obftinée à fe cacher, n'a pû fe défendre contre la

# EPITRE.

pénétration de votre esprit, & contre la subtilité de vos
recherches : Vous en avez plus découvert en vingt ans,
qu'on n'avoit fait en plusieurs siecles. Vos Observations
Astronomiques ont dévoilé ( pour ainsi dire ) des Planettes
qui se déroboient à nos yeux ; vos mesures si précises
sur la terre, par rapport à celles que vous preniez en
même tems dans le Ciel, ont rectifié mille erreurs de
nos anciens Géographes. La Physique vous doit ce
qu'elle a de plus curieux, soit dans la dissection du
Corps humain & des Animaux, soit dans la description
& dans l'analyse des Plantes, des Eaux & des
Mineraux. Que ne vous doivent point aussi les Mathématiques en général pour tant d'Ouvrages célebres
que vous avez mis au jour ? Enfin il n'y a point de
Science que vous n'ayez perfectionnée, & que vous
n'enrichissiez de tems en tems par vos travaux. Que
n'attend-t'on pas encore de vous, animez comme vous
êtes par les bienfaits d'un Grand Roy, qui veut rendre
son Regne aussi glorieux par les Sciences & par les
Arts, qu'il l'est déja par ses prodigieuses Conquêtes, &
ses héroïques actions ? A quoi ne devez-vous pas aspirer
vous-mêmes aujourd'hui sous la protection d'un Ministre
si sage & si vigilant, qui excite tout le monde par ses
ordres & par son exemple à illustrer & à célebrer
un Regne si plein de merveilles ? Souffrez donc,
MESSIEURS, s'il vous plaît, vous qui êtes comme

à la source de toutes les Sciences humaines, & à qui rien ne manque pour continuer vos recherches, & pour augmenter vos connoiffances, que j'ose vous offrir & mettre au jour ce que j'ai puisé dans cette source ; & qu'en essayant de vous suivre & de vous imiter, je puisse quelquefois profiter de vos lumieres, & vous assûrer que je suis avec une parfaite vénération,

MESSIEURS,

Votre très-humble & très-obéissant serviteur,

VARIGNON.

PREFACE.

# PREFACE.

L'ouverture du second Tome des Lettres de M. Defcartes, je tombai fur un endroit de la 24. où il dit que *c'eſt une choſe ridicule, que de vouloir employer la raiſon du Levier dans la Poulie.* Cette réflexion m'en fit faire une autre ; ſçavoir, s'il eſt plus raiſonnable de s'imaginer un Levier dans un poids qui eſt ſur un plan incliné, que dans une Poulie. Après y avoir penſé, il me ſembla que ces deux Machines étant pour le moins auſſi ſimples que le Levier, elles n'en devoient avoir aucune dépendance, & que ceux qui les y rapportoient, n'y étoient forcez, que parce que leurs principes n'avoient pas aſſez d'étenduë pour en pouvoir démontrer les proprietez indépendamment les unes des autres.

En effet en examinant ces principes un peu de près, il me parut qu'ils ne pouvoient ſervir tout au plus qu'à démontrer que *l'équilibre ſe trouve toûjours dans un Levier auquel ſont appliquez deux poids qui ſont entr'eux en raiſon reciproque des diſtances de leurs lignes de direction à ſon point d'appui;* encore n'étoit-ce qu'en ce cas : 1°. *Que ce Levier fût droit.* 2°. *Que ſon point d'appui fût entre les lignes de direction des poids qui y ſont appliquez.* 3°. *Que ces mêmes lignes*

*fuſſent paralleles entr'elles, & perpendiculaires à ce Levier.* Auſſi Guid-Ubalde, & les autres qui s'en tiennent à la démonſtration d'Archiméde, ont-ils été obligez de faire revenir de gré ou de force toutes ſortes de Machines à cette eſpece de Levier, & de réduire de même tous les autres cas à celui-ci.

C'eſt peut-être ce qui a porté M. Deſcartes & M. Wallis à prendre une autre route. Quoi qu'il en ſoit, ce n'a pas été ſans ſuccès; puiſque celle qu'ils ont ſuivie, conduit également à la connoiſſance des uſages de chacune de ces Machines, ſans être obligé de les faire dépendre l'une de l'autre; outre qu'elle a mené M. Wallis beaucoup plus loin qu'aucun Auteur, que je ſçache, n'eût encore été de ce côté-là.

La comparaiſon que je fis de ces deux ſortes de Principes, me fit ſentir que ceux d'Archiméde n'étoient ni ſi étendus, ni ſi convainquans que ceux de M. Deſcartes & de M. Wallis; mais je ne ſentis point que les uns ni les autres m'éclairaſſent beaucoup. J'en cherchai la raiſon, & ce défaut me parut venir de ce que ces Auteurs ſe ſont tous plus attachez à prouver la neceſſité de l'équilibre, qu'à montrer la maniere dont il ſe fait.

Ce fut ce qui me fit prendre le parti d'épier moi-même la nature, & d'eſſayer ſi en la ſuivant pas à pas, je ne pourrois point appercevoir comment elle s'y prend, pour faire que deux puiſſances, ſoit égales, ou inégales, demeurent en équilibre. Enfin je m'appliquai à chercher l'équilibre lui-même dans sa source, ou pour mieux dire, dans sa generation.

Le premier objet qui me vint à l'esprit, ce fut un poids qu'une puissance soûtient sur un plan incliné. D'abord je me le representai de telle figure que le concours de sa ligne de direction avec celle de cette puissance, se fit dans quelqu'un de ses points. De-là je vis aussi que leur concours d'action se faisant aussi par ce moyen dans ce seul point, il devenoit alors son centre de direction : de sorte que si ce plan eût manqué tout d'un coup, ce corps auroit necessairement suivi l'impression de ce point. Je cherchai ensuite quelle devoit être cette impression, & j'apperçûs que celles que faisoient sur ce point, & la pesanteur de ce poids, & la puissance qui le retenoit, étant les mêmes que s'il eût été poussé en même tems par deux forces qui leur eussent été égales, & qui eussent agi suivant leurs lignes de direction. J'apperçûs, dis-je, qu'il lui en résultoit une impression composée suivant une ligne qui étoit la diagonale d'un parallelogramme fait sous des parties de ces lignes de direction, qui étoient entr'elles comme ce poids & cette puissance. D'où je vis que l'impression de ce corps se faisoit alors suivant cette diagonale, qui devenoit en ce cas sa ligne de direction ; mais que ce plan lui étant perpendiculairement opposé, il la soûtenoit toute entiere ; ce qui faisoit que ce poids ainsi poussé par le concours d'action de fa pefanteur & de la puiffance qui lui étoit appliquée, demeuroit fur ce plan incliné de même que s'il eût été horifontal, & que cette impreffion compofée n'eût été qu'un effet de fa pefanteur.

De cette penfée j'en vis n'aître plufieurs autres, & je m'apperçûs, 1°. Que toute l'impreffion que ce plan recevoit alors de ce poids ainfi foûtenu par cette puiffance, fe faifoit fuivant cette diagonale. 2°. Que fa charge, c'eft-à-dire, la force de cette même impreffion, étoit à ce poids & à cette puiffance, comme cette même diagonale à chacun des côtez qui les repréfentent dans fon parallelogramme. 3°. Que ce poids & cette puiffance étoient toûjours entr'eux comme ces mêmes côtez, c'eft-à-dire, en raifon réciproque des finus des angles que font leurs lignes de direction avec cette diagonale, ou ( ce qui revient au même ) en raifon réciproque des diftances de quelque point que ce foit de cette diagonale à leurs lignes de direction. Je vis enfin prefque tout à la fois quantité de chofes toutes nouvelles, qu'on verra dans les Corollaires de la Propofition des Surfaces.

Aprés avoir ainfi trouvé la maniere dont l'équilibre fe fait fur des plans inclinez, je cherchai par le même chemin comment des poids foûtenus avec des cordes feulement, ou appliquez à des Poulies, ou bien à des Leviers, font équilibre entr'eux, ou avec les puiffances qui les foû-

tiennent ; & j'apperçûs de même que tout cela fe
faifoit encore par la voye des mouvemens compofez, & avec tant d'uniformité, que je ne pus
m'empêcher de croire que cette voye ne fût vé-
ritablement celle que fuit la nature dans le concours d'action de deux poids ou de deux puiffances, en faifant que leurs impreffions particulieres,
quelque proportion qu'elles ayent, fe confondent
en une feule, qui fe décharge toute entiere fur le
point où fe fait cet équilibre : de forte que la raifon
Phyfique des effets qu'on admire le plus dans les
Machines, me parut être juftement celle des mouvemens compofez.

Je me démontrai d'abord par cette méthode,
& fans le fecours d'aucune Machine, les proprietez des poids fufpendus avec des cordes, en quelque nombre qu'elles foient, & pour tous les angles poffibles qu'elles peuvent faire entr'elles. De-
là je paffai à une démonftration des Poulies, qui
comprend toutes les directions poffibles des puiffances ou des poids qui y font appliquez, foit que
le centre de ces Poulies demeure fixe, foit qu'on
le fuppofe mobile. Enfuite au lieu de la démonftration qu'on ne fait ordinairement que pour les
plans inclinez, j'en trouvai une qui s'étend géné-
ralement à toutes fortes de furfaces, & à toutes
les directions poffibles des puiffances ou des poids
qui y font appliquez. Enfin d'une feule démonftration je découvris les proprietez de toutes les efpeces de Leviers, de quelque figure, & dans quel-

que situation qu'ils soient, & pour toutes les directions possibles des puissances ou des poids qui
y sont appliquez.

Des vûës si étenduës me surprirent ; & l'éviden-
ce avec laquelle le détail de tout cela me paroif-
soit, indépendamment même du général, me
confirma encore dans l'opinion où j'étois, qu'il
faut entrer dans la génération de l'équilibre, pour
y voir en soi, & pour y reconnoître les proprietez
que tous les autres Principes ne prouvent tout au
plus que par nécessité de consequence.

Il y a encore un avantage dans la route que je
tiens, c'est qu'elle facilite extrêmement le calcul
des forces, tant des poids que des puissances, en
ce que leurs rapports y sont toûjours déterminez
immédiatement par les sinus des angles que font
leurs lignes de direction avec celle de l'impression
qui résulte de leur concours d'action, & que cette
méthode détermine pour le point où elles concourent. On y voit que lorsque deux puissances
ou deux poids, ou bien une puissance & un poids
font équilibre, soit avec des cordes seulement,
soit à l'aide de quelque Poulie, de quelque Surface, ou de quelque Levier que ce soit, ils sont
toûjours entr'eux en raison réciproque des sinus
de ces mêmes angles.

J'avois dessein d'expliquer avec cette méthode
les effets les plus surprenans & les plus difficiles des
Machines composées que l'on rencontre dans les
arts & dans la nature ; mais cela demandoit plus

de loisir, & même un plus grand nombre d'experiences que l'état de ma fortune ne me peut per-
mettre : c'est pour cela que je me suis déterminé
à ne donner préfentement que les Propofitions
fondamentales de la Mécanique. Peut-être que
de plus habiles gens que moi, & qui feront plus
en état de faire cette entreprife , voudront bien
fe donner la peine d'en faire l'application à la
Phyfique.

Mais en attendant je ne laifferai pas d'amaffer
tout ce que je pourrai d'experiences pour ce def-
fein : c'est pourquoi je prie ceux qui n'auront pas
en vûë d'y travailler , de vouloir bien me com-
muniquer celles qu'ils croiront s'y pouvoir rapporter ; & fur-tout de me faire part de tout ce
qui leur viendra de difficultez ou de lumieres fur
les principes qu'on propofe ici, leur promettant
d'en ufer avec toute la docilité d'un homme qui
ne cherche que la verité.

# ELOGE



## DE M. VARIGNON.

Pierre Varignon nâquit à Caën en 1 6 5 4. d'un Architecte Entrepreneur, dont la fortune étoit fort médiocre. Il avoit deux freres, qui suivirent la profession du pere, & il étudia pour être Ecclesiastique.

Au milieu de cette éducation commune, qu'on donne aux jeunes gens dans les Colleges, tout ce qui peut les occuper un jour plus particulierement vient par differens hazards se presenter à leurs yeux ; & s'ils ont quelque inclination naturelle bien déterminée, elle ne manque pas de saisir son objet, dès qu'elle le rencontre. Comme les Architectes, & quelquefois les simples Maçons, sçavent faire des Cadrans, M. Varignon en vit tracer de bonne heure, & ne le vit pas indifferemment. Il en apprit la pratique la plus grossiere, qui étoit tout ce qu'il pouvoit apprendre de ses Maîtres ; mais il soupçonnoit que tout cela dépendoit de quelque Théorie générale, soupçon qui ne servoit qu'à l'inquiéter, & à le tourmenter sans fruit. Un jour, pendant qu'il étoit en Philosophie aux Jesuites de Caën, feüilletant par amusement differens Livres dans la boutique d'un Libraire, il tomba sur un Euclide, & en lut les premieres pages, qui le charmerent non seulement par l'ordre & l'enchaînement des idées, mais encore par la facilité qu'il se sentit à y entrer. Comment l'esprit humain n'aimeroit-il pas ce qui lui rend témoignage de ses talens ? Il emporta l'Euclide chez lui, & en fut toûjours plus charmé par les mêmes raisons. L'incertitude éternelle, l'embarras Sophistique, l'obscurité inutile, & quelquefois affectée de la Philosophie des Ecoles, aiderent encore à lui faire

goûter

goûter la clarté, la liaison, la sûreté des veritez géométriques. La Géométrie le conduisit aux ouvrages de Descartes, & il y fut frappé de cette nouvelle lumiere, qui
de-là s'est répanduë dans tout le Monde pensant. Il prenoit sur les necessitez absoluës de la vie dequoi acheter
des Livres de cette espece, ou plûtôt il les mettoit au
nombre des necessitez absoluës ; il falloit même, & cela
pouvoit encore irriter la passion, qu'il ne les étudiât
qu'en secret ; car ses parens qui s'appercevoient bien que
ce n'étoient pas-là les Livres ordinaires dont les autres
faisoient usage, desapprouvoient beaucoup, & traver-
soient de tout leur pouvoir l'application qu'il y donnoit.
Il passa en Théologie, & quoique l'importance des matieres, & la necessité dont elles sont pour un Ecclesiastique, le fixassent davantage, sa passion dominante ne leur
fut pas entierement sacrifiée.

Il alloit souvent disputer à des Theses dans les Classes
de Philosophie, & il brilloit fort par sa qualité de bon
argumenteur, à laquelle concouroient & le caractere
de son esprit, & sa constitution corporelle, beaucoup
de force & de netteté de raisonnement d'un côté, & de
l'autre une excellente poitrine, & une voix éclatante.
Ce fut alors que M. l'Abbé de S. Pierre qui étudioit en
Philosophie dans le même College, le connut. Un goût
commun pour les choses de raisonnement, soit Physiques,
soit Métaphysiques, & des disputes continuelles, furent
le lien de leur amitié. Ils avoient besoin l'un de l'autre
pour approfondir, & pour s'assûrer que tout étoit vû dans
un sujet. Leurs caracteres differens faisoient un assorti-
ment complet & heureux, l'un par une certaine vigueur
d'idées, par une vivacité féconde, par une fougue de
raison ; l'autre par une analyse subtile, par une préci-
sion scrupuleuse, par une sage & ingenieuse lenteur à
discuter tout.

M. l'Abbé de S. Pierre pour joüir plus à son aise de
M. Varignon, le logea avec lui ; & enfin toûjours plus
touché de son merite, il résolut de lui faire une fortune,

# ELOGE

## DE M. VARIGNON.

Pierre Varignon nâquit à Caën en 1654. d'un Architecte Entrepreneur, dont la fortune étoit fort médiocre. Il avoit deux freres, qui suivirent la profession du pere, & il étudia pour être Ecclesiastique.

Au milieu de cette éducation commune, qu'on donne aux jeunes gens dans les Colleges, tout ce qui peut les occuper un jour plus particulierement vient par differens hazards se presenter à leurs yeux ; & s'ils ont quelque inclination naturelle bien déterminée, elle ne manque pas de saisir son objet, dès qu'elle le rencontre. Comme les Architectes, & quelquefois les simples Maçons, sçavent faire des Cadrans, M. Varignon en vit tracer de bonne heure, & ne le vit pas indifferemment. Il en apprit la pratique la plus grossiere, qui étoit tout ce qu'il pouvoit apprendre de ses Maîtres ; mais il soupçonnoit que tout cela dépendoit de quelque Théorie générale, soupçon qui ne servoit qu'à l'inquiéter, & à le tourmenter sans fruit. Un jour, pendant qu'il étoit en Philosophie aux Jesuites de Caën, feüilletant par amusement differens Livres dans la boutique d'un Libraire, il tomba sur un Euclide, & en lut les premieres pages, qui le charmerent non seulement par l'ordre & l'enchaînement des idées, mais encore par la facilité qu'il se sentit à y entrer. Comment l'esprit humain n'aimeroit-il pas ce qui lui rend témoignage de ses talens ? Il emporta l'Euclide chez lui, & en fut toûjours plus charmé par les mêmes raisons. L'incertitude éternelle, l'embarras Sophistique, l'obscurité inutile, & quelquefois affectée de la Philosophie des Ecoles, aiderent encore à lui faire

goûter

goûter la clarté, la liaison, la fûreté des veritez géométriques. La Géométrie le conduisit aux ouvrages de Descartes, & il y fut frappé de cette nouvelle lumiere, qui
de-là s'est répanduë dans tout le Monde penfant. Il prenoit fur les neceffitez abfoluës de la vie dequoi acheter
des Livres de cette efpece, ou plûtôt il les mettoit au
nombre des neceffitez abfoluës ; il falloit même, & cela
pouvoit encore irriter la paffion, qu'il ne les étudiât
qu'en fecret ; car fes parens qui s'appercevoient bien que
ce n'étoient pas-là les Livres ordinaires dont les autres
faifoient ufage, defapprouvoient beaucoup, & traver-
foient de tout leur pouvoir l'application qu'il y donnoit.
Il paffa en Théologie, & quoique l'importance des matieres, & la néceffité dont elles font pour un Ecclefiafti-
que, le fixaffent davantage, fa paffion dominante ne leur
fut pas entierement facrifiée.

Il alloit fouvent difputer à des Thefes dans les Claffes
de Philofophie, & il brilloit fort par fa qualité de bon
argumenteur, à laquelle concouroient & le caractere
de fon efprit, & fa conftitution corporelle, beaucoup
de force & de netteté de raifonnement d'un côté, & de
l'autre une excellente poitrine, & une voix éclatante.
Ce fut alors que M. l'Abbé de S. Pierre qui étudioit en
Philofophie dans le même College, le connut. Un goût
commun pour les chofes de raifonnement, foit Phyfiques,
foit Métaphyfiques, & des difputes continuelles, furent
le lien de leur amitié. Ils avoient befoin l'un de l'autre
pour approfondir, & pour s'affûrer que tout étoit vû dans
un fujet. Leurs caracteres differens faifoient un afforti-
ment complet & heureux, l'un par une certaine vigueur
d'idées, par une vivacité féconde, par une fougue de
raifon ; l'autre par une analyfe fubtile, par une préci-
fion fcrupuleufe, par une fage & ingenieufe lenteur à
difcuter tout.

M. l'Abbé de S. Pierre pour joüir plus à fon aife de
M. Varignon, le logea avec lui ; & enfin toûjours plus
touché de fon merite, il réfolut de lui faire une fortune,

qui le mît en état de suivre pleinement ses talens & son génie. Cependant cet Abbé, cadet de Normandie, n'avoit que 1800 liv. de rente; il en détacha 300 qu'il donna par Contrat à M. Varignon. Ce peu qui étoit beaucoup par rapport au bien du Donateur, étoit beaucoup aussi par rapport aux besoins & aux desirs du Donataire. L'un se trouva riche, & l'autre encore plus d'avoir enrichi son ami.

L'Abbé persuadé qu'il n'y avoit point de meilleur séjour que Paris pour des Philosophes raisonnables, vint en 1686. s'y établir avec M. Varignon dans une petite maison du Fauxbourg Saint Jacques. Là ils pensoient chacun de son côté, car ils n'étoient plus tant en communauté de pensées; l'Abbé revenu des subtilitez inutiles & fatigantes, s'étoit tourné principalement du côté des reflexions sur l'Homme, sur les mœurs & sur les principes du gouvernement. M. Varignon s'étoit totalement enfoncé dans les Mathématiques. J'étois leur compatriote, & allois les voir assez souvent, & quelquefois passer deux ou trois jours avec eux; il y avoit encore de la place pour un survenant, & même pour un second sorti de la même Province, aujourd'hui l'un des principaux Membres de l'Académie des Belles Lettres, & fameux par les Histoires qui ont paru de lui. Nous nous rassemblions avec un extrême plaisir, jeunes, pleins de la premiere ardeur de sçavoir, fort unis, &, ce que nous ne comptions peut-être pas alors pour un assez grand bien, peu connus. Nous parlions à nous quatre une bonne partie des différentes Langues de l'Empire des Lettres, & tous les Sujets de cette petite societé se sont dispersez de-là dans toutes les Académies.

M. Varignon, dont la constitution étoit robuste, au moins dans sa jeunesse, passoit les journées entieres au travail: nul divertissement, nulle récréation, tout au plus quelque promenade à laquelle sa raison le forçoit dans les beaux jours. Je lui ai oüi dire que travaillant après souper selon sa coûtume, il étoit souvent surpris par des

Cloches qui lui annonçoient deux heures après minuit ,
& qu'il étoit ravi de se pouvoir dire à lui-même que ce
n'étoit pas la peine de se coucher pour se relever à quatre heures. Il ne sortoit de-là ni avec la tristesse , que les
matieres pouvoient naturellement inspirer ; ni même
avec la lassitude que devoit causer la longueur seule de
l'application ; il en sortoit gai & vif , encore plein des
plaisirs qu'il avoit pris , impatient de recommencer. Il
rioit volontiers en parlant de Géométrie ; & à le voir on
eût cru qu'il la falloit étudier pour se bien divertir.
Nulle condition n'étoit tant à envier que la sienne ; sa
vie étoit une possession perpetuelle & parfaitement paisi-
ble de ce qu'il aimoit uniquement. Cependant si on eût
eu à chercher un homme heureux, on l'eût été chercher
bien loin de lui , & bien plus haut , mais on ne l'y eût
pas trouvé.

Dans sa solitude du Fauxbourg Saint Jacques , il ne
laissoit pas de lier commerce avec plusieurs Sçavans, &
des plus illustres, tels que Messieurs du Hamel , du Verney , de la Hire. M. du Verney lui demandoit assez souvent des lumieres sur ce qu'il y a en Anatomie qui appartient à la Science des Mécaniques ; ils examinoient
ensemble des positions de Muscles, leurs points d'appui,
leurs directions , & M. du Verney apprenoit beaucoup
d'Anatomie à M. Varignon, qui l'en payoit par des rai-
sonnemens mathématiques appliquez à l'Anatomie.

Enfin en 1687. il se fit connoître du Public par son
*Projet d'une Nouvelle Mécanique* dédié à l'Académie des
Sciences. Elle étoit nouvelle en effet. Découvrir des veritez , & en découvrir les sources , ce sont deux choses
qui peuvent d'abord paroître inséparables , & qui cependant sont souvent séparées , tant la Nature a été
avare de connoissances à notre égard. En Mécanique
dont il s'agit ici , on démontroit bien la necessité de
l'Equilibre dans les cas où il arrive ; mais on ne sçavoit
pas précisément ce qui le causoit. C'est ce que M. Varignon apperçut par la Théorie des Mouvemens composez,

& c'eſt ce qui fait tout le ſujet de ſon Livre. Les principes eſſentiels une fois trouvez, les veritez coulent avec
une facilité délicieuſe pour l'eſprit, leur enchaînement
eſt plus ſimple, & en même tems plus étroit, le ſpecta-
cle de leur generation, qui n'a plus rien de forcé, en
eſt plus agréable, & cette même generation plus légitime
en quelque ſorte, eſt auſſi plus féconde. La Nouvelle
Mécanique fut reçûë de tous les Géométres avec ap-
plaudiſſement ; & elle valut à ſon Auteur deux places
conſiderables, l'une de Géométre dans cette Académie
en 1688. l'autre de Profeſſeur de Mathématiques au
College Mazarin. On vouloit donner du relief à cette
Chaire, qui n'avoit point encore été remplie, & il fut
choiſi.

Il mit au jour en 1690. ſes *Nouvelles Conjectures ſur
la Peſanteur*. Il conçoit une Pierre poſée dans l'Air, &
il demande pourquoi elle tombe vers le centre de la
Terre. L'Air eſt un Liquide, dont par conſequent les
differentes parties ſe meuvent en tous les ſens imaginables, & une direction quelconque étant déterminée, il
n'eſt pas poſſible qu'il n'y en ait un grand nombre qui
s'accordent à la ſuivre. On peut imaginer toutes celles
qui s'accordent dans une même direction, comme ne faiſant qu'une même Colonne. La Pierre eſt donc frappée
par des Colonnes qui la pouſſent d'Orient en Occident,
d'Occident en Orient, de bas en haut, de haut en bas.
Les Colonnes qui la pouſſent lateralement d'Orient en
Occident, ou au contraire, ſont égales en longueur, &
par conſéquent en force, & il n'en réſulte à la Pierre aucune impreſſion. Mais celles qui la pouſſent de haut en
bas ſont beaucoup plus longues que celles qui la pouſſent
de bas en haut, & cela à quelque diſtance de la Terre
où la Pierre ait jamais pû être portée ; elle ſera donc
pouſſée avec plus de force de haut en bas, que de bas
en haut, & elle tombera, & tombera vers le centre de
la Terre ; ou, ce qui eſt le même, perpendiculairement

à sa surface, parce que les Colonnes laterales égales en force, l'empêchent de s'écarter, ni à droite, ni à gauche. Si la Pierre étoit à une égale distance & de la Terre, & de la derniére surface de l'Air, elle demeureroit en repos, plus loin elle monteroit. Ce qu'on a dit de l'Air, on le dira de même de la matiere subtile, & de tout autre Liquide où des Corps seront posez. Telle est en general l'idée de M. Varignon sur la cause de la Pesanteur. Plusieurs grands Hommes ont prouvé par l'inutilité de leurs efforts l'extrême difficulté de cette matiere ; & j'avouë qu'il pourroit bien aussi l'avoir prouvée. Du moins ce Systême a-t'il eu peu de Sectateurs ; & quoique simple, bien lié, bien suivi, il est vrai qu'un Physicien, même avant la discussion, ne se sent point porté à le croire. L'Auteur l'auroit plus aisément défendu que persuadé. Aussi ne l'a-t'il point donné avec cette confiance & cet air triomphant, qui ont accompagné tant d'autres Systêmes ; le titre modeste de *Conjectures* répondoit sincerement à sa pensée. Il ne croyoit point qu'en matiere de Physique, & principalement sur les premiers principes de la Physique, on pût passer la conjecture, & il sembloit être ravi que sa chere Géométrie eût seule la certitude en partage.

Dans ses recherches mathématiques, son génie le portoit toûjours à les rendre les plus generales qu'il fût possible. Un Païsage dont on aura vû toutes les parties l'une après l'autre, n'a pourtant point été vû, il faut qu'il le soit d'un lieu assez élevé, où tous les objets au paravant dispersez, se rassemblent sous un seul coup d'œil. Il en va de même des veritez géométriques ; on en peut voir un grand nombre dispersées çà & là, sans ordre entr'elles, sans liaison ; mais pour les voir toutes ensemble, & d'un coup d'œil, on est obligé de remonter bien haut, & cela demande de l'effort & de l'adresse. Les formules generales Algébriques sont les lieux élevez où l'on se place pour découvrir tout à la fois un grand

Pays. Il n'y a peut-être pas eu de Géométre, ni qui ait mieux connu, ni qui ait mieux fait sentir le prix de ces formules que M. Varignon.

Il ne pouvoit donc manquer de saisir avidement la Géométrie des Infiniment Petits, dès qu'elle parut ; elle s'éleve sans cesse au plus haut point de vûë possible, à l'Infini, & de-là elle embrasse une étenduë infinie. Avec quel transport vit-il naître une nouvelle Géométrie, & de nouveaux plaisirs ? Quand cette belle & sublime Méthode fut attaquée dans l'Académie même *, car il falloit qu'elle subît le sort de toutes les nouveautez, il en fut un des plus ardens Défenseurs, & il força en sa faveur son caractere naturel ennemi de toute contestation. Il se plaignit quelquefois à moi, que cette dispute l'avoit interrompu dans des recherches sur le Calcul Integral, dont il auroit de la peine à reprendre le fil. Il sacrifia les Infiniment Petits à eux-mêmes, le plaisir & la gloire d'y faire des progrès au devoir plus pressant de les défendre.

Tous les Volumes que l'Académie a imprimez, rendent compte de ses travaux. Ce ne sont presque jamais des morceaux détachez les uns des autres ; mais de grandes Théories completes sur les Loix du Mouvement, sur les forces Centrales, sur la Resistance des Milieux au Mouvement. Là par le moyen de ses formules generales, rien ne lui échappe de ce qui est dans l'enceinte de la matiere qu'il traite. Outre les veritez nouvelles, on en voit d'autres déja connuës d'ailleurs, mais détachées, qui viennent de toutes parts se rendre dans sa Théorie. Toutes ensemble font corps, & les vuides qu'elles laissoient auparavant entr'elles, se trouvent remplis.

La certitude de la Géométrie n'est nullement incompatible avec l'obscurité & la confusion ; & elles sont quelquefois telles, qu'il est étonnant qu'un Géométre ait pû se conduire sûrement dans le labyrinthe ténébreux où il marchoit. Les Ouvrages de M. Varignon ne causent jamais cette defagréable furprife ; il s'étudie à mettre tout dans le plus grand jour ; il ne s'épargne point, comme font quelquefois de grands hommes , le travail de l'arrangement, beaucoup moins flateur, & fouvent plus pénible que celui de la production même, il ne recherche point par des fouf-entendus hardis la gloire de paroître profond.

Il poffedoit fort l'Hiftoire de la Géométrie. Il l'avoit apprife non pas tant précifément pour l'apprendre, que parce qu'il avoit voulu raffembler des lumieres de tous côtez. Cette connoiffance hiftorique eft fans doute un ornement pour un Géométre ; mais de plus ce n'eft pas un ornement inutile. En general plus l'efprit a été tourné & retourné en differens fens fur une même matiere , plus il en devient fécond.

Quoique la fanté de M. Varignon parût devoir être à toute épreuve, l'affiduité & la contention du travail lui cauferent en 1705. une grande maladie. On n'eft guéres fi habile impunément. Il fut fix mois en danger, & trois ans dans une langueur, qui étoit un épuifement d'efprits vifibles. Il ma conté que quelquefois dans des accès de fievre , il fe croyoit au milieu d'une forêt , où il voyoit toutes les feuilles des arbres couvertes de Calculs algebriques. Condamné par fes Medecins , par fes amis, & par lui-même à fe priver de tout travail , il ne laiffoit pas , dès qu'il étoit feul dans fa chambre, de prendre un Livre de Mathématique, qu'il cachoit bien vîte, s'il entendoit venir quelqu'un. Il reprenoit la contenance d'un malade, & n'avoit pas befoin de joüer beaucoup.

Il eft à remarquer , par rapport à fon caractere , que ce fut en ces tems-là qu'il parut de lui un Ecrit, où il reprenoit M. Wallis fur de certains Efpaces plus qu'Infinis, que ce grand Géométre attribuoit aux Hyperboles. Il foûtenoit au contraire qu'ils n'étoient que finis. * La critique avoit tous les affaifonnemens poffibles d'honnêteté ; mais enfin c'étoit une critique : & il ne l'avoit

* v. l'Hift. de 1706. p. 47.

faite que pour lui seul. Il la confia à M. Carré, étant dans
un état qui le rendoit plus indifferent pour ces sortes de
choses ; & celui-ci touché du seul interêt des Sciences,
la fit imprimer dans nos Memoires, à l'insçû de l'Auteur,
qui se trouva Aggresseur contre son inclination.

Il revint de sa maladie & de sa langueur, & ne profita
nullement du passé. L'Edition de son *Projet d'une Nouvelle
Mécanique* ayant été entierement débitée, il songea à en
faire une seconde, ou plûtôt un Ouvrage nouveau,
quoique sur le même plan, mais beaucoup plus ample,
& auquel le titre de *Projet* ne convenoit plus. On y devoit bien sentir la grande acquisition de richesses qu'il
avoit faite dans l'intervalle. Mais il se plaignoit souvent
que le tems lui manquoit, quoiqu'il fût bien éloigné d'en
perdre volontairement. Une infinité de visites soit de
François, soit d'Etrangers, dont les uns vouloient le voir
pour l'avoir vû, & les autres pour le consulter & s'in-
struire des Ouvrages de Mathématique que l'autorité
ou l'amitié de quelques personnes l'engageoient à exa-
miner, & dont il se croyoit obligé de rendre le
compte le plus exact ; un grand commerce de lettres
avec les principaux Géométres de l'Europe, & des lettres sçavantes & travaillées ; car il ne falloit pas plus se
negliger avec ces amis-là, qu'avec le Public même:
tout cela nuisoit beaucoup au Livre qu'il avoit entrepris. C'est ainsi qu'on devient celebre, parce qu'on a été
maître de disposer d'un grand loisir, & qu'on perd ce
loisir si précieux, parce qu'on est devenu celebre. De
plus ses meilleurs Ecoliers, soit du College Mazarin, soit
du College Royal, car il y occupoit aussi une Chaire de
Mathématique, étoient en possession de lui demander des
leçons particulieres. La joye de voir qu'ils en deman-
dassent, son zele pour les Mathématiques, sa bonté naturelle, son inclination à étendre un devoir plûtôt qu'à
le resserrer, leur avoient donné ce droit, & ôté la crainte d'en user trop librement. Il soupiroit après deux ou
trois mois de vacances qu'il avoit pendant l'année ; il

fuyoit

fuyoit à quelque campagne, où les journées entieres
étoient à lui, & s'écouloient bien vîte.

Malgré son extrême amour pour la paix, il a fini sa
vie par être embarqué dans une contestation. Un Reli-
gieux Italien, habile en Mathématique, l'attaqua sur la
Tangente & l'Angle d'attouchement des Courbes, tels
qu'on les conçoit dans la Géométrie des Infiniment Petits. * Il se crut obligé de répondre, &, à dire le vrai,
les indifferens ne l'eussent pas trop crû. Je ne crois pas
sortir du personnage de simple Historien, en assûrant
que sa gloire ne couroit aucun péril ; mais il étoit sensible de ce côté-là, ou plûtôt toute sa sensibilité y étoit
rassemblée. Il répondit par le dernier Memoire qu'il ait
donné à l'Academie, & qui a été le seul où il fût question d'un differend. Son inclination pacifique y domi-
noit pourtant encore ; il n'y nommoit point son Adver-
saire, qui l'avoit nommé à tout moment, que tout le
monde connoissoit, qui ne se cachoit point ; & quoiqu'on
lui representât la parfaite inutilité, & même la superssti-
tion de cette reticence, il s'obstina toûjours à ne le nom-
mer que *l'Aggresseur*. Il est vrai qu'il n'en usoit pas si
honnêtement à l'égard des Paralogismes, & qu'il leur
donnoit leur veritable nom.

Dans les deux dernieres années de sa vie, il fut fort
incommodé d'un rhumatisme placé dans les muscles de
la poitrine ; il ne pouvoit marcher quelque tems sans
être obligé de se reposer pour reprendre haleine. Cette
incommodité augmenta toûjours, & tous les remedes y
furent inutilles ; ce qui ne le surprenoit pas beaucoup. Il
n'en relâcha rien de ses occupations ordinaires ; & enfin
après avoir fait sa classe au College Mazarin le 22 De-
cembre 1722. sans être plus mal que de coûtume, il
mourut subitement la nuit suivante.

Son caractere étoit aussi simple que sa superiorité d'esprit pouvoit le demander. J'ai déja donné cette même
loüange à tant de personnes de cette Academie, qu'on
peut croire que le merite en appartient plûtôt à nos

* V. Hist.<br>de l'Acad.<br>ann. 1722.<br>pag. 74. &<br>suiv.

õ

Sciences qu'à nos Sçavans. Il ne connoissoit point la ja-
lousie : il est vrai qu'il étoit à la tête des Géométres de
France, & qu'on ne pouvoit compter les grands Géométres de l'Europe, sans le mettre du nombre : mais
combien d'hommes en tout genre élevez à ce même
rang, ont fait l'honneur à leurs inferieurs d'en être ja-
loux, & de les décrier ? La passion de conserver une
premiere place fait prendre des précautions qui dégra-
dent. Il faut convenir cependant que quand on lui pre-
sentoit quelqu'idée qui lui étoit nouvelle, il couroit
quelquefois un peu trop vîte à l'objection, & à la difficulté ; le feu de son esprit, des vûës dont il étoit plein
sur chaque matiere, venoient traverser trop impetueu-
sement celles qu'on lui offroit ; mais on parvenoit assez
facilement à obtenir de lui une attention plus tranquille
& plus favorable. Il mettoit dans la dispute une cha-
leur que l'on n'eût jamais cru qu'il eût dû terminer par
rire. Ses manieres d'agir nettes, franches, loyales en
toute occasion, exemptes de tout soupçon d'interêt in-
direct & caché, auroient seules suffi pour justifier la
Province dont il étoit, des reproches qu'elle a d'ordinaire à essuyer : il n'en conservoit qu'une extrême crainte
de se commettre, qu'une grande circonspection à traiter avec les hommes, dont effectivement le commerce est
toûjours redoutable. Je n'ai jamais vû personne qui eût
plus de conscience, je veux dire, qui fût plus appliqué
à satisfaire exactement au sentiment interieur de ses de-
voirs, & qui se contentât moins d'avoir satisfait aux ap-
parences. Il possedoit la vertu de reconnoissance au plus
haut degré ; il faisoit le récit d'un bienfait reçû avec
plus de plaisir que le Bienfaicteur le plus vain n'en eût
eu à le faire ; & il ne se croyoit jamais acquitté par toutes ces compensations, dont on s'établit soi-même pour
juge. Il étoit Prêtre, & n'avoit pas besoin de beaucoup
d'efforts pour vivre conformément à cet état. Aussi sa
mort subite n'a-t'elle point allarmé ses amis.

Il m'a fait l'honneur de me léguer tous ses papiers

par fon **Teftament**. J'en rendrai au Public le meilleur compte qu'il me fera poffible. La Nouvelle Mécanique eft en affez bon état, & paroîtra au jour: j'efpere que les Lettres la fuivront. Du refte je promets de ne rien détourner à mon ufage particulier des Trefors que j'ai entre les mains; & je compte que j'en ferai crû. Il faudroit un plus habile homme pour faire fur ce fujet quelque mauvaife action avec quelque efperance de fuccès.

# TABLE

## DES SECTIONS CONTENUES
### dans ce premier Volume.



NOUVELLE

# NOUVELLE
# MECANIQUE.

**L**A Mécanique en general eſt la Science du Mouvement, de ſa cauſe, de ſes effets; en un mot de tout ce qui y a rapport. Par conſequent elle eſt auſſi la Science des proprietez & des uſages des Machines ou Inſtrumens propres à faciliter le Mouvement. Entre ces Machines on en compte d'ordinaire ſix élementaires après Pappus ( *Liv.* 8. ) lequel pourtant n'en compte que cinq, quoiqu'il en employe ſix; ſçavoir, le *Levier*, le *Tour*, la *Poulie*, le *Plan incliné*, la *Vis*, & le *Coin*; auſquelles on en peut encore ajoûter une, que j'appelle *Funiculaire*, en ce qu'elle n'eſt faite que de cordes propres à ſoûtenir des poids ſans le ſecours d'aucune autre Machine, & en ce qu'elle eſt auſſi indépendante de celles-là, qu'elles le ſont entr'elles. On définira toutes ces Machines, à meſure qu'on en démontrera les proprietez.

A

C'eſt de cette derniere partie de Mécanique qu'il s'a-
git ici , c'eſt-à-dire , qu'il ne s'agit que des Machines
élementaires précedentes , & de quelques autres qu'on
regarde d'ordinaire comme compoſées de celles-là. Cette
partie de Mécanique eſt proprement appellée *Statique* ;
mais la plûpart des Auteurs lui ayant laiſſé le nom general de *Mécanique* , j'ai crû la devoir auſſi appeller de
ce nom, pour ne pas parler autrement qu'eux.

Ce Traité ſera de dix Sections : La premiere ſera de
Définitions , d'Axiomes , de Demandes , & de Lemmes ,
pour le mettre à la portée des Commençans. La ſeconde
ſera de Poids ſuſpendus ou ſoûtenus avec des cordes
ſeulement. La troiſiéme ſera des Poulies. La quatriéme,
du Tour. La cinquiéme, du Levier. La ſixiéme , du
Plan incliné. La ſeptiéme, de la Vis. La huitiéme, du
Coin. La neuviéme contiendra un Corrollaire general
des principes établis dans les Sections précedentes ; & la
dixiéme enfin traitera de l'équilibre des Liqueurs.

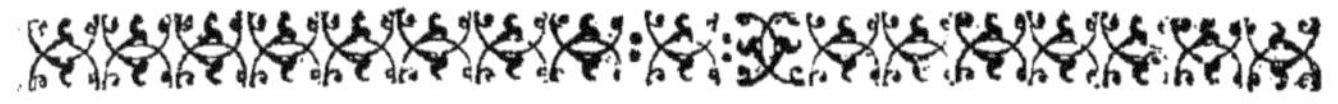

# PREMIERE SECTION.

*Pour l'intelligence des Sections suivantes.*

### DEFINITIONS.

I. ON appelle *Machine* , tout Inftrument dont on peut fe fervir à mouvoir un corps ; & *Puiffance*, tout ce qui l'y peut faire fervir, ou en general tout ce qui eft capable de mouvoir un corps, foit à l'aide d'une Machine, ou non. Tout ce que cette Puiffance exerce de force pour cela, s'appelle fa *force abfoluë*, laquelle fe prend auffi pour cette Puiffance, lorfque cette force eft tout ce que cette même Puiffance eft capable d'en exercer. Ce qu'il y a de force employée à mouvoir le corps, & en vertu de qui il feroit effectivement mû, fi rien ne s'y oppofoit, s'appelle la *force de ce corps*. Enfin l'on appelle ici *force relative* d'une Puiffance appliquée à une Machine, tout ce qu'il en réfulte à cette Machine au point où cette Puiffance lui eft appliquée. Tout ce que l'on dit ici des Puiffances & des Forces, fe dira de même des Réfiftances de ce qui s'oppofe à leur action ; lefquelles font le même effet que des Puiffances ou Forces qui réfifteroient précifément, de même que ces obftacles font à celles-là.

II. On appelle *Pefanteur* d'un corps une force ( de quelque caufe qu'elle lui vienne ) qui tend à le mouvoir de haut en bas en ligne droite vers le centre de la Terre ; & l'on appelle *Poids* un corps d'une certaine mefure de pefanteur, tel qu'eft une livre, deux livres, &c. De forte que *Pefanteur* d'un corps, & *Poids* du même corps, ne fignifieront dans la fuite que la même chofe.

*C'eft fur cette mefure que fe fait d'ordinaire l'eftimation*

*de toutes les autres Forces moins connuës, comme l'estima-*
*tion des grandeurs Géométriques se fait sur le Pied, la Toi-*
*se, &c. de sorte que l'on dit d'une force quelconque, qu'elle*
*est d'une Livre, de deux, de trois, &c. comme l'on dit d'une*
*Ligne qu'elle est d'un Pied, de deux, de trois, &c.*

III. La Ligne, suivant laquelle une Puissance presse, pousse, ou tire le corps ou la machine à laquelle elle est appliquée, s'appelle la *Ligne de direction* de cette puissance ou force.

IV. On appelle *Impression ( Momentum )* de cette puissance ou force sur ce corps ou sur cette Machine, ce que la maniere dont elle lui est appliquée lui permet d'action contre l'obstacle à surmonter.

V. Deux ou plusieurs forces sont dites *en Equilibre* entr'elles, lorsqu'agissant l'une contre l'autre, ou contre un obstacle commun, elle ne l'emportent ni l'une sur l'autre, ni sur cet obstacle ; c'est-à-dire, lorsque tout demeure en repos, nonobstant l'action de ces forces ou puissances l'une contre l'autre, ou contre l'obstacle qui les arrête, & qu'on appelle *Appui*.

VI. Un mouvement résultant du concours d'action de deux ou de plusieurs forces, s'appelle d'ordinaire *Mouvement composé :* non qu'il le soit de plusieurs autres mouvemens ; mais parce qu'il résulte de ce concours de forces comme d'une seule qui seroit composée de ce qu'elles y employent d'action.

## AXIOMES.

I. Les effets sont toûjours proportionnels à leurs causes ou forces productrices, puisqu'elles n'en sont les causes qu'autant qu'ils en sont les effets, & seulement en raison de ce qu'elles y causent.

II. Donc des forces ou des résistances égales, suivant les mêmes directions, ont des effets égaux, ou les mêmes ; & consequemment une force égale à une autre, ou à quelque résistance que ce soit, mise à sa place avec la même direction, & en même sens, y doit produire le même effet.

III. Lorſqu'un corps eſt preſſé, pouſſé, ou tiré tout à la
fois par deux forces égales , & directement oppoſées, il
doit reſter immobile, c'eſt-à-dire, en repos , ſans autre
obſtacle que la contrarieté de ces forces qui ſe détrui-
ſent , ou s'empêchent également l'une l'autre, chacune
ſoûtenant l'autre toute entiere.

La même choſe ſe doit dire ( *ax. 2.* ) d'une force &
d'une réſiſtance qui lui ſeroit égale, & directement oppoſée.

IV. Si un corps ainſi pouſſé, preſſé, ou tiré par des
forces à la fois, reſte immobile ou en repos , ſans autre
obſtacle que la contrarieté de ces forces; ces mêmes forces ſeront égales, & directement oppoſées , c'eſt-à-dire,
égales entr'elles, & ſuivant une même direction en ſens
contraires.

La même choſe ſe doit dire ( *ax. 2.* ) d'une force &
d'une réſiſtance, qui malgré cette force, retiendroit en
repos le corps que cette même force tendroit à mouvoir.

V. Un corps preſſé, pouſſé, ou tiré tout à la fois par
deux forces inégales & directement oppoſées , doit ſe
mouvoir dans le ſens de la plus forte, comme s'il ne l'é-
toit que par une ſeule ainſi dirigée & égale à leur difference; ou ſi quelque obſtacle l'en empêche , cet obſtacle doit être dans la direction commune de ces deux
forces, & d'une réſiſtance egale à leur difference.

VI. Les vîteſſes d'un même corps , ou de corps de
maſſes égales, ſont comme les forces motrices qui y ſont
employées, c'eſt-à-dire, qui y cauſent ces vîteſſes; reciproquement lorſque les vîteſſes ſont en cette raiſon,
elles ſont celles d'un même corps , ou de corps de maſſes
égales.

VII. Les eſpaces parcourus de vîteſſes uniformes en
tems égaux par des corps quelconques , ſont entr'eux
comme ces mêmes vîteſſes ; & reciproquement lorſque
ces eſpaces ſont en cette raiſon, ils ont été parcourus en
tems égaux.

VIII. Les eſpaces parcourus en tems égaux par un

même corps, ou par des corps de maſſes égales, ſont
comme les forces qui les leur font parcourir ; & reciproc-
quement lorſque ces eſpaces ſont en cette raiſon, ils
ſont parcourus en tems égaux par un même corps, ou
par des corps de maſſes égales. Cet Axiome-ci eſt un Corrollaire des deux précedens Ax. 6. 7.

*Le mot de* vîteſſe *dans la ſuite y ſignifiera tcûjours* vîteſſe
uniforme, *à moins qu'on n'y avertiſſe du contraire.*

## Demandes.

I. Pour traiter géométriquement les Machines dont
on parlera dans la ſuite, qu'il ſoit permis de les ſuppoſer
ou imaginer d'abord comme ſans peſanteur, ſans réſiſtance de frottemens, ni du milieu ou plein, dans lequel
on les ſuppoſera comme dans le vuide parfaitement mobiles ſur leurs axes ou ſur leurs pivots, comme ſur des
lignes ou ſur des points Mathématiques dures & roides ;
excepté les cordes, leſquelles ſoient parfaitement flexi-
bles dans toutes leurs parties, ſans groſſeur, ſans reſſort
& ſans prêter, c'eſt-à-dire, ſans s'accourcir, ni pouvoir
être allongées : ſauf à y ajoûter enſuite pour force, ou à
en retrancher ce qui pourroit y avoir de contraire à
tout cela, dont on demande ſeulement qu'il ſoit permis
de faire abſtraction.

II. Qu'il ſoit auſſi permis de faire abſtraction de la
peſanteur d'un corps, & de le conſiderer comme s'il n'en
avoit aucune : ſauf à la regarder ( *ax.* 2. ) comme une
puiſſance qui lui ſeroit appliquée, quand on le conſiderera comme poids, on en avertira. Hors cela quand on
parlera d'un corps, on le conſiderera toûjours comme
ſans peſanteur.

## Principe general.

Quel que ſoit le nombre des forces ou des puiſſances
quelconques, dirigées comme l'on voudra, qui agiſſent à
la fois ſur un même corps, ou ce corps ne ſe remuera
point du tout, ou il n'ira que par un ſeul chemin, &

suivant une ligne qui fera la même que si au lieu d'être
ainsi poussé, pressé, ou tiré par toutes ces puissances à la
fois, ce corps ne l'étoit suivant la même ligne, & en même sens que par une seule force ou puissance équivalente ou égale à la résultante du concours de toutes celles-là.

*Ce principe est d'autant plus évident, que rien ne l'est da-
vantage qu'un même corps ne sçauroit aller par plusieurs
chemins à la fois; & de quelque vitesse qu'il y aille, il n'ira
que comme s'il n'étoit poussé en ce sens que par une seule force capable de lui donner cette vitesse.*

## COROLLAIRE I.

Or si ce corps n'étoit pressé, poussé ou tiré que par
une seule force, un obstacle invincible, ou du moins
d'une résistance égale à cette force, opposé à ce corps
dans la direction de cette même force, l'arrêteroit (*ax. 3.*)
tout court; puisque (*hyp.*) cette force n'auroit d'action,
ni conséquemment ce corps d'impression que suivant ce
chemin qui lui seroit alors fermé par cet obstacle. Donc
aussi un obstacle invincible, ou du moins d'une résistance égale à la force résultante du concours d'action de
tant d'autres quelconques qu'on voudra, & dirigées comme l'on voudra, opposé dans la direction de cette force
résultante au corps, sur lequel agissent toutes celles-là,
l'arrêtera tout court, & soûtiendra ainsi sur lui toutes
ces forces ou puissances en équilibre entr'elles.

## COROLLAIRE II.

Reciproquement, puisqu'un corps ainsi pressé, poussé,
ou tiré par tant de puissances à la fois qu'on voudra,
quelles qu'elles soient, & dirigées comme l'on voudra,
ne le seroit que comme par une seule force égale à la
résultante du concours d'action de toutes ces puissances
sur ce corps, & dirigée en même sens que cette résultante : si ce corps se trouve arrêté par un obstacle qui
empêche toutes ces puissances de se mouvoir, & les met-

te ainſi toutes en équilibre entr'elles , cet obſtacle ſe
trouvera toûjours (*ax.* 4.) dans cette direction de la force réſultante de leur concours d'action , qu'il ſoûtiendra
d'une réſiſtance égale , &c. directement contraire à cette
force.

## COROLLAIRE III.

Donc l'équilibre ſera impoſſible entre quelque nombre
de puiſſance que ce ſoit , tant qu'elles ne trouveront point
d'obſtacle de réſiſtance égale & directement oppoſée à
la force réſultante de leur concours ; puiſque ( *corol.* 2. )
s'il y avoit équilibre entr'elles , il s'y trouveroit toûjours
un tel obſtacle , ſoit étranger , ſoit de la part d'une ou de
pluſieurs de ces puiſſances contre les autres.

*Ces Corollaires du principe general font voir , ſur tout le*
*Corol. I. que pour mettre en équilibre entr'elles tant de forces*
*ou puiſſances quelconques qu'on voudra , qui dirigées à vo-*
*lonté , agiſſent toutes à la fois ſur un même corps , il n'y a*
*plus qu'à trouver , ſuivant quelle ligne elles doivent s'accor-*
*der à le pouſſer , ou à le tirer toutes enſemble , ſi on veut lui*
*oppoſer dans cette ligne un obſtacle abſolument invincible ; &*
*avec quelle force , ſi dans cette ligne on ne veut lui en oppoſer*
*qu'un d'une réſiſtance égale à cette force réſultante du concours*
*d'action de tout ce qu'il y en a qui agiſſent à la fois ſur lui.*

*C'eſt ce que nous allons trouver par le moyen des mouve-*
*mens compoſez connus des Anciens & des Modernes : Ariſtote*
*en a fait un Traité dans ſes Queſtions Mécaniques ; Archi-*
*mede , Nicomede , Dinoſtrate , Diocles , &c. les ont employez*
*pour la deſcription de la Spirale , de la Conchoïde , de la Cyſ-*
*ſoïde , de la Quadratrice , &c. Deſcartes s'en eſt ſervi pour*
*expliquer la reflexion & la refraction de la lumiere. En un*
*mot , tous les Mathematiciens ſe ſervent des mouvemens com-*
*poſez pour la generation d'une infinité de lignes courbes ; &*
*tous les Phyſiciens exacts , pour déterminer les forces des chocs*
*ou des percuſſions obliques , &c. Ainſi je n'y prétends rien que*
*l'uſage que j'en indiquai il y a près de 40 ans , & que j'en fais*
*encore ici pour l'explication des Machines.*

*Ces*

*Ces mouvemens se trouvent démontrez par plusieurs Auteurs : cependant pour ne pas renvoyer le Lecteur à leurs Livres, & pour qu'il n'ait besoin que de celui-ci pour entendre les usages que je vais faire de ces mouvemens ; je vais encore les démontrer ici, & peut-être d'une maniere qui sera celle de quelqu'un de ces Auteurs : mais qu'importe de qui en soient les démonstrations, pourvû qu'elles soient bonnes, puisque je n'y prétends que l'usage que j'en fais ?*

### DEFINITION VII.

La ligne suivant laquelle plusieurs forces ou puissances s'accordent à pousser ensemble un même corps, s'appellera leur *direction commune* ; & celle suivant laquelle chacune de ces puissances tend à mouvoir ce corps, ou suivant laquelle elle le meuvroit en effet, s'appellera la *direction particuliere* de cette force ou puissance.

### COROLLAIRE.

Le corps sur lequel ces puissances agissent ainsi à la fois, n'ayant d'impression ( *dem.* 2. ) que ce qu'il en reçoit de leur concours d'action, leur direction commune sera aussi celle de ce corps.

### DEFINITION VIII.

Le point de cette direction, dans lequel se réunit l'action de toutes ces puissances sur ce corps, s'appellera son *centre de direction*, & le leur. Tout autre point de cette direction, sur lequel ce corps appuyé demeureroit en repos ( *corol.* 1. *du princ. gener.* ) nonobstant l'action de toutes ces puissances sur lui, s'appellera son *centre d'équilibre*, & le leur aussi.

### AVERTISSEMENT I.

Quand on dira dans la suite qu'un corps est pressé, poussé, ou tiré de telle ou telle *force*, ou par telle ou telle *force*, qu'on appellera aussi *puissance*, on n'entendra par cette force que ce que l'Agent qui presse, pousse, ou tire ce corps, lui en imprime fuivant fa direction, & non tout ce que cet Agent en pourroit avoir en le pouffant ou en le tirant : par exemple, lorfque la boule A choque ou pouffe la boule B, nous ne prendrons pour la force de la boule B, que ce que la boule A lui en imprimera fuivant fa direction, & non tout ce que cette boule A en avoit en la choquant : le furplus de ce que la boule A en avoit, n'appartenant point à la boule B, mais feulement ce que cette boule B en reçoit fuivant la direction de la boule A. Ainfi par les mots de *force*, ou *puiffance motrice* d'un corps, on n'entendra dans la fuite que ce qu'il en reçoit de l'Agent qui le pouffe ou le tire, & non tout ce que cet Agent en pourroit avoir en le pouffant ; ou ( ce qui revient au même ) on ne comptera ici pour *force* ou *puiffance motrice* dans l'Agent, que ce qu'il en communique au corps fur lequel il agit : c'eft cette mefure de force communiquée, qui fera dans la fuite appellée la *force motrice* de ce corps. Ce qui foit dit pour éviter toute équivoque, que j'ai crû avoir évitée en 1687. dans le *Projet* de cette Mécanique-ci, en n'y employant pour Agent que des puiffances indiquées par des mains, & non des corps pour mouvoir des corps, ou des poids pour mouvoir des poids. C'eft pour cela que l'on n'employera ici encore que des mains pour indiquer les puiffances, ou les forces dont un corps fera pouffé ou tiré, ou dont un poids fera foûtenu en équilibre : ce qui me paroît d'autant plus commode en ce cas-ci, que l'imagination fe reprefente bien plus aifément des puiffances ou des mains dirigées en tout fens, que des poids qui ne le peuvent être qu'en s'appuyant fur des poulies, dont il faudroit avoir connu les proprietez avant que de les employer ; outre que des poulies, aux queftions où il ne s'agit pas d'elles, rendroient les figures plus compofées, & gêneroient toûjours l'imagination.

## A V E R T I S S E M E N T   I I.

On ne suppose ici de Géométrie dans le Lecteur, que
la valeur des six premiers Livres & de l'onziéme des
Elemens d'Euclide ; mais aussi on l'en suppose assez in-
struit pour n'avoir pas besoin de nous assujettir à les citer dans l'usage que nous en allons faire. S'il arrive
qu'on suppose ici quelque chose de plus, on en instruira
le jeune Lecteur : par exemple, comme l'on ne trouve
pas d'ordinaire dans les Elemens d'Euclide certains signes usitez en Algebre, desquels nous nous servirons
quelquefois dans la suite, pour abreger nos démonstrations, & pour moins partager l'esprit de ce Lecteur.
Voici l'explication de ce que nous en employerons.

## E X P L I C A T I O N

*De quelques marques ou signes dont on servira dans la suite
pour y abreger les démonstrations, & les rendre
plus claires.*

I. Cette marque ─┼─ signifie *plus*, ou *addition* : ainsi
7─┼─5 signifie 7 plus 5, ou 5 ajoûté à 7.

II. Celle-ci ── signifie *moins*, ou *soustraction* : ainsi
12──4 signifie 12 moins 4, ou 4 retranchez de 12.

III. Celle-ci × signifie *multiplication* : ainsi 3×5 signifie 3 multipliez par 5.

La multiplication entr'elles de deux ou de plusieurs
grandeurs, appellée ( si l'on veut ) *a*, *b*, *c*, &c. s'exprimera aussi par la juxta-position arbitraire de ces lettres
comme en un seul mot, ainsi que dans l'Algebre, dont
nous ne supposerons que cela, pour ne rien dire ici qui
ne soit à la portée des moindres Géométres. Ainsi dans
la suite par *ab*, ou *ba*, on entendra *a* multiplié par *b*,
ou *b* par *a*, de même que par *a*×*b* ou *b*×*a* pareillement,
par *abc*, *acb*, *bac*, &c. on entendra également la multiplication entr'elles des trois grandeurs appellées *a*, *b*, *c*,
de même que par *a*×*b*×*c*, *a*×*c*×*b*, *b*×*a*×*c*, &c.

B ij

IV. Celle-ci $=$ signifie *égalité* : ainsi $7+5=12$ signifie que $7+5$ est égal à 12 ; de même $12-4=8$ signifie que $12-4$ est égal à 8 ; pareillement $7+5=16-4$ signifie que $7+5$ est égal à $16-4$, chacune de ces deux quantitez étant égale à 12.

V. Celle-ci $>$ ou $<$ signifie *majorité* du côté de son ouverture, & *minorité* du côté de sa pointe : ainsi $12>8$ signifie que 12 est plus grand que 8 ; & $8<12$ signifie au contraire que 8 est plus petit que 12.

VI. Ces quatre points :: placez après le second des quatre termes d'une analogie ou proportion, dont les trois autres sont suivis chacun d'un point, sont la marque de cette proportion : ainsi $2.4::3.6$ signifie que 2 sont à 4, comme 3 sont à 6. Et pour exprimer une proportion continue, c'est-à-dire, une suite de raisons ou de rapports semblables, on repete les quatre points de deux en deux termes, en mettant un point après chacun des autres ; par exemple, $2.4::3.6::5.10::7.14::$ &c. signifie que 2 sont à 4, comme 3 à 6, comme 5 à 10, comme 7 à 14, &c.

VII. Si à la place des quatre points :: précedens, placez entre le second & le troisiéme des quatre termes où ils signifioient *égalité de raison*, on met quelqu'un des deux signes $>$, $<$, il y signifiera *inégalité de raison* : sçavoir, le premier $>$, *majorité de raison*, & le second $<$, *minorité de raison*. Ainsi $5.2>6.3$ signifie que 5 sont à 2 en plus grande raison que 6 à 3. Au contraire, $2.5<3.6$ signifie que 2 sont à 5 en moindre raison que 3 à 6.

VIII. La lettre ſ longue sera prise dans la suite pour une marque ou caracteristique qui aura deux significations differentes, selon qu'elle précedera des angles, ou d'autres grandeurs.

1° Elle signifiera *sinus* d'un angle, lorsqu'elle le précedera : par exemple, ſABC signifiera le *sinus* d'un angle appellé ABC.

2°. Cette même lettre ſ longue signifiera aussi la *somme*

de plusieurs autres grandeurs, lorsqu'elle les précedera : par exemple, $\int 3 + 5 + 7 = 15$ signifiera que la *somme* de $3 + 5 + 7$ vaut $15$; de même $\int 6 + 7 - 5 = 8$ signifiera que $6 + 7 - 5$ valent $8$.

On aura soin dans la suite d'avertir dans lequel de ces deux sens cette longue $\int$ sera prise : mais en cas qu'on oubliât de le faire, ce double sens est ( je croi ) ici assez marqué pour ne s'y pas méprendre. On ne donne ici cette double signification à cette longue $\int$, que parce qu'étant la premiere lettre des mots de *sinus* & de *somme*, elle sera très-propre à les rendre présens à l'imagination ou à l'esprit ; outre que cette longue $\int$ italique n'entre d'ordinaire, & n'entrera dans la suite ni dans le calcul, ni dans les figures pour aucune autre signification.

## LEMME I.

*Pour préparer l'imagination aux mouvemens composez, concevons le point A sans pesanteur uniformement mû vers B le long de la droite AB, pendant que cette ligne se meut aussi uniformement vers CD le long de AC, en demeurant toûjours parallele à elle-même, c'est-à-dire, faisant l'angle toûjours le même quelconque avec cette ligne immobile AC : de ces deux mouvemens commencez en même tems, soit la vîtesse du premier à la vîtesse du second, comme les côtez AB, AC, du parallelogramme ABCD; le long desquels ils se font. Quel que soit ce parallelogramme ABCD, je dis que par le concours des deux forces productrices de ces deux mouvemens dans le mobile A, ce point parcourra la diagonale AD de ce parallelogramme, pendant le tems que chacune d'elles lui en auroit fait parcourir seule chacun des côtez AB, AC, correspondans.*

PLANC. II.<br>FIG. 1.

## DEMONSTRATION.

Puisque ( *hyp.* ) la vîtesse du point mobile A vers B le long de la droite mobile AB, est à la vîtesse qu'il a avec elle vers CD :: AB. AC :: CD. AC ( par un point quel-

B iij

conque G de AD ſoit une parallele KH à CD, laquélle
rencontre AC, BD, en K, H, ) : : KG. AK. L'ax. 7 fait
voir qu'à l'inſtant que la ligne AB aura parcouru AK, &
ſera arrivée en KH, le point mobile A aura parcouru
ſur elle ſa partie KG, & ſera ainſi pour lors en G ſur
la diagonale AD du parallelogramme BC : lequel point
G ayant été pris indéterminement ſur cette diagonale
AD, fait voir qu'en quelque point que la ligne mobile
AB coupe cette diagonale, le point mobile A y ſera toûjours ; & conſequemment qu'il ſera ſur elle en D avec
le point B de cette mobile AB, lorſqu'elle ſera en CD.
Donc par le concours des deux forces productrices des
deux mouvemens ſuppoſez à ce point mobile A le long
de AB & de AC, il parcourra la diagonale AD du parallelogramme ABCD pendant le temps que chacune
d'elles lui en auroit fait parcourir ſeule chacun des côtez AB, AC, correſpondans. *Ce qu'il falloit démontrer.*

## SCHOLIE.

Un point mû le long d'une ligne qui ſe meut auſſi
elle-même, eſt une choſe ſouvent ſuppoſée par les Géometres pour la generation de pluſieurs lignes courbes
differentes ſelon la variabilité des mouvemens ſuppoſez
à la fois dans le point qui les trace, comme le point mobile A en vient de tracer une droite par le concours de
deux mouvemens uniformes. Ce point mobile ſe conçoit ſans peine, en imaginant un corps ainſi mû, & di-
minué pendant cela par l'imagination, juſqu'à être réduit en un tel point.

## LEMME II.

*Si le point A ſans peſanteur eſt pouſſé en même tems &*
*uniformement par deux forces ou puiſſances E, F, toutes em-*
*ployées ſur lui, ſuivant des lignes AC, AB, qui faſſent en-*
*tr'elles quelqu'angle CAB que ce ſoit, & que la force ou*
*puiſſance E ſuivant AC, ſoit à la force ou puiſſance F ſui-*
*vant AB, comme AC eſt à AB. Ce point A par le concours*

de ces deux forces E, F, sans le secours d'aucune ligne mobile, parcourra la diagonale AD du parallelogramme ABCD dans le même tems qu'elles lui en auroient fait parcourir separement les côtez AC, AB, qu'on leur suppose proportionnels.

## DÉMONSTRATION.

Deux corps mûs ensemble sans s'aider ni se nuire, comme lorsqu'ils le font d'égales vîtesses en même sens, chacun par une force particuliere, l'étant chacun comme s'il se mouvoit seul de la force ou vîtesse qui lui est propre; il est manifeste que le point A poussé suivant AC vers C par la puissance E, l'est de même que si la ligne AB l'étoit en même tems par quelqu'autre cause qui la mût parallelement à elle-même suivant AC vers CD, d'une vîtesse égale à celle que la puissance E donneroit seule de A vers C à ce point A; & qu'alors ce point sans être emporté par cette ligne mobile AB, seroit toûjours sur elle ainsi mûe, comme si elle l'emportoit effectivement avec elle, pendant que la force ou puissance F le meuvroit le long de cette même ligne AB, ainsi que dans le Lem. 1. Donc ce point mobile A poussé tout à la fois par les deux puissances E, F, suivant AC, AB, doit se mouvoir de même que si dans le tems que la force F le meut de A vers B le long de la ligne AB, il étoit emporté par cette ligne mûe parallelement à elle-même le long de AC vers CD, d'une vîtesse égale à celle que la puissance E donneroit seule à ce point A vers C; c'est-à-dire, ( ax. 6. ) d'une vîtesse qui fût à celle que ce point auroit le long de cette ligne AB :: E. F ( hyp. ) :: AC. AB. Or le Lem. 1. fait voir que le point A ainsi mû de A vers B le long de la ligne AB, pendant qu'elle l'emporteroit ainsi vers CD, parcourroit la diagonale AD du parallelogramme BC pendant le même tems que chacune des forces E, F, productrices de ce qu'il a de mouvement en ces deux sens, lui en feroit seule parcourir chacun des côtez AC, AB, correspondans.

Donc fans le mouvement de la ligne AB, fuppofé feulement pour aider l'imagination, le point mobile A fans
pefanteur, pouffé tout à la fois fuivant les lignes AC,
AB, par les deux puiffances E, F, fuppofées en raifon de
ces deux lignes, & employées ( *hyp.* ) toutes entieres à le
mouvoir en ces deux fens, parcourra la diagonale AD
du parallelogramme ABCD dans le même tems que chacune de ces deux puiffances E, F, lui en feroit feule
parcourir chacun des côtez AC, AB, correfpondans.
*Ce qu'il falloit démontrer.*

*Pour démontrer cela on fe contente d'ordinaire du Lem.* I.
*qui y eft effectivement fuffifant : auffi n'ai-je employé que lui
dans le Projet que je donnai en* 1687. *de cette Mécanique-
ci ; mais ayant reconnu depuis que quelques Phyficiens y trou-
voient de la difficulté, dans la penfée où ils étoient que la
ligne mobile* AB *fervoit à transporter le point mobile* A *vers*
CD, *pendant qu'il fe mouvoit de* A *vers* B : *c'eft pour démontrer qu'elle y eft inutile, & qu'elle ne fert qu'à foûtenir
ici l'imagination, que j'ajoûte ce fecond Lemme-ci au premier, que je ne repete que pour rendre la démonftration de
celui-ci plus courte & plus aifée. En voici les Corollaires.*

## COROLLAIRE I.

Puifque la force réfultante du concours des puiffances
E, F, fait parcourir la diagonale AD du parallelogramme ABCD, au point mobile A, dans le même tems que
chacune de ces forces lui en auroit feule fait parcourir
le côté AB, ou AC, fuivant lequel elle eft dirigée ; non
feulement ces trois forces doivent avoir leurs trois directions dans un même plan ; mais encore la réfultante fuivant AD du concours d'action des deux autres E, F,
dès le premier inftant du mouvement qu'en reçoit le
point A, doit dès cet inftant être à chacune de celles-là
( *ax.* 8. ) comme cette diagonale AD du parallelogramme BC eft à chacun de fes côtez AC, AB, correfpondans.

## C O R O L L A I R E  I I.

C'eſt donc la même choſe ( *ax. 2.* ) que le point A ſoit pouſſé le long de AD par le concours d'action des puiſ-ſances E, F, ou qu'il y ſoit pouſſé par une ſeule puiſſan-ce ainſi dirigée, laquelle ſoit à celles-là comme AD eſt à AC, AB ; puiſque cette nouvelle puiſſance étant ( *Corol. 1.* ) égale à la réſultante du concours d'action de celles-là, & ( *hyp.* ) dirigée ſuivant la même AD qu'elle, feroit ſuivre cette ligne à ce point mobile A ( *ax. 2.* ) de la même vîteſſe que la force réſultante du concours d'action des ſuppoſées E, F, c'eſt-à-dire, de la même vî-teſſe que ces deux-ci la lui font ſuivre enſemble. Ainſi un point quelconque mû d'une vîteſſe uniforme auſſi quelconque, & en ligne droite AD, peut également l'avoir été par une ſeule puiſſance dirigée en ce ſens, ou par le concours de deux autres E, F, dirigées ſuivant les côtez AC, AB, d'un parallelogramme quelconque BC, dont cette ligne AD, ſoit la diagonale, & qui ſoient à cette puiſſance-là comme ces côtez correſpondans ſont à cette diagonale.

## C O R O L L A I R E  I I I.

Il ſuit auſſi de ce Lemme-ci, que ſi la force ou l'im-preſſion réſultante du concours d'action des deux puiſ-ſances E, F, dirigées ſuivant AP, AQ, ſe trouve diri-gée ſuivant AO, tout parallelogramme BC, dont la dia-gonale AD ſera ſur cette droite AO, & les côtez AC, AB, ſur AQ, AP, aura ces mêmes côtez AC, AB, entr'eux en raiſon des deux puiſſances E, F, dont ils ſont ( *hyp.* ) les directions : autrement l'impreſſion réſul-tante du concours d'action de ces deux puiſſances, ne ſe feroit pas ſuivant la diagonale AD du parallélogram-me BC, ainſi qu'on le ſuppoſe ; mais ( *Lem. 2.* ) ſuivant celle d'un autre parallelogramme, dont les côtez auſſi pris ſur les directions AQ, AP, de ces deux puiſſances E, F, ſeroient entr'eux comme ces mêmes puiſſances.

C

## COROLLAIRE IV.

Donc aussi lorsque l'impression résultante du concours d'action des puissances E, F, dirigées suivant AQ, AP, se fait suivant AO; tout parallelogramme BC, dont la diagonale AD fera sur cette droite AO, & ses côtez AC, AB, sur AQ, AP, aura cette diagonale AD à chacun de ces côtez AC, AB, comme cette impression résultante du concours d'action des puissances E, F, fera à chacune d'elles : puisque ces deux puissances E, F, étant alors entr'elles (*Corol.* 3.) comme ces côtez AC, AB, correspondans, feroient aussi pour lors à l'impression résultante de leur concours d'action, comme ces mêmes côtez AC, AB du parallelogramme BC, feroient à fa diagonale AD.

## COROLLAIRE V.

Le même raisonnement qui dans la démonstrat. du présent Lem. 2. vient de prouver que le point mobile A doit parcourir la diagonale AD par le concours d'action des deux forces E, F, supposées entr'elles comme les côtez AC, AB, du parallelogramme BC; suivant lesquels on les suppose aussi dirigées : ce même raisonnement, dis-je, prouvera que le même point A poussé à la fois par deux autres puissances dirigées suivant les côtez AM, AN, d'un autre parallelogramme quelconque MN qui auroit la même diagonale AD que celui-là, & entr'elles en raison de ces deux côtez AM, AN; parcourroit encore par leur concours d'action cette diagonale AD du parallelogramme MN dans le même tems que separément elles lui en feroïent parcourir les côtez, chacune celui suivant lequel elle feroit dirigée. De forte que si ces deux nouvelles forces suivant AM, AN, étoient aux deux premieres E, F, comme AM, AN, font à AC, AB, étant alors separément capables (*ax.* 8.) de faire parcourir au point A les côtez correspondans AM, AN, du parallelogramme MN, dans le même tems que les forces

E, F, feparément aussi lui feroient parcourir les correfpondans AC, AB du parallelogramme BC ; elles feroient
aussi ensemble parcourir à ce point A la diagonale commune AD dans le même tems que les deux forces E, F,
la lui feroient parcourir ensemble. Par consequent (*ax.* 8.)
la force résultante du concours d'action de ces deux-là,
feroit alors égale à la résultante du concours d'action de
ces deux-ci. Il en fera de même de toutes autres forces
qui agiroient deux à deux fur le même point A, fuivant
les côtez de tout autre parallelogramme qui auroit la
même diagonale AD, & qui feroient non feulement entr'elles comme les côtez de ce parallelogramme, fuivant
lefquels elles feroient dirigées ; mais encore aux autres
puissances prises de même deux à deux, comme ces côtez correspondans de ce parallelogramme aux correfpondans des leurs. D'où l'on voit ( *Corol.* 2. ) qu'il n'y a
point de mouvement uniforme en ligne droite, qui ne
puisse également être l'effet d'une feule puissance, ou du
concours d'action d'une infinité d'autres prises deux à deux
de cette maniere-là.

*Ce qu'on dit ici des mouvemens uniformes en lignes droites,*
*fe pourroit appliquer à toutes fortes d'autres mouvemens ;*
*mais cela nous écarteroit de notre fujet.*

## C O R O L L A I R E  VI.

Si le point mobile A, au lieu d'être poussé ( comme ci-
dessus) par deux forces ou puissances feulement, l'étoit
tout à la fois par tant de puissances quelconques qu'on
voudra, dirigées fuivant les lignes AC, AB, AM, AN,
&c. menées à volonté dans un ou plusieurs plans, lefquelles puissances fussent entr'elles comme ces lignes, &
consequemment ( *Ax.* 8. ) capables feparément de les
faire parcourir chacune la fienne à ce point A en tems
égaux. Si fous deux AC, AB, de ces deux lignes, choi-
fies à volonté, on fait le parallelogramme BC avec fa
diagonale AD ; enfuite fous AD, & fous celle AM qu'on
voudra des autres proportionnelles aux puissances fup-

poſées , le parallelogramme DM avec ſa diagonale AL ; de même ſous AL , & ſous celle AN qu'on voudra de ces proportionelles reſtantes , le parallelogramme LN avec ſa diagonale AP, &c. on verra ſuivant ce qui précede, que toutes ces forces ou puiſſances conſpireroient enſemble à faire parcourir au point A la derniere diagonale, qui eſt ici AP, dans le même tems que ſéparément elles lui feroient parcourir chacune celui des côtez de ces parallelogrammes , ſuivant lequel elle feroit dirigée.

Car ſuivant le preſent Lem. 2. ce point mobile A parcourroit la diagonale AD du parallelogramme BC en vertu de la force réſultante du concours des dirigées ſuivant AC, AB, dans le même tems que chacune de celles-ci lui en feroit parcourir ſeparément le côté AC ou AB ſuivant lequel elle eſt dirigée. De même ce point A parcourroit la diagonale AL du parallelogramme DM dans ce même tems par le concours de cette réſultante ſuivant AD , & de la dirigée ſuivant AM ; & conſequemment en vertu de la réſultante du concours des trois dirigées ſuivant AC, AB , AM. Pareillement ce même point A parcourroit encore AP pendant ce même tems , par le concours de cette derniere réſultante ſuivant AL, & de la dirigée ſuivant AN ; & conſequemment auſſi en vertu de la réſultante du concours des quatre dirigées ſuivant AC , AB, AM, AN ; & ainſi toûjours quelque ſoient le nombre , les directions & les quantitez ou les rapports des puiſſances qui agiſſent à la fois ſur ce point mobile A. D'où l'on voit que par le concours d'action de toutes, ce point A ſuivra toûjours la diagonale du dernier des parallelogrammes faits comme ci-deſſus, & la parcourra dans le même tems que chacune de ces puiſſances ſeparément lui auroit fait parcourir celui des côtez de ces parallelogrammes ſuivant lequel elle eſt dirigée.

COROLLAIRE VII.

Suivant le Corol. 1. la force du point A ſuivant AD

réfultante du concours des dirigées fuivant AC, AB,
étant à celles-ci comme AD eft à AC, AB ; ce que ce
point en a fuivant AL par le concours de cette réfultante fuivant AD, & de la dirigée fuivant AM, étant de
même à celles-ci comme AL eft à AD, AM ; ce qu'il en
a fuivant AP par le concours de la précedente fuivant
AL, & de la dirigée fuivant AN, étant pareillement à
celles-ci comme AP eft à AL, AN, &c. Il s'enfuit que
cette derniere force du point A fuivant AP, réfultante
du concours d'action de toutes fes fuppofées dirigées fuivant les côtez AC, AB, AM, AN, des parallelogrammes précedens, & entr'elles en raifon de ces côtez, fera
toûjours à chacune de celles-ci comme cette derniere
diagonale AP fera à chacun de ces côtez correfpondans ;
& ainfi de même des réfultantes du concours de tant d'autres puiffances quelconques qu'on voudra fuppofer agir
en même tems fur le point mobile A, quelqu'en foient
auffi les directions.

S C H O L I E.

I. On vient de voir dans la démonftration du prefent Figure
Lem. 2. que le point mobile A pouffé à la fois fuivant
AC, AB, par deux forces ou puiffances E, F, en raifon
de ces deux côtez AC, AB du parallelogramme ABCD
de la Fig. 1. doit fe mouvoir fuivant la diagonale AD de
ce parallelogramme, de même que fi mû de A vers B
par la force F le long de AB, qui fût une ligne mobile,
il étoit emporté en même tems par elle mûe parallelement à elle-même le long de AC vers CD d'une vîteffe
qui fût à celle de ce point A le long de cette ligne mobile
AB, comme AC eft à AB, ainfi que dans le Lemme 1.
Cela étant, ces deux Lemmes reçûs de tous les Géométres, deviendront fenfibles aux Phyficiens qui fça-
vent quelque chofe des proportions, fi au lieu du point
mobile A ils imaginent une Fourmi qui fe meuve uniformement de A vers B le long de la Régle AB, pendant que cette Régle coule de là uniformement, & pa-

C iij

rallelement à elle-même le long de AC vers CD, d'une vî-teſſe qui ſoit à la vîteſſe de la Fourmi ſur cette Régle, com-me AC eſt à AB; car tout le reſte demeurant le même que dans la Fig. 1. dont il s'agit ici, ces Phyſiciens verront alors de cette Fourmi, comme on l'a démontré du point mobile A dans le Lem. 1. que lorſque la Régle AB ſera arrivée en KH, la Fourmi aura parcouru KG ſur elle, & conſequemment ſera pour lors en G ſur la diagonale AD. Ils verront de même qu'en quelqu'autre endroit de AC que la Régle AB ſe trouve, la Fourmi ſera toû-jours ſur la diagonale AD, dans le point où cette dia-gonale ſera coupée par cette Régle; & enfin en D, lorſ-que cette Régle AB ſera en CD. On voit en cela deux mouvemens diſtincts de la Fourmi vers BD, CD, réunis en un ſuivant AD, & reciproquement.

_Fig. 2._ I I. Imaginons de plus dans la Fig. 2. du Corol. 6. que pendant que la Fourmi parcourt ainſi la diagonale AD du parallelogramme ACDB par le concours de ſes mou-vemens vers les côtez BD, CD de ce parallelogramme: imaginons, dis-je, que cette diagonale AD eſt alors em-portée parallelement à elle-même le long de AM d'un mouvement uniforme qui la porte en M pendant le même tems que la Fourmi employe à parcourir cette même AD; on verra encore, comme ci-deſſus, que cet-te Fourmi parcourra la diagonale AL du parallelogram-me ADLM dans ce même tems par le concours de ſes deux mouvemens ſuivant AD, AM : ainſi ſon mouve-ment ſuivant AD venant de réſulter (_art._ 1.) du con-cours de ſes mouvemens ſuivant AB, AC; on voit que ſon mouvement ſuivant AL doit ici réſulter du concours des trois ſuivans AB, AC, AM.

De même ſi pendant que cette Fourmi parcourt ainſi AL par le concours de ces trois mouvemens uniformes, cette ligne ou régle AL eſt tranſportée parallelement à elle-même ſuivant AN d'un mouvement auſſi uniforme qui lui faſſe parcourir AN pendant le tems qu'elle eſt elle-même parcourüe par la Fourmi; cette même Four-

mi parcourra aussi pendant ce même tems la diagonale
AP du parallelogramme ALPN par le concours de son
mouvement suivant AL, & de celui de cette Régle AL
suivant AN; & consequemment le mouvement de cette
Fourmi suivant AL venant de résulter des trois suivant
AB, AC, AM, celui qu'elle aura ici suivant AP, lui résultera des quatre uniformes suivant AB, AC, AM,
AN, qu'on lui voit effectivement avoir par rapport à
leurs paralleles en parcourant ainsi AP: il en sera toûjours de même jusqu'à la derniere diagonale de tout ce
qu'il pourroit y avoir ici d'autres parallelogrammes con-
struits comme dans le Corol. 6. De sorte qu'en parcourant ainsi cette derniere diagonale, cette Fourmi aura
à la fois toutes les déterminations exprimées par les directions de tout ce que ces parallelogrammes auront de
côtez par le point A, & avec des forces ainsi dirigées,
qui seront entr'elles comme ces côtez.

III. Voilà donc dans la nature tout le contenu du
present Lem. 2. & de ses Corollaires, fondement de toute la doctrine des mouvemens composez employez (comme j'ai déja dit) par Archimede dans la description de
la spirale, & par plusieurs autres Géometres du premier
ordre, tant anciens que modernes, pour la description
d'une infinité d'autres lignes courbes : voilà à la portée
de tout le monde une multiplicité de déterminations à la
fois dans un même corps, d'autant plus grande, qu'il y
aura ici plus de parallelogrammes faits, ou imaginez
faits de Régles mobiles comme ci-dessus. Cette multiplicité de déterminations à la fois dans un même corps,
s'offre même tous les jours aux yeux de tout le monde :
on la voit dans chaque clou, & même dans chaque point
de la circonference des roues de carosses, de chariots &
de charettes, qui avancent en roulant : on la voit dans
un homme qui dans un vaisseau y marche en tout autre
sens que celui du vaisseau : on la voit dans toutes les
parties de notre corps, lesquelles outre le mouvement
commun du marcher, ont encore leurs mouvemens par-

ticuliers : on la voit generalement dans tout corps mû
fur un autre, qui fe meut auffi lui-même fur un autre,
lequel fe meut encore fur un autre, celui-ci encore fur
un autre, & ainfi de tant de corps qu'on voudra, qui
tranfportez les uns par les autres, fe meuvent en fens
differens, dont celui qui eft porté par tous les autres, & qui n'en porte aucun, a toutes les déterminations à la fois. Cette multiplicité de déterminations dans
un même corps eft enfin fi fréquente dans la nature, où
une infinité de mouvemens réfultent du concours de plufieurs chocs, qu'il y a lieu de croire qu'il ne s'y fait
prefque rien que par des compofitions de mouvemens;
& qu'ainfi le prefent Lem. 2. n'eft pas feulement vrai,
mais auffi très-propre à expliquer la plûpart des mouvemens de la nature, & à déterminer ce qui les doit empêcher, & y caufer l'équilibre dont il s'agira dans la
fuite.

I V. Il faut pourtant avouer que ceux qui croyant
fur la parole de M. Defcartes, qu'il fe conferve toûjours
une égale quantité de mouvement dans le monde, pen-
fent qu'il ne s'y en détruit point du tout, ne s'accommo-
dent pas de ce Lemme 2. lequel prouvant ( *Corol. 1.*)
que la force réfultante du concours d'action de deux
autres quelconques dirigées fuivant les côtez de quelqu'angle que ce foit, eft toûjours moindre que la fomme de ces deux forces generatrices, & d'autant moindre que cet angle eft plus obtus, prouve auffi ( *Ax. 1.*)
qu'il doit toûjours alors y avoir une perte de mouvement
d'autant plus grande : ils font autant effrayez de cette
perte d'un fimple mode, que s'il s'agiffoit d'une fubftan-
ce anéantie. Mais qu'ils s'en prennent à la Nature & à
la raifon, qui démontre ce Lem. 2. Ou fi l'autorité de
M. Defcartes fait plus d'impreffion fur eux, qu'ils confi-
derent que ce grand Géometre encore plus que Philo-
fophe, a tellement admis ce Lemme, que c'eft fur lui
qu'il a établi tout ce qu'il a dit de la Reflexion & de la
Refraction de la lumiere dans fa Dioptrique, fans
compter

compter l'emploi qu'il en a fait dans plusieurs endroits
de ses Lettres, & ailleurs.

V. Ce qui doit pourtant consoler ces Cartesiens, c'est Fɪɢ. 2
que s'il se perd du mouvement dans les composez, il en
renaît aussi de nouveau dans leur décomposition, en vertu des differentes déterminations qu'on y a vûes dans les
art. 1. 2. 3. Car puisque le corps dur A, par exemple,
poussé en même tems par deux autres durs E, F, suivant les côtez AB, AC, du parallelogramme BC, avec
des forces capables separément chacune de lui faire parcourir chacun de ces côtez en tems égaux, en parcourroit ( *Démonstr. du Lem.* 2.) par leur concours, & en pareil tems la diagonale AD, de même que si au lieu d'être
ainsi poussé, il parcouroit de A vers B, la Régle AB de
la vîtesse que le seul corps F lui auroit donnée en ce
sens, pendant que cette Régle toûjours parallele à elle-
même, l'emporteroit vers CD de la vîtesse que le seul
corps E auroit donnée vers là à ce corps A : il est visible
que lorsque ce corps A arrivera en D avec la Régle
AB en CD, s'il y rencontre deux autres corps durs
*f*, *e*, sur les lignes CD, BD, prolongées, son mouvement
suivant cette Régle AB, c'est-à-dire alors, suivant CD,
lui fera pousser en ce sens le corps *f* de la force dont il
la parcourt ; & que celui qu'il a avec cette Régle suivant
BD, lui fera pareillement pousser en ce sens le corps
*e* de la force dont ce corps A se meut avec cette Régle.
Donc ces corps *f*, *e*, doivent effectivement être poussez
par le corps A en arrivant en D suivant AD par le concours d'action des corps F, E, qui ( *Hyp.* ) le choquent à
la fois. Par consequent la force qui lui résulte du concours de celles qu'il communique ainsi aux corps *f*, *e*,
étant moindre ( *Corol.* 1. ) que leur somme, & égale à ce
qu'il en perd par cette communication qu'on voit résulter de son choc contre ces deux corps *f*, *e*, à la fois ; il
suit qu'alors il leur communique plus de force, & consequemment aussi ( *Ax.* 1. ) plus de mouvement qu'il n'en
perd par cette communication. Donc s'il y a ( *art.* 4. ) du

D

mouvement perdu dans le choc simultanée des deux
corps E, F, contre le corps A, il y en a aussi de regagné
dans le choc de ce corps A contre les deux corps *e*, *f*, à
la fois.

VI. Il est vrai qu'il ne leur en donne pas tant que
les corps E, F, en ont perdu en le choquant : un corps
dur qui en choque un autre pareillement dur, ne lui
communiquant jamais tout son mouvement : mais les
corps *e*, *f*, en pourront de même (*art.* 5.) donner à d'autres plus qu'ils n'en perdront, ceux-ci encore à d'autres,
& ainsi à l'infini ; outre que ce gain pourroit même se
faire sans aucune perte précedente, si le corps A étoit
poussé suivant AD contre les corps *e*, *f*, par une seule
force simple égale à la résultante du concours des chocs
de E, F, contre lui, l'effet de cette force unique étant la
même chose (*Corol.* 2.) que celui de ce concours. D'où
l'on voit dans le choc des corps durs, que par cette décomposition (*art.* 5.) de mouvemens il peut fort bien y
avoir à peu près autant de gain de forces ou de mouvemens, que de perte (*art.* 4.) par leur composition ; ce
qui suffit pour l'explication des Phenomenes. Des corps
à ressort l'auroient fait voir dans une moindre suite de
chocs ; mais il auroit fallu toûjours revenir aux petits
corps durs qui en causent le ressort.

Une telle compensation de gain & de perte de mouvement, pouvant en conserver dans le monde une quantité moralement égale ; les Cartesiens effrayez de ce qui
s'en perd (*Corol.* 1.) dans les mouvemens composez, doivent se rassûrer d'autant plus que cette égalité morale
est suffisante & beaucoup plus propre pour l'explication
des Phenomenes, que la Métaphysique & rigoureuse supposée par M. Descartes pour l'établissement des Régles
du mouvement, dont la plûpart se trouvent fausses par
les autres principes même de cet Auteur.

Au reste, je ne me suis tant étendu ici sur cet article,
que pour satisfaire un Cartesien que la perte de mouvement qui se fait (*art.* 4.) dans les composez, a soulevé

contre ces fortes de mouvemens dans les *Nouvelles de la Republique des Lettres* du mois d'Avril 1705. art. 2. pag. 389. & suiv.

*Quoique les Lemmes & les Corollaires qui précedent, ne foient que pour des points mûs chacun par le concours de plufieurs puiffances quelconques dirigées à volonté ; l'application qu'on vient de faire à des corps dans le Scholie précedent, ne laiffe pas de valoir, ces corps pouvant être pris fi petits qu'on voudra. Voici prefentement pour toutes fortes de corps, grands ou petits, mûs de même par le concours de plufieurs puiffances quelconques dirigées à volonté.*

## LEMME III.

*Soit prefentement un corps quelconque EFGH fans pefan-teur, pouffé par le concours de deux puiffances E, F, appli- quées comme l'on voudra en E, F, fuivant de directions EC, FB, qui faffent entr'elles en A quelque angle CAB que ce foit, dont les côtez AC, AB, foient entr'eux comme ces puif-fances E, F. foit de ces côtez fait le parallelogramme ABDC, fur la diagonale AD, duquel foit MN perpendiculaire en A, & rencontrée en M, N, par BM, CN, paralleles à cette dia-gonale AD, fur laquelle prolongée (s'il eft neceffaire) foient auffi BP, CQ, perpendiculaires en P, Q. Cela fait, & la diagonale AD (prolongée ou non) paffant par quelqu'un des points du corps EFGH, je dis.*

FIG. 4. 5. 6. 7.

*I. Que ce corps EFGH reçoit de chacune des puiffances E, F, deux impreffions à la fois : fçavoir, de la feule puiffan-ce E, deux impreffions fuivant AQ, AN, dont les forces font à cette puiffance E, comme ces côtez AQ, AN du pa-rallelogramme NQ font à la diagonale AC ; & de même de la puiffance F, deux impreffions fuivant AP, AM, dont les forces font auffi à cette puiffance F, comme ces côtez AP, AM, du parallelogramme AP font à la diagonale AB.*

*II. Que ce que la puiffance E employe de force, ou fait d'effort fuivant AD fur ce corps EFGH, eft à ce que la puif-*

fance F en fait fur lui fuivant la même ligne, pour ou contre, comme A*Q*, eft à A P.

III. Que le furplus de force fuivant AN, AM, des puiffances E, F, fe détruit ou s'empêche toûjours mutuellement.

IV. Qu'enfin le corps EFGH ainfi pouffé par ces deux
puiffances E, F, à la fois, parcourra la diagonale A D du parallelogramme B C, ou la valeur de cette diagonale fuivant
fa direction de A vers D, par le concours d'action de ces deux
puiffances E, F, dans le même tems que feparément elles lui
auroient fait parcourir les côtez correfpondans A C, A B, de
ce parallelogramme, ou des longueurs équivalentes à ces côtez fuivant leurs directions de A vers C, B.

## Démonstration.

Part. I. Soient ET, EV, perpendiculaires en T,
V, à CN, CQ, prolongées; & FR, FS, perpendiculaires auffi en R, S, à BM, BP, prolongées, s'il eft neceffaire. (*Corol.* 2. *du Lem.* 2.) La puiffance E dirigée (*Hyp.*)
fuivant EC, fait feule fur le point E du corps EFGH la
même impreffion que deux autres puiffances feroient enfemble fur ce point, l'une fuivant EV, l'autre fuivant
ET, à chacune defquelles dirigées fuivant ces lignes, la
puiffance E feroit comme EC à chacune de ces mêmes
lignes EV, ET. Le corps EFGH reçoit donc en fon point
E deux impreffions differentes à la fois de la feule puiffance E : fçavoir, une fuivant EV, ou AQ, d'une force
qui eft à celle de cette puiffance E (*Lem.* 2. *Corol.* 1.)
:: EV. EC :: AQ. AC. Et l'autre fuivant ET ou AN,
d'une force qui eft auffi à cette même puiffance E (*Lem.*
2. *Corol.* 1.) :: ET. EC :: AN. AC. On démontrera de
même que ce même corps EFGH reçoit en fon point E
deux impreffions differentes à la fois de la feule puiffance F : fçavoir, une fuivant FS ou AP, d'une force qui
eft à celle de cette puiffance F :: FS. FB :: AP. AB. Et
l'autre fuivant FR, ou AM, d'une force qui eft auffi à
cette même puiffance F :: FR. FB :: AM. AB. *Ce qu'il*
*falloit* 1°. *démontrer.*

PART. II. Cela étant, si l'on appelle Q, N, ce que
la puissance E employe ainsi de forces ou fait d'efforts
suivant AQ, AN, sur le corps EFGH; & P, M, ce que
la puissance F en fait de même sur lui suivant AP, AM;
l'on aura ici Q.E :: AQ. AC. Et P.F. :: AP. AB. Donc
( en raison ordonnée entre ces deux dernieres analogies )
l'on aura ici P. E :: AP. AC. ou E. P :: AC. AP. Donc
aussi ( en raison ordonnée entre cette derniere analogie
& la premiere de toutes ) l'on aura pareillement ici
Q. P :: AQ. AP. C'est-à-dire, suivant les noms précedens,
que ce que la puissance E employe de force ou fait d'effort ( Q ) sur le corps EFGH suivant la diagonale AD,
dit parallelogramme BC, est à ce que la puissance F en
fait ( P ) sur ce corps suivant la même direction sur ce
corps en même sens, ou en sens contraire, comme AQ
est à AP. *Ce qu'il falloit 2.º. démontrer.*

PART. III. La Part. 1. donnant encore suivant les
noms précedens de la Part. 2. N. E :: AN. AC. Et M. F
:: AM. AB. La supposition qu'on fait ici de F. E :: AB,
AC. donnera ( en raison ordonnée entre ces deux dernieres analogies ) M. E :: AM. AC. ou E. M : : AC. AM.
Donc ( en raison encore ordonnée entre cette derniere
analogie, & la premiere de toutes celles-ci ) l'on aura pareillement ici N. M :: AN. AM. De sorte que les triangles ( *constr.* ) semblables APB, DQC, qui ont AB=CD,
& AB. CD :: BP. CQ :: AM. AN. donnant ainsi AM=
AN, donnent aussi M=N : c'est-à-dire, les efforts M, N,
suivant AM, AN, des puissances F, E, non seulement
directement contraires, mais encore toûjours égaux entr'eux. Donc ( *Ax.* 3. ) ces efforts M, N, se détruisent
ou s'empêchent toûjours mutuellement. *Ce qu'il falloit*
*3.º démontrer.*

PART. IV. Puisque la Part. 2. donne Q. P :: AQ.
AP. l'on aura aussi Q. Q+P :: AQ. AQ+AP. Mais on
voit dans cette Part. 2. que la Part. 1. donne E. Q :: AC.
AQ. Donc ( en raison ordonnée ) E. Q+P :: AC. AQ+
AP. Or le parallelogramme BC, & les angles ( *constr.* )

D iij

droits en P, Q, rendant les triangles APB., DQC, femblables & égaux en tout, donnent AP＝DQ. Donc auffi E. Q + P :: AC. AQ ± DQ. fçavoir , E. Q＋P :: AC. AQ＋DQ :. AC. A D. dans les Fig. 4. 6. Et E. Q—P :: AC. AQ—DQ :: AC. AD. dans les Fig. 5. 7. Or ( *Part.* 1. 2. 3. ) la fomme Q＋P des forces P, Q, dans les Fig. 4. 6. & leur difference Q—P dans les Fig. 5. 7. eft tout ce que les puiffances E, F, dirigées fuivant leurs proportionnelles AC, AB, en impriment par leur concours d'action au corps EFGH. Donc ce corps fera ici pouffé de A vers D fuivant AD par le concours de ces deux puiffances E, F, & d'une force à laquelle elles feront comme les côtez correfpondans AC, AB du parallelogramme ABCD font à la diagonale AD. Donc auffi ( *Ax.* 8. ) ce corps EFGH, libre d'ailleurs, parcourra la diagonale AD du parallelogramme BC, ou une longueur équivalente fuivant la même direction de A vers D, par le concours d'action de ces deux puiffances E, F, dans le même tems que chacune d'elles feparément lui auroit fait parcourir les côtez correfpondans AC, AB, de ce parallelogramme, lefquels leur font ( *Hyp.* ) proportionnels, ou des longueurs équivalentes fuivant leurs directions de A vers C, B. *Ce qu'il falloit 4°. démontrer.*

## COROLLAIRE I.

Des forces égales fuivant les mêmes directions ayant ( *Ax.* 2. ) les mêmes effets, c'eft la même chofe que le corps EFGH foit pouffé en fes points E, F, par les puiffances E, F, fuivant EC, FB, ou qu'il foit tiré en fes points G, H, par les mêmes puiffances, ou par d'égales fuivant les mêmes directions GC, HB. Donc foit que ce corps EFGA foit pouffé, ou tiré à la fois vers C, B, fuivant les directions AC, AB, par deux puiffances E, F, ou G, H, qui foient entr'elles comme ces côtez du parallelogramme ABCD.

1°. Ces deux puiffances E, F, lui donneront enfemble par leur concours d'action ( *Part.* 4. ) une impreffion

ou force de A vers D suivant la diagonale AD de ce
parallelogramme BC, capable de la lui faire parcourir,
ou une longueur équivalente en même sens de A vers
D., dans le même tems que chacune d'elles separément
lui auroit fait parcourir chacun des côtez AC, AB de
ce parallelogramme, lesquels leur sont ( *Hyp.* ) proportionnels; & consequemment les directions de ces deux
puissances E, F, & de la force résultante de leur concours, seront toutes trois dans un même plan.

2°. Cette force résultante du concours de ces deux
puissances E, F, ou G, H, à ce corps AFGH suivant
cette diagonale AD du parallelogramme BC, sera donc
( *Ax.* 8. ) à chacune de ces deux puissances, comme cette
diagonale AD à chacun des côtez correspondans AC,
AB de ce parallelogramme, proportionnels ( *Hyp.* ) à ces
puissances, desquelles ils sont aussi ( *Hyp.* ) les directions.

3°. Ce que chacune de ces deux puissances E, F, ou
G, H, employe de force ou fait d'effort suivant cette
même ligne AD en même sens dans les Fig. 4. 6. ou en
sens contraires dans les Fig. 5. 7. est ( *Part.* 2. ) à chacune d'elles comme chacune des parties AQ, AP, de
cette même ligne AD, prolongée dans les Fig. 5. 7. est à
chacun des côtez correspondans AC, AB du parallelogramme ABCD.

4°. Ce que ces deux puissances E, F, ou G, H, employent de force sur le corps EFGH suivant AD, étant
tout ce que leur concours d'action sur lui leur en laisse;
puisque ( *Part.* 3. ) le surplus de ce qu'elles en auroient
separément suivant AN, AM, se détruit ou s'empêche
mutuellement par son égalité & contrarieté directe : si
l'on arrête ou détruit aussi cette force ou impression commune suivant AD, en lui opposant directement un obstacle invincible, ou du moins qui lui soit égal en quelque point X, où cette direction AD prolongée rencontre le corps E, F, G, H; ces deux puissances E, F, ou
G, H, demeureront en équilibre entr'elles avec ce corps
en repos sur cet appui X, sans qu'aucune d'elles se puisse

faire pancher ou mouvoir d'aucun côté, chacune d'elle
se trouvant alors entierement épuisée de force par une
extinction de leurs composantes suivant AN, AQ, pour
la premiere E ou G de ces deux puissances, & suivant
AM, AP, pour la seconde F ou H.

5°. Enfin de ce que les efforts de A vers D suivant
AD, des puissances E, F, sont en general (*Part. 2.*)
: : AQ. AP : : : : AQ×AD. AP×AD. Il suit que si l'angle
BAC des directions de ces puissances est droit, par exem-
ple, dans quelqu'une des Fig. 4. 6. un tel angle rendant
$\overline{AC}^2$=AQ×AD, & $\overline{AB}^2$=AP×AD, les efforts suivant
AD, de ces deux puissances E, F, seront aussi pour lors
entr'eux : : $\overline{AC}^2$. $\overline{AB}^2$. c'est-à-dire ( *nomb. 2.* ) comme les
quarrez de ces mêmes puissances.

## COROLLAIRE II.

Il suit de ce Corol. 1. nomb. 1. que tant que les directions de deux forces ou puissances qui agissent ensemble sur un même corps, feront ensemble quelqu'angle
entr'elles, ce corps doit se mouvoir suivant une troisiéme ligne à travers de cet angle du côté que ces deux forces ou puissances conspirent à le pousser ou à le tirer,
à moins que quelque obstacle ne s'y oppose comme dans
le nomb. 4. de ce Corol. 1. Par conséquent s'il arrive
que ce corps ainsi poussé ou tiré demeure en repos, sans
que rien d'ailleurs l'empêche d'être mû par le concours
d'action des deux puissances qui le poussent ou le tirent,
il faut,

1°. Que ces deux puissances soient dirigées suivant
une même ligne droite.

2°. Qu'elles y agissent en sens contraires ; autrement
elles s'accorderoient à le mouvoir suivant cette ligne.

3°. Qu'elles soient égales entr'elles ; autrement il s'y
meuvroit encore ( *Ax. 5.* ) dans le sens de la plus forte
des deux.

Ainsi lorsqu'un corps poussé ou tiré par deux forces
à la

à la fois, ne laiſſe pas de demeurer en repos, & elles en
équilibre ſur lui, ſans qu'aucun obſtacle étranger les y
retienne comme dans le nomb. 4. du Corol. 1. ou autrement ; il faut neceſſairement alors que ces deux forces
agiſſent en ſens contraires ſuivant une même ligne droite, & qu'elles ſoient égales entr'elles.

## COROLLAIRE III.

Il ſuit de même du Corol. 1. nomb. 1. qu'un poids attaché au bout d'une corde accrochée par l'autre bout à
un clou, ou ſur un pieu mobile autour d'un appui, &
ſans autre obſtacle que la réſiſtance de cette corde ainſi
attachée, ou de ce pieu ainſi appuyé, ne s'arrêtera en
repos que lorſque la direction de ſa peſanteur ſera en ligne droite avec la leur ; & qu'alors leurs réſiſtances ſeront égales chacune à ſa peſanteur.

## COROLLAIRE IV.

Il ſuit de plus du Corol 1. nomb. 1. que non ſeulement
l'impreſſion réſultante du concours d'action des puiſſances E, F, ou G, H, dirigées ſuivant les côtez AZ, AY,
d'un angle quelconque ZAY, doit le faire ſuivant une
ligne droite AO, qui paſſe à travers cet angle ; mais encore que tout parallelogramme BC, dont la diagonale
AD ſera ſur cette droite AO, & les côtez AC, AB, ſur
AZ, AY, aura ces mêmes côtez AC, AB, entr'eux en
raiſon des puiſſances E, F, en G, H, dont ils ſont ( *Hyp.* )
les directions : autrement l'impreſſion réſultante du concours d'action de ces deux puiſſances ſur le corps EFGH,
ne ſe feroit pas ſuivant la diagonale AD du parallelogramme BC ; ce qui eſt contre l'hypotheſe : mais ( *Corol.*
*1. nomb.* 1. ) ſuivant celle d'un autre parallelogramme,
dont les côtez pris auſſi ſur les directions AZ, AY, de
ces deux puiſſances E, F, ou G, H, ſeroient entr'eux en
raiſon de ces deux mêmes puiſſances.

E

## COROLLAIRE V.

Donc aussi lorsque l'impression résultante au corps
EFGH du concours d'action de ces deux puissances E,
F, ou G, H, dirigées suivant AZ, AY, se fait suivant
AO, tout parallelogramme BC, dont la diagonale AD
est sur AO, & les côtez AC, AB, sur AZ, AY, aura
cette diagonale AD à chacun de ces côtez AC, AB,
comme l'impression résultante du concours de ces deux
puissances E, F, ou G, H, sera à chacune d'elles; puisque ces deux puissances étant alors entr'elles ( *Corol.* 4. )
comme ces côtez correspondans AC, AB, sont aussi
( *Corol.* 1. *nomb.* 2. ) à l'impression résultante de leur concours d'action sur le corps EFGH, comme ces mêmes
côtez AC, AB, du parallelogramme BC sont à sa diagonale AD.

## COROLLAIRE VI.

Il suit aussi du Corol. 1. nomb. 2. que le corps EFGH
ainsi poussé ou tiré suivant AD, par le concours des
puissances E, F, ou G, H, dirigées suivant leurs proportionnelles AC, AB, l'est de même que s'il l'étoit en ce
sens de A vers D suivant la même AD par une seule
puissance qui fût à chacune de ces deux-là comme cette
diagonale AD du parallelogramme BC est à chacun de
ses côtez correspondans AC, AB; & reciproquement.

D'où l'on voit que la pesanteur d'un corps suivant la
direction AD, ne fait sur lui que ce qu'y feroient ensemble deux puissances ou forces dirigées suivant les côtez AC, AB, d'un parallelogramme quelconque BC,
dont cette direction AD seroit diagonale, & qui feroient
à la pesanteur de ce corps comme ces côtez AC, AB,
feroient à cette diagonale AD. Et comme cette diagonale peut être celle d'une infinité de parallelogrammes
differens, on voit aussi que la pesanteur d'un corps pourroit résulter d'un concours d'une infinité de forces prises
ainsi deux à deux : & comme chacune de celles-ci pour-

roit de même réfulter de deux autres , chacune defquelles pourroit auffi réfulter de deux autres , & ainfi à
l'infini ; il eft vifible que la pefanteur d'un corps lui peut
réfulter du concours de plufieurs forces differentes iffues
de chocs faits contre lui par plufieurs parties à la fois du
fluide dans lequel il pefe ou tombe ; il y a même bien de
l'apparence que c'eft la caufe de fa pefanteur.

## COROLLAIRE. VII.

Suivant le précedent Corol. 6. un corps dur A fans pe- Fig. 8.
fanteur, pouffé par une feule force ou puiffance E fuivant ED , oblique à un plan dur & immobile GH , que
ce corps rencontre en C, l'étant de même que s'il l'étoit
par le concours de deux puiffances ou forces dirigées fuivant les côtez AC, AB du parallelogramme rectangle
BC, lefquelles fuffent à la puiffance E comme ces côtez
font à la diagonale AD de ce parallelogramme. Ce plan
GH étant directement oppofé à celle de ces deux autres
forces, qui feroit fuivant AC, & nullement à celle qui
feroit fuivant AB , recevroit & foûtiendroit ( *Ax. 3.* )
tout le coup de la premiere, fans rien recevoir ni foûtenir de la feconde. Donc,

1°. Le corps A pouffé de la force E fuivant ED ou AD,
frapperoit en C le plan GH d'une force qui feroit à cel-
là, comme AC eft à AD.

2°. Il couleroit après cela de C vers H fuivant CH
de la force qui lui refteroit feule & toute entiere fuivant
AB, laquelle feroit à la force E , comme AB , ou CD
eft à AD.

## COROLLAIRE VIII.

Donc pour qu'un corps pouffé ou tiré demeure en repos fur un plan, il faut qu'il le foit fuivant une perpendiculaire à ce plan en un point où il le touche, ou compris entre ceux où il le rencontre ; & réciproquement fi ce
corps eft ainfi pouffé ou tiré contre ce plan , il y doit
( *Ax. 3.* ) demeurer en repos, n'ayant ( *Hyp.* ) que cette

impreſſion ou force perpendiculaire, à laquelle la réſiſtance invincible du plan eſt alors directement oppoſée.

## COROLLAIRE IX.

Tout cela, c'eſt-à-dire, tout ce qu'on voit du plan
GH dans les Corol. 7. 8. ſe doit auſſi entendre d'une ſurface quelconque immobile MCN, touchée en C par ce
plan perpendiculaire ( *Hyp.* ) à la direction AC de ce que
le corps A a de force en ce ſens, c'eſt-à-dire, d'une ſurface courbe perpendiculaire en C à cette direction ; puiſque c'eſt par la réſiſtance directement oppoſée de ce
point ou élement commun à cette ſurface courbe quelconque MCN, & à ſon plan touchant GH, que ce plan
ſoûtient ( *Ax.* 3. ) toute la force du corps A ſuivant AC,
ſans s'oppoſer en aucune maniere à ſa force ſuivant AB,
ou CH. D'où l'on voit que ce corps A pouſſé ſuivant ED,
ou AD par la force E, rencontrant ainſi perpendiculairement en C la ſurface courbe & immobile MCN, devroit continuer ſon mouvement ſuivant la tangente GH
de cette même courbe, & demeurer & ſur l'une & ſur
l'autre en repos en C, s'il n'étoit pouſſé ou tiré contr'elles
que ſuivant leur commune perpendiculaire AC, à l'extrêmité C de laquelle il le touchât.

## COROLLAIRE X.

FIG. 9.<br>PLANC. 2.<br>FIG. 10.

Soit preſentement le corps EFGH pouſſé ou tiré à la
fois par tant de puiſſances E, F, G, H, &c. qu'on voudra, ſuivant des directions quelconques EC, FB, GM,
HN, &c. rencontrées chacune par quelqu'une d'entr'elles, ou par quelqu'une de celles des forces réſultantes du
concours de deux ou de pluſieurs puiſſances propoſées.
Soit le parallelogramme BC, dont les côtez AC, AB, pris
ſur les directions concourantes en A des puiſſances E, F,
ſoient entr'eux comme ces mêmes puiſſances, & dont la
diagonale DA prolongée rencontre en K la direction GM
de la puiſſance G. Soit priſe ſur elle KR=AD, & KM.
AC :: G. E. De ces deux côtez KR, KM, ſoit fait le pa-

rallelogramme RM dont la diagonale KL rencontre en S
la direction NH de la puiſſance H. Soit auſſi priſe SQ=
KL, & SN. AC:: H. F. De ces deux côtez SQ, SN,
ſoit pareillement fait le parallelogramme NQ de la diagonale SP, duquel on ſe ſervira comme l'on vient de
faire des autres AD, KL, s'il y a davantage de puiſſances ; & toûjours de même en quelque nombre qu'elles
ſoient.

Cela fait, il ſuit des nomb. 1. 2. du Corol. 1. que le
corps EFGH, ainſi pouſſé ou tiré par toutes ces puiſſances à la fois, le ſera toûjours par leur concours ſuivant
la diagonale du dernier des parallelogrammes faits comme ci-deſſus, & d'une force qui ſera à chacune de ces
puiſſances E, F, G, H, &c. comme cette derniere diagonale (qui eſt ici SP) à chacune de leurs proportionnelles
AC, AB, KM, SN, &c.

Car ſelon les nomb. 1. 2. du Corol. 1. l'impreſſion réſultante du concours des puiſſances E, F, au corps EFGH,
eſt ſuivant AD, ou KR, & d'une force qui eſt à la puiſſance E:: AD. AC (à cauſe de KR=AD):: KR. AC,
Mais (*Hyp.*) E. G:: AC. KM. Donc (en raiſon ordonnée) la force réſultante du concours des deux puiſſances E, F, au corps EFGH ſuivant KR, eſt à la force ou
puiſſance G:: KR. KM. Donc auſſi (*Corol.* 1. *nomb.* 1. 2.)
l'impreſſion réſultante à ce corps du concours de ces deux
dernieres forces, c'eſt-à-dire, du concours des trois E,
F, G, eſt ſuivant KL ou SQ, & d'une force qui eſt à
la puiſſance G:: KL. KM (à cauſe de SQ=KL):: SQ.
KM. Mais (*Hyp.*) G. E:: KM. AC. Et E. H:: AC. SN.
Donc le corps EFGH eſt pouſſé ou tiré ſuivant SQ par
le concours des trois puiſſances E, F, G, d'une force
qui eſt à la puiſſance H:: SQ. SN. Donc auſſi (*Corol.* 1.
*nomb.* 1. 2.) ce corps eſt pouſſé ou tiré ſuivant SP par
le concours de ces deux forces-ci, c'eſt-à-dire, par le
concours des quatre E, F, G, H, d'une force qui eſt à
la puiſſance H :: SP. SH. Et conſequemment qui eſt à
chacune des quatre E, F, G, H, du concours deſquel-

les on la voit réſulter, comme SP eſt à chacune de leurs
proportionnelles AC, AB, KM, SN; & ainſi de tant
d'autres qu'on voudra, ainſi qu'on le vient d'avancer.

### COROLLAIRE XI.

Suivant cela le corps EFGH ici pouſſé ou tiré ſuivant
SP par le concours des puiſſances E, F, G, H, dirigées
ſuivant AC, AB, KM, SN, & en même raiſon entr'elles que ces côtez des parallelogrammes BC, MR, NQ,
l'eſt de même ( *Ax. 2.* ) qu'il le ſeroit par une ſeule puiſſance dirigée de S vers P ſuivant cette derniere diagonale SP, & qui fût à chacune des précedentes E, F, G,
H, comme SP eſt à chacune de leurs proportionnelles
AC, AB, KM, SN; puiſque ( *Corol.* 10. ) cette nouvelle
puiſſance ſuivant SP, ſeroit égale à la réſultante en ce
ſens du concours d'action de toutes celles-là.

### COROLLAIRE XII.

Donc ſi l'on place en quelque point X de rencontre
du corps EFGH par la derniere diagonale SP, un appui
ou une puiſſance directement contraire ſuivant XS à la
force réſultante du concours des précedentes E, F, G,
H, ſuivant cette derniere diagonale SP, & d'une puiſſance ou force égale à cette réſultante; cet appui ou cette puiſſance X ( *Corol.* 1. *du princ. gener.* ) retiendra le
tout en équilibre ou en repos: & reciproquement, ſi cet
appui ou cette puiſſance contraire retient ainſi le tout
en repos, il faut ( *Ax.* 4. ) que lui ou elle ſoit d'une réſiſtance ou force égale à la réſultante du concours des
puiſſances E, F, G, H, & ſuivant la ligne de direction
PS de cette force réſultante à contre-ſens.

### COROLLAIRE XIII.

FIG. 4. 5.
6. 7.
Lorſque toutes les forces concourantes E, F, G, H,
ſe réduiſent à deux E, F, comme dans les Fig. 4. 5. 6. 7.
du preſent Lem. 3. alors AD étant la premiere & la derniere des diagonales trouvées dans le Corol. 10. ce qu'on

vient de voir de SP dans les Fig. 9. 10. fe doit dire auffi
de AD dans les Fig. 4. 5. 6. 7. Par confequent ( *Corol.*
12. ) fi l'on place en quelque point X de ceux où la diagonale AD rencontre le corps EFGH , un appui ou une
puiffance directement contraire fuivant AD à la force
réfultante du concours des deux E , F , fuivant la même
AD , & d'une réfiftance ou force égale à cette réfultante à contre-fens ; cet appui ou cette puiffance X retiendra le tout en équilibre conformément au nomb. 4. du
Corol. 1. Et reciproquement fi le tout eft ainfi retenu en
équilibre par cet appui ou par une puiffance, cet appui
doit être d'une réfiftance, ou cette puiffance d'une force égale à la réfultante du concours des puiffances E , F,
& fuivant la direction DA de cette force réfultante à
contre-fens. D'où l'on voit que cet appui ou la puiffance fubftituée en fa place contre la force réfultante du
concours des puiffances E , F, doit être alors dans leur
plan, c'eft-à-dire , avoir fa réfiftance dans le plan des
directions des puiffances E , F, & une direction qui paffe
à travers l'angle BAC de celles-là.

COROLLAIRE XIV.

Donc auffi trois puiffances E , X , F, appliquées comme
l'on voudra à un même corps DE ne peuvent demeurer
en équilibre entr'elles, & le tenir ainfi en repos, à moins
que leurs trois directions ne paffent le long d'un même
plan , par un même point, chacune à travers l'angle
compris entre les deux autres ; ce qu'on verra dans la
fuite s'étendre jufqu'au parallelifme de ces trois directions entr'elles: puifque celle X de ces trois puiffances
qui réfiftera feule aux deux autres , doit ( *Corol.* 12. )
avoir pour cet équilibre une direction qui foit la même
à contre-fens que celle AD de la force réfultante du
concours des deux autres E , F, & confequemment une
direction XA qui ( comme AD ) paffe par le concours A
des directions AC , AB, de ces deux autres puiffances E ,

F, dans le plan de ces deux directions-ci, & à travers leur angle BAC.

### Corollaire XV.

*Fig. 11. 12.*   D'où l'on voit que si un poids BCGH, dont DX soit la direction de la pesanteur qu'on lui suppose presentement, est soutenu par deux puissances E, F, avec des cordes EC, FB; la direction DX prolongée de ce poids ainsi en équilibre avec ces deux puissances, passera toûjours par le concours A de leurs directions prolongées EC, FB, dans leur plan, & à travers leur angle BAC; puisque sans cela ces deux puissances E, F, & la pesanteur de ce corps, qui en est une troisiéme, ne seroient point ( *Corol.* 14. ) en équilibre entr'elles ; ce qui est contre l'hypothese.

Ce sera la même chose ( *Ax.* 2. ) si au lieu des deux puissances E, F, on suppose deux clous en leur place, ausquels leurs deux cordes soient accrochées.

### Corollaire XVI.

*Fig. 12.*   Donc aussi le poids BCGH de la Fig. 12. suspendu à un seul clou A par le moyen de deux cordes CA, BA, qui y seroient accrochées, n'y peut être en équilibre ou en repos que lorsque sa direction DX passera par ce point de concours A, puisque ( *Ax.* 2. ) ce clou ou crochet A résisteroit ici suivant AC, AB, au poids BCGH, comme feroient les deux puissances E, F, en équilibre avec lui, si toutes deux en ce point A, elles lui étoient appliquées suivant les mêmes directions EC, FB.

### Corollaire XVII.

*Fig. 11.*   De même dans la Fig. 11. les puissances E, F, résistant au poids BCGH par le moyen des cordes EC, FB, comme feroient ( *Ax.* 2. ) deux pieux AG, AH, suivant les mêmes directions; ce poids BCGH ne peut demeurer non plus ( *Corol.* 15. ) en équilibre ou en repos sur ces deux pieux appuyez en A, que lorsque la direction DX passera

par

par ce point de concours A , fur lequel on fuppofe ces
deux pieux mobiles fans pouvoir glisser.

## COROLLAIRE XVIII.

Il en feroit de même non feulement dans la Fig. 11. Fig. 11.
fi ces deux pieux, au lieu d'être appuyez en A, l'étoient
en M, N, fur un plan ou furface fixe quelconque PQ,
fur laquelle ils ne puffent que fe mouvoir autour de ces
deux points M , N, fans glisser ; mais encore dans la Fig.
12. fi MG, NH, y étoient deux pieux ainfi appuyez en
M , N, fur la furface fixe PQ , & que leurs directions
concouruffent en A : on prouvera, dis-je, de même encore que le poids BCGH, ne peut point du tout être en
repos fur ces deux pieux des Fig. 11. 12. foit que les
directions de ces pieux concourent haut ou bas, à moins
que celle DX de ce poids ne passe par leur point de concours A.

## COROLLAIRE XIX.

Si l'on imagine prefentement en équilibre entr'elles Fig. 13.
quatre puissances E, H, G, F, appliquées à autant de
cordons CE, CH, BG, BF, attachez deux à deux aux
extrêmitez C, B, d'une autre corde , ou verge CB, &
qui prolongées concourent auffi deux à deux en deux
autres points quelconques AD ; il fuit encore du précedent Corol. 14. que l'effort réfultant du concours d'action des deux puissances H , G, de directions concourantes en D, & le réfultant du concours d'action des deux
puissances E, F, de directions concourantes en A , auront DA pour direction commune en fens contraires ;
puifque l'effort réfultant du concours d'action en D des
deux puissances H, G, en équilibre ( *Hyp.* ) avec les deux
autres E, F, fait la fonction d'une nouvelle puissance qui
égale à lui, & appliquée en D fuivant fa direction , feroit feule équilibre avec ces deux-ci E, F, & que reciproquement l'effort réfultant du concours d'action en A
de ces deux dernieres puissances E , F, fait la fonction

F

d'une nouvelle puiſſance , qui égale à lui , & appliquée
en A ſuivant ſa direction , feroit ſeule équilibre avec les
deux autres puiſſances H , G.

*Ce raiſonnement conviendra également à tout ce qu'on vou-*
*dra exprimer d'autres cas de ce Corol. 19. par rapport à ce*
*que les points A , D , peuvent avoir de poſitions differentes de*
*celles qu'on leur voit dans la preſente Fig. 13. qui ſeule ſuffit*
*ici , les autres étant aiſées à imaginer ſur elle.*

C O R O L L A I R E  XX.

Deux clous ou crochets en E , F , à la place des deux
puiſſances de ces noms réſiſtant ( *Ax. 2.* ) comme elles
aux deux autres puiſſances H , G , il ſuit du précedent
Corol. 19. que la direction de l'effort réſultant du concours d'action de ces deux dernieres puiſſances H , G ,
paſſeroit toûjours du concours D de leurs directions par
le concours A des directions des cordons accrochez aux
crochets ſuppoſez en E , F.

S C H O L I E.

I. N'y ayant dans une queſtion que ce qu'on y ſuppoſe , il eſt viſible que ne ſuppoſant dans le preſent Lem.
3. aucune réſiſtance differente de ce que les puiſſances
ſuppoſées s'en peuvent faire l'une à l'autre comme dans
la Part. 3. de ce Lemme , ce ſeroit ſortir de la queſtion ,
que de vouloir en conſiderer ici d'autre que celle-là. Il
ne faut cependant pas dire pour cela que les mouvemens
précedens n'étant tels qu'on les vient de démontrer , que
dans le vuide , le rapport des forces qu'on en a conclu ,
ne ſeroit d'aucun uſage dans un milieu réſiſtant ; puiſque l'équilibre qu'on en verra réſulter dans la ſuite conformément au Corol. 1. du principe general , ſe feroit
dans le plein comme dans le vuide , le plein ne réſiſtant
qu'au mouvement , & non au repos : de ſorte que ſi deux
ou pluſieurs forces appliquées à un même corps , ſe ſoû-
tenoient mutuellement en équilibre ſur ce corps en repos dans un eſpace vuide , elles s'y ſoûtiendroient appli-

quées de même dans un espace plein. D'où l'on voit non
seulement que le rapport des forces, qui causeroit l'équilibre dans le vuide, le causeroit aussi dans le plein où
elles auroient de semblables applications ; mais encore
que la cessation de ce rapport, ou de la ressemblance des
applications de ces forces, qui causeroit la rupture de
l'équilibre dans le vuide, la causeroit aussi dans le plein
avec cette seule difference que le mouvement qui en
résulteroit, se feroit plus lentement dans le plein que
dans le vuide, à moins que cette difference de forces ne
fût au dessous de la moindre résistance possible du plein.
Donc en fait d'équilibre, il seroit inutile de demander
s'il se fait dans le plein ou dans le vuide, pour avoir ( du
moins à une petite difference près ) le rapport des forces
qui le causent, & reciproquement. C'est pour cela qu'à
l'exemple de tout ce qu'il y a eu d'Auteurs qui ont traité
cette matiere, nous ne parlerons plus de cette difference
des milieux.

I I. Quant aux frottemens des corps les uns contre les
autres, l'accrochement ( pour ainsi dire ) que l'asperité de
leurs surfaces peut causer entr'eux par l'engrenement
des parties de ces surfaces les unes dans les autres, faisant ( comme le peu de résistance du plein ) la fonction
d'une force ou puissance qui retiendroit ainsi les corps
les uns contre les autres, & toûjours en faveur des plus
foibles contre les plus fortes qui leur seroient appliquées,
pourroit fort bien aider à les retenir en équilibre, sans
que ces autres puissances fussent entr'elles dans le rapport qu'il faudroit dans le vuide pour cela si ces frottemens n'étoient d'aucune résistance, quoique ni eux, ni
la résistance du plein ne puissent l'empêcher quand ce
rapport s'y trouvera. C'est ce qui nous fera négliger dans
la suite ces frottemens avec la résistance du plein, comme s'ils n'en faisoient aucune ; sauf à y compter suivant
l'Ax. 2. & la Demand. 1. tout ce qu'ils en ont, en le prenant pour une puissance d'une force ou résistance qui
lui soit égale, quand on l'aura connu.

*Les Géometres à qui les trois Lemmes précedens avec leurs Corollaires, se présentent tout d'un coup, seront sans douté surpris de la maniere scrupuleuse dont je viens de les démontrer, & du grand détail que j'en viens de faire : aussi aurois-je supposé tout cela comme connu, si je n'avois eu affaire qu'à eux ; mais j'écris pour des Commençans, à qui il faut tout expliquer, & ce d'autant plus ici, que c'est sur ces trois Lemmes, & sur le principe general qu'est fondé tout ce qu'on va voir des proprietez des Machines.*

## LEMME IV.

*Plusieurs puissances étant appliquées à autant de cordons attachez ensemble par un seul & même nœud commun que rien autre chose ne retienne ; l'équilibre est impossible entre ces puissances ( quelles qu'elles soient, & quel qu'en soit le nombre ) lorsqu'elles sont dirigées de maniere qu'un plan puisse passer par le nœud commun de leurs cordons sans passer entre elles, & sans qu'elles soient toutes dans ce plan.*

### DEMONSTRATION.

Il est manifeste qu'un plan qui rencontreroit ainsi tous les cordons des puissances supposées, auroit toutes ces puissances tirantes d'un seul côté par rapport à lui, ou quelques-unes tirantes vers ce côté-là pendant que toutes les autres tireroient suivant sa direction. Donc ( *Corol.* 6. *du Lem.* 2. & *Corol.* 10. *du Lem.* 3. ) de quelque maniere qu'on combine toutes ces puissances, il ne résultera du concours de toutes qu'une impression totale vers le côté qu'il y aura des puissances hors le plan supposé. Donc ( *princ. gener.* ) il ne pourra y avoir alors d'équilibre entre toutes ces puissances. *Ce qu'il falloit démontrer.*

### COROLLAIRE I.

Donc quelques soient les directions de plus de deux cordons ( en quelque nombre qu'ils soient ) attachez tous ensemble par un seul & même nœud, & quelques puis-

fances qu'on leur applique , une à chacun; l'équilibre
entr'elles fera impoſſible.

1°. Dans le cas de tous leurs cordons en même plan ,
ſi la direction de quelqu'un d'eux ne diviſe pas quelqu'un des angles que les autres cordons font entr'eux ;
puiſqu'un autre plan que le leur , mené ſuivant ce cordon-là , les rencontreroit alors tous en leur nœud commun , ſans paſſer à travers d'eux.

2°. Dans le cas des mêmes cordons en plans différens,
ſi quelqu'un de ces plans prolongé ne paſſe non plus à
travers des cordons des autres plans , puiſque celui-là
ſera lui-même , alors un plan qui rencontrera auſſi tous
ces cordons en leur nœud commun , ſans paſſer à travers d'eux.

## COROLLAIRE II.

Il ſuit encore de ce Lemme-ci , quelques ſoient les directions de plus de deux cordons ( en quelque nombre
qu'ils ſoient encore ) attachez tous enſemble par un ſeul
& même nœud , qui ſoit regardé comme le centre d'un
cercle au d'une ſphere ; que ſi ces cordons ne ſont pas
répandus en plus d'un demi-cercle , lorſqu'ils ſont tous
en même plan , ou en plus d'une demi-ſphere , lorſqu'ils
ſont en plans differens ; quelque puiſſance qu'on leur
applique , une à chacun , elles ne pourront jamais être
en équilibre entr'elles ſuivant ces directions : puiſqu'on
pourra toûjours alors faire paſſer un plan par le nœud
commun de ces cordons , ſans le faire paſſer entr'eux ,
& ſans qu'ils ſoient tous dans ce plan.

*Il eſt viſible que chacun de ces Corollaires ſuit auſſi de
l'autre , & qu'ils ſe prouvent mutuellement tous deux.*

## LEMME V.

I. *Lorſque tous les cordons iſſûs d'un même nœud , ſont dirigez ſuivant un même plan , & répandus en plus d'un demi-
cercle , il n'y en a aucun qui prolongé par delà ce nœud commun , ne paſſe entre les autres cordons.*

Car s'il n'y paſſoit pas, il ſeroit le diamétre terminant d'un demi-cercle dans lequel ſeul lui & les autres cordons ſeroient alors tous répandus; ce qui eſt contre l'hypotheſe. Donc, &c.

II. *Dans la même hypotheſe de tous les cordons dirigez ſuivant un même plan, & répandus en plus d'un demi-cercle, quelque ligne droite qu'on mene ou qu'on imagine ſur ce plan par le nœud commun de tous ces cordons, ſans paſſer le long d'aucun d'eux, elle paſſera toûjours de part & d'autre de ce nœud, à travers deux des angles que ces cordons feront entr'eux.*

Car ſi elle ne paſſoit à travers aucun de ces angles, elle ſeroit le diamétre terminant d'un demi-cercle dans lequel ſeul tous ces cordons ſeroient alors répandus; ce qui eſt contre l'hypotheſe. Et ſi cette ligne droite ne paſſoit à travers que d'un des angles de ces cordons, les deux cordons voiſins à droite & à gauche de cette ligne droite du côté où elle ne paſſeroit à travers aucun de leurs angles ſeroient en ligne droite terminante auſſi un demi-cercle, dans lequel ſeul tous ces cordons ſeroient alors répandus; ce qui eſt contre l'hypotheſe. Donc toute ligne droite mene ſur le plan & par le nœud commun de tous ces cordons, paſſera toûjours à travers deux de leurs angles de part & d'autre de ce nœud. *Ce qu'il falloit démontrer*

III. *Lorſque ces cordons ſont dirigez ſuivant des plans differens, & répandus en plus d'une demie-ſphere; il n'y a aucun de ces plans qui prolongé par de-là le nœud commun de ces cordons, ne paſſe entre les cordons des autres plans.*

Car s'il n'y paſſoit pas, il ſeroit le plan d'un grand cercle terminant une demie-ſphere, dans laquelle ſeule tous les cordons ſeroient alors répandus; ce qui eſt contre l'hypotheſe. Donc, &c.

### Scholie.

La raiſon qui vient de faire voir ( *Part. 2.* ) que toute ligne droite menée par le nœud, & ſur le plan commun

de plusieurs cordons qui y seroient tous répandus en plus
d'un demi-cercle, sans le faire passer le long d'aucun de
ces cordons, passeroit toûjours à travers deux de leurs
angles de part & d'autre de leur nœud commun : cette
raison , dis-je, fera voir de même que tout plan mené
par le nœud commun de plusieurs cordons répandus en
plus d'une demie-sphere, sans le faire passer le long d'aucun d'eux , passeroit aussi toûjours à travers deux de
leurs angles de part & d'autre de leur nœud commun.

*Les Figures de ces deux derniers Lem. 4. 5. étant faciles
à imaginer, on a negligé de les ajoûter ici , & ce dautant
qu'il y auroit fallu exprimer des plans à angles differens avec
celui de la Planche, plus difficiles à tracer, & à reconnoître
sur elle, qu'à se les representer sur le discours que l'embarras
de ces Figures n'auroit fait que rendre plus long & moins clair.*

## AVERTISSEMENT.

Jusqu'ici nous n'avons employé de Géometrie que quelque chose des six premiers Livres, & de l'onziéme des
Élemens d'Euclide. Voici presentement quelques Lemmes de pure Géometrie, qui n'en suppose pas davantage :
c'est pour rendre plus universelle l'application du précedent principe general aux machines , & pour faire
qu'aucun cas n'échappe à la generalité de nos propositions, lesquelles n'exigeant dans le Lecteur que la valeur
de ces sept Livres d'Euclide, seront ( ce me semble ) à la
portée des Commençans attentifs : c'est pour eux que
j'ajoûte les Définitions suivantes, qui ne se trouvent
point dans Euclide.

## DEFINITION IX.

Si d'un point quelconque D de la demi-circonference FIG. 14.
CDF d'un cercle, dont A soit le centre, on laisse tomber
une perpendiculaire DE sur le diametre CF en E ; cette
perpendiculaire DE est également appellée *Sinus* des angles CAD , DAF, ou des arcs CD, DF, mesures de ces
angles. Suivant la même dénomination le rayon BA per-

pendiculaire aussi sur CF, est pareillement appellé *Sinus* de chacun des angles droits CAB, BAF, ou de chacun des quarts de cercle BC, BF, & comme ce Sinus AB est le plus grand de tous, on l'appelle *Sinus total*, sur lequel se mesurent tous les autres. D'où l'on voit que son égal AD doit aussi être pris pour Sinus total, dont DE soit un des Sinus partiaux. De sorte que,

### Corollaire I.

Dans le triangle rectangle AED, en prenant AD pour le Sinus total, ou de l'angle droit E, l'on aura DE pour le Sinus de l'angle DAC ou DAF ; & par la même raison l'on aura aussi AE pour le Sinus de l'angle ADE.

### Corollaire II.

On voit aussi que deux angles DAC, DAF, complemens l'un de l'autre a deux droits, c'est-à-dire, dont la somme vaut deux droits, ont chacun le même Sinus DE, en prenant toûjours AD pour le Sinus total.

### Definition X.

Si à l'extrêmité C du rayon AC, on mene une perpendiculaire, ou tangente CM, laquelle soit rencontrée en G par l'autre côté AD prolongé de l'angle CAD ; la partie CG de cette perpendiculaire, est appellée *Tangente* de cet angle CAD, ou de l'arc CD. De même si a l'extrêmité F du rayon AF, on mene une perpendiculaire FN, laquelle soit rencontrée en H par l'autre côté DA prolongé de l'angle FAD complement du premier CAD a deux droits ; la partie FH de cette seconde perpendiculaire sera aussi appellée *Tangente* de ce complement FAD ou de l'arc FD.

### Corollaire.

Les lignes CG, FH, étant égales entr'elles, de même que le font les autres côtez AC, AF, des triangles ACG, AFH ( *constr.* ) semblables on voit que les tangentes des

deux

deux angles complemens l'un de l'autre à deux droits, font toûjours égales entr'elles, de même que leurs finus le font toûjours ( *Déf. 9. Corol. 2.* ) entr'eux ; c'eſt-à-dire, que deux angles complemens l'un de l'autre à deux droits, ont toûjours la même tangente & le même finus.

Il en eſt de même de AG, AH, qu'on appelle leurs *Secantes.*

## DEFINITION XI.

Lorſqu'un angle à force de devenir aigu, s'évanoüit en parallelifme de ſes côtez entr'eux, ſoit qu'ils ſoient ou non confondus en un, on l'appelle *infiniment aigu*; & lorſqu'à force de devenir obtus, ſes deux côtez deviennent (comme bout à bout) en ligne droite, on l'appelle *infiniment obtus.*

### COROLLAIRE.

On voit de-là qu'un angle infiniment aigu en a toûjours un infiniment obtus pour complement à deux droits; & reciproquement.

## LEMME IV.

*A l'inſtant qu'un angle rectiligne s'évanoüit à force de diminuer, ſes côtez deviennent paralleles entr'eux.*

### DEMONSTRATION.

Car le parallelifme de ces deux lignes entr'elles (dont la réduction de ces mêmes lignes en une, eſt une eſpece) naiſſant de l'évanoüiſſement du dernier, c'eſt-à-dire, du plus petit des angles qu'elles puiſſent faire entre-elles, la fin de ce dernier angle doit être le commencement de ce parallelifme, & comme le terme où ils ſe touchent, pour ainſi dire ; par conſequent à l'inſtant de cet évanoüiſſement il doit y avoir tout à la fois entre ces deux lignes & angle finiſſant, & parallelifme naiſſant. Donc à l'inſtant que leur angle s'évanoüit à force de diminuer, elles deviennent paralleles entr'elles. *Ce qu'il falloit démontrer.*

## C O R O L L A I R E I.

Cet angle finiſſant ainſi ( *Définit.* 11. ) par l'infiniment
aigu , il s'enſuit que deux lignes droites arrivées à ce
terme, le ſont auſſi à leur parallelifme, & conſequemment que lorſqu'elles ne font plus entr'elles qu'un angle infiniment aigu , elles peuvent à la rigueur paſſer
pour paralleles , & reciproquement puiſqu'elles n'ont
plus de chemin à faire pour paſſer de cet angle au parallelifme.

## C O R O L L A I R E II.

Si de deux points fixes partent deux lignes droites
mobiles chacune autour du ſien, leſquelles faſſent entr'elles un angle qui devienne aigu de plus en plus par
l'éloignement continuel de ſon ſommet ; ces deux lignes
feront (*Corol.* 1.) paralleles entr'elles lorſque ce ſommet ſe
trouvera infiniment éloigné de leurs points fixes , l'angle
qu'elles feront entr'elles, ſe trouvant alors infiniment aigu.

## C O R O L L A I R E III.

Si au contraire d'un même point fixe partent deux
lignes droites dont l'angle compris entr'elles , devienne
enfin infiniment aigu ; alors ces deux lignes devenuës
( *Corol.* 1. ) paralleles entr'elles, paſſant ( *Hyp.* ) par un
même point, ſe confondront en une ſeule & même ligne
droite, & la baſe de l'angle fini qu'elles faiſoient auparavant entr'elles, ſe trouvera alors anéantie ou réduite
en un point, ſi ces deux lignes étoient égales, ou égale
à leur différence pareillement confonduë avec elles, ſi
elles étoient inégales ; reciproquement ces deux lignes
feront égales ou inégales entr'elles, ſelon que leur angle
infiniment aigu rendra cette baſe nulle ou non.

## C O R O L L A I R E IV.

Deux lignes droites qui font entr'elles un angle infiniment aigu d'un côté, en faiſant toûjours un(*Corol. Déf.* 11)

infiniment obtus de l'autre ; il suit que puisqu'elles se disposent parallelement ( *Corol.* 2. ) ou se confondent en
une ( *Corol.* 3. ) du côté de l'angle infiniment aigu , elles
doivent se disposer en sens directement contraires parallelement, ou en ligne droite bout à bout du côté de l'angle infiniment obtus.

## L E M M E   V I I.

*De quelque maniere que la ligne droite AD divise l'angle* FIG. 15.
*rectiligne BAC, le sinus de cet angle total BAC se trouvera
égal à la somme des sinus des angles partiaux BAD, BAC,
lorsque ce même angle total sera infiniment aigu.*

### D E M O N S T R A T I O N.

Du centre A , & d'un rayon quelconque AE, soit
l'arc de cercle EFO, qui rencontre AD, AC, en F, O ;
des points E, F, soient EH, FK, perpendiculaires en H,
K, sur AC, la premiere EH rencontrant AD en L , &
du point E la droite EG perpendiculaire aussi en G sur
AD. Cela fait, si l'on prend AE, ou son égale AF pour
sinus total, l'on aura ( *Def. 9. Corol. 1.*) EH, FK, EG,
pour les sinus des angles BAC, DAC, BAD.

Je dis donc que lorsque l'angle total BAC sera devenu infiniment petit, son sinus EH se trouvera égal à la
somme des sinus EG, FK, des angles partiaux BAD,
DAC ; c'est-à-dire, qu'alors on aura EH=EG+FK.

Pour le voir, il n'y a qu'à considerer que lorsque l'angle total BAC sera infiniment aigu, les deux partiaux
BAD, DAC, le seront aussi ; & consequemment ( *Corol.*
1. *du Lem.* 6. ) que les trois droites BA, DA, CA, seront
alors paralleles entr'elles de l'une ou de l'autre des deux
manieres marquées dans les Corol. 2. 3. du Lem. 6. Donc
les angles ( *Hyp.* ) droits en H, K, G, rendront alors EH,
FK, EG, perpendiculaires à chacune de ces trois paralleles ; ce qui confondant EL avec EG , & LH avec FK,
donne alors EG+FK=EL+LH=EH. Donc le sinus
EH de l'angle total BAC se trouve alors égal à la somme

des sinus EG , FK , des angles partiaux BAD , DAC. *Ce qu'il falloit démontrer.*

### COROLLAIRE I.

Donc aussi pour lors le sinus de celui qu'on voudra de ces deux angles partiaux BAD , DAC, sera égal à la difference dont le sinus de l'autre sera surpassé par le sinus EH de l'angle total BAC ; c'est-à-dire , qu'alors EG=EH—FK , & FK=EH—EG.

### COROLLAIRE II.

Or en prolongeant DA , CA , vers M , N , l'on aura aussi ( *Déf.* 9. *Corol.* 2. ) EG , EM , FN , pour les sinus des angles BAM , BAN , MAN ; & lorsque l'angle BAC sera infiniment aigu , son complement ( à deux droits ) BAM sera infiniment obtus , & MAN infiniment aigu. Donc lorsqu'un angle BAM infiniment obtus sera divisé en deux , dont un MAN soit infiniment aigu , le sinus de l'angle total BAM sera toûjours égal à la difference dont le sinus du plus grand BAN des partiaux surpassera le sinus du plus petit MAN ; puisqu'alors ( *Corol.* 1. ) l'on aura toûjours EG=EH—FK.

*Quoique dans le Corol. 2. les angles BAM , BAN , infiniment obtus , soient infiniment grands par rapport à l'infiniment aigu MAN , l'étant aussi par rapport à leurs complemens infiniment aigus BAD , BAC , qui ont ( Déf. 9. Corol. 2. ) les mêmes sinus qu'eux : leurs sinus EG , EH , seront infiniment petits , & de même genre que celui EK de l'angle MAN ; & consequemment EG=EH—FK sera ici d'une valeur réelle , quoiqu'infiniment petite. C'est pour rendre de la plus grande universalité possible les propositions & les Corollaires des sections suivantes , que nous en venons ici jusqu'aux infiniment petits , dont l'idée seule suffira sans en sçavoir le calcul : idée à la portée de tout le monde , avec un peu d'attention. Par infiniment petit , on n'entend qu'une grandeur moindre que quelque assignable que ce soit , laquelle , au langage des Anciens , s'appelleroit* quantitas minor quavis data.

### S C H O L I E.

Les angles en H, K, G, étant ( *Hyp,* ) droits, & le Corol. 1. du Lem. 6. faisant voir que lorsque l'angle BAC est infiniment aigu , & consequemment aussi les angles BAD, DAC ; les trois lignes BA, DA, CA, sont paralleles entr'elles de quelqu'une des deux manieres marquées dans les Corol. 2. 3. de ce Lem. 6. On vient de conclure, suivant la doctrine d'Euclide, que chacune des lignes EH, FK, EG, est perpendiculaire à chacune de ces trois paralleles ; & consequemment qu'alors LH est égale à FK, aussi-bien que EG à EL, qui pour lors se confond avec elle comme LH avec FK. Pour voir tout cela, il faut considerer que lorsque les droites BA, CA, deviennent paralleles entr'elles , tout ce qu'on en peut imaginer d'autres par A dans l'angle BAC, le deviennent aussi entr'elles ( *Lem.* 6. *Corol.* 1.) & à ces deux-là ; & consequemment que l'arc EFO perpendiculaire à toutes , dégenere pour lors en une ligne droite ; qui leur est aussi perpendiculaire, & qui passant par E, F, de même que EH, EG, FK, perpendiculaire aussi pour lors à ces paralleles AC, AD, AB , doit se confondre avec celles-là, desquelles EG se trouve pour lors au bout de FK en ligne droite, avec laquelle EH se confond alors sur cet arc EFO redressé en une ligne EH=EG+FK, conformément au present Lem. 7.

### L E M M E  VIII.

*De quelque point E de la diagonale AD d'un parallelo-* FIG. 13. *gramme quelconque ABDC, qu'on mene deux perpendicu-* 17. *laires EF, EG , sur ses côtez AB , AC, prolongez avec cette diagonale où besoin sera ; ces perpendiculaires seront toûjours entr'elles en raison reciproque de ces côtez , c'est-à-dire, EF. EG :: AC. AB.*

## DEMONSTRATION.

Du point D foient DH , DK , perpendiculaires auffi fur les côtez AB, AC, du même parallelogramme ABDC. Le parallelifme de fes deux autres côtez DC, DB, avec ces deux-là, rendra les angles HBD=HAK=KCD, outre les angles EAF=DAH , & EAG=DAK. Donc les angles en H, K, F, G, étant ( *Hyp.* ) droits , les triangles DBH, DCK , feront femblables entr'eux, de même que les triangles EFA, DHA , & que les triangles EGA, DKA. Par conféquent DH. DK : : DB. DC : : AC. AB. Et EF. DH : : EA. DA : : EG. DK. Ou ( en permutant ) EF. EG : : DH. DK. Donc auffi EF. EG : : AC. AB. *Ce qu'il falloit démontrer.*

### COROLLAIRE I.

Mais fi l'on prend AE pour le finus total , l'on aura ( *Déf.*, 9. *Corol.* 1. ) EF , EG, pour les finus des angles EAF, EAG , ou de leurs égaux ou complemens DAB, DAC. Donc les côtez AC , AB , du parallelogramme ABDC font entr'eux comme les finus des angles DAB, DAC, c'eft-à-dire , en raifon reciproque des finus des angles que ces deux côtez font avec la diagonale AD : de forte que les angles DAB , ADC, étant égaux entr'eux, de même que les côtez AB, DC, les côtez AC, DC, du triangle ACD , feront toûjours entr'eux comme les finus des angles ADC, DAC, qui leur font oppofez dans ce triangle.

### COROLLAIRE II.

Par la même raifon, fi l'on acheve le parallelogramme ADCM, dont AC foit la diagonale, l'on aura AM à AD comme le finus de l'angle CAD au finus de l'angle CAM; c'eft-à-dire ( à caufe de AM=DC, & l'angle CAM= ACD ) les côtez DC, AD, du triangle ACD , entr'eux comme les finus des angles CAD, ACD, qui leur font oppofez dans ce triangle. Donc ayant déja ( *Corol.* 1. )

les côtez AC, AD, de ce même triangle ACD entr'eux comme les sinus des angles ADC, DAC ; l'on aura les trois côtez AC , DC , AD, de ce triangle quelconque ACD entr'eux comme les sinus des angles ADC, DAC, DCA , qui leur sont opposez ; & ainsi de tous les autres triangles rectilignes à l'infini, celui-ci ACD moitié d'un parallelogramme ( *Hyp.* ) quelconque ABDC, étant aussi quelconque.

## COROLLAIRE III.

Mais le parallelogramme ABDC donne DC=AB , l'angle ADC=DAB, & le sinus de l'angle DCA ; égal ( *Déf. 9. Corol. 2.* ) à celui de son complement BAC à deux droits. Donc ( *Corol. 2.* ) AC, AB, AD, sont entr'eux comme les sinus des angles, DAB , DAC, BAC.

## COROLLAIRE IV.

Or le parallelogramme ABDC rend aussi les angles DAB=ADC, DAC=ADB, BAC=BDC, & leurs côtez AC=BD, AB=CD. Donc ( *Corol. 3.* ) l'on aura de même toûjours BD, CD, AD, entr'eux comme le sinus des angles ADC, ADB, BDC.

## COROLLAIRE V.

Donc les sinus des angles ADC, ADB , étant ( *Déf. 9. Corol. 2.* ) les mêmes que ceux de leurs complemens CDO, BDO , l'on aura aussi toûjours ( *Corol. 4.* ) BD , CD, AD , en raison des sinus des angles CDO, BDO, BDC, au travers desquels ces lignes prolongées passeroient.

## COROLLAIRE VI.

Il suit encore du Corol. 4. qu'un angle rectiligne quelconque BDC étant divisé à volonté par une droite DA, plus cet angle total BDC sera petit , plus sera grande la raison de son sinus à chaque sinus des angles partiaux ADB, ADC, & plus au contraire ce même angle total BDC sera grand , plus cette raison sera petite: car si sur la diagonale AD prise de grandeur arbitraire, l'on imagine un parallelogramme ABDC, dont les côtez DB, DC, soient sur ceux de l'angle supposé BDC; on verra que plus cet angle diminuera, plus cette diagonale AD augmentera, les côtez DB, DC, du parallelogramme ABDC demeurant toûjours les mêmes, & plus au contraire cet angle BDC augmentera, plus cette diagonale AD diminuera. Donc dans tous ces changemens du parallelogramme ABDC, cette diagonale AD se trouvant toûjours ( *Corol.* 4. ) à ses côtez BD, DC, comme le sinus de l'angle total BDC sera aux sinus des angles partiaux ADC, ADB.

1°. Plus cet angle total BDC diminuera, plus au contraire le rapport de son sinus à chacun des sinus de deux angles partiaux ADC, ADB, augmentera jusqu'à se trouver le plus grand qu'il puisse être, lorsque cet angle BDC sera infiniment aigu.

2°. Reciproquement plus ce même angle total BDC augmentera, plus au contraire le rapport de son sinus à chacun des sinus des deux angles partiaux ADC, ADB, diminuera, jusqu'à se trouver le plus petit qu'il puisse être lorsque cet angle BDC sera infiniment obtus.

## COROLLAIRE. VII.

Il suit de plus du Corol. 4. qu'en quelque rapport fini qu'un angle rectiligne fini quelconque BDC, soit divisé par la droite AD, chacun des sinus de cet angle total, & des deux partiaux ADC, ADB, sera toûjours moindre que la somme des deux autres sinus. Car si sur AD de longueur prise à volonté, & de côtez pris sur DC, DB, on fait ( comme dans le précedent Corol. 6. ) le parallelogramme ABDC; le Corol. 4. fait voir que les sinus de ces trois angles BDC, ADC, ADB, sont entr'eux comme AD, BD, CD, ou ( à cause de AC=BD ) comme les trois côtez AD, AC, CD, du triangle ACD. Or on sçait que chacun de ces trois côtez est moindre que la somme des deux autres. Donc aussi chacun des sinus des trois

trois angles finis BDC., ADC, ADB, est moindre que la
somme des deux autres sinus.

## COROLLAIRE VIII.

Trois lignes droites DE, DC, DA, étant menées d'un FIG. 18,
même point D sur un même plan, faisant entr'elles des 19. 20.
angles quelconques, si par tels points H, L, K, qu'on
voudra de ces trois lignes prolongées, ou non, on leur
fait autant de perpendiculaires EF, FG, EG; il suit encore du Corol. 2. que ces côtez EF, FG, EG, du triangle EFG, qui en résultera, seront toûjours entr'eux comme les sinus des angles ADC, ADB, BDC, à travers desquels, ou des complemens desquels, leurs perpendiculaires DB, DC, DA, prolongées passeroient.

Car si l'on imagine PQ parallele à BD, avec laquelle,
& avec AD prolongée (s'il est necessaire) elle fasse le
triangle PQD, & que l'on prolonge BD, CD, jusqu'à la
rencontre de EG (prolongée) en MN: les triangles EHM,
DKM, rectangles (*Hyp.*) en H, K, ayant de plus les angles EMH=DMK, ont aussi leurs troisiémes angles
MEH=MDK : de même les triangles GLN, DKN, rectangles (*Hyp.*) en L, K, ayant aussi de plus les angles
GNL=DNK, ont pareillement leurs troisiémes angles
NGL=NDK. Mais les angles MEH=GEF, MDK=
BDP=DPQ, à cause de PQ supposée parallele à BD;
& les angles NGL=EGF, NDK=PDQ. Donc les angles GEF=DPQ, EGF=PDQ, dans les triangles EFG,
PQD, lesquels en consequence ont leurs troisiémes angles en F, Q, pareillement égaux entr'eux : ce qui rend
ces deux triangles semblables entr'eux ; & par consequent les trois côtez EF, FG, EG, du premier EFG,
proportionnels aux trois côtez PQ, QD, PD, du second PQD de ces deux triangles ; c'est-à-dire, EF. FG.
EG :: PQ. QD. PD.

Or ces trois derniers côtez PQ, QD, PD, du triangle
PQD, sont entr'eux (*Corol.*) comme les sinus des angles
PDQ, DPQ, DQP, ou (*Déf.* 9. *Corol.* 2.) ou de leurs

H

complemens ADC , ADB , BDC. Donc auſſi les côtez
EF, FG, EG, du triangle EFG, ſont entr'eux comme les
ſinus des angles ADC, ADB, BDC, à travers deſquels,
ou des complemens deſquels leurs perpendiculaires
( *Hyp.* ) DB, DC, DA, prolongées paſſeroient, ainſi qu'on
le voit avancé au commencement de ce Corollaire-ci.

## Corollaire IX.

Il ſuit auſſi du preſent Lem. 8. que de quelque point
E d'un des côtez AD d'un parallelogramme quelconque
ADCM, qu'on mene des perpendiculaires EG, EF, ſur
la diagonale AC, & ſur ſon autre côté AM ; cet autre
côté AM, & cette diagonale AC ſeront toûjours entre-
eux en raiſon reciproque de ces deux perpendiculaires
EG, EF, ſçavoir, EF. EG :: AC. AM. Puiſque ce Lem. 8.
donne toûjours EF. EG :: DH. DK :: DB. DC :: AC. AM.

Cela peut auſſi ſe démontrer immediatement de cela
ſeul que EF. EG :: DH. DK :: DB. DC :: AC. AM.

*On pourra tirer de ceci des conſequences ſemblables à celles
qu'on vient de tirer du preſent Lem. 8. cela eſt preſentement
trop facile pour s'y arrêter.*

## Corollaire X.

Il ſuit enfin de ce dernier Corol. 9. & du preſent Lem.
8. que de quelque point, ſoit de la diagonale, ou d'un
des côtez d'un parallelogramme quelconque, qu'on mene des perpendiculaires ſur les deux autres de ces trois
lignes prolongées, ou non ; ces deux perpendiculaires ſeront toûjours entr'elles en raiſon reciproque des deux
côtez, ou d'un d'eux, & de la diagonale du parallelogramme propoſé quelconque, ſur leſquelles elles ſont à
angles droits.

## LEMME IX.

*I. Lorſqu'un angle d'un parallelogramme quelconque de-
vient infiniment aigu, la diagonale qui paſſe par cet angle,
devient égale à la ſomme de ſes côtez.*

*II. Au contraire lorsque cet angle devient infiniment ob-
tus, cette diagonale ne se trouve plus égale qu'à la difference de ces mêmes côtez.*

## DEMONSTRATION.

PART. I. Suivant le Corol. 3. du Lem. 8. la diagona-  FIG. 22.
le AD d'un parallelogramme quelconque ABDC est
toûjours aux côtez AB, AC, de ce parallelogramme
comme le sinus de l'angle total BAC est aux sinus des
angles partiaux DAC, DAB. Mais lorsque cet angle total BAC devient infiniment aigu, son sinus ( *Lem.* 7.)
devient égal à la somme des sinus des angles partiaux
DAC, DAB. Donc aussi pour lors la diagonale AD devient égale à la somme des côtez AB, AC. *Ce qu'il falloit*
1°. *démontrer.*

PART. II. Imaginons le parallelogramme ABDC fait
de quatre régles AB, BD, AC, CD, mobiles autour de
quatre clous qui les retiennent ensemble en A, B, D,
C, & qu'on l'écrase en pressant les deux points ou clous
B, C, l'un vers l'autre jusqu'à sa diagonale AD, qui
s'alongera ainsi à mesure que l'autre BC s'acourcira,
les côtez du parallelogramme ainsi varié demeurant toûjours les mêmes. On verra qu'à mesure que ses angles
ABD, ACD, deviendront ainsi plus obtus, les côtez DB,
DC, avanceront vers AD en décrivant du centre D les
arcs circulaires BQ, CP, jusqu'à ce que les sommets B,
C, de ces deux angles soient arrivez en Q, P, & ces côtez DB, DC, en DQ, DP, sur cette diagonale AD,
dont l'allongement joint au racourcissement de l'autre
BC, permettra aussi aux deux autres côtez AD, AC,
d'arriver pour lors sur elle en AQ, AP; auquel instant
des angles ABD, ACD, ainsi devenus infiniment obtus,
la diagonale BC sera en PQ. Donc alors BC=PQ=DP
—DQ=DC—DB=AB—AC. *Ce qu'il falloit* 2°. *démontrer.*

H ij

## COROLLAIRE I.

Si l'on fuppofe prefentement qu'un corps ou point A foit pouffé ou tiré par deux puiffances à la fois, dirigées fuivant les côtez AB, AC, du parallelogramme ABDC, lefquels leur foient proportionnels ; les art. 1. 2. du Corol. 1. du Lem. 3. faifant voir que ce corps ou point A devroit alors tendre de A vers D fuivant la diagonale AD de ce parallelogramme, & d'une force qui feroit à chacune de ces puiffances comme cette diagonale à chacun des côtez AB, AC, qui leur font (*Hyp.*) proportionnels. La démonftration de la Part. 1. de ce Lemme-ci fait confequemment voir que fi l'angle BAC étoit infiniment aigu, la force du corps ou point A fuivant AD, réfultante du concours des puiffances dirigées fuivant AB, AC, feroit alors égale à la fomme de ces deux puiffances, & dirigée (*Lem. 6. Corol. 1.*) parallelement à leurs directions alors paralleles entr'elles, & en même fens que ces puiffances qui tendroient alors toutes deux de A vers D, & confpireroient ainfi toutes entieres à mouvoir en ce fens ce corps ou point A de la fomme entiere de leurs forces.

## COROLLAIRE II.

Si B étoit le point ou le corps pouffé ou tiré à la fois par les deux puiffances précedentes dirigées prefentement fuivant les côtez BA, BD, du parallelogramme ABDC, qui leur font (*Hyp.*) proportionnels ; les art. 1. 2. du Corol. 1. du Lem. 3. faifant encore voir que ce corps ou point B tendroit alors de B vers C, fuivant l'autre diagonale BC de ce parallelogramme, & d'une force qui feroit à chacune de ces puiffances comme cette diagonale BC à chacun des côtez BA, BD, de ce même parallelogramme ABDC ; la démonftration de la Part. 1. de ce Lemme-ci fait confequemment voir auffi (au contraire de la démonftration de la Part. 1.) que fi l'angle ABD étoit infiniment obtus, la force du corps ou point B fuivant BC, réfultante du concours de ces deux puiffances, ou plûtôt restante de la directe contrarieté qui ( *Lem. 6. Corol. 4.* ) seroit alors entr'elles, ne seroit plus alors qu'égale à la difference de ces deux puissances, & dirigée ( *Lem. 6. Corol. 4.* ) parallelement à leurs directions alors paralleles entr'elles ou directement opposées, & en même sens que la plus forte d'entr'elles, à qui seule leur directe contrarieté ne laisseroit que son excès sur l'autre pour agir sur ce corps ou point B.

*Ces deux Corol. 1. 2. s'accordent parfaitement avec les loix ordinaires du choc des corps, suivant lesquelles deux donnant à la fois sur un en même sens, le pousseroient en ce sens de la somme de toutes les forces qu'ils lui communiqueroient separément, conformément au Corol. 1. Et deux donnant à la fois sur un en sens directement contraires, ne le pousseroient que de la difference de ces deux forces dans le sens de la plus grande, conformément au Corol. 2.*

## COROLLAIRE III.

Si l'on imagine, comme dans la démonstrat. de la Part. 2. les côtez BA, BD, du triangle ABD, mobiles autour des points fixes A, D, de la base AD, laquelle s'allonge à mesure qu'en écrasant ce triangle vers elle, on en approche l'angle B; cette démonstration de la Part. 2. fait voir que lorsque ce sommet B sera sur cette base allongée AD, elle sera égale à la somme des deux autres côtez BA, BD, de ce triangle ABD, & chacun de ces côtez égal à la difference dont l'autre est alors surpassé par cette base : & comme ( *Déf. 11.* ) l'angle ABD du triangle de ce nom, se trouve alors infiniment obtus, & chacun des deux autres BAD, BDA, infiniment aigu; il s'ensuit que dans un triangle réduit à un angle infiniment obtus, & à deux infiniment aigus,

1°. Que le côté opposé à l'angle infiniment obtus, vaut la somme des deux autres côtez.

2°. Que le côté opposé à un angle infiniment aigu; vaut la difference des deux autres côtez.

## SCHOLIE.

I. Dans la démonſtrat. de la Part. 2. on vient de voir
que lorſque deux angles oppoſez ABD, ACD, du parallelogramme ABDC deviennent infiniment obtus par
l'arrivée de leurs ſommets B, C, ſur la diagonale AD;
cette diagonale AD, ſur laquelle les deux côtez AB,
BD, ſe couchent alors en Q, de même que les deux autres AC, CD, en P, ſe trouve alors égale à la ſomme de
ces côtez pris ainſi deux à deux, c'eſt-à-dire, qu'alors
AD=AB+BD=AC+CD. Or lorſque l'angle ABD ſe
trouve infiniment obtus, ſon complement BAC eſt ( Corol. 11.) infiniment aigu. Donc lorſqu'un angle BAC
d'un parallelogramme quelconque ABDC devient infiniment aigu par l'arrivée de ſes côtez AB, AC, ſur la
diagonale AD, cette diagonale ſe trouve toûjours alors
égale à la ſomme de ces deux mêmes côtez. Ce qui eſt
encore une nouvelle preuve très-ſenſible de la Part. 1.
de ce Lemme-ci, pour le cas où les ſommets B, C, des
angles ABD, ACD, ſont mobiles.

II. Pour avoir auſſi de cette Part. 1. une démonſtration ſenſible autant que l'incompréhenſibilité de l'infini
le peut être, lorſque l'angle BAC devient infiniment
aigu, les deux points B, C, demeurant fixes; imaginons
le parallelogramme ABDC fait des parties BA, BD,
CA, CD, de quatre régles indéfinies BE, BG, CF, CH,
mobiles autour de ces points fixes B, C, & qui dans leur
mouvement autour de ces deux points, ſe coupent toûjours en deux quelconques A, D, de la droite infinie
MN, fixe à égales diſtances des points auſſi fixes B, C.
On verra qu'à meſure que ces points de concours A, D,
s'éloigneront l'un de l'autre le long de cette droite MN,
les angles oppoſez BAC, BDC, deviendront aigus de
plus en plus, & les oppoſez ABD, ACD, obtus de plus
en plus; & que lorſque ces deux points de concours A,
D, ſeront infiniment éloignez l'un de l'autre, & des
points fixes B, C, les angles BAC, BDC, ſeront infini-

ment aigus, & les deux autres ( *Corol. de la Déf.* 11. )
ABD , ADC, infiniment obtus. Or fi du centre D , & des
rayons DB, DC , on a conçû deux arcs circulaires BQ ,
CP , variables comme leurs rayons par l'éloignement continuel de leur centre D , on verra qu'à mesure que ce
centre D s'éloigne, comme le point A , des points fixes
B , C , ces deux arcs deviennent moins courbes de plus
en plus, jusqu'à devenir lignes droites perpendiculaires
à MN , & aux deux régles de chacun des points B , C ,
bout à bout en lignes droites paralleles à MN , lorsque
les points A , D , sont infiniment éloignez l'un de l'autre ,
& des points fixes B , C , & que les lignes PA , PD , CA ,
CD , QA , QD , BA , BD , ainsi changées en infinies PM ,
PN , CF , CH , QM , QN , BE , BG , paralleles entr'elles ,
seront pour lors PA=PM=CF=CA , PD=PN=CH=
CD , QA=QM=BF=BA , & QD=QN=BG=BD.
Donc alors la diagonale infinie AD ( PA+PD )=CA
+CD , & AD ( QA+QD )=BA+BD ; c'est-à-dire ,
dans ce cas-ci des points fixes B , C , comme dans celui
( *art.* 1. ) de ces deux points mobiles , que la diagonale
AD d'un parallelogramme quelconque ABDC est toû-
jours égale à la somme de ses côtez CA , CD , ou BA ,
BD , lorsque l'angle BAC , ou BDC en est aigu.

III. Les angles ABD , ACD du parallelogramme
ABDC , devenant obtus comme dans le précedent art. 2.
par l'écartement vers M , N , de leurs côtez autour de
leurs sommets fixes B , C ; on voit que la diagonale BC ne
change point pendant que l'autre diagonale AD , & tous
les côtez de ce parallelogramme changent comme dans
cet art. 2. jusqu'à devenir infinis par cet écartement fait
jusqu'au parallelisme de ces lignes entr'elles. D'où l'on
voit que ce cas des angles ABD , ACD , devenus infiniment obtus par un tel mouvement de leurs côtez autour
de leurs sommets fixes B , C , n'est point compris dans la
Part. 2. de ce Lemme-ci ; & qu'ainsi la démonstration
qu'on a donnée ci-dessus de cette Part. 2. en comprend
toute l'étendue.

Quant à la part. 1. elle comprend les deux cas des
sommets B, C, fixes ou mobiles des angles ABD, ACD,
& outre la démonstration qu'on en a donnée d'abord
dans toute cette étendue, les deux precedens art. 1. 2.
en fournissent encore une nouvelle plus sensible de la
même étendue.

## LEMME X.

*Fig. 20. 21. 23.*
*24. 25. 26.*

*Soit un parallelogramme quelconque GICE, avec une li-*
*gne droite HP, posée comme l'on voudra par rapport à lui,*
*dans le même ou dans differens plans, il n'importe. Si des*
*quatre angles ou pointes G, I, C, E, de ce parallelogramme*
*on mene à volonté quatre plans exprimez en profil par GL,*
*IP, CH, EV, tous paralleles entr'eux ; & que de ces quatre*
*pointes jusqu'à HP, on tire le long de ces plans autant de li-*
*gnes droites GL, IP, CH, EV, lesquelles rencontrent HP en*
*L, P, H, V, de quelque maniere que ce soit : je dis que la par-*
*tie de celle-ci, par exemple, HL, comprise entre deux GL,*
*CH, de celles-là, lesquelles partent des points GC, diagona-*
*lement opposez, est toûjours égale à la somme de ses autres*
*parties HV, HP, lorsque les points V, P, se trouvent du même*
*côté de H, comme dans les Fig. 21. 22. ou à la difference de*
*ces mêmes parties HV, HP, lorsque ces points V, P, se trou-*
*vent de differens côtez de H, comme dans les Fig. 23. 24. 25.*
*c'est-à-dire, HL=HV+HP, dans le cas des Fig. 21. 22. &*
*HL=HV—HP, comme dans celui des Fig. 23. 24. ou HL*
*=HP—HV, comme dans la Fig. 25.*

### DEMONSTRATION.

Menez les diagonales IE, GC, qui se coupent chacune
par la moitié en K ; & après avoir conduit par ce point K
un plan encore parallele à ceux qu'on a supposé l'être
par les pointes du parallelogramme GICE, faites tomber
de ces quatre pointes ou angles G, I, C, E, quatre lignes
GR, IM, CS, EN, toutes paralleleles à HP, & qui rencontrent ce dernier plan en R, M, S, N. Enfin du point Q
où ce dernier plan rencontre HP, menez QK, QR, QM, QS,
QN.                                                    Cela

Cela fait, soit que ces cinq lignes en faßent plusieurs
differentes, soit qu’elles se confondent en une seule, il est
clair que puisque GR , IM , CS , EN , HP , sont toutes
( *constr.* ) paralleles entr’elles.

1°. IM & PQ sont dans un même plan avec PI & QM;
ainsi puisque PI & QM se trouvent dans des plans ( *Hyp.* )
paralleles entr’eux, elles seront aussi paralleles entr’elles,
& par consequent MP sera un parallelogramme. On
prouvera de même que RL , SH , & VN , sont autant de
parallelogrammes. Donc IM=PQ , GR=LQ , CS=HQ ,
& EN=VQ.

2°. De ce que IM , EN , sont ( *constr.* ) paralleles entr’elles, il suit aussi que les angles MIK , NEK , sont
égaux entr’eux, & que ces deux lignes sont dans un même plan avec IE. Par consequent si l’on mene KM , KN ,
ces deux lignes-ci seront aussi dans ce même plan IMEN;
ainsi puisqu’elles sont encore ( *constr.* ) dans un autre plan
qui passe par KQ , elles seront la commune section de
ces deux plans; & par consequent elles ne sont ensemble
qu’une même ligne droite. Ce qui donnant encore les
angles IKM , EKN , égaux entr’eux , il suit manifestement
que les triangles IMK , ENK , sont semblables , & que
puisque IK=KE , l’on aura aussi IM=EN. On prouvera
de même que les triangles GKR , CKS , sont semblables
entr’eux , & que puisque GK=CK , l’on aura aussi
GR=CS.

Or on vient de voir ( *constr.* ) que IM=PQ , EN=VQ ,
GR=LQ , CS=HQ. Donc ( *nomb.* 2.) PQ=VQ , & LQ
=HQ. Donc aussi LP=HV. Donc enfin HL=HV—+
HP dans le cas des Fig. 22. 23. où V ,P, se trouvent du
même côté de H ; & dans celui où V , P , se trouvent de
differens côtez de H , l’on aura HL=HV—HP comme
dans les Fig. 24. 25. ou HL=HP—HV, comme dans la
Fig. 26. *Ce qu’il falloit démontrer.*

*S’il se trouve des Commençans qui , embarraßez par la
multitude des Fig. 21. 22. 23. 24. 25. ausquelles cette
démonstration convient, ayent de la peine à l’appliquer à tou-*

I

*tes à la fois : ils pourront d'abord l'appliquer à chacune fepa-*
*rément , en les prenant l'une après l'autre à volonté. Aprè*
*cela ils verront fans peine que cette démonſtration convien*
*également à toutes ces cinq Figures , & même à pluſieur*
*autres qu'ils imagineront aiſément alors , & que j'omets tant*
*pour leur en laiſſer le plaiſir , que pour ne pas multiplier inu-*
*tilement le nombre de celles-ci. Ils pourront en uſer de même*
*dans tout ce qu'ils trouveront ici de propoſitions à pluſieurs*
*cas ou Figures.*

## COROLLAIRE I.

Fig. 27.　Soit preſentement par A dans des plans quelconques
tant de parallelogrammes auſſi quelconques qu'on voudra , dont le premier ſoit ABCD , de qui la diagonale
AD ſoit un des côtez du ſecond ADLM , de qui la diagonale AL ſoit auſſi un des côtez du troiſiéme ALPN ,
de qui la diagonale AP ſoit pareillement un des côtez
du quatriéme , & ainſi à l'infini. Des extrêmitez C, B,
M, N, &c. des côtez non diagonaux de ces parallelogrammes ſoient autant de plans paralleles , & ſur eux
autant de droites CF, BH, MG, NE, &c. qui rencontrent ſous quelque angle que ce ſoit en F, H, G, E, &c.
la diagonale du dernier de ces parallelogrammes, c'eſt-
à-dire , ici la diagonale AP du parallelogramme ALPN,
prolongée vers O, E, il ſuit du preſent Lem. 10. que
cette derniere diagonale AP=AF+AG+AH—AE.

Car ſuivant ce Lemme , ſi des extrêmitez D, L, &c.
des côtez diagonaux AD , AL, &c. des parallelogrammes précedens, l'on mene auſſi des plans paralleles aux
paralleles précedens , & ſur leſquels ſoient les droites
DV, LX, &c. leſquelles rencontrent en V , X , &c. la
derniere diagonale AP prolongée , dont AD repreſente
ici la droite HP des précedentes Fig. 22. 23. 24. 25.
26. Le premier parallelogramme ACBD donnera AV=
AF+AH ; le ſecond ADLM donnera AX=AV+AG,
& conſequemment AX=AF+AH+AG ; le troiſiéme
ALPN donnera AP=AX—AE , & conſequemment

AP=AF—+—AH—+—AG—AE, ainſi qu'on le vient d'avancer. Ce raiſonnement fait voir qu'il en ſera de même à
l'infini, quelque nombre de parallelogrammes quelconques faits comme ci-deſſus, qu'on ſuppoſe dans des plans
auſſi quelconques avoir tous le même points A pour un
de leurs angles par où paſſent les diagonales dont on vient
de parler : la derniere de ces diagonales, telle qu'eſt ici
AP, ſera toûjours =AF—+—AH—+—AG—AE±, &c. C'eſt-
à-dire, égale à la ſomme de ce que les côtez non diagonaux AC, AB, AM, AN, &c. y donneront d'abſciſſes
AF, AH, AG, &c. depuis A vers l'autre extrêmité P de
cette derniere diagonale, moins la ſomme AE, &c. de ce
que ces côtez non diagonaux y en donneront au-delà du
point A du côté de E.

COROLLAIRE II.

Toutes choſes demeurant les mêmes, ſuppoſons preſentement que le point A, ou un corps en ce point,
ſoit pouſſé ou tiré tout à la fois ſuivant AC, AB, AM,
AN, &c. par autant de puiſſances appellées C, B, M, N,
&c. leſquelles ſoient entr'elles comme ces lignes correſpondantes. Les Corol. 6. 7. du Lem. 2. & le Corol. 10.
du Lem. 3. font voir que l'impreſſion réſultante au point A,
du concours de toutes ces puiſſances, eſt toûjours non
ſeulement ſuivant la derniere diagonale, qui eſt ici AP
celle du dernier ALPN des parallelogrammes précedens ; mais encore d'une force de A vers P, laquelle eſt
toûjours à chacune des puiſſances ſuppoſées ſuivant AC,
AB, AM, AN, comme cette derniere diagonale AP eſt
à chacun de ces côtez proportionnels ( *Hyp.* ) à ces puiſſances C, B, M, N. Mais le précedent Corol. 1. donne
ici AP=AF—+—AH—+—AG—AE. Donc auſſi la force du
point ou corps A ſuivant AP, réſultante du concours de
toutes ces puiſſances-là, eſt toûjours à chacune d'elles,
comme AF—+—AH—+—AG—AE eſt à chacune de leurs
proportionnelles AC, AB, AM, AN, & ainſi à l'infini en
quelque nombre qu'elles ſoient.

I ij

## Corollaire III.



On voit de-là que si EO est la direction de la force résultante du concours des puissances C , B , M , N , c'est-à-dire , la direction suivant lesquelles ces puissances tendent ensemble à pousser le point ou corps A vers O; & conséquemment ( *Lem.* 2. *Corol.* 6. *& Lem.* 3. *Corol.* 10. ) celle de la derniere diagonale AP des parallelogrammes précedens de la Fig. 27. l'on aura , sans en faire aucun , la longueur de cette derniere diagonale ; & conséquemment ( *Lem.* 2. *Corol.* 7. *& Lem.* 3. *Corol.* 10. ) l'on aura aussi la force résultante du concours de ces puissances , suivant cette direction commune AO, si des extrêmitez C , B, M, N , de leurs proportionnelles & directions particulieres AC , AB, AM , AN , on lui mene seulement les paralleles CF, BH ,MG ,NE, quelqu'angle qu'elles fassent avec elle ; puisque le Corol. 1. donne toûjours AF—+—AG—+—AH—AE=AP : c'est-à-dire en general, la derniere diagonale de tant de parallelogrammes qu'on voudra , faits comme ci-dessus , toûjours égale à la difference AF—+—AG—+—AH—AE±,&c. dont la somme AF—+—AG—+—AH—+, &c. des abscisses AF, AG, AH, &c. faites sur elle de son côté par rapport à A par des paralleles menées comme ci-dessus , surpasse la somme AE—+, &c. de ce qui s'en fait sur elle prolongée de l'autre côté de ce point A., où concourent ( *Hyp.* ) les puissances supposées C , B , M , N , &c. Et d'où partent leurs proportionnelles & directions particulieres AC, AB, AM , AN, &c. de l'extrêmité desquelles sont menez des plans paralleles quelconques exprimez par CF, BH, MG , NE, &c. qui déterminent ces abscisses AF, AH, AG , AE, &c. par leur rencontre avec EO.

## Remarque.

I. Il est à remarquer que quoique AF—+—AG—+—AH—AE±, & soit toûjours ( *Corol.* 1. ) égale à la diagonale du dernier des parallelogrammes qu'il auroit fallu faire

comme dans le Corol. 1. pour la trouver, fans fe fervir des lignes précedentes CF, BH, MG, NE, &c. menées fur des plans paralleles, par les extrêmitez des proportionnelles AC, AB, AM, AN, &c. aux puiſſances
C, B, M, N, &c. qu'on fuppofe agir toutes à la fois fuivant ces directions particulieres, chacune fuivant la fienne, fur le corps ou point A ; & qu'ainfi (*Lem.* 2. *Cor.* 7.
*& Lem.* 3. *Corol.* 10.) AF—+—AH—+—AG—AE±, &c. foit
toûjours l'expreſſion de la force réfultante du concours
de toutes ces puiſſances fuivant leur direction commune
AO ; les parties correfpondantes AF, AH, AG, AE, &c.
de cette expreſſion, n'expriment pourtant pas toûjours
ce que chacune de ces puiſſances C, B, M, N, &c. contribue à cette force totale de A vers O fuivant AO, c'eſt-
à-dire, ce que chacune d'elles y employe de force pour
ou contre, mais feulement lorfque (*Lem.* 3. *part.* 2.) les
lignes droites CF, BH, MG, NE, &c. ou les plans paralleles fur lefquels on les fuppofe, font perpendiculaires à
cette direction commune AO prolongée de part & d'autres : lorſqu'elles le font, chacune de ces puiſſances C,
B, M, N, &c. eſt toûjours ( *Lem.* 3. *part.* 2.) à ce qu'elle
fait d'impreſſion pour ou contre fuivant cette direction
AO, ou AE, fur le point ou corps A, comme celle de
leurs proportionnelles AC, AB, AM, AN, &c. qui l'exprime, eſt à celle des abfciſſes AF, AH, AG, AE, &c.
qui lui répond. Par exemple, dans ce cas de perpendicularité des lignes CF, BH, MG, NE, &c. fur AO, la puiſſance C dirigée fuivant fa proportionnelle AC, eſt à ce
qu'elle fait d'effort fuivant AO : : AC. AE. & ainfi des
autres en quelque nombre qu'elles foient, quelques rapports qu'elles ayent entr'elles, & fuivant quelques directions qu'elles agiſſent fur le corps ou point A.

II. De-là il fuit encore que AF—+—AH—+—AG—AE ± &c.
═AP pour ce cas des lignes CF, BH, MG, NE, &c. perpendiculaires fur cette ligne AP prife pour la derniere
diagonale qui ( *Lem.* 2. *Corol.* 7. *& Lem.* 3. *Corol.* 10.)
exprime l'effort réfultant au corps ou point A du con-

cours des puissances appellées ici C, B, M, N, &c. Car puisque cet effort total suivant cette derniere diagonale AP, n'est fait que des efforts particuliers de ces puissances suivant cette ligne, ou plûtôt n'est que la somme de ce qu'elles en font de A vers P suivant cette ligne, moins ce qu'elles en font suivant la même ligne en sens contraire, & que ces efforts particuliers font ( *Lem.* 3. *part.* 2.) comme les abscisses AF, AH, AG, AE, &c. dont les premieres AF, AH, AG, &c. expriment ici ces efforts de A vers P suivant AP, & les dernieres AE, &c. ce qui s'en fait suivant la même ligne en sens contraire : il suit, dis-je, du précedent art. 1. que ce cas des lignes CF, BH, MG, NE, &c. perpendiculaires à cette ligne AP prolongée de part & d'autre du point A, l'on aura encore cette derniere diagonale AP=AF—+AH—+AG—AE±, &c. conformément au précedent Corol. 3. dont ceci n'est qu'un cas, l'angle que les précedens plans paralleles entr'eux, ou que les lignes CF, BH, MG, NE, &c. menez sur eux, font avec cette derniere diagonale AP, y étant indéterminé, & tel qu'on voudra, au lieu que cette derniere preuve le suppose droit.

III. Il est aussi à remarquer que puisque l'impression résultante du concours de toutes les puissances C, B, M, N, &c. au point ou corps A, le pousse ( *Hyp.* ) suivant AO, en sorte que libre d'ailleurs il suivroit cette droite de A vers O ; il faut que ce que ces puissances font chacune d'effort sur lui ( *Lem.* 3. *part.* 1.) suivant chacune des correspondantes FC, HB, GM, EN, &c. perpendiculaires à AO, pour ( *art.* 1. ) le détourner de cette ligne AO, se trouve en équilibre & détruit, comme l'on voit dans la part. 3. du Lem. 3. par la contrarieté directe de ces efforts collateraux entr'eux ; & qu'ainsi ce qui s'en fait de droite à gauche de cette direction commune AO, soit toûjours égal à ce qui s'en fait de gauche à droite ; & de même de tous les autres côtez diamétralement opposez autour de AO. D'où l'on voit que si les quatre directions particulieres AC, AB, AM, AN, étoient dans un

même plan deux d'un côté, & deux de l'autre de la direction commune AO, comme elles paroissent ici, l'on y
auroit FC—+HB═GM—+EN ; puisque FC, HB, GM, EN,
seroient entr'elles ( *Lem.* 3.*part.* 1. ) comme les efforts des
puissances C, B, M, N, en ces deux sens, & que les deux
premiers seroient ainsi diamétralement opposez aux deux
autres.

## D E F I N I T I O N  XII.

Pour éviter les équivoques dans la suite nous appellerons
*puissances libres* celles qui par leur concours d'action sur
un corps ou sur un point, le meuvroient effectivement
comme dans le principe general, & dans les Lem. 1. 2.
3. Et lorsqu'elles en seront empêchées par quelque obstacle, ou par quelqu'autre puissance qui, égale & directement opposée à leur concours d'action, les arrête toutes
en équilibre avec elle sur ce corps ou sur ce point ; nous
les appellerons toutes puissances forcées ou retenues. Suivant cela en appellant ( comme nous ferons toûjours dans
la suite ) *n* le nombre des puissances libres, & *m* celüi des
forcées, nous aurons toûjours alors $m = n + 1$.

## L E M M E  X I.

*Soient encore (comme dans le Cor.* 1.*du précedent Lem.* 10.)  Fig. 13.
*par le point A dans des plans quelconques tant de parallelo-*
*grammes aussi quelconques qu'on voudra, dont le premier soit*
*ACDB, de qui la diagonale AD soit un des côtez du second*
*ADLM, de qui la diagonale AL soit aussi un des côtez du*
*troisiéme ALPN, de qui la diagonale AP soit pareillement*
*un des côtez d'un quatriéme, & ainsi à l'infini. Par les ex-*
*trémitez C, B, des côtez AC, AB, du premier ACDB de ces*
*parallelogrammes soit une seconde diagonale CB, qui rencon-*
*tre la premiere AD en Q ; de ce point Q par l'extrémité*
*M du côté AM du second parallelogramme ADLM, soit*
*QM qui rencontre sa diagonale AL en R ; de ce point R par*
*l'extrémité N du côté AN du troisiéme parallelogramme*
*ALPN, soit RN qui rencontre sa diagonale AP en S, &*

*toûjours de même jusqu'à la derniere, laquelle soit ici AP, pour ne pas aller à l'infini.*

*Cela fait, je dis que la partie AS de cette derniere diagonale sera à cette diagonale entiere AP, comme l'unité est au nombre des côtez non diagonaux AC, AB, AM, AN, des parallelogrammes supposez, ou ( ce qui revient au même ) comme l'unité est au nombre de ces parallelogrammes plus un; c'est-à-dire ici, AS. AP:: 1. 4.*

## DEMONSTRATION.

Les parallelogrammes ALPN, ADLM, ACDB, donnant NP=AL, ML=AD=2×AQ, les triangles semblables ASR, PSN, & ARQ, LRM, donneront AS. SP:: AR. NP:: AR. AL:: AR: AR+RL:: AQ. AQ+ML :: AQ. AQ+AD:: AQ. AQ+2×AQ:: AQ. 3×AQ:: 1.3. Donc aussi AS. AS+SP:: 1. 1+3. c'est-à-dire, AS. AP:: 1. 4. Et ainsi dans le dernier de tout ce qu'on peut ajoûter d'autres parallelogrammes à ceux-ci de la maniere précedente : la derniere diagonale s'y trouvera toûjours divisée de la maniere précedente en deux parties, dont la plus proche du point A sera à cette diagonale entiere, comme l'unité sera au nombre des côtez non diagonaux de tous ces parallelogrammes, ou ( ce qui revient au même ) comme l'unité sera au nombre de ces parallelogrammes plus un. De sorte que si le nombre des côtez non diagonaux étoit $=n$, & que consequemment le nombre de ces parallelogrammes fût $=n-1$. la partie la plus proche de A de la derniere diagonale divisée en deux comme ci-dessus, seroit à cette diagonale entiere :: 1. $n$. Ce qu'il falloit démontrer.

*C'est M. Leibnitz qui m'a fait penser à ce Lemme, dont il n'a donné que l'énoncé, avec quelques explications dans le Journal des Sçavans de 1 6 9 3. pag. 4 1 7. L'usage qu'il me parut pouvoir avoir dans mon* Projet d'une nouvelle Mécanique de 1 6 8 7. *me fit en chercher la démonstration, que je trouvai aussi-tôt telle qu'on la voit ici : cet usage paroîtra dans la suite.*                      COROLLAIRE

## COROLLAIRE I.

Si donc le point A, ou un corps (sans pesanteur) exprimé par A, étoit poussé ou tiré à la fois suivant AC, AB, AM, AN, &c. par autant de forces ou puissances proportionnelles à ces côtez de parallelogrammes, & dirigées suivant ces lignes; non seulement il seroit poussé ou tiré ( *Lem.* 3. *Corol.* 10. ) par le concours de toutes ces puissances ensemble suivant la derniere diagonale AP, d'une force qui seroit à celles-là comme cette derniere diagonale aux côtez AC, AB, AM, AN, qui leur sont ( *Hyp.* ) proportionnels; mais encore cette derniere diagonale AP seroit à sa partie AS, comme le nombre des puissances à l'unité; puisque ( *Hyp.* ) le nombre de ces puissances seroit celui de ces côtez non diagonaux, ou celui des parallelogrammes plus un.

## COROLLAIRE II.

On voit de-là suivant ce Lemme-ci, que la derniere diagonale AP étant donnée, ou sa partie AS, il est aisé de trouver l'une par l'autre ayant le nombre des puissances; sçavoir ici $AP = 4 \times AS$, & $AS = \frac{1}{4} AP$ : mais si l'une ni l'autre n'étoit donnée que de position AO, comme dans la Fig. 30. par rapport aux proportionnelles & directions AC, AB, AM, AN, &c. des puissances appellées C, B, M, N, &c. dont le nombre soit $n$, il faudroit avoir recours au Corol. 3. du Lem. 10. lequel sans faire aucun parallelogramme, donneroit la derniere diagonale cherchée $AP = AF + AH + AG - AF \pm$, &c. en menant seulement des extrêmitez des proportionnelles précedentes les paralleles CF, BH, MG, NE, &c. sous quelque angle qu'elles rencontrent la direction donnée AO de cette diagonale cherchée AP prolongée de part & d'autre : de-là le present Lem. 11. donnant $AS = \frac{AP}{n}$, l'on auroit aussi $AS = \frac{AF + AH + AG - AE \pm \&c.}{n}$ sans ( dis-je ) fai-

Fig. 27. 28.

K

re aucun parallelogramme. D'où l'on voit fuivant le précedent Corol. 1. que l'unité feroit ici au nombre $n$ des puiffances, comme $\dfrac{AF + AH + AG - AE \pm \&c.}{n}$ à la derniere diagonale cherchée AP, qui fe trouvera ainfi dans la Fig 28. fans y faire aucun des parallelogrammes qui l'ont donnée dans la Fig. 27. Corol. 1. du Lem. 10.

## C o r o l l a i r e  III.

§10. 29.    Mais cela fuppofe qu'on ait la pofition AO de la derniere diagonale AP, par rapport aux directions données des puiffances. Prefentement pour trouver cette pofition il faut confiderer,

1°. Que BQ=CQ, ou BQ.CQ :: 1. 1. Puifque BQ. CQ :: AB. CD :: 1. 1.

2°. Que RM. RQ :: 2. 1. Puifque RM. RQ :: LM. AQ :: AD. AQ :: BC. CQ ( *nomb.* 1 ) :: 2. 1.

3°. Que NS. RS :: 3. 1. Puifque NS. RS :: NP. AR :: AL. AR :: QM. QR ( *nomb.* 2. ) :: 3. 1. Et ainfi à l'infini.

D'où l'on voit que les directions AC, AB, AM, AN, &c. des puiffances C, B, M, N, &c. étant données proportionnelles à ces mêmes puiffances, fi par les extrêmitez des deux premieres AC, AB, on mene la droite BC, fon milieu Q avec A donnera la pofition de la premiere diagonale AD. Si l'on mene enfuite de ce point Q la droite QM à l'extrêmité M de la troifiéme proportionnelle AM, laquelle QM foit divifée en R de maniere qu'on ait RM. RQ :: 2. 1. ce point R avec A donnera la pofition de la feconde diagonale AL. Si après cela du point R on mene la droite RN à l'extrêmité N de la quatriéme proportionnelle AN, laquelle RN foit divifée en S de maniere qu'on ait NS. RS :: 3. 1. ce point S avec le point A donnera la pofition de la troifiéme diagonale AP; & ainfi à l'infini, en divifant de même en raifon reciproque de 1 à 4, la ligne qui de S fe termineroit à l'extrêmité d'une cinquiéme proportionnelle ; la suivante en raison reciproque de 1 à 5 ; la suivante encore en raison reciproque de 1 à 6 , & toûjours de même les suivantes, en raison réciproque de 1 à 7 , de 1 à 8 , de 1 à 9 , de 1 à 10 , &c.

C'est-à-dire en general ( en appellant les droites BC, QM, RN, &c. *Lieux des puissances* : sçavoir ici BC, *Lieu des deux puissances* C, B ; QM, *Lieu des trois puissances* C, B, M ; RN, *Lieu des quatre puissances* C, B, M, N ; &c. qu'en divisant chaque Lieu en raison reciproque de l'unité de la puissance , à la proportionnelle de laquelle il se termine par un bout , au nombre des puissances du Lieu auquel il se termine par l'autre bout , de même que RN ici divisée en SN. SR. :: 3. 1. l'est en raison reciproque de l'unité de la puissance N au nombre 3. des puissances C, B, M, du Lieu QM : on voit , dis-je , en general que le point d'une telle division de chaque Lieu , donnera toûjours avec A la position de la diagonale , suivant laquelle se fait le concours d'action de toutes les puissances de ce Lieu , de même que le point S du Lieu RN ainsi divisé en ce point S , donne avec le point A la position de la diagonale AP , suivant laquelle se fait ici ( *Lem.* 3. *Corol.* 10. ) le concours d'action des quatre puissances C, B, M, N, de ce Lieu RN.

C O R O L L A I R E  I V.

Suivant cela, & le Corol. 2. il sera toûjours aisé de trouver la position & la longueur de la derniere diagonale de tant de parallelogrammes qu'on voudra , faits comme dans le present Lemme 11. sans en faire aucun, ayant seulement les directions AC, AB, AM, AN, &c. des puissances C, B, M, N, &c. proportionnelles à ces mêmes lignes : voici comment.

1°. Ces proportionnelles ayant été prises jusqu'ici dans un ordre arbitraire, le Corol. 3. fait voir que si par les extrêmitez C, B, de deux quelconques AC, AB, d'entr'elles on mene la droite CB ; que de son milieu Q on

Fig. 30.

K ij

mene QM à l'extrêmité M d'une troifiéme proportionnelle auffi quelconque AM , laquelle QM foit divifée
en R, de maniere qu'on ait RM. RQ :: 2. 1. Qu'enfuite on mene RN à l'extrêmité N d'une quatriéme proportionnelle encore quelconque AN, laquelle RN foit
divifée en S , de maniere qu'on ait SN. SR :: 3. 1. l'on
aura AS prolongée vers O pour la pofition de la derniere diagonale AP des parallelogrammes faits comme dans
ce Lemme-ci, fans en faire aucun ; & ainfi de quelque
autre nombre de puiffances , ou de leurs proportionnelles qu'on puiffe fuppofer. De forte que fi $n$ étoit le nombre des puiffances, lefquelles prifes dans l'ordre précedent euffent QM pour le lieu de toutes, hors de la derniere N ; l'analogie SN. SR :: $n$—1. 1. donneroit AS pour
la pofition AO de la diagonale du dernier des parallelogrammes faits comme dans ce Lemme-ci.

2°. La pofition AO de la diagonale du dernier de ces
parallelogrammes étant ainfi trouvée, ce Lemme-ci donnera la longueur AP de cette derniere diagonale $= 4 \times$
AS, s'il n'y a ( comme ici ) que trois parallelogrammes,
que les quatre puiffances C, B, M, N ; & en general
cette longueur fera $= n \times$ AS, fi le nombre des puiffances
eft $= n$, ou celui des parallelogrammes $= n$—1.

Le Corol. 2. donnera auffi la longueur de cette derniere diagonale $=$ AF$+$AH$+$AG$-$AE$\pm$&c. dans la
Fig. 28. fans faire aucun parallelogramme , en laiffant
tomber des extrêmitez des directions proportionnelles
AC, AB, AM, AN, &c. des puiffances C, B, M, N, &c.
autant de perpendiculaires CF, BH, MG, NE, &c. fur la
pofition AO ( de cette diagonale) trouvée dans le nomb. 1.

FIG. 28.

## COROLLAIRE V.

FIG. 29.

Ce dernier Corol. 4. fournit la maniere de déterminer
la route ou la direction & la force d'un corps pouffé ou
tiré par le concours de plufieurs puiffances données , & de
directions données qui partent d'un même point, fans faire
aucun parallelogramme. Car puifque ce corps par le con-

cours de toutes ces puiſſances quelconques, quelles qu'en
ſoient les directions & le nombre, doit (*Lem.* 3. *Corol.* 10.)
être pouſſé ou tiré ſuivant la diagonale du dernier des
parallelogrammes faits ( comme ci-deſſus) de leurs directions proportionnelles, & avec une force qui ſoit à chacune de ces puiſſances comme cette diagonale à chacune
de leurs proportionnelles ; & que le précedent Corol. 4.
donne la poſition & la longueur de cette derniere diagonale, ſans faire aucun parallelogramme, il donnera auſſi
ſans en faire aucun, la route ou la direction & la force
du corps pouſſé ou tiré par toutes ces puiſſances à la fois,
c'eſt-à-dire (*Def.* 7. ) la direction commune de toutes ces
puiſſances, & la force réſultante de leur concours ſuivant
cette direction. De ſorte que ſi ce corps eſt pouſſé ou
tiré à la fois, par exemple, par quatre puiſſances C, B,
M, N, données avec leurs directions particulieres AC,
AB, AM, AN, leſquelles ſoient proportionnelles à ces
puiſſances, il n'y aura qu'à mener la droite CB ; enſuite
de ſon milieu Q mener la droite QM, laquelle ſoit diviſée en R, de maniere qu'on ait RM.RQ : : 2. 1. Aprés
cela mener RN, qui ſoit auſſi diviſée en S, mais de maniere qu'on ait SN.SR : : 3. 1. Enfin mener AS prolongée vers O, ſur laquelle ſoit priſe AP=4×AS : cette
droite AP ſera (*Corol.* 3. ) de poſition & de grandeur la
diagonale du dernier des parallelogrammes qui auroient
été faits ( comme dans ce Lemme-ci, Fig. 29. ) des proportionnelles ſuppoſées. Donc (*Lem.* 3. *Corol.* 10. ) les
quatre puiſſances ici ſuppoſées C, B, M, N, pouſſeront
ou tireront enſemble le long de cette ligne AP ou AS
le corps auquel elles ſont appliquées, & d'une force qui
ſera à chacune d'elles comme cette même AP ou ſa valeur 4×AS eſt à chacune de leurs proportionnelles AC,
AB, AM, AN. Et ainſi de tout autre nombre de puiſſances à volonté, qu'on ſuppoſeroit agir à la fois ſur ce
corps ſuivant des directions qui partiſſent d'un même
point.

## COROLLAIRE VI.

Les divisions précedentes supposées des lignes CB, QM, NR, &c. en Q, R, S, &c. on voit ( *Corol.* 5. ) que l'effort résultant du concours des deux puissances C, B, se feroit suivant AQ; que le résultant du concours des trois puissances C, B, M, se feroit suivant AR; que le résultant du concours des quatre puissances C, B, M, N, se feroit suivant AS, & ainsi de tant de puissances qu'on voudra supposer agir toutes à la fois sur un même point A, de quelque maniere que ce soit. Donc suivant le Corol. 1. du principe general ( si les lieux CB, QM, NR, &c. étoient autant de verges inflexibles & sans pesanteur, ausquelles les puissances C, B, M, N, &c. sans changer de direction, étoient appliquées comme on le voit ici ) il y auroit équilibre entre les deux puissances C, B, sur un appui placé en Q ; entre les trois puissances C, B, M, sur un appui placé en R ; entre les quatre puissances C, B, M, N, sur un appui placé en S, & ainsi de tel autre nombre de puissances qu'on voudra, dirigées toutes par A. D'où l'on voit ( *Déf.* 8. ) que Q est le centre d'équilibre des deux puissances C, B ; que R est celui des trois puissances C, B, M ; que S est celui des quatre puissances C, B, M, N, &c. sur les verges ou lignes CB, QM, RN, &c. supposées inflexibles & sans pesanteur.

## DEFINITION XIII.

Ces points Q, R, S, &c. seront appellez dans la suite *centres principaux d'équilibre* de ces puissances C, B, M, N, &c. sçavoir Q, *centre principal d'équilibre des puissances* C, B ; R, *centre principal d'équilibre des puissances* C, B, M ; S, *centre principal d'équilibre des puissances* C, B, M, N ; & ainsi de tout autre nombre de puissances libres dirigées toutes par le point A, suivant quelques plans que ce soit.

## DEFINITION XIV.

Les pesanteurs particulieres de toutes les parties d'un

poids quelconque pouvant être regardées ( *Ax. 2.* ) comme autant de puissances qui agissent ensemble sur lui de haut en bas avec des forces égales à ces pesanteurs, & suivant les mêmes directions qu'elles ; il suit du Corol. 20. du Lem. 3. qu'il en doit résulter à ce corps entier une impression ou force totale de haut en bas, qui en fasse la *pesanteur* totale, & suivant une ligne qui ( *Déf.* 3.) en soit la *direction*. Quelle que soit cette ligne de direction de la pesanteur d'un corps, elle s'appellera *verticale* dans la suite ; & les perpendiculaires à celle-là, seront nommées *horifontales*. Si en quelque sens qu'on tourne ce poids, la direction de sa pesanteur passe toûjours par un même point de ce corps, ce point s'appellera à l'ordinaire le *centre de gravité* de ce même corps.

## COROLLAIRE.

Le Corol. 1. du principe general fait voir qu'un poids qui auroit un tel point, quelque situation qu'on lui donnât autour de ce point, il y demeureroit toûjours en équilibre & en repos tant que ce point seroit soûtenu, ou fixement arrêté, nonobstant la mobilité de ce corps autour de ce même point fixe.

*On verra dans la suite si un tel centre de gravité est possible, & en quel sens ; c'est-à-dire, quelles doivent être pour cela les directions des pesanteurs particulieres de toutes les parties des poids. En attendant nous ne nous servirons point des centres de gravité, mais seulement des directions de ces poids, lesquelles se trouvent toûjours ( Corol. 2. princip. gener. ) être les lignes suivant lesquelles ils demeurent suspendus.*

## LEMME XII.

*Soit un parallelogramme quelconque MDNG, dont les* Fig. 31. *deux côtez DM, DN, prolongez ( s'il est necessaire ) soient* 32. *rencontrez perpendiculairement en H, K, par les deux côtez HR, KR, d'un angle aussi quelconque HRK placé en même plan. Je dis que si HR×DM=KR×DN, ou ( ce qui revient au même ) si HR.KR :: DN.DM. La diagonale DG du pa*

*vallelogramme MD NG, prolongée ( s'il est necessaire ) passe-
ra par l'angle R.*

## DEMONSTRATION.

Si l'on nie que la diagonale DG passe par l'angle R,
soit menée la droite DR, qui soit prise pour le sinus total; soit aussi prise ∫ pour la marque ou la caracteristique
des autres sinus. Les angles ( *Hyp.* ) droits en H, K, donneront ∫HDR. ∫KDR :: HR. KR ( *Hyp.*) :: DN. DM :: MG.
DM ( *Lem.* 8. *Cor.* 2. ) :: ∫MDG. ∫MGD :: ∫MDG. ∫NDG.
Cependant si DG ne se confondoit pas avec DR, l'on
auroit ici ∫HDR à ∫KDR en moindre raison que ∫MDG
à ∫NDG; & en plus grande, si DR y étoit de l'autre
côté de DG. Donc ces deux lignes DG, DR, doivent
se confondre en une; & par consequent la diagonale
DG ainsi confondue avec DR, & prolongée, s'il est necessaire, passera comme DR par l'angle R. *Ce qu'il falloit démontrer.*

## LEMME XIII.

FIG. 33.     *Par un point D donné dans un angle donné HAG, mener une ligne droite BC, que ce point D divise en raison donnée de m à n, c'est-à-dire, en sorte qu'on ait BD. DC :: m. n.*

### SOLUTION.

Sur AD prolongée du côté de D, soit prise DE. AD ::
*n. m.* Soit menée EC parallele à AG, & qui rencontre
AH en C; de ce point C par le donné D soit menée CD,
qui prolongée rencontre AG en B: je dis que CB est la
ligne requise, c'est-à-dire, que non seulement elle passe
par le point donné D, mais encore qu'elle y est divisée
de maniere que BD. DC :: *m. n.* ainsi qu'il est ici requis.

### DEMONSTRATION.

Puisque AB, EC, sont ( *constr.* ) paralleles entr'elles, &
qu'ainsi les triangles ADB, EDC, sont semblables entr'eux, l'on aura ici DC. DB :: DE. DA ( *constr.* ) :: *n. m.*
Donc

Donc ( en renverfant ) BD. DC :: $m.n$. *Ce qu'il falloit
faire & démontrer.*

## LEMME XIV.

*Deux points $A$, $B$, étant donnez à volonté, mener du pre-* Fig. 34.
*mier $A$ deux lignes $AD$, $AC$, de grandeurs données $P$, $Q$ ;
& du fecond $B$, une ligne $BC$, laquelle foit divifée en $D$, $C$,
par ces deux-là, en raifon donnée de $m$ à $n$ : c'eft-à-dire, en
forte qu'on ait ici tout à la fois $AD = P$, $AC = Q$, & $BD.
DC :: m.n$.*

### SOLUTION.

Soit menée $AB$ par les deux points donnez $A$, $B$, & fur
elle prolongée du côté de $B$, foit prife $AE. AB :: n.m$.
Des centres $A$, $E$, & des rayons $AF = \frac{m+n}{m} \times P$, $EF = Q$,
foient décrits deux arcs de cercles qui fe coupent en $F$ ;
enfuite après avoir mené $AC$, $FC$, paralleles à $EF$, $EA$,
& qui fe coupent en $C$, foit menée $BC$, que la droite
$AF$ coupe en $C$. Cela fait, je dis que $AC = Q$, $AD = P$,
& que $BD. DC :: m.n$. ainfi qu'il eft ici requis.

### DEMONSTRATION.

Car le parallelogramme $AEFC$ réfultant de cette conftruction, rendant $AC = EF$ ( *Hyp.* ) $= Q$, $CF = AE$, &
les triangles $ADB$, $FDC$, femblables entr'eux, donne
premierement $AC = Q$ ; fecondement, $FD. AD :: FC.
AB :: AE. AB$ ( *conftr.* ) $:: n.m$. D'où réfulte ( en compo-
fant ) $m+n. m :: AF \left( \frac{m+n}{m} \times P \right). AD = P$. Troifiéme-
ment enfin $BD. DC :: AB. FC :: AB. AE$ ( *conftr.* ) $:: m.n$.
Donc cette même conftruction donnera ici tout à la fois
$AC = Q$, $AD = P$, & $BD. DC :: m.n$. *Ce qu'il falloit démontrer.*

## LEMME XV.

*Soit une ligne droite $XO$ mobile autour d'un de fes points* Fig. 35.
*$B$ fixe, qui la divife en deux branches ou parties $BX, BO$, telles* 36.

L

qu'on voudra : imaginons-la se mouvoir de XO en xω autour
de ce point fixe B. Par un autre point quelconque A soient
menées des points X, x, O, ω, les quatre droites XA, xA,
OA, ωA, sur lesquelles du point B tombent autant de perpendiculaires BD, Bd, BP, Bp. Je dis que la branche BX qui se
sera ainsi approchée du point A en Bx, pendant que l'autre BO
( moindre, plus grande, ou égale à elle ; il n'importe ) s'en
sera éloignée en Bω, donnera toûjours BP. BD ⪢ Bp. Bd. c'est-
à-dire, BP à BD en plus grande raison que Bp à Bd.

## DEMONSTRATION.

Après avoir pris Xb, xβ, chacune égale à BO ou à Bω,
sur OX, ωx, soient menées bm, βμ, perpendiculaires sur
AX, Ax, prolongées s'il en est besoin. Cela fait,

1°. En prenant Bω ou son égale βx pour le sinus total,
l'on aura ( Déf. 9. Corol. 1. ) βμ à Bp comme le sinus de
l'angle βxμ est au sinus de l'angle Bωp, ou ( Déf 9. Corol. 1. ) comme le sinus de l'angle BxA est au sinus de
l'ange BωA ; & conséquemment aussi ( Lem. 8. Corol. 2. )
comme Aω est à Ax, c'est-à-dire, βμ. Bp :: Aω. Ax. Mais
les triangles ( constr. ) semblables Bxd, βxμ, donnant Bd.
βμ :: BX. βx ( constr. ) :: BX. BO. Donc ( en multipliant
par ordre ) Bd. Bp :: BX×Aω. BO×Ax.

2°. En prenant encore BO ou son égale bX pour le sinus total, l'on aura de même ( Déf. 9. Corol. 1. ) BP à bm
comme le sinus de l'angle BOP est au sinus de l'angle
bXm ; & conséquemment aussi ( Lem. 8. Corol. 2. ) comme
AX est à AO, c'est-à-dire, BP. bm :: AX. AO. Mais les
triangles ( constr. ) semblables bmX, BDX, donnent bm.
BD :: bX. BX ( constr. ) :: BO. BX. Donc ( en multipliant
par ordre ) BP. BD :: BO×AX. BX×AO.

Ces nomb. 1. 2. donnant ainsi Bd. Bp :: BX×Aω. BO×Ax.
Et BP. BD :: BO×AX. BX×AO. l'on aura ( en multipliant
par ordre ) BP×Bd. BD×Bp :: BO×AX×BX×Aω. BX×AO×
BO×Ax :: AX×Aω. AO×Ax. Mais la construction donnant AX ⪢ Ax, & Aω ⪢ AO, donne pareillement AX×

A$\omega$ > AO×A$x$. Donc auſſi BP×B$d$ > BD×B$p$ ; & par conſequent BP. BD > B$p$. B$d$. *Ce qu'il falloit démontrer.*

### A U T R E  D E M O N S T R A T I O N.

Soit menée la droite BA , & pour abreger nos expreſſions , ſoit $\int$ la caracteriſtique des ſinus , en ſorte que $\int$BAO, $\int$BAX, &c. ſignifient les ſinus des angles BAO, BAX, &c. Cela poſé, le Corol. 2. du Lem. 8. donnera BO. AO : : $\int$BAO. $\int$ABO. Le même Corol. 2. du Lem. 8. donnera auſſi AX. BX : : $\int$ABX. $\int$BAX ( *Déf.* 9. *Corol.* 1.) : : $\int$ABO. $\int$BAX. L'on aura de plus AO. AX : : AO. AX. Donc ( en multipliant ces trois analogies par ordre ) l'on aura BO. BX : : AO×$\int$BAO. AX×$\int$BAX. Par un ſemblable raiſonnement on trouvera de même B$\omega$. B$x$ : : A$\omega$×$\int$BA$\omega$. A$x$×$\int$BA$x$. Mais ( *Hyp.* ) BO. BX : : B$\omega$. B$x$. Donc auſſi AO×$\int$BAO. AX×$\int$BAX : : A$\omega$×$\int$BA$\omega$. A$x$×$\int$BA$x$. Et conſequemment AO×A$x$×$\int$BAO×$\int$BA$x$=AX×A$\omega$×$\int$BAX× $\int$BA$\omega$ ; d'où réſulte AX×A$\omega$. AO×A$x$ : : $\int$BAO×$\int$BA$x$. $\int$BAX×$\int$BA$\omega$. Mais la conſtruction donnant AX > A$x$ , & A$\omega$ > AO , donne AX×A$\omega$ > AO×A$x$. Donc auſſi $\int$BAO×$\int$BA$x$ > $\int$BAX×$\int$BA$\omega$. Or en prenant AB pour le ſinus total , l'on aura ( *Déf.* 9. *Corol.* 1. ) BP=$\int$BAO , BD=$\int$BAX, B$p$=$\int$BA$\omega$, & B$d$=$\int$BA$x$. Donc BP×B$d$ > BD×B$p$. Par conſequent BP. BD > B$p$. B$d$. *Ce qu'il falloit encore démontrer.*

### T R O I S I E' M E  D E M O N S T R A T I O N.

Toutes choſes demeurant les mêmes , le Corol. 2. du Lem. 8. donnera,

1°. $\int$BA$\omega$. $\int$A$\omega$B : : B$\omega$. AB ( *conſtr.* ) : : BO. AB.

2°. $\int$A$\omega$B. $\int$A$x$B : : A$x$. A$\omega$.

3°. $\int$A$x$B. $\int$BA$x$ : : AB. B$x$ ( *conſtr.* ) : : AB. BX.

Donc ( en multipliant par ordre ) $\int$BA$\omega$. $\int$BA$x$ : : BO× A$x$. A$\omega$×BX. ou $\int$BA$x$. $\int$BA$\omega$ : : A$\omega$×BX. BO×A$x$. On trouvera de même $\int$BAO. $\int$BAX : : BO×AX. AO×BX. ( Donc en multipliant encore par ordre ) $\int$BAO×$\int$BA$x$. $\int$BAX×$\int$BA$\omega$ : : BO×AX×A$\omega$×BX. AO×BX×BO×A$x$ : :

$AX \times A\omega$. $AO \times Ax$, c'est-à-dire, $AX \times A\omega$. $AO \times Ax$ : $\int BAO \times \int BAx$. $\int BAX \times \int BA\omega$. comme dans la précedente Démonſtration 2. Ce qui donnera ici comme là BP. BD $>$ B$p$. B$d$. Ce qu'il falloit encore démontrer.

## L E M M E   X V I.

F I G. 37.<br>& ſuivantes<br>juſqu'à 49. Si ſur les deux côtez contigus $AB$, $AC$, d'un parallelo-gramme quelconque $ABDC$, & ſur la diagonale $AD$, qui paſſe par l'angle $BAC$ ( que j'appelle capital ) compris entre ces deux côtez $AB$, $AC$, on fait autant de triangles $ASB$, $ASC$, $ASD$, d'un ſommet commun $S$ donné à volonté autre que le point $A$, ſur le plan de ce parallelogramme $ABDC$; je dis,

F I G. 37.<br>38. 39. I. Que lorſque ce point $S$ ſera dans le complement ( à deux droits ) $BAF$ ou $CAF$ de l'angle capital $BAC$, comme dans les Fig. 37. 38. 39. Le triangle $ASD$ conſtruit ſur la diagonale $AD$ du parallelogramme propoſé $ABDC$, ſera toûjours égal à la ſomme des deux autres triangles $ASC$, $ASB$, conſtruits ſur les côtez $AC$, $AB$, de cet angle capital $BAC$, c'eſt-à-dire, qu'alors on aura toûjours $ASD = ASC + ASB$.

F I G. 40.<br>41. 42. 43. II. Que lorſque le point donné $S$ ſera dans l'angle capital $BAC$, ou dans ſon oppoſé $EAF$, comme on le voit dans les Fig. 40. 41. 42. 43. Le triangle $ASD$ ſera toûjours égal à la difference des deux autres $ASC$, $ASB$, deſquels le plus petit aura pour baſe le côté qui avec la diagonale fait des angles oppoſez, dans l'un deſquels le point $S$ ſe trouve, comme ici le triangle $ASB$, dont la baſe eſt le côté $AB$, qui avec la diagonale $AD$, forme les angles oppoſez $DAB$, $KAE$, dans un deſquels ce point $S$ ſe trouve; c'eſt-à-dire, qu'alors on aura par tout ici $ASD = ASC - ASB$.

F I G. 44.<br>45. 46. III. Que lorſque le point $S$ ſera ſur un des côtez ( prolongé ou non) de l'angle capital $BAC$ du parallelogramme $ABDC$, comme on le voit ſur $AB$ dans les Fig. 44. 45. 46. Le triangle $ASD$ ſera toûjours égal à celui qui aura pour baſe l'autre côté contigu $AC$ de ce parallelogramme; c'eſt-à-dire, qu'alors on aura toûjours ici $ASD = ASC$.

IV. *Que si enfin le point S est sur la diagonale AD (pro-*
*longée ou non) comme dans les Fig. 47. 48. 49. l'on aura*
*toûjours ASB=ASC.*          F i g. 47.
48. 49.

### D E M O N S T R A T I O N.

*Préparation pour tous les cas.* Si du sommet commun S      F i g. 37.
des trois triangles ASD, ASB, ASC, dont il est ici que-      & suivantes
stion, l'on mene SG perpendiculaire en G, H, aux cô-      jusqu'à 49.
tez paralleles AC, BD, du parallelogramme ABDC;
l'on aura GS, GH, HS, pour les hauteurs des triangles
ASC, BAD, BSD, au-dessus de leurs bases AC, BD, perpendiculaires ( *constr.* ) à ces hauteurs. Par consequent on
aura leurs aires $ASC=\frac{1}{2}AC\times GS$ , $BAD=\frac{1}{2}BD\times GH=\frac{1}{2}$
$AC\times GH$ , $BSD=\frac{1}{2}AC\times HS$ ; ce qui donne,

1°. $BAD+BSD=\frac{1}{2}AC\times GH+\frac{1}{2}AC\times HS=\frac{1}{2}AC\times$
$\overline{GH+HS}$ ( dans les Fig. 37. 39. 40. 42. 44. 47. )
$=\frac{1}{2}AC\times GS=ASC.$

2°. $BAD-BSD=\frac{1}{2}AC\times GH-\frac{1}{2}AC\times HS=\frac{1}{2}AC\times$
$\overline{GH-HS}$ ( dans les Fig. 38. 39. 41. 42. 45. 48. ) $=\frac{1}{2}$
$AC\times GS=ASC.$

3°. $BSD-BAD=\frac{1}{2}AC\times HS-\frac{1}{2}AC\times GH=\frac{1}{2}AC\times$
$\overline{HS-GH}$ ( dans les Fig. 43. 46. 49. ) $=\frac{1}{2}AC\times GS=$
ASC. Or,

P a r t. I. Les Fig. 37. 39. donnent $ASD=ASB+$      F i g. 37.
$BAD+BSD$, & les Fig. 38. 39. donnent $ASD=ASB$      38. 39.
$+BAD-BSD$. Donc ( *prep. nomb.* 1. 2. ) ce cas du point
S dans le complement BAF de l'angle capital BAC, com-
me on le voit dans les Fig. 37. 38. 39. donnera toûjours
$ASD=ASB+ASC$. *Ce qu'il falloit* 1°. *démontrer.*

P a r t. II. Les Fig. 40. 41. donnent $ASD=BAD+$      F i g. 40.
$BSD-ASB$, les Fig. 41. 42. donnent $ASD=BAD-BSD$      41. 42. 43.
$-ASB$, & la Fig. 43. donne $ASD=BSD-BAD-ASB$.
Donc ( *prep. nomb.* 1. 2. 3. ) ce cas du point S dans un des
angles opposez DAB, KAE, comme on le voit dans les

L iij.

Fig. 40. 41. 42. 43. donnera toûjours ASD=ASC=
ASB. *Ce qu'il falloit 2°. démontrer.*

*On trouveroit de même* $ASD=ASB-ASC$, *si S étoit dans un des angles opposez DAC, KAF.*

Fɪɢ. 44.
45. 46.
PART. III. La Fig. 44. donne ASD=BAD—+BSD, la Fig. 45. donne ASD=BAD—BSD, & la Fig. 46. donne ASD=BSD—BAD. Donc ( *prep. nom.* 1. 2. 3. ) ce cas du point S sur le côté AB prolongé de l'angle capital BAC, comme on le voit dans les Fig. 44. 45. 46. donnera toûjours ASD=ASC. *Ce qu'il falloit 3°. démontrer.*

On trouveroit de même ASD=ASB, si le point S étoit quelque part sur l'autre côté AC prolongé.

Fɪɢ. 47.
48. 49.
PART. IV. La Fig. 47. donne ASB=BAD—+BSD ; la Fig. 48. donne ASB=BAD—BSD, & la Fig. 49. donne ASB=BSD—BAD. Donc ( *prep. nomb.* 1. 2. 3. ) ce cas du point S placé quelque part sur la diagonale AD prolongée, comme on le voit dans les Fig. 47. 48. 49. donnera toûjours ASB=ASC. *Ce qu'il falloit 4°. démontrer.*

## COROLLAIRE I.

Fɪɢ. 37.
& suivantes
jusqu'à 48.
Si presentement du point S on mene SM , SN, perpendiculaires en M, N, sur AB, AD, prolongées, s'il est necessaire, comme SG est ( *constr.* ) perpendiculaire en G sur AC prolongée ; l'on aura les aires triangulaires ASD $=\frac{1}{2}$AD×SN, ASB=$\frac{1}{2}$AB×SM , & ASC=$\frac{1}{2}$AC×SG. Or,

Fɪɢ 37.
38. 39.
1°. La Part. 1. donne ASD=ASB—+ASC dans les Fig. 37. 38. 39. qui ont le point S dans le complement BAF de l'angle capital BAC. Donc en ce cas on aura toûjours $\frac{1}{2}$AD×SN=$\frac{1}{2}$AB×SM—+$\frac{1}{2}$AC×SG , ou AD×SN=AB× SM—+AC×SG.

On trouveroit la même chose, de la même maniere, si S étoit dans l'autre complement CAE de l'angle capital BAC.

Fɪɢ. 40.
41. 42. 43.
2°. La Part. 2. donne ASD=ASC—ASB dans les Fig. 40. 41. 42. 43. qui ont le point S dans un des angles opposez DAB , KAE. Donc en ce cas on aura toûjours

$\frac{1}{2}AD \times SN = \frac{1}{2}AC \times SG - \frac{1}{2}AB \times SM$, ou $AD \times SN = AC \times SG$ — $AB \times SM$.

On trouveroit de même $AD \times SN = AB \times SM - AC \times SG$, si le point S étoit dans un des angles oppofez DAC, KAF.

3°. La Part. 3. donne $ASD = ASC$ dans les Fig. 44. 45. Fig. 44. 46. qui ont le point S fur le côté AB prolongé ou non, 45. 46. de l'angle capital BAC. Donc en ce cas on aura toûjours $\frac{1}{2}AD \times SN = \frac{1}{2}AC \times SG$, ou $AD \times SN = AC \times SG$.

4°. La Part. 4. donne $ASB = ASC$ dans les Fig. 47. 48. Fig. 47. 49. qui ont le point S fur la diagonale AD prolongée ou 48. 49. non. Donc en ce cas on aura toûjours $\frac{1}{2}AB \times SM = \frac{1}{2}AC \times SG$, ou $AB \times SM = AC \times SG$.

## C O R O L L A I R E   II.

Puifque ( *Corol.* 1. *nomb.* 3. ) $AD \times SN = AC \times SG$ dans le Fig. 44. & cas du point S pris ou donné fur le côté AB prolongé fuivantes ou non, de l'angle capital BAC, comme dans les Fig. jufqu'à 49. 44. 45. 46. & que ( *Corol.* 1. *nomb.* 4. ) $AB \times SM = AC \times SG$ dans le cas de ce point S pris fur la diagonale AD prolongée ou no*, du parallelogramme quelconque ABDC, menée par cet angle capital BAC, comme dans les Fig. 47. 48. 49. On voit que dans le premier de ces deux cas on aura toûjours $SG . SN :: AD . AC$. Et dans le fecond, $SG . SM :: AB . AC$. D'où l'on voit en general que fi d'un point S, pris ou donné à volonté fur un des côtez AB, AC, ou fur la diagonale AD ( qui paffe par leur angle BAC ) d'un parallelogramme quelconque ABDC, on mene deux perpendiculaires fur les deux autres de ces trois lignes prolongées ou non ; ces deux perpendiculaires feront toûjours entr'elles en raifon reciproque des deux côtez, ou d'un d'eux, & de la diagonale du parallelogramme propofé quelconque, fur lefquels ces deux perpendiculaires font à angles droits.

C'eſt ce qu'on a déja vû autrement démontré dans le
Corol. 10. du Lemme 8.

### S C H O L I E.

F I G. 39.<br>41. & ſui-<br>vantes juſ-<br>qu'à 49.

Ce n'a été que pour démontrer par la même méthode
tous les cas du preſent Lem. 16. qu'on a employé dans
tous la perpendiculaire SG au côté AC de l'angle capital
BAC ; car on peut aiſémement s'en paſſer dans les cas
des Fig. 39. 42. 44. 45. 46. 47. 48. 49. & même la
démonſtration en ſera plus ſimple que par cette voye generale. En effet,

F I G. 39.<br>42.

1°. Dans les Fig. 39. 42. les triangles ASC, BAD, de
baſes égales AC, BD, & compris entre ces mêmes paralleles, étant ainſi égaux entr'eux, l'on aura tout d'un
coup $ASD = ASB + BAD = ASB + ASC$ dans la Fig. 39.
& $ASD = BAD - ASB = ASC - ASB$ dans la Fig. 42. le
tout conformément à ce qu'on a trouvé de l'autre maniere pour ces deux Fig. 39. 42. dans les démonſtrations
des Part. 1. 2.

F I G. 44.<br>45. 46.

2°. Dans les Fig. 44. 45. 46. les triangles ASD, ASC,
étant ſur mêmes baſes AS, & entre mêmes paralleles
AS, CD ; on voit encore plus promptement que ces deux
triangles ſont égaux entr'eux, conformément à ce qu'on
en a trouvé dans la démonſtration de la Part. 3.

F I G. 47.<br>48. 49.

3°. Dans les Fig. 47. 48. 49. les triangles égaux ABD,
ACD, ayant des hauteurs égales ſur leur baſe commune
AD, & ces hauteurs étant auſſi celles des triangles ABS,
ACS, ſur leur baſe commune AS : ces deux derniers
triangles ſeront auſſi égaux entr'eux, conformément à ce
qu'on en a trouvé pour ces trois Fig. 47. 48. 49. dans la
démonſtration de la Part. 4.

### L E M M E   X V I I.

F I G. 50. 51.

*Si plus de deux puiſſances B, C, D, E, F, G, &c. ſont
appliquées à autant de cordons attachez enſemble par un ſeul
& même nœud commun A, que rien autre choſe ne retient,
l'équilibre eſt impoſſible entre ces puiſſances ( quelles qu'elles
ſoient,*

foient, & quel qu'en foit le nombre ) lorfqu'elles font dirigées
de maniere qu'un plan RS puiſſe paſſer par ce nœud commun
A de leurs cordons, ſans paſſer entr'elles ou entr'eux, ou ſans
qu'elles ſoient toutes dans ce plan, c'eſt-à-dire, ſans diviſer aucun des angles que ces cordons font entr'eux, & ſans qu'ils
ſoient tous dans ce même plan.

## DEMONSTRATION.

Il eſt viſible qu'un plan RP, qui rencontreroit ainſi en
A tous les cordons des puiſſances ſuppoſées auroit toutes
ces puiſſances tirantes d'un ſeul côté par rapport à lui,
comme dans la Fig. 50. ou quelques-unes tirantes vers ce
ſeul côté-là, pendant que toutes les autres tireroient ſuivant ce plan comme dans la Fig. 51. Donc de quelque
maniere que l'on combine toutes ces puiſſances, il ne ré-
ſultera du concours de toutes qu'une impreſſion totale
vers le côté où il y aura des puiſſances hors le plan ſuppoſé. Donc il ne pourra y avoir alors d'équilibre entre
toutes ces puiſſances, auſquelles rien d'ailleurs ( *Hyp.* ) ne
s'oppoſe. *Ce qu'il falloit démontrer.*

F I G. 50.
51.

## COROLLAIRE I.

Donc quelques ſoient les directions de plus de deux
cordons ( en quelque nombre qu'ils ſoient ) attachez enſemble par un ſeul & même nœud, & quelques puiſſances qu'on leur applique, une à chacun, l'équilibre ſera
impoſſible entre ces puiſſances.

1°. Dans le cas de tous les cordons en même plan, ſi
le prolongement de quelqu'un d'eux ne diviſe pas quelqu'un des angles que les autres cordons font entr'eux;
puiſqu'un autre plan que le leur, mené ſuivant ce
cordon-là, les rencontreroit alors tous en leur nœud
commun ſans paſſer entr'eux, & ſans qu'ils fuſſent tous
dans ce plan.

2°. Dans le cas des mêmes cordons en plans differens,
ſi quelqu'un de ces plans prolongé ne paſſe pas à travers des cordons des autres plans; puiſque celui-là ſera

M

lui-même un plan qui rencontrera tous ces cordons en leur nœud commun sans passer entr'eux.

## COROLLAIRE II.

Il suit encore de ce Lemme-ci, que quelques soient les directions de plus de deux cordons ( en quelque nombre qu'ils soient encore ) attachez ensemble par un seul & même nœud, qui soit regardé comme le centre d'un cercle, ou d'une sphere; que si ces cordons ne sont pas répandus en plus d'une demi-sphere, lorsqu'ils sont en plans differens, & en plus d'un demi-cercle, s'ils sont en même plan; quelques puissances qu'on leur applique, une à chacun, elles ne pourront jamais être en équilibre entr'elles suivant ces directions; puisqu'on pourra faire passer un plan par le nœud commun, sans qu'il passe entre ces cordons, & sans qu'ils soient tous dans ce plan.

## LEMME XVIII.

I. *Lorsque tous les cordons issus d'un même nœud, sont dirigez suivant un même plan, & répandus en plus d'un demi-cercle, il n'y en a aucun qui prolongé par de-là ce nœud commun, ne passe entre les autres cordons, c'est-à-dire, à travers quelqu'un de leurs angles.*

### DEMONSTRATION.

Car s'il n'y passoit pas, il seroit le diametre terminant d'un demi-cercle, dans lequel seul lui & les autres cordons seroient alors tous répandus; ce qui est contre l'hypothese. Donc, &c.

II. *Dans la même hypothese de tous les cordons dirigez suivant un même plan, & répandus en plus d'un demi-cercle; quelque ligne droite qu'on mene ou qu'on imagine sur ce plan par le nœud commun, sans passer par aucun d'eux; elle passera toûjours de part & d'autre du nœud à travers deux des angles que ces cordons font entr'eux.*

### D E M O N S T R A T I O N.

Car fi elle ne paſſoit à travers aucun de ces angles, elle
feroit le diametre terminant d'un demi-cercle dans lequel tous ces cordons feroient ; ce qui eſt contre l'hypotheſe ; & fi cette ligne droite ne paſſoit à travers que d'un
des angles de ces cordons , les deux cordons voiſins à
droite & à gauche de cette ligne droite du côté qu'elle ne
paſſeroit à travers aucun de leurs angles, feroient avec
tous les autres dans un demi-cercle , ou en moins d'un
demi-cercle ; ce qui eſt encore contre l'hypotheſe. Donc,
&c.

III. *Lorſque ces cordons font dirigez ſuivant des plans
differens, & répandus en plus d'une demi-ſphere, il n'y a aucun de ces plans qui prolongé ne paſſe entre les cordons des autres plans.*

### D E M O N S T R A T I O N.

Car s'il n'y paſſoit pas , il feroit le plan d'un grand
cercle terminant une demi-ſphere, dans laquelle tous les
cordons feroient répandus ; ce qui eſt contre l'hypotheſe.
Donc , &c. *Ce qu'il falloit démontrer.*

### A V E R T I S S E M E N T.

I. L'uſage des Lemmes précedens ſe verra dans les
Sections ſuivantes , dans leſquelles ( pour la commodité
des citations ) les Définitions , quoique de Sections differentes , feront numerotées par des chifres de ſuite depuis
la premiere des précedentes , juſqu'à la derniere de ce
Traité-ci. Il en ſera de même des Théoremes entr'eux,
& des Problêmes auſſi entr'eux.

II. Les parallelogrammes qui nous vont ſervir à appliquer aux Machines le précedent principe general, &
qui par le moyen des rapports de leurs côtez entr'eux,
& à leurs diagonales, nous ſerviront à trouver ceux que
des puiſſances en équilibre ſur ces Machines , doivent
avoir entr'elles, & à la charge qui en doit réſulter à ces

M ij

Machines : ces parallelogrammes, di-je, ayant ( *Lem.* 8.
*Corol.* 2. 3.) leurs côtez & leurs diagonales en raison des
finus des angles qui leur font oppofez, nous exprimerons
auffi ces rapports de puiffances & de charges des Machines par ceux de ces finus, dont nous nous fervirons fouvent, fans même faire mention des parallelogrammes,
que pour arriver à ces finus, tant pour la fimplicité des
Figures & des Démonftrations, que parce que le calcul
dans les Machines eft beaucoup plus facile & plus expe-
ditif par les finus que par les côtez & diagonales des parallelogrammes, dont on ne connoît prefque jamais les
rapports que par le moyen de ceux de ces finus, qui
pour cela feront, dis-je, fouvent fubftituées dans la fuite
à ces côtez & à ces diagonales de parallelogrammes,
fans en faire quelquefois aucune mention. Cependant fi
l'on veut reftituer les parallelogrammes aux endroits où
nous n'employons que des finus, fans faire aucune mention de ces Figures, la chofe fera aifée ; par exemple,
dans les Figures 16. 17. fi l'on veut avoir en diagonale
& en côtez d'un parallelogramme, les rapports qui ne
feroient exprimez qu'en finus d'angles BDC, ADC, ADB,
il n'y a qu'à faire un parallelogramme ABCD d'une diagonale quelconque AD prife fur la ligne qui divife à volonté l'angle total BDC en deux autres partiaux ADC,
ADB, & qui ait fes côtez AB, AC, fur ceux de cet angle total BDC, & alors on aura ( *Lem.* 8. *Corol.* 4.) la
diagonale AD, & les côtez AB, AC, de ce parallelogramme ABDC, en raifon des finus des angles propofez
BDC, ADC, ADB ; aufquels finus on pourra confequemment fubftituer cette diagonale & ces côtez de parallelogramme pour exprimer par leurs rapports ceux qui ne
l'étoient que par les rapports de ces finus.

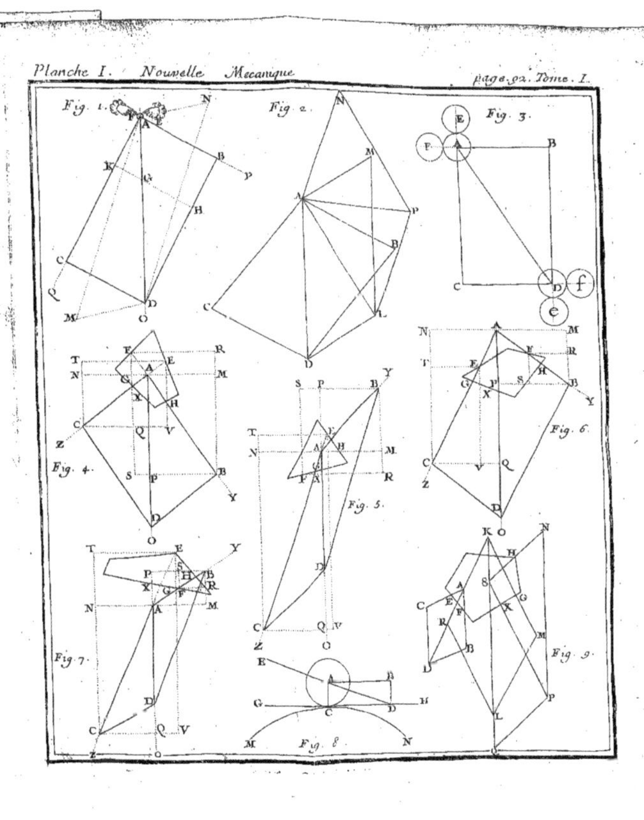


Planche I. Nouvelle Mecanique.
page.92. Tome. I.
Fig. 1.
Fig. 2.
Fig. 3.
Fig. 4.
Fig. 5.
Fig. 6.
Fig. 7.
Fig. 8.
Fig. 9.

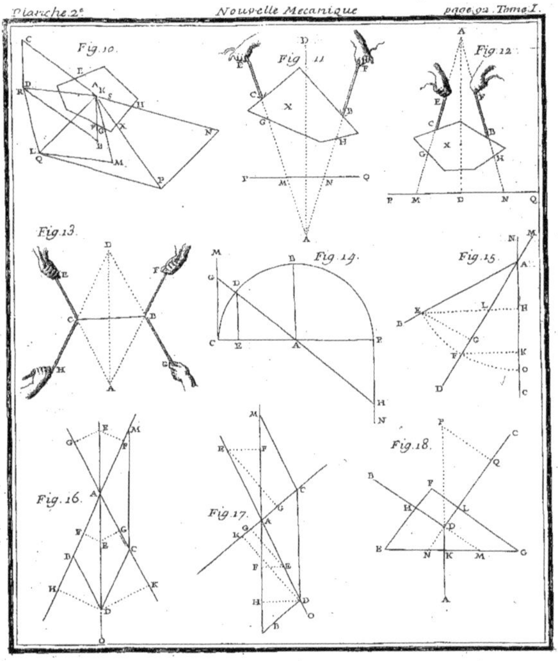

Fig. 10.
Fig. 11.
Fig. 12.
Fig. 13.
Fig. 14.
Fig. 15.
Fig. 16.
Fig. 17.
Fig. 18.

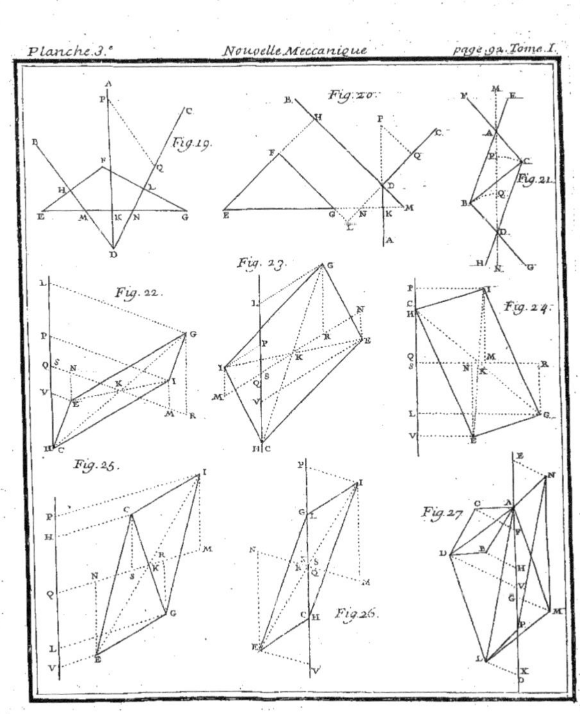
Fig. 19.
Fig. 20.
Fig. 21.
Fig. 22.
Fig. 23.
Fig. 24.
Fig. 25.
Fig. 26.
Fig. 27.

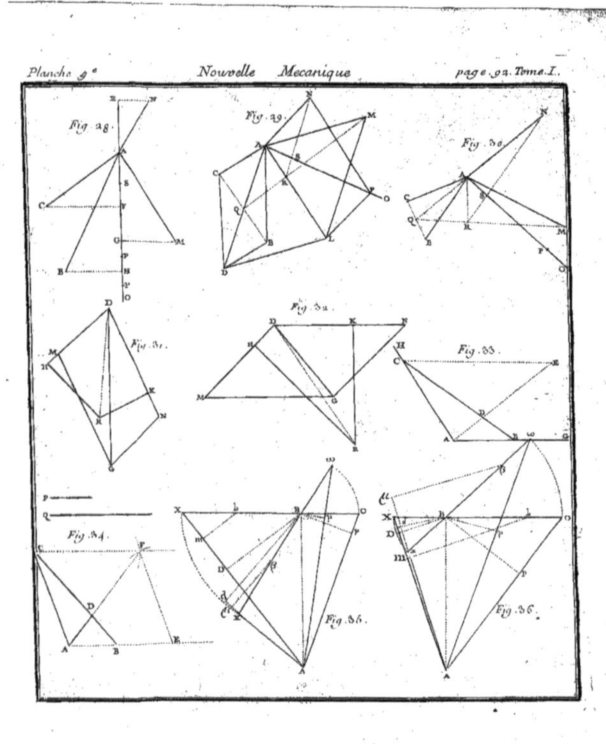
Fig. 28.
Fig. 29.
Fig. 30.
Fig. 31.
Fig. 32.
Fig. 33.
Fig. 34.
Fig. 35.
Fig. 36.

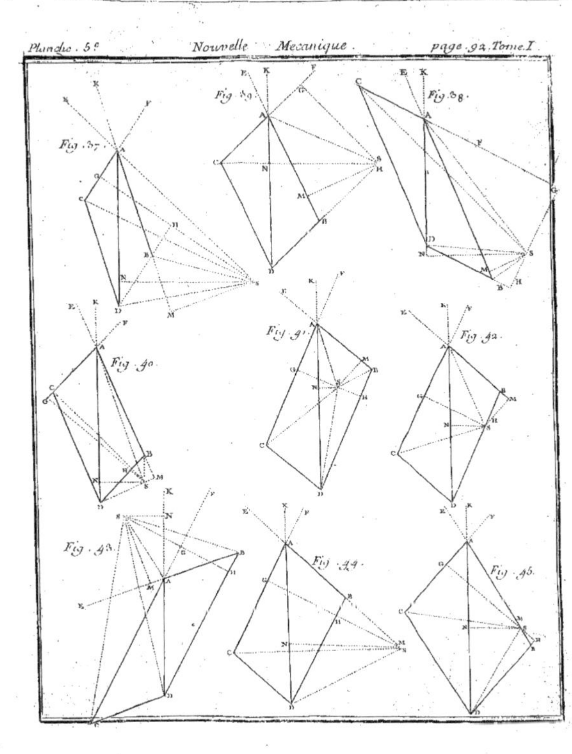

Fig. 37.
Fig. 38.
Fig. 39.
Fig. 40.
Fig. 41.
Fig. 42.
Fig. 43.
Fig. 44.
Fig. 45.

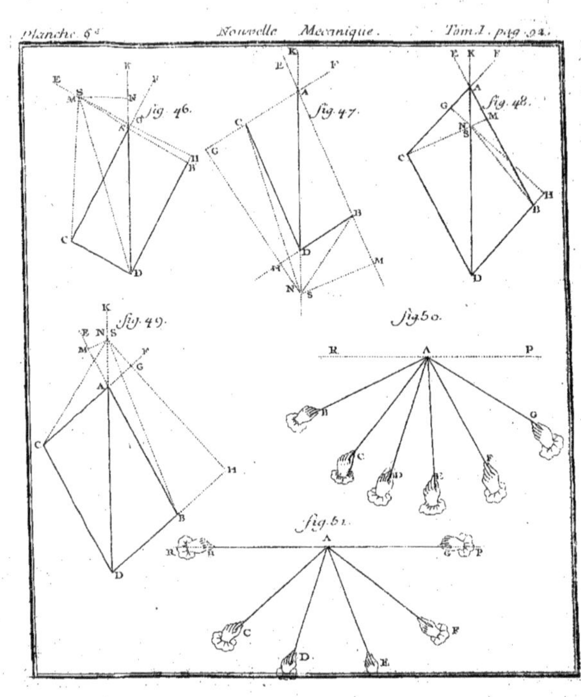

fig. 46.
fig. 47.
fig. 48.
fig. 49.
fig. 50.
fig. 51.

# SECTION II.

*Des Poids soûtenus avec des cordes seulement, en quelque nombre qu'elles soient, & pour tous les angles possibles qu'elles peuvent faire entr'elles.*

## DEFINITION XV.

LE poids K étant soûtenu avec des cordes seulement, en quelque nombre, & suivant quelques directions qu'elles soient, par les puissances P, R, &c. les parties AB, AC, &c. de ces directions ou cordes prolongées, prises depuis le point A de leur concours, en raison des puissances P, R, &c. appliquées à ces cordes, seront dans la suite simplement appellées *proportionnelles* de ces puissances.

FIG. 52. 53. 54. 55. 56.

## DEFINITION XVI.

Les parties AF, AE, &c. de la direction prolongée XK du poids K, comprises entre les concours A des cordes PG, RH, &c. aussi prolongées ( par où l'on va voir que cette direction du poids K doit toûjours passer ) & les perpendiculaires BE, CF, &c. à cette direction XK, menées des autres extrêmitez, B, C, &c. des proportionnelles AB, AC, &c. des puissances P, R, &c. seront appellées les *sublimitez* de ces puissances, lorsque ces parties AE, AF, &c. de la direction du poids K seront au dessus du poids A ; & lorsque ces parties AE, AF, &c. seront au dessous de ce point A, elles seront appellées les *profondeurs* de ces mêmes puissances P, R, &c. Ce qui fera aussi appeller ces puissances *sublimes* ou *profondes*, selon qu'elles seront au dessus ou dessous de ce concours A de leurs directions ; c'est-à-dire, selon qu'elles agiront de bas en haut, ou de haut en bas. Suivant ce langage AE, AF,

M iij

feront autant de fublimitez, & P, R, autant de puiffances fublimes dans les Fig. 52. 55. 56. mais dans la Fig.
54. il n'y aura que AE, & P, qui le foient : AF y fera
une profondeur, & R une puiffance profonde. Dans la
Fig. 53. il n'y aura non plus que AF de fublimitez, &
R de puiffances fublimes ; & cela fans aucune profondeur, la direction de la puiffance P, qui y eft ( *Hyp.* ) perpendiculaire à celle AX du poids K, y rendant AE nulle
ou zero.

## THEOREME I.

### Fondamental de la prefente Section II.

I. *Lorfqu'un poids quelconque K de pefanteur dirigée fuivant KX, eft foûtenu feulement avec des cordes GP, HR,
par deux puiffances P, R, en équilibre avec lui ; les directions
KX, PG, RH, de ces poids & de ces deux puiffances feront
toûjours en même plan ; toutes trois pafferont par un même
point A, ou feront paralleles entr'elles, & de maniere que la
direction XK prolongée du poids, paffera toûjours entre les
deux autres PG, RH.*

II. *Du concours des puiffances P, R, il refultera une force
qui en ce cas d'équilibre fera toûjours égale au poids K, &
d'une direction en ligne droite avec celle KX de ce poids.*

III. *Si fur cette direction XK prolongée, que la démonftration de la part. 1. va faire voir paffer toûjours ( en ce cas
d'équilibre ) par A à travers l'angle PAR des cordes PG, RH,
auffi prolongées ; on prend dans cet angle ( quel qu'il foit ) depuis fon fommet A une partie quelconque AD, fur laquelle
comme diagonale, on faffe un parallelogramme ABDC, qui
ait pour cotez des parties AB, AC, des directions des cordes PG, RH, ou des puiffances P, R, appliquées à ces cordes : le poids K fera toûjours à chacune de ces puiffances P,
R, fuppofées en équilibre avec lui, comme la diagonale AD
de ce parallelogramme ABDC, fera à chacun de fes côtez
AB, AC, qui leur répondent fur leurs directions.*

IV. *En ce même cas d'équilibre, fi les puiffances P, R,
font entr'elles comme les parties quelconques AB, AC, de*

leurs directions, ou ( ce qui revient au même ) si du concours A de leurs directions on en prend des parties AB, AC, qui soient entr'elles comme ces deux puissances P, R, & que de ces deux côtez AB, AC, on fasse un parallelogramme ABDC; sa diagonale AD sera toûjours en ligne droite avec la direction KX du poids K; & ce poids K sera encore alors à chacune de ces deux puissances P, R, comme cette diagonale AD du parallelogramme ABDC à chacun de ses côtez AB, AC, correspondans sur leurs directions.

V. Reciproquement si la direction KX du poids K, prolongée vers D, passe le long du plan, par le concours A, & à travers l'angle PAR des cordes PG, HR, prolongées, ausquelles les puissances P, R sont appliquées; & que ce poids soit à chacune de ces deux puissances comme la diagonale AD du parallelogramme ABDC, fait comme dans la part. 3. sera à chacun de ses côtez AB, AC, qui leur répondent sur leurs directions; ce poids K sera pour lors en équilibre avec ces deux puissances P, R.

VI. Reciproquement encore si la direction KX du poids K se trouve en ligne droite avec la diagonale AD du parallelogramme ABDC, fait comme dans la part. 4. & que ce poids soit à chacune des deux puissances P, R, comme cette diagonale AD sera à chacun des côtez AB, AC, qui leur répondent sur leurs directions dans ce parallelogramme ABDC; ce poids K sera pour lors en équilibre avec ces deux puissances P, R.

DEMONSTRATION.

Part. I. Le Corol. 15. du Lem. 3. fait voir que dans l'équilibre ici supposé, la direction KX du poids K doit toûjours passer le long du plan de celles PG, RH, des puissances P, R, par leur point de concours A, à travers l'angle PAR qu'elles font entr'elles; & les Corol. 2. 3. du Lem. 6. font voir que lorsque cet angle sera infiniment aigu par l'éloignement infini de son sommet A, ces trois directions KX, PG, RH, seront parallelés entr'elles dans le même plan, & dans le même ordre qu'auparavant. Donc en ce cas d'équilibre ces directions seront toutes trois en même plan, par un même point, ou paralleles entr'elles ; & celle KX du poids K sera toûjours entre les deux autres PG, RH. *Ce qu'il falloit 1°. démontrer.*

PART. II. Le nomb. 1. du Corol. 1. du Lemme 3. fait voir que du concours des puissances P, R, il doit resulter au point A, & consequemment aussi au corps K une force nouvelle suivant quelque ligne AD qui passe par A à travers l'angle PAR compris entre les directions de ces deux puissances, suivant laquelle ligne AD ce corps seroit tiré par le concours de ces deux puissances, de même que si au lieu de l'être par elles ensemble, il ne l'étoit en même sens suivant cette ligne AD, que par une puissance égale à la force resultante du concours de ces deux-là ; & que ce corps ainsi tiré se meuvroit effectivement ( *Ax.* 2. ) suivant cette ligne de A vers D, si quelqu'autre force ou résistance ne s'y opposoit. Donc n'y ayant ici ( *Hyp.* ) que la pesanteur de ce poids K qui s'y oppose, non seulement cette direction AD de la force resultante du concours des deux puissances P, R, dans l'équilibre ici supposé, doit être ( *Lem.* 3. *Corol.* 2. *nomb.* 1. ) en ligne droite avec la direction KX du poids K ; ou de sa pesanteur ; mais encore cette force doit ( *Lem.* 3. *Corol.* 2. *nomb.* 3. ) être égale à cette pesanteur ; c'est-à-dire *Lem.* 3. *Corol.* 2. ) être égale & directement opposée à cette même pesanteur. *Ce qu'il falloit 2°. démontrer.*

PART. III. Puisque le poids K est ( *Hyp.* ) soûtenu par le concours des puissances P, R, &c. en équilibre avec elles, les nomb. 1. 2. 3. du Corol. 2. du Lem. 3. font voir que sa pesanteur doit être égale à la force resultante ( *Lem.* 3. *Corol.* 1. *nomb.* 1. ) de leur concours d'action contre lui, & être dirigée suivant la même ligne que cette force en sens directement contraire : de sorte que la pesanteur de ce poids étant ( *part.* 1. ) dirigée suivant DA, la force resultante du concours d'action des puissances P, R, contre lui, sera aussi dirigée suivant la même

me

me diagonale AD du parallelogramme ABDC. Par confequent cette force ou impreſſion reſultante du concours
de ces deux puiſſances P, R, ſera non ſeulement égale
& directement oppoſée à la peſanteur du poids K, mais
encore ( *Lem.* 3. *Corol.* 5. ) elle ſera à chacune de ces mêmes puiſſances P, R, comme la diagonale AD du parallelogramme ABDC eſt à chacun de ſes côtez AB, AC,
qui leur répondent ſur leurs directions. Donc auſſi le
poids K ou ſa peſanteur ſera de même ici à chacune de
ces deux puiſſances P, R, comme cette diagonale AD
eſt à chacun des côtez AB, AC, qui leur répondent
dans le parallelogramme ABDC. *Ce qu'il falloit* 3°. *démontrer.*

PᴀRᴛ. IV. Puiſque ( *Hyp.* ) P.R::AB. AC. la direction de la force réſultante du concours de ces deux
puiſſances P, R, doit être ( *Lem.* 3. *Corol.* 1. *nomb.* 1. )
de A vers D ſuivant la diagonale AD du parallelogramme ABDC. Or dans le cas d'équilibre ici ſuppoſé, cette
direction doit être ( *part.* 1. ) en ligne droite avec celle
KX du poids K. Donc en ce cas d'équilibre la diagonale
AD doit être ſur cette direction XK prolongée du côté
de K ; & conſequemment ( *part.* 3. ) le poids K doit être
ici à chacune des puiſſances P, R, ſuppoſées en équilibre
avec lui, comme la diagonale AD du parallelogramme
ABDC eſt à chacun de ſes côtez AB, AC, correſpondans
ſur leurs directions. *Ce qu'il falloit* 4°. *démontrer.*

PᴀRᴛ. V. Puiſque ( *Hyp.* ) le poids K eſt à chacune des
puiſſances P, R, comme la diagonale AD du parallelogramme ABDC, priſe ſur la direction XK prolongée de
ce poids, eſt à chacun de ſes côtez AB, AC, pris auſſi
ſur les directions prolongées AP, AR, de ces deux puiſſances, par le concours, & dans le plan deſquelles directions paſſe ( *Hyp.* ) celle du poids K à travers leur angle
PAR ; l'on aura ici P. K::AB. AD. Et K.R::AD. AC.
Donc ( en raiſon ordonnée ) P.R::AB. AC. Par conſequent ( *Lem.* 3. *Corol.* 1. *nomb.* 1. 2. ) les puiſſances P, R,
doivent tirer le poids K de A vers D ſuivant AD direction

N

( *Hyp.* ) prolongée KX de ce poids dans le plan de leurs
cordes, & d'une force contraire à la sienne, laquelle force contraire soit à chacune de ces deux puissances P , R ,
comme cette diagonale AD du parallelogramme ABDC
est à chacun de ses côtez AB , AC , qui leur répondent.
Mais la force de ce poids ou sa pesanteur est aussi ( *Hyp.* )
en cette même raison à chacune de ces deux puissances.
Donc la pesanteur de ce poids K est ici directement contraire & égale à la force resultante du concours d'action
des puissances P , R , contre lui. Par consequent ( *Ax.* 3 ,
*& Corol.* 1 . *du princ. gener.* ) ce poids doit ici demeurer en
équilibre avec ses deux puissances. *Ce qu'il falloit* 5°. *démontrer.*

*Autrement.* Si le poids K ne faisoit pas ainsi équilibre
avec les puissances P , R , soit en sa place tel autre poids
Z qu'on voudra, qui appliqué suivant sa direction A*x*
contre les puissances P , R , dirigées comme ci-dessus, fasse
équilibre avec elles. La part. 3 . fait voir que ce nouveau poids Z seroit alors à chacune de ces puissances P ,
R , comme la diagonale AD du parallelogramme ABDC
est à chacun de ses côtez correspondans AB , AC , sur
leurs directions, c'est-à-dire ( *Hyp.* ) comme le poids K est
à chacune de ces deux mêmes puissances P , R ; & par
consequent que ce poids K seroit égal à l'autre Z substitué en sa place suivant sa direction. Donc ( *Ax.* 2. ) ce
poids K feroit pareillement équilibre ici avec les deux
mêmes puissances P , R. *Ce qu'il falloit encore* 5°. *démontrer.*

PART. V I. Puisque les côtez AB , AC , du parallelogramme ABDC , sont ici ( *Hyp.* ) entr'eux comme les
puissances P , R , sur les directions desquelles ils se trouvent, la force resultante du concours de ces deux puissances sera ici ( *Lem.* 3 . *Corol.* 5. ) de A vers D suivant
AD , & à chacune d'elles comme la diagonale AD de ce
parallelogramme BC , est à chacun de ses côtez AB , AC ,
correspondans sur les directions de ces deux puissances
P , R , c'est-à-dire ( *Hyp.* ) comme le poids K est à chacune

des angles ADB , DAB , DBA , ou ( *Déf. 9. Corol. 2.* ) des
sinus des angles DAR , DAP , PAR , ou bien aussi ( *Lem.*
*8. Corol. 5.* ) des sinus des angles RAX , PAX , PAR ,
complemens chacun de chacun de ceux-là à deux droits;
c'est-à-dire, que ces trois puissances P, R, K, seront toûjours ici entr'elles en raison des sinus des angles RAX ,
PAX , PAR , que leurs directions prolongées traverseroient, ou traversent en effet.

<h3>C O R O L L A I R E  V.</h3>

D'où l'on voit que de ces trois puissances P, R, K,
supposées en équilibre entr'elles , de quelque maniere
qu'on les prenne , & quelques angles que leurs directions
fassent entr'elles ; chacune sera toûjours à chacune des
deux autres , comme le sinus de l'angle que font entre-
elles les cordes ou directions de ces deux autres puissances , sera à chacun des sinus des angles que ces directions
reciproquement prises font avec la sienne , qui ( *part. 11* )
se trouve toûjours dans le concours de ces deux-là , &
dans leur plan : par exemple, K sera à P, comme le sinus
de l'angle PAR au sinus de l'angle RAX , ou RAD ; K
sera à R, comme le sinus du même angle PAR au sinus
de l'angle PAX ou PAD ; & conformément au Corol. 2.
P sera à R, comme le sinus de l'angle RAX ou RAD,
au sinus de l'angle PAX ou PAD.

<h3>C O R O L L A I R E  VI.</h3>

Si l'on imagine presentement un autre triangle ILM
de trois côtez LM , LI , MI , perpendiculaires en M, N,
O, aux trois directions ou cordons prolongez AP , AR,
AX , de ces trois puissances, P, R, K ; le Corol. 8. du
Lem. 8. fait voir que ces trois côtez LM , LI , MI , du
triangle ILM , seront entr'eux comme les sinus des angles RAX, PAX, PAR, que traverseroient, ou que traversent en effet les directions prolongées , ausquelles ils
sont ( *Hyp.* ) perpendiculaires. Donc ( *Corol. 4.* ) ces trois
côtez LM, LI , MI, de ce nouveau triangle ILM , seront

N iij

auſſi entr'eux comme les trois puiſſances P, R, K, aux directions deſquelles ils ſont perpendiculaires. Par conſequent en ce cas d'équilibre,

1°. Chacune de ces trois puiſſances P, R, K, doit toûjours être plus petite que la ſomme des deux autres.

2°. Lorſque l'angle PAR devient infiniment aigu, c'eſt-à-dire ( *Lem. 6. Corol. 1.* ) lorſque les directions PG, RH, des puiſſances P, R, ſe trouvent paralleles entre-elles, & conſequemment auſſi ( *Lem. 6. Corol. 1.* ) paralleles à la direction AX de la puiſſance K, les angles PAD, RAD, ſe trouvant auſſi pour lors infiniment aigus ; alors le complement MLI ( à deux droits) de l'angle PAR, ſe trouvant ( *Corol. Déf. 11.* ) infiniment obtus, c'eſt-à-dire ( *Déf. 11.* ) ML, LI, en ligne droite, & conſequemment la droite MI confondue avec elles, & égale à leur ſomme ; la puiſſance K doit auſſi pour lors être égale à la ſomme des deux autres puiſſances P, R, toûjours entr'elles, comme LM eſt à LI.

3°. Si l'angle PAR devenoit infiniment obtus, alors ſon complement MLI à deux droits ſe trouvant ( *Déf. 11. Corol.* ) infiniment aigu ; & conſequemment ( *Lem. 6. Corol. 3.* ) LM, LI, confondues enſemble, ſans que MI, toûjours ( *Hyp.* ) perpendiculaire à AX prolongée, puiſſe ſe confondre avec elles ; l'on aura pour lors MI=o, & ( *Lem. 6. Corol. 3.* ) LM=LI : ainſi la puiſſance K ſera pareillement alors tout-à-fait anéantie ou nulle, & les deux autres puiſſances P, R, égales entr'elles.

4°. Donc quelles que ſoient deux puiſſances P, R, appliquées aux extrêmitez d'une corde parfaitement flexible, & quelque petite que puiſſe être la peſanteur de cette corde, ou du poids K ſuppoſé au lieu de la peſanteur de cette même corde, & de direction qui faſſe un angle avec celles des puiſſances ; jamais ces deux puiſſances P, R, ne pourront bander cette corde en ligne droite, à moins qu'elles ne ſoient infinies par rapport à la peſanteur de cette corde, ou au poids K ſuppoſé à la place de cette peſanteur, ſi l'on ſuppoſe cette corde n'en point avoir,

comme on l'a supposé jusqu'ici ; puisque pour la bander
en ligne droite, cette pesanteur, ou ce poids K doit être
nul ( *nomb.* 3.) par rapport aux puissances P, R, qui appliquées l'une contre l'autre, la banderoient ainsi.

### COROLLAIRE. VII.

Il suit pareillement des Corol. 4. 6. que si l'on fait séparément un triangle qui ait ses trois côtez paralleles ou
perpendiculaires aux directions des trois puissances P, R,
K, chacun à chacune de ces directions ; ces trois côtez
de ce nouveau triangle seront encore entr'eux en raison
de ces trois puissances P, R, K, aux directions desquelles ils seront ( *Hyp.* ) tous trois paralleles ou perpendiculaires chacun à chacune ; puisque ce nouveau triangle
sera pour lors semblable à celui ABD du Corol. 4. ou à
celui MLI du Corol. 6. selon que les trois côtez seront
paralleles ou perpendiculaires aux trois directions AP,
AR, AX, des trois puissances P, R, K, proportionnelles
( *Corol.* 4. 6.) aux trois côtez correspondans de chacun de
ces deux-ci ABD, MLI.

### COROLLAIRE VIII.

Puisqu'en cas d'équilibre entre les puissances P, R, K,
ces trois puissances sont entr'elles ( *Corol.* 4. 6. 7.) comme
les côtez AB, BD, AD, du triangle ABD du Corol. 4.
& comme les correspondans de chacun des triangles des
Corol. 6. 7. il est visible, que puisque chaque côté d'un
triangle est toûjours plus petit que la somme des deux
autres, de quelque maniere qu'on prenne ces trois puissances, chacune d'elle sera aussi toûjours plus petite que
la somme des deux autres, tant que leurs directions feront angles entr'elles, ainsi qu'on l'a déja vû dans le
nomb. 1. du Corol. 6.

### COROLLAIRE IX.

En ce cas d'équilibre non seulement chacune des trois
puissances P, R, K, est toûjours moindre ( *Corol.* 8.) que

la fomme des deux autres, tant que leurs directions font des angles finis quelconques entr'elles, mais encore d'autant moindre ( quoiqu'en raifon differente ) que l'angle compris entre les directions de ces deux autres puiffances, fera plus grand: par exemple, la puiffance K fera d'autant moindre que la fomme des deux autres P, R, que l'angle PAR compris entre leurs directions, fera plus grand; puifqu'alors la diagonale AD du parallelogramme ABDC en fera d'autant moindre ( quoiqu'en raifon differente ) par rapport à fes côtez AB, AC; & que ( *part. 3.* ) en ce cas d'équilibre la puiffance K eft toûjours à chacune des deux autres P, R, comme cette diagonale AD eft à chacun de fes côtez correfpondans AB, AC. La même chofe fe trouvera de même de chacune des puiffances, P, R, en faifant auffi un parallelogramme qui ait fa diagonale fur la direction de cette puiffance, & fes côtez fur les directions de l'autre, & de la puiffance K. Ainfi il eft également vrai de ces trois puiffances P, R, K, que chacune d'elle eft d'autant moindre ( quoiqu'en raifon differente ) que l'angle compris entre les directions des deux autres eft plus grand.

   Cela fuit encore du Corol. 6. du Lem. 8. & du précedent Corol. 4. Puifque ( *Lem.* 8. *Corol.* 6. ) plus l'angle total, par exemple, PAR fera grand, plus le rapport de fon finus à chacun des finus des deux angles partiaux DAR, DAP, fera petit; & que fuivant le précedent Corol. 4. la puiffance K eft toûjours ici à chacune des puiffances P, R, comme le finus de cet angle total PAR à chacun des finus des deux partiaux DAR, DAP. Donc la puiffance K fera toûjours ici d'autant moindre que la fomme P+R des deux autres P, R, que l'angle PAR fera plus grand. On trouvera de même en prolongeant les directions PA, RA, de ces deux puiffances-ci, à travers les angles RAX, PAX, que la puiffance P fera d'autant moindre que la fomme K+R des deux autres, que l'angle RAX fera plus grand; & que R fera d'autant moindre que K+P, que l'angle PAX fera auffi plus grand.

COROLLAIRE

## C O R O L L A I R E  X.

Mais si l'angle que font entr'elles les directions prolongées PG, RH, des puissances P, R, étoit infiniment
aigu, & consequemment aussi les angles PAD, RAD,
c'est-à-dire ( *Lem. 6. Corol.* 1.) si ces deux directions
étoient paralleles entr'elles, & ces deux puissances dirigées en même sens directement contraire à celui de la
troisiéme K en équilibre (*Hyp.*) avec elles, le sinus de
l'angle PAR se trouvant alors ( *Lem.* 7.) seul égal à la
somme des sinus des deux autres angles partiaux PAD,
RAD, la puissance K ou le poids de ce nom remis à sa
place, se trouveroit aussi pour lors ( *Corol.* 4.) seul égal
à la somme des deux autres puissances P, R, prises ensemble, ainsi qu'on l'a déja vû dans le nomb. 2. du Corol.
6. Et en tout autre cas d'équilibre, ce poids ou cette
autre puissance K seroit moindre ( *Corol.* 6. *nomb.* 1. &
*Corol.* 8. ) que cette somme des deux autres puissances
P, R.

Cela se prouve encore par la part. 1. du Lem. 9. laquelle fait voir que lorsque l'angle PAR se trouve infiniment aigu, la diagonale AD du parallelogramme BC
se trouve égale à la somme des côtez AB, AC, de ce parallelogramme. Mais la part. 3. du present Th. 1. fait
voir aussi que le poids K en équilibre ( *Hyp.* ) avec les puissances P, R, est toûjours à chacune d'elles comme cette
diagonale AD est à chacun de ces côtez AB, AC. Donc
en ce cas-ci d'équilibre, & d'angle PAR infiniment aigu,
ou( *Lem. 6. Corol.* 1.) de directions paralleles entr'elles,
le poids K doit être seul égal à la somme des puissances
P, R ; & en tout autre cas d'équilibre moindre ( *Corol.* 6.
*nomb.* 1. & *Corol.* 8. ) que cette somme.

Ainsi en general en cas d'équilibre entre deux puissances & un poids qu'elles soûtiennent ensemble avec des
cordes seulement suivant des directions paralleles à la
sienne, & toutes deux en même sens directement contraire au sien, leur somme doit toûjours être égale à la

O

feule pefanteur de ce poids ; & en tout autre cas d'équilibre encore ( *Corol. 6. nomb.* 1. *& Corol.* 8. ) toûjours plus
grande.

C O R O L L A I R E   XI.

Au contraire dans le cas où l'angle PAR feroit infiniment obtus, c'eft-à-dire ( *Déf.* 11. ) où les directions PG,
RH, des puiffances P, R, feroient en ligne droite, & ces
deux puiffances directement contraires entr'elles.

1°. Si cette direction commune ne faifoit qu'un angle
infiniment petit avec la verticale du poids K, en forte
qu'elle fût auffi verticale, & ( *part.* 1. 2. ) confondue avec
celle-là ; alors le finus de l'angle total PAR fe trouvant
( *Lem.* 7. *Corol.* 2. ) égal à la différence des finus des angles partiaux PAD, RAD, le poids K feroit auffi égal à
la différence des puiffances P, R, fuppofées en équilibre
avec lui.

Cela fuit encore de l'Ax. 4. en ce qu'alors ce poids d'accord avec une de ces deux puiffances n'en faifant plus
qu'une avec elle, directement oppofée à l'autre, cette autre puiffance feroit ( *Ax.* 4. ) égale à la fomme faite de la
premiere, & de ce poids ; & par confequent ce poids K
feroit encore alors égal à la différence de ces deux puiffances P, R.

2°. Mais fi les directions de ces deux puiffances rendues
en ligne droite ( *Déf.* 11. ) par l'angle infiniment obtus
PAR, font toûjours des angles finis PAD, RAD, avec
celle du poids K fuppofé en équilibre avec ces deux puiffances P, R ; alors le finus de l'angle infiniment obtus
PAR fe trouvant infiniment petit, & confequemment
nul par rapport aux finus des deux autres angles PAD,
RAD, fuppofez finis, le poids K fe trouveroit auffi pour
lors ( *Corol.* 4. ) nul par rapport aux deux puiffances P,
R, lefquelles agiffent alors feulement l'une contre l'autre
conformément au nomb. 3. du Corol. 6. Ainfi tant qu'il
refte un poids K entre ces deux puiffances P, R, attaché à
leurs cordes, ces deux cordes prolongées doivent toû-

jours faire entr'elles quelqu'angle fini PAR que ce soit, tant qu'elles en feront de finis avec la direction de ce poids K.

## COROLLAIRE XII.

De-là on voit qu'il n'y a point de forces ou de puiſſances imaginables, quelque grandes qu'on les conçoive, qui, appliquées aux extrêmitez d'une corde parfaitement flexible, la puiſſent tellement bander, qu'elle devienne parfaitement droite, pour peu de peſanteur qu'on ſuppoſe à cette corde, ou ſi elle n'en avoit aucune ( ainſi qu'on l'a ſuppoſé juſqu'ici, & qu'on le ſuppoſera toûjours dans la ſuite ) quelque petit poids qu'on lui ſuppoſe appliqué entre ces deux puiſſances ; puiſque quelque prodigieuſes qu'on les imagine ( à moins qu'elles ne ſoient infiniment grandes par rapport à la peſanteur de la corde, ou du poids qui lui ſeroit appliqué, ſi elle n'en avoit aucune ) elles auront toûjours quelques rapports à la peſanteur de cette corde, ou au poids qui ſeroit appliqué entre ces deux puiſſances, ſi elle n'en avoit aucune ; & par conſequent cette corde ſe courbera toûjours, ainſi qu'on l'a déja vû dans le nombre 4. du Corol. 6. Et cela parce que ſi cette corde devenoit droite, les deux puiſſances qui la banderoient ainſi, n'agiroient plus du tout contre ſon poids, mais ſeulement l'une contre l'autre : raiſon aſſez à la portée du vulgaire, pour diſſiper ſeule toute la ſurpriſe où il eſt de voir qu'une corde avec laquelle pluſieurs chevaux traînent contre le courant d'une riviere un ou pluſieurs bateaux chargez, ne ſe trouve jamais en ligne droite.

## COROLLAIRE XIII.

Si l'on imagine preſentement de B en C une ſeconde diagonale du parallelogramme ABDC, il eſt manifeſte ( *Déf.* 13. ) que le point T où cette ſeconde diagonale rencontrera la premiere AD, ſera le centre principal d'équilibre des puiſſances P, R ; & qu'ainſi ( conformément au Lem. 11.) AD fera double de la diftance AT de ce centre T au point A de concours des directions de ces deux puiffances. Mais en cas d'équilibre entre le poids K & ces deux puiffances P, R, ce poids eft toûjours ( *part.* 3. 4. ) à chacune d'elles comme AD eft à chacune de leurs proportionnelles AB, AC. Donc auffi en ce cas d'équilibre ce même poids K fera toûjours à chacune de ces deux puiffances P, R, comme deux fois la diftance AT de leur centre principal T d'équilibre au concours A de leurs directions, eft à chacune de leurs mêmes proportionnelles AB, AC.

*Voilà tout autant de Corollaires refultans des part. 3. 4. de ce Théoreme-ci, en voici qui refultent pareillement de fes parties 5. 6. reciproques à celles-là, fans avoir encore aucun égard à la pefanteur des cordes.*

## COROLLAIRE XIV.

Il fuit auffi des part. 5. 6. de ce Théoreme-ci que fi la direction du poids K eft fuivant la diftance AT du centre principal T d'équilibre des puiffances P, R, au concours A de leurs directions ; & que ce poids foit à chacune de ces deux puiffances comme $2 \times$ AT à chacune de leurs proportionnelles AB, AC ; il y aura équilibre entre ce poids & ces deux puiffances. Car le centre principal T d'équilibre de ces deux puiffances P, R, étant ( *Déf.* 13. ) le milieu de la ligne imaginée par les extrêmitez B, C, de leurs proportionnelles AB, AC, il fera auffi le milieu de la diagonale AD du parallelogramme ABDC fait de ces deux proportionnelles ; & confequemment AT fera fur AD, & AD$=$2$\times$AT. Donc fuivant l'hypothefe qu'on vient de faire, là direction du poids K fera fuivant AD ; & ce poids à chacune des puiffances P, R, comme cette diagonale AD du parallelogramme ABDC eft à chacun de fes côtez AB, AC, correfpondans. Par confequent ( *part.* 5. 6. ) dans cette hypothefe il y aura équilibre entre ce poids K, & ces deux puiffances P, R.

## COROLLAIRE XV.

Il suit pareillement des part. 5. 6. de ce Théoreme-ci, que si le poids K est à chacune des puissances P, R, comme le sinus de l'angle PAR à chacun des sinus des angles RAX, PAX, ou ( *Déf. 9. Corol. 2.* ) RAD, PAD ; elles le soûtiendront en cet état, & feront équilibre avec lui. Car ce poids K se trouvant alors à ces puissances P, R, comme le sinus de l'angle PAR aux sinus des angles RAD, PAD, ou ( *Déf. 9. Corol. 2.* ) comme le sinus de l'angle DBA du triangle ABD, aux sinus de ses deux autres angles BDA, BAD, doit être aussi pour lors ( *Lem. 8. Corol. 2.* ) à ces mêmes puissances, comme le côté AD de ce triangle à ses deux autres côtez AB, BD, c'est-à-dire, comme la diagonale AD du parallelogramme ABDC, prise sur la direction de ce poids K, est à ses côtez AB, AC, pris aussi sur les directions de ces puissances P, R. Par consequent ( *part. 5. 6.* ) ce poids doit alors faire équilibre avec elles.

## COROLLAIRE XVI.

D'où il suit qu'il n'y a point de puissance R si petite, qui à l'aide seulement d'une corde PAK, attachée par un bout à un crochet P, ne puisse soûtenir quelque grand poids K que ce soit ( attaché à l'autre bout de cette corde ) hors sa position libre PF, quelqu'angle que la direction de cette puissance fasse avec cette position libre PF, que je suppose, à l'ordinaire, toûjours parallele à la direction de ce poids, & consequemment verticale.

Pour le voir soit BC la direction qu'on veut donner à la puissance R, laquelle BC fasse tel angle PBC qu'on voudra avec la verticale PF, ou ( *Hyp.* ) avec la direction du poids K, & sur laquelle BC soit prise BA à BP dans la raison supposée de cette puissance R à ce poids K : je dis que cette puissance R, appliquée suivant sa direction BC à la corde en A, y retiendra le poids K en équilibre avec elle. Car si l'on imagine une parallele DC à PA, la

quelle rencontre en D , C , les directions prolongées.AK,
BA , de ce poids K & de cette puiſſance R ; l'on aura AC.
AD :: AB. BP ( *Hyp.* ) :: R. K. Et conſequemment ( *Lem.* 8.
*Corol.* 2. ) cette puiſſance ſera à ce poids K , comme le ſinus de l'angle D ou DAP au ſinus de l'angle DCA , c'eſt-
à-dire ( *Déf.* 9. *Corol.* 1. ) comme le ſinus de l'angle PAK
au ſinus de l'angle PAC. Donc la réſiſtance du crochet
P faiſant ( *Ax.* 2. ) la fonction d'une troiſiéme puiſſance
qui leur ſeroit comme le ſinus de l'angle KAC aux ſinus
des angles PAC, PAK ; le poids K ſera ainſi ſoûtenu en A
( *Corol.* 15. ) par la puiſſance R , quelque ſoit le rapport
fini d'elle à lui.

*Cela ſuit encore des Corol.* 11. 12. *non ſeulement dans la*
*preſente hypotheſe des directions des graves toûjours paralle-*
*les entr'elles ; mais auſſi quand même elles ſe rencontreroient*
*quelque part , par exemple , au centre de la Terre , par où* PF
*paſſât : puiſque ſans cela la corde* PAK *de la ſuſpenſion du*
*poids* K *, demeureroit en ligne droite* PF *malgré la puiſſance*
R. *Ce qui , ſuivant les Corol.* 11. 12. *ſeroit impoſſible.*

## COROLLAIRE XVII.

Donc il n'y a point de force R , quelque petite qu'on
l'imagine , & quelque ſoit l'angle de ſa direction avec
celle d'un poids ſuſpendu à une corde ; laquelle , quelque grand qu'on le ſuppoſe , ne ſoit capable de le faire
ſortir de la verticale PF , ſuivant laquelle ( *Déf.* 9. &
*Lem.* 3. *Corol.* 3. ) ce poids ſe dirigeroit : & cela juſqu'à
ce que les ſinus des angles PAC, PAK , ſoient entr'eux
en raiſon de ce poids K à cette puiſſance R.

## COROLLAIRE XVIII.

Et parce que ce mouvement eſt impoſſible , à moins
que ce poids ne monte de même que le point A de la
corde , de la hauteur du ſinus verſe HE de l'angle APE
fait par la partie AP de la corde avec la verticale AE ,
ſuppoſée parallele à la direction du poids ; il ſuit évidem-

ment qu'il n'y a point de force, quelque petite qu'on l'imagine, qui ne soit capable de faire monter à cette hauteur quelque grand poids que ce soit, à l'aide seulement d'une corde attachée à quelque point fixe.

*Voilà pour les directions des graves paralleles entr'elles; mais si elles concourent en quelque endroit du monde, le poids K doit monter d'une plus grande hauteur que AF, si ce concours est du côté de F; & d'une moindre, s'il est du côté de P : & ce d'autant plus ou moins grande ( quoiqu'en raison differente) que l'angle de concours de la direction du poids K retenu en A, & de la verticale PF, seroit plus grand. Tout cela est clair aux moindres Géometres, même par le seul Liv. I. des Elemens d'Euclide: c'est pourquoi nous ne nous y arrêterons pas davantage.*

### COROLLAIRE XIX.

La construction du triangle MLI demeurant ici la même que dans le Corol. 6. ce Corol. 6. joint au Corollaire 5. qui le précede, fait aussi voir que si le poids K & les puissances P, R, sont entr'eux comme les côtez MI, ML, LI, de ce triangle, perpendiculaires ( *Hyp.* ) en O, M, N, aux directions AD, AP, AR, de ce poids & de ces deux puissances; ce poids doit demeurer en équilibre avec elles. Car le Corol. 2. du Lem. 8. faisant voir que les trois côtez MI, ML, LI, du triangle MLI, sont entr'eux comme les sinus des angles PAR, DAR, DAP, dont le premier est visiblement le complement ( à deux droits ) de MLI, & les deux autres égaux à LIM, LMI, chacun à chacun; l'on aura pour lors le poids K aux puissances P, R, comme le sinus de l'angle PAR est au sinus des angles DAR, DAP. Or en ce cas ( *Corol.* 15.) ce poids K demeureroit en équilibre avec ces deux puissances P, R. Donc il y doit aussi demeurer, lorsque lui & elles sont entr'eux comme les côtez MI, ML, LI, du triangle MLI, perpendiculaires ( *Hyp.* ) à leurs directions AD, AP, AR.

Fig. 52. 53. 54. 55. 56.

## C O R O L L A I R E XX.

Il fuit encore du Corol. 15. joint au Corol. 2. de la Déf. 9. que fi au lieu du poids K on mettoit quelque nouvelle puiffance, appellée auffi K, laquelle fut aux deux puiffances P, R, comme le finus de l'angle PAR aux finus des angles RAX, PAX; en forte que ces trois puiffances K, P, R, fuffent entr'elles comme les finus des trois angles PAR, RAX, PAX, au travers defquels leurs directions ou cordes prolongées pafferoient ; elles demeureroient en équilibre entr'elles, de maniere qu'aucune d'elles ne l'emporteroit fur aucune des deux autres.

## C O R O L L A I R E XXI.

On voit de-là, & des précedens Corol. 14. 15. 16. 17. 18. 19. que fans rien changer à l'inclinaifon des cordes PG, RH, par rapport à AX, une infinité d'autres puiffances mifes en la place des précedentes P, R, K, pourront demeurer en équilibre entr'elles trois à trois, pourvû qu'ainfi prifes trois à trois, elles foient entr'elles comme ces trois premieres.

## C O R O L L A I R E XXII.

On peut auffi en changeant l'inclinaifon de ces cordes ou directions, conferver l'équilibre entr'elles de ces puiffances P, R, K, dans quatre pofitions differentes de ces mêmes cordes, ou dans trois variations differentes des angles qu'elles font entr'elles, pourvû que ces trois puiffances faffent échange entr'elles, jufqu'à ce que chacune d'elles fe trouve fucceffivement appliquée à chacune de ces cordes dans deux fituations differentes des deux autres. Pour voir tout cela, il n'y a qu'à s'imaginer que lorfque deux puiffances, par exemple, P, R, dans la Fig. 54. font échange de leurs cordes, il fe fait en même tems une échange des angles que ces mêmes cordes faifoient auparavant avec celle de la puiffance K, qui n'en change point alors, fans qu'il arrive aucun changement

à

à l'angle PAR que ces deux cordes-là faisoient entr'elles : de cette maniere l'on aura deux des cas dont il est ici question. On en trouvera encore deux en concevant de même l'échange d'angles qui se fera de même dans l'échange des cordes de P & de K , sans toucher à celle de R ; & encore deux pour l'échange de celles de K, R. C'est ainsi que l'on auroit six positions differentes des cordes des puissances P , R , K , sans que ces trois puissances cessassent d'être en équilibre entr'elles, si ce n'est que la premiere de ces positions, dans laquelle ces puissances étoient ( *Hyp.* ) d'abord en équilibre entr'elles, se trouve ici repetée trois fois ; sçavoir une avec chacune des trois autres positions ; ce qui en fournit trois fois deux. Ainsi il n'y en a que quatre en tout où l'équilibre se puisse conserver entre les trois puissances supposées dans l'échange de cordes & d'angles dont il s'agit ici.

## C O R O L L A I R E   XXIII.

Mais tant que chacune de ces trois puissances P, R , K, demeure appliquée à la même corde ou branche de corde, l'on ne peut en changer la direction, c'est-à-dire, l'inclinaison de ces cordes, ou leurs angles, sans rompre l'équilibre supposé entre ces puissances ; puisqu'il n'est pas possible de trouver seulement deux situations d'aucune de leurs cordes, dans lesquelles les sinus des trois angles PAR, RAX, PAX, ayent les mêmes rapports entr'eux, ni consequemment les mêmes rapports que ceux des puissances K , P , R ; rapports cependant necessaires ( *Cor.* 4. ) entre ces trois sinus pour que ces trois puissances soient en équilibre entr'elles.

## C O R O L L A I R E   XXIV.

C'est ce qui fait qu'autant de fois que l'angle PAR compris entre les cordes ou directions des puissances P, R , variera, il faudra tout autant de poids differens pour faire équilibre avec ces deux mêmes puissances. En effet plus cet angle sera grand, plus le poids K , qu'elles au-

P

ront à foûtenir, devra ( *Corol.* 9. ) être petit par rapport
à elles ( quoiqu'en raifon differente ) pour faire équilibre
avec elles : de forte qu'on peut faire cet angle PAR fi
obtus que ces deux puiffances P , R , demeurant toûjours
les mêmes , foûtiendront enfemble en équilibre un poids
K fi petit qu'on voudra , pourvû ( *Corol.* 6. *nomb.* 1. &
*Corol.* 8. ) que la fomme faite de fa pefanteur & de chacune de ces deux puiffances , foit plus grande que l'autre
feule , & lui moindre que ces deux enfemble. Ainfi cela
fe trouvant toûjours tant que ces deux puiffances font
égales entr'elles , & ce poids moindre que leur fomme ;
ce poids K peut alors diminuer à l'infini , & cependant
par l'augmentation de l'angle PAR faire toûjours équilibre avec ces deux puiffances P , R , quelque grandes
qu'on les fuppofe. Mais fi au contraire la pefanteur de
ce poids fe trouvoit feule plus grande que la fomme de
ces deux puiffances , le nomb. 1. du Corol. 6. & le Corol. 8. font voir qu'elles ne pouroient alors le foûtenir en
équilibre , quelqu'angle PAR que les directions de ces
deux puiffances fiffent entr'elles : & fi ce poids étoit feul
égal à leur fomme , il faudroit pour cela ( *Corol.* 6. *nomb.*
2. & *Corol.* 10. ) que l'angle PAR fût infiniment petit ; &
conféquemment ( *Lem.* 6. *Corol.* 2. 3. & *part.* 1. ) que ces
deux puiffances agiffent alors en même tems contre ce
poids fuivant des directions toutes deux paralleles à la
fienne , ou confondues toutes deux avec elle. D'où l'on
voit ( *Corol.* 6. *nomb.* 1. 2. 3. ) que depuis l'égalité de ce
poids avec la fomme de ces deux puiffances , jufqu'à fe
trouver infiniment petit par rapport à elles , il pourra
toûjours faire équilibre avec elles , fi elles font égales
entr'elles.

## COROLLAIRE XXV.

C'eft ce qui peut arriver en changeant la direction de
l'une & de l'autre de ces deux puiffances P , R : mais à
ne changer qu'une de ces directions,

   1°. Si ces deux puiffances font égales , ou fi étant iné-

gales entr'elles, il s'en trouve une qui ait sa direction horifontale, comme dans la Fig. 53. il est clair qu'en ne
changeant la direction que d'une de ces deux puissances
P, R, on changeroit aussi le rapport des sinus des angles
que leurs cordes faisoient avec la direction du poids, ou
si ce rapport se trouvoit encore le même, comme il peut
arriver lorsque ces deux puissances sont égales entr'elles,
leurs directions seroient alors en ligne droite : ainsi ces
deux puissances P, R, ne pourroient plus ( *Corol.* 5. &
11.) soûtenir le poids K, avec lequel on les suppofoit en
équilibre avant ce changement, ni aucune autre puissance de même direction que lui.

2°. Au contraire si ces deux puissances P, R, sont inégales, & qu'elles n'ayent aucune de leurs cordes ou directions qui soit horizontale ; au lieu du poids K, avec lequel on les suppose en équilibre, on pourra encore leur
en faire soûtenir un autre, pourvû que des directions de
ces deux puissances on change tellement celle qui vers le
haut fait le plus grand angle avec celle du poids K suppofé
en équilibre avec elles, qu'on lui en fasse faire un autre
avec celle-ci, lequel soit le complement de celui-là à
deux droits. Car les sinus des angles que les cordes ou directions de ces deux puissances P, R, font avec celle du poids
K après un tel changement, étant encore ( *Déf.* 9. *Corol.*
2.) les mêmes qu'auparavant ; ces deux mêmes puissances P, R, pourront encore ( *Corol.* 15.) soûtenir ici un
autre poids au lieu de K, auquel nouveau poids elles seront comme ces mêmes sinus reciproquement pris, au
sinus de l'angle que leurs cordes ou directions y feront
entr'elles ; c'est-à-dire, un nouveau poids qui fera ( *Cor.* 5.)
à celui K qu'elles soûtenoient auparavant, comme ce
dernier sinus à celui de l'angle qu'elles faisoient alors
entr'elles : mais aussi par une raison toute contraire en
tout autre changement d'une des directions de ces deux
puissances P, R, ces deux puissances ne pourront plus rien
soûtenir tant que les deux autres directions demeureront
les mêmes qu'auparavant.

P ij

*La raison pour laquelle on vient de demander ( nomb. 2. )*
*que ce changement se fist dans celle des directions des puissan-*
*ces , qui fait le plus grand angle vers le haut avec celle du poids*
*qu'elles soûtiennent ; c'est que si on faisoit un tel changement*
*à l'autre de ces deux directions , l'angle qu'elles feroient en-*
*tr'elles , se tourneroit alors en dessous ; ce qui détermineroit*
*( Lem. 3. part. 2. ) l'action de ces deux puissances à seconder*
*la pesanteur du poids plûtôt qu'à le soûtenir.*

## SCHOLIE.

I. Voilà bien des manieres de reconnoître les rapports
de trois puissances supposées en équilibre entr'elles avec
des cordes seulement ; & reciproquement qu'avec de
tels rapports elles doivent toûjours demeurer ainsi en
équilibre entr'elles. Quant à l'impossibilité de cet équilibre ,

1°. Les part. 1. 2. faisant voir que lorsqu'il se trouve
entre ces trois puissances , leurs directions sont toûjours
toutes trois en même plan par un même point, ou paralleles entr'elles , & que chacune de ces trois puissances
se trouve toûjours alors suivant la direction de la force
resultante du concours des deux autres : il suit que l'é-
quilibre seroit impossible entr'elles , s'il y manquoit quelqu'une de ces choses ; puisqu'en cas d'équilibre ( part. 1. 2. )
il n'y en manqueroit aucune.

2°. Les part. 3. 4. font voir aussi que quand il n'y manqueroit rien de tout cela , cet équilibre ne manqueroit pas
d'être encore impossible , si les trois puissances n'étoient
pas entr'elles comme la diagonale & les côtez du parallelogramme qui les eût sur leurs directions ; & consequemment aussi si elles n'étoient pas entr'elles comme
les sinus des angles marquez dans les Corol. de ces part.
3. 4. puisque suivant ces mêmes part. 3. 4. & leurs Corollaires ces trois puissances auroient toûjours ces rapports entr'elles en cas d'équilibre.

II. Il est à remarquer en ce cas d'équilibre , que si
d'un point quelconque de la direction de celle qu'on

voudra des trois puiſſances P, K, R, on mene des perpendiculaires ſur les directions des deux autres ; les
produits faits de ces deux autres puiſſances multipliées
chacune par celle de ces perpendiculaires, qui le ſera à
ſa direction, ſeront toûjours égaux entr'eux. Par exemple, ſi d'un point quelconque L de la direction AD de la
puiſſance ou poids K, on conçoit encore ( comme dans le
Corol. 1.) LM, LN, perpendiculaires aux directions
AP, AR, des puiſſances P, R, ſuppoſées en équilibre
avec celle-là ; l'on aura toûjours P×LM=R×LN ; puiſque ce cas d'équilibre donne toûjours ( *Cor.* 1.) P. R : : LN.
LM : : AB. AC ( *Lem.* 9.) On démontrera de même que le
produit des puiſſances K, R, multipliées par les perpendiculaires menées de tel point M qu'on voudra de la direction
AP de la puiſſance P ſur les leurs, ſeront égaux entr'eux. La
meme choſe ſe démontrera auſſi de même des produits faits
des puiſſances P, K, par les perpendiculaires menées d'un
point quelconque de la direction AR de la puiſſance R
ſur les leurs.

*Tel eſt juſqu'ici le fondement de tout ce qui ſe peut dire des
poids ſoûtenus avec des cordes ſeulement, ou des puiſſances
appliquées les unes contre les autres à des cordes ſeulement :
Fondement conſiſtant dans le ſeul Th. 1. dont on vient de voir
la fecondité. En voici l'application à quelques autres plus
compliquez ſur le même ſujet.*

### THEOREME II.

*Les Figures demeurant ici les mêmes que dans le précedent*   Fig. 52.
*Th. 1. ce que les puiſſances P, R, ſuppoſées en équilibre avec*   53. 54. 55.
*le poids K, ont de force ou d'action verticale pour ou contre*   56.
*ce poids ſuivant ſa direction KX, eſt toûjours ( à parler le
langage de la Déf. 15. ) en raiſon de leur ſublimitez, ſi elles
tirent toutes deux de bas en haut, ou en raiſon de la ſublimité
de l'une à la profondeur de l'autre, ſi l'une tire de bas en
haut, & l'autre de haut en bas.*

P iij

### Demonstration.

Le parallelogramme ABDC ayant, comme dans la
part. 3. du Th. 1. sa diagonale AD sur la direction prolongée XK du poids K, & ses côtez AB, AC, sur les cordes ou directions AP, AR, des puissances P, R, supposées en équilibre avec ce poids par le moyen de ces cordes ; soient des angles B, C, du parallelogramme les perpendiculaires BE, CF, sur sa diagonale AD prolongée
où besoin sera.

Cela fait, soient appellées E, F, les forces verticales
employées selon la part. 2. du Lem. 3. par les puissances
pour ou contre le poids K suivant sa direction XK. Cette même part. 2. du Lem. 3. fait voir que E, F :: AE. AF.
Mais selon la Déf. 16. AE, AF, sont les sublimitez des
puissances P, R, dans toutes les Figures ici supposées,
excepté dans la Fig. 53. où AE est nulle, & dans la Fig.
54. où AF est la profondeur de la puissance R, & la
seule AE sublimité de la puissance P. Donc en ce cas
d'équilibre entre le poids K & ces deux puissances P, R,
les forces verticales E, F, de ces deux puissances pour ou
contre ce poids sont toûjours entr'elles en raison de leurs
sublimitez AE, AF, si ces puissances tirent toutes deux
de bas en haut, comme dans les Fig. 52. 53. 55. 56. ou
en raison de la sublimité AE de l'une P, à la profondeur
AF de l'autre R, si la premiere de ces deux puissances
P, R, tire de bas en haut, & la seconde de haut en bas,
comme dans la Fig. 54. *Ce qu'il falloit démontrer.*

*La direction horisontale AP de la puissance P dans la Fig.*
*53. pouvant être également prise pour infiniment peu élevée,*
*ou pour infiniment peu abbaissée par rapport à A, on la peut*
*ajoûter au cas de la Fig. 54. comme on la vient d'ajoûter à*
*celui des Fig. 52. 55. 56. la nullité de AE dans cette Fig.*
*53. l'y rendant également sublimité ou profondeur nulle.*

### Corollaire I.

On voit de-là, en prolongeant CF jusqu'à la rencontre

de AP prolongée en Q, qu'en ce cas d'équilibre les
forces verticales E, F, des puiſſances P, R, pour on contre le poids K ſuivant ſa direction KX ou XD, ſont auſſi
toûjours entr'elles en raiſon réciproque des tangentes
des angles PAD, RAD, que les directions de ces puiſſances font avec celle de ce poids. Car venant de trouver ( *Lem.* 3. *part.* 2.) E. F:: AE. AF. Et les triangles
( *conſtr.* ) ſemblables QAF, BAE, CDF, donnant AE. AF
:: AB. AQ ( le parallelogramme ABDC ayant AB=DC)
:: DC. AQ:: CF. FQ. l'on aura pareillement ici E. F::
CF. FQ. Mais en prenant AE pour le rayon, la Déf. 10.
avec ſon Corol. fait voir que CF, FQ, ſont les tangentes des angles CAF, QAF, qui ſont les mêmes que RAD,
PAD. Donc les forces verticales E, F, des puiſſances P,
R, pour ou contre le poids K ſuivant ſa direction KX,
ou XD, ſont toûjours ici entr'elles comme les tangentes
des angles RAD, PAD, c'eſt-à-dire, en raiſon reciproque des tangentes des angles PAD, RAD, que les cordes ou directions de ces deux puiſſances P, R, font avec
la direction du poids K, ainſi qu'on le vient d'avancer.

C O R O L L A I R E  II.

Dans les Fig. 52. 55. 56. où les puiſſances P, R, tirent
toutes deux de bas en haut, les parties du poids K, ou de
ſa peſanteur, ſoûtenues dans ces Figures par ces puiſſances P, R, étant égales en peſanteur ( *Lem.* 3. *Corol. nomb.*
3. ) aux forces verticales E, F, directement contraires à
ces peſanteurs partiales & en équilibre avec elles.

  1°. Il ſuit encore du preſent Th. 2. que ces parties du
poids K, ainſi ſoûtenues chacune par chacune des puiſſances P, R, en vertu de ces efforts verticaux E, F, ſont
toûjours alors entr'elles comme les ſublimitez AE, AF,
de ces deux puiſſances ; & conſequemment auſſi comme
les parties AE, ED de la diagonale AD, ou comme ſes
parties DF, FA : puiſque les triangles égaux & ſemblables AFC, DEB, de même que AEB, DFC, rendent
AF=ED, & AE=DF. D'où l'on voit que chacune des

F I G. 52.
55. 56.

perpendiculaires BE , CF , menées des extrêmitez B., C.,
des proportionnelles AB , AC , des puiſſances P , R , ſur
la diagonale AD du parallelogramme ABDC , diviſera
toûjours cette diagonale AD en raiſon des parties du
poids K ſoûtenues par les puiſſances P , R , ſuppoſées en
équilibre avec lui , ou en raiſon des efforts verticaux que
ces deux puiſſances font chacune contre lui.

2°. Il ſuit du même Corol. 1. que ces mêmes parties
du poids K ſoûtenues chacune par chacune des puiſſances
P , R , en équilibre ( *Hyp.* ) avec lui , ſont auſſi toujours
entr'elles en raiſon reciproque des tangentes des angles
PAD , RAD , que les cordes ou directions de ces deux
puiſſances P , R , font avec celle de ce poids.

COROLLAIRE III.

De plus de ce que les peſanteurs des parties du poids
K ſoûtenues par chacune des puiſſances P , R , font ( *Lem.*
*3. Corol. 2. nomb. 3.* ) égales aux forces verticales E , F ,
directement contraires à ces peſanteurs partiales , & en
équilibre avec elles ; il ſuit que la puiſſance , par exemple,
P ſera à la partie qu'elle ſoûtient de ce poids ou de ſa peſanteur : : P. E ( *Lem. 3. part. 1.* ) : : AB. AE. c'eſt-à-dire
( *Déf. 9. Corol. 1.* ) comme le ſinus total au ſinus de l'angle ABE de ſa direction AP avec l'horiſontale BE. On
trouvera de même que la puiſſance R eſt à la partie
qu'elle ſoûtient de ce même poids K ou de ſa peſanteur
.: AC. AF. c'eſt-à-dire encore , comme le ſinus total au
ſinus de l'angle ACF de ſa direction AR avec l'horiſontale CF. D'où l'on voit que chacune de ces deux puiſſances P , R , ſuppoſées en équilibre avec le poids K , eſt toûjours alors à ce qu'elle ſoûtient pour ſa part de la peſanteur de ce poids , comme le ſinus total eſt au ſinus de
l'angle que la direction de cette puiſſance fait avec l'horiſontale.

COROLLAIRE IV.

Si l'on appelle preſentement Y , Z , les parties du
poids

poids K, ou de sa pesanteur, soûtenue chacune par cha-
cune des puissances P, R, en sorte que Y—|—Z=K, l'on
aura ( *Corol.* 3.) P. Y :: AB. AE. le nomb. 1. du Corol. 2.
donnera de plus AE. AF :: Y. Z. & consequemment AE.
AE—|—AF :: Y. Y—|—Z :: Y. K. ou Y. K :: AE. AE—|—AF.
Donc en raison ordonnée ( entre cette derniere Analogie
& la premiere ) P. K :: AB. AE—|—AF. On trouvera de
même R. K :: AC. AE—|—AF. Mais les triangles ( *constr.* )
semblables BAE, CDF, ayant AB=DC, ont aussi DF
=AE. Donc P. K :: AB. DF—|—AF :: AB. AD. Et R. K ::
AC. DF—|—AF :: AC. AD.

### COROLLAIRE V.

Si l'angle PAR compris entre les directions des puissances P, R, étoit droit, & qu'ainsi le parallelogramme
ABDC fût rectangle, par exemple, dans la Fig. 52. les
angles ( *Hyp.* ) droits en E, rendant alors les trois triangles ABD, AEB, BED, semblables entr'eux, l'on auroit
pour lors AD. AB :: AB. AE. Et AD. BD :: BD. DE. D'où

resulteroit $AE = \frac{AB \times AB}{AD}$, DE ou $AF = \frac{BD \times BD}{AD} = \frac{AC \times AC}{AD}$, &

de-là AE. AF :: AB×AB. AC×AC. Or suivant les noms
du Corol. 4. le nomb. 1. du Corol. 2. donne en general
Y. Z :: AE. AF. Donc l'on auroit ici Y. Z :: AB×AB.
AC×AC. c'est-à-dire, que dans la presente hypothese de
l'angle PAR droit, les parties Y, Z, que les puissances
P, R, soûtiendroient du poids K en équilibre avec elles,
seroient toûjours entr'elles comme les quarrez des proportionnelles AB, AC, de ces puissances P, R.

### COROLLAIRE VI.

Voilà ( *Corol.* 2. 3. 4. 5. ) pour le cas où les puissances F i g. 54.
P, R, tirent toutes deux de bas en haut, contre le poids
K en équilibre ( *Hyp.* ) avec elles. Mais si une d'elles, comme R dans la Fig. 54. tire de haut en bas en faveur de
ce poids, & l'autre P encore de bas en haut : alors la force verticale F de la puissance R, se joignant à la pesan-

Q

teur du poids en fa faveur fuivant une même direction
AX, contre la feule force verticale E de la puiffance P,
qui par fon action en fens contraire fuivant cette même
direction, les foûtient feule toutes deux en équilibre;
cette force verticale E, qui foûtient ainfi feule ces deux-
là réunies contr'elle en fens directement contraire au
fien, doit ( *Lem.* 3. *Corol.* 2. *nomb.* 3.) en égaler la fomme,
& être E=F+K, ou E—F=K. Mais le préfent Th. 2.
donnant E. F :: AE. AF. donne conféquemment E. E—F
:: AE. AE—AF. Donc E. K :: AE. AE—AF. Mais la part.
1. du Lem. 3. donne P. E :: AB. AE. Donc ( en raifon ordonnée ) P. K :: AB. AE—AF. on trouvera de même R.
K :: AC. AE—AF. Mais les triangles ( *conftr.* ) femblables BAE, CDF, ayant AB=DC, ont auffi AE=DF.
Donc P. K :: AB. DF—AF :: AB. AD. Et R. K :: AC. DF
—AF :: AC. AD.

### Corollaire. VII.

Fig. 52.
54. 55. 56.     Les *Corol.* 4. 6. donnant P. K :: AB. AD. Et R. K ::
AC. AD. dans tous les cas imaginables d'équilibre entre
deux puiffances P, R, avec des cordes feulement; chacune des puiffances P, R, fera toûjours au poids K en
équilibre ( *Hyp.* ) avec elles, comme chacun des côtez
AB, AC, du parallelogramme ABDC, pris fur leurs directions, fera à la diagonale AD de ce parallelogramme,
prife fur la direction de ce poids, ainfi qu'òn l'a déja vû
dans les part. 3. 4. du Th. 1. Et de-là fuit encore tout ce
qu'on a tiré des Corollaires de ces part. 3. 4. du Th. 1.

### Corollaire VIII.

Donc, puifque ( *Corol.* 4. ) AD=AE+AF, lorfque les
puiffances P, R, tirent toutes deux de bas en haut contre le poids K, comme dans les Fig. 52. 53. 55. 56. &
( *Corol.* 6. ) AD=AE—AF, lorfqu'une de ces puiffances,
comme P dans la Fig. 54. tire de bas en haut contre ce
poids, & l'autre R de haut en bas en fa faveur; ces deux
puiffances P, R feront ( *Corol.* 7. ) à ce poids K, comme

leurs proportionnelles AB, AC, à la fomme AE—+—AF de leurs fublimitez dans le premier cas, & comme leurs proportionnelles à la difference AE—AF, dont la fublimité de l'une furpaffe la profondeur de l'autre dans le fecond.

## COROLLAIRE IX.

Si les cordes GP, HR, des puiffances P, R, étoient paralleles entr'elles, & confequemment auffi ( *Theor.* 1. *part.* 1.) toutes deux paralleles à la direction XD du poids K en équilibre ( *Hyp.* ) avec elles ; leurs fublimitez AE, AF, dans les Fig. 52. 55. 56. où la fublimité AE de P, & la profondeur AF de R dans la Fig. 54. fe confondant alors avec leurs proportionnelles AB, AC.

1°. Le poids K feroit ( *Corol.* 8. ) à chacune de ces deux puiffances P, R, comme la fomme ou la difference de leurs proportionnelles feroit à chacune de ces mêmes proportionnelles correfpondantes : fçavoir, comme la fomme AB—+—AC, lorfque ces puiffances tirent toutes deux de bas en haut ; & comme la difference AB—AC, lorfqu'une d'elles tire de bas en haut, & l'autre de haut en bas. D'où il fuit que dans ce cas de directions paralleles de deux puiffances, & d'un poids en équilibre avec elles, ce poids fera toûjours égal à la fomme ou à la difference de ces deux puiffances, ainfi qu'on l'a déja vû dans le Corol. 11.

2°. Lorfque ces puiffances P, R, tirent toutes deux de bas en haut, les parties du poids K, qu'elles foûtiennent chacune pour fa part, font entr'elles ( *Corol.* 2. *nomb.* 1.) comme les proportionnelles de ces puiffances ; & chacune de pefanteur égale ( *Corol.* 4. ) à chacune de ces puiffances. Ce qui fuit encore immediatement de l'Ax. 4.

*Voilà* ( Corol. 2. 3. 4. 5. 6. 7. 8. 9. ) *pour ce qui concerne tous les cas dans lefquels les puiffances P, R, tirent toutes deux de bas en haut, ou une de bas en haut, & l'autre de haut en bas; voici prefentement pour le cas où une de ces puiffances tire de bas en haut, & l'autre horifontalement.*

## COROLLAIRE X.

Lorfqu'une des deux puiffances, comme R dans la Fig.
53. tire de bas en haut contre le poids K, pendant que
l'autre P tire horifontalement, c'eſt-à-dire ( *Déf.* 14.)
perpendiculairement à la direction XD de ce poids fup-
poſé en équilibre avec ces deux puiffances;

1°. Ce cas rendant AE=o , en ce que la perpendiculaire BE fur la diagonale AD tomberoit alors en A, la
puiffance P n'auroit point ici de force verticale E , ni
pour ni contre le poids K fuivant ſa direction KX. Cela
fuit auffi de ce que le Corol. 1. donnant en general E.
F∷CF. FQ. le cas preſent, qui rend FQ infinie, & con-
conſequemment FC nulle par rapport à elle , rendroit
auffi E nulle par rapport à F, c'eſt-à-dire, E=o, la force
verticale F de la puiffance R étant finie. -

2°. Cela étant, la puiffance P ne ſoûtiendroit ici rien
( *Lem.* 3. *Corol.* 2. *nomb.* 1.) de la peſanteur du poids K :
elle n'y ferviroit qu'à ſoûtenir l'effort horifontal ( *Lem.*
3. *Corol.* 2. *nomb.* 1. 2.) de la puiffance R , auquel cette
puiffance P directement oppoſée, & en équilibre avec lui,
feroit ( *Lem.* 3. *Corol.* 2. *nomb.* 3. ) égale.

3°. L'effort vertical F de la puiffance R , qui doit ici
tirer de bas en haut, y ſoûtiendroit donc feul la peſanteur du poids K ; & conſequemment ( *Lem.* 3. *Corol.* 2.
*nomb.* 3. ) il lui feroit égal. Ce qui fuit auffi de ce que la
part. 1. du Lem. 3. donnant F. R ∷ AF. AC. Et le Corol.
6. donnant R. K∷ AC. AD. l'on auroit ici ( en raiſon ordonnée ) F. K∷ AF. AD. de forte que la conſtruction
donnant ici AF=AD, l'on y auroit auffi F=K, ainſi qu'on
le vient de voir.

4°. Ayant ici AF=AD, les puiffances P,R, y feront
au poids K ( *Corol.* 8. ) comme leurs proportionnelles AB,
AC, à la ſublimité AF de la feconde R de ces deux puiffances.

## SCHOLIE.

I. Des deux forces, l'une verticale, & l'autre horifon- Fig. 52. 53. tale, dont eſt compoſée ( *Lem.* 2. *Corol.* 2. ) l'oblique de 54. 55. 56. chacune des puiſſances P, R, voilà juſqu'ici l'uſage de la premiere, c'eſt-à-dire, de la force verticale de chacune de ces deux puiſſances, lequel uſage conſiſte en ce que cette force verticale eſt employée toute entiere contre ou pour le poids K ſuivant ſa direction, ſelon que la puiſ-ſance qui l'employe, tire de bas en haut, ou de haut en bas; de ſorte que les forces horiſontales ſuivant AS, AV, des puiſſances P, R, ne faiſant ni pour ni contre la pe-ſanteur du poids K, tout ce qui reſte d'action à ces deux puiſſances pour ſoûtenir ce poids, conſiſte dans la ſomme ou dans la difference de leurs forces verticales ſuivant AE, AF, ſelon que ces mêmes puiſſances obliques tirent toutes deux de bas en haut, ou l'une de bas en haut plus fort que l'autre de haut en bas: & comme cette ſomme ou difference de forces verticales eſt ( *Déf.* 14. ) directe-ment oppoſée à la peſanteur du poids K, l'égalité de cet-te peſanteur du poids K avec cette ſomme de forces ver-ticales des puiſſances P, R, dans le premier cas, ou avec la difference de ces mêmes forces verticales dans le ſe-cond, doit mettre ( *Ax.* 3. ) ce poids K en équilibre avec ces deux puiſſances P, R ; & reciproquement s'il y a équi-libre entre lui & elle, l'une ou l'autre de ces deux égai-litez doit ( *Ax.* 4. ) s'y trouver. Tel eſt l'uſage qu'on vient de voir des forces verticales ſuivant AE, AF, des puiſ-ſances P, R, dans la démonſtration du preſent Th. 2. & dans ſes Corollaires.

II. Pour ce qui eſt des forces horiſontales de ces mê-mes puiſſances P, R, ſi dans le plan PAR de leurs dire-ctions, par leur concours A, on fait SV horiſontale, c'eſt-à-dire ( *Déf.* 14. ) perpendiculaire à la direction XD du poids K, laquelle horiſontale ſoit rencontrée en S, V, par BS, CV, paralleles à cette direction XD; on verra ( ainſi que dans la démonſtration de la part. 3. du Lem. 3.)

que les forces horifontales fuivant AS , AV , des puiffances obliques P , R , font directement oppofées & égales
entr'elles : de forte que n'ayant rien ni pour ni  contre le poids K , ne tendant ni à le faire defcendre, ni à le
faire monter ; tout leur emploi & tout leur ufage eft de
s'empêcher mutuellement par leur égalité & leur directe
contrarieté de le mouvoir à droit ni à gauche , ainfi qu'on
vient de voir ( *art.* 1.) que l'égalité & l'oppofition directe
de la pefanteur de ce poids avec la fomme ou avec la difference des forces verticales de ces mêmes puiffances
obliques P , R , empêche ce poids de monter ni defcendre.
C'eft par ce double empêchement d'aller ni à droit ni à
gauche , de monter ni defcendre , que fe fait le repos &
le parfait équilibre de ce poids K avec ces deux puiffances P , R .

## DEFINITION XVII.

*Fig. 58.*
*58.*

Si d'un angle quelconque E d'un triangle rectiligne
auffi quelconque BEC, fur le milieu H de fon côté oppofé BC, on mene dans la Fig. 58. une ligne droite EH ,
laquelle foit divifée de maniere que EA foit double de
AH; ce point A s'appelle d'ordinaire le *centre de gravité*
de ce triangle. Et fi dans la Fig. 59. la droite FA menée
du fommet F d'une pyramide BECF à ce centre de gravité A de fa bafe BEC , eft divifée en G , de maniere que
FG foit triple de AG ; ce point G s'appelle ordinairement
auffi le *centre de gravité* de cette pyramide.

*Nous parlerons ici le même langage , fans cependant nous*
*mettre encore en peine fi la proprieté qu'on attribue à ces deux*
*points A , G , d'être tels ( Déf. 14. ) qu'en quelque fituation*
*que le triangle BEC feul , foit appuyé fur le premier A de ces*
*points , & la pyramide BECF fur le fecond G , ces deux fi-*
*gures y demeureront toûjours en équilibre chacune par la feule*
*pefanteur uniforme dans toutes fes parties , d'autres proprietez*
*de ces points A , G , par rapport à cette Section-ci , nous enga-*
*gent à en parler , & confequemment à leur donner des noms ;*
*ceux-là en valent bien d'autres.*

# THEOREME III.

I. *Si trois puissances* P, R, K, *appliquées à des cordes seulement, sont en équilibre entr'elles, leurs directions ou cordes* PB, RC, KE, *prolongées, se rencontreront dans le centre de gravité d'un triangle rectiligne, par les trois angles duquel elles passeront.*

II. *Ces cordes ou directions prolongées auront leurs parties comprises entre ce centre de gravité & ces angles, en raison de ces mêmes puissances.*

III. *Reciproquement trois puissances* P, R, K, *étant appliquées à trois cordes* AP, AR, AK, *qui passent par les trois angles* B, C, E, *d'un triangle rectiligne quelconque* BEC, *au centre* A *de gravité duquel soit le nœud qui retient ces trois cordes attachées ensemble; ces trois puissances* P, R, K, *se soûtiendront mutuellement en équilibre en cet état (de leurs cordes) si elles sont entr'elles comme les distances* AB, AC, AE, *de ce centre* A, *aux angles* B, C, E, *par où l'on suppose que leurs directions passent.*

DEMONSTRATION.

PART. I. Puisque (*Hyp.*) les trois puissances P, R, K, sont ici en équilibre entr'elles suivant des directions differentes, la part. 1. du Th. 1. fait voir que leurs cordes PB, RC, KE, seront en même plan, & que prolongées elles s'y rencontreront toutes trois en un même point quelconque A. Cela étant, sur une d'elles, par exemple, sur KA prolongée soit prise AD à volonté, sur laquelle, comme diagonale, soit fait le parallelogramme ABDC, dont les côtez AB, AC, soient sur les deux autres directions AP, AR. Cela fait, si l'on prend AE=AD sur AK, & qu'on mene les droites BC, BE, CE, dont la premiere BC, rencontre AD en H; l'on aura 2×AH=AD (*constr.*) =AE. Donc (*Déf.* 17.) le point A est le centre de gravité du triangle BEC. Par conséquent les directions ou cordes prolongées PB, RC, KE, se rencontreront toutes trois dans le centre de gravité A d'un triangle

rectiligne BEC, par les angles B, C, E, duquel elles passeront. *Ce qu'il falloit* 1°. *démontrer.*

PART. II. En ce cas d'équilibre entre les trois puiffances P, R, K, la part. 3. du Th. 1. fait voir qu'elles font
entr'elles comme les lignes AB, AC, AD. Mais (*conftr.*)
AE=AD. Donc ces trois puiffances P, R, K, font auffi
entr'elles comme les parties AB, AC, AE, de leurs directions, comprifes entre le point A (*part.* 1.) centre de
gravité du triangle BEC, & les angles B, C, E, de ce
triangle, par lefquelles ces directions paffent: c'eft-à-dire,
comme les diftances de ce centre de gravité A à ces angles B, C, E. *Ce qu'il falloit* 2°. *démontrer.*

PART. III. Sur KA prolongée vers D foit prife AD=
AE, laquelle rencontre en H le côté BC du triangle fuppofé BEC. Le point A étant (*Hyp.*) le centre de gravité
de ce triangle, l'on aura (*Déf.* 16.) BH=HC, & AH=
$\frac{1}{2}$AE (*conftr.*) =$\frac{1}{2}$AD, & confequemment AH=HD.

Donc en menant les droites BD, DC, le quadrilatere
ABDC fera un parallelogramme qui aura fa diagonale
AD à fes côtez AB, AC, comme AE eft à ces mêmes côtez. Mais (*Hyp.*) AE eft ici à ces côtez AB, AC, comme
la puiffance K eft aux puiffances P, R. Donc ce parallelogramme ABDC aura pareillement ici fa diagonale AD
à fes côtez AB, AC, en raifon de la puiffance K aux deux
autres P, R. Donc (*Th.* 1. *part.* 5.) ces trois puiffances K,
P, R, feront ici en équilibre entr'elles. *Ce qu'il falloit* 3°.
*démontrer.*

## COROLLAIRE.

Cette part. 3. jointe au Corol. 4. du Th. 1. fait voir en
Géométrie que les diftances AB, AC, AE, du centre de
gravité A d'un triangle rectiligne quelconque BEC à fes
angles B, C, E, font toûjours entr'elles comme les finus
des angles EAC, EAB, BAC, que prolongées elles tra-
verferoient: puifque trois puiffances P, R, K, en raifon
de ces trois diftances AB, AC, AE, & appliquées chacune

cune contre les deux autres suivant ces lignes, seroient
toûjours ( *part. 3.* ) en équilibre entr'elles ; & qu'en ce
cas d'équilibre entre ces trois puissances P, R, K, elles seroient aussi toûjours entr'elles ( *Th.* 1. *Corol.* 4. ) comme
les sinus de ces mêmes angles EAC, EAB, BAC, que
leurs directions ou cordes prolongées traverseroient.

*Voilà jusqu'ici pour trois puissances en équilibre avec des*
*cordes seulement, ou pour des poids ainsi soûtenus chacun par*
*deux puissances. Voici presentement pour ceux qui le seroient*
*par quelque nombre de puissances quelconques qu'on voudra,*
*& de directions aussi quelconques : le Th. 1. en va encore être le*
*fondement, ainsi qu'il l'a déja été des deux qui le suivent.*

# THEOREME IV.

*I. Tant de puissances* P, *Q*, R, S, *&c. qu'on voudra,* F I G. 60.
*dirigées à volonté dans tels plans qu'on voudra aussi, soûte-* 61. 62. 63.
*nant en équilibre un poids quelconque* K *avec des cordes seule-*
*ment attachées ensemble par un nœud commun* A ( *la même chose*
*se dira de chacun des nœuds des cordes qui en ont plusieurs,*
*de chacun desquels partent plusieurs cordons, ou branches de*
*corde* ) *auquel ce poids* K *est suspendu : l'effort resultant du con-*
*cours de toutes ces puissances contre ce poids ainsi en équili-*
*bre avec elles, sera toûjours suivant la direction* KA *de ce*
*même poids en sens directement contraire, & égal à sa pesan-*
*teur.*

*II. Ce poids* K *ainsi en équilibre avec toutes ces puissances*
P, *Q*, R, S, *&c. sera toûjours à chacune d'elles en raison*
*de la diagonale du dernier des parallelogrammes faits comme*
*dans le Corol. 1. du Lem. 10. & dans le Lem. 11. à chacune*
*des proportionnelles* AB, AC, AE, AF, *&c. de ces mêmes*
*puissances.*

*III. Ce même poids* K *en équilibre avec toutes ces puissan-*
*ces* P, *Q*, R, S, *&c. sera aussi toûjours alors à chacune*
*d'elles comme le produit de leur nombre ( quel qu'il soit ) par*
*la distance de leur centre principal d'équilibre au nœud com-*
*mun* A *de toutes leurs cordes, est à chacune des proportionnelles*
AB, AC, AE, AF, *&c. de ces mêmes puissances.*

R

IV. *Reciproquement si le poids K est à chacune de ces puis-*
*sances P, Q, R, S, &c. en quelqu'une des raisons marquées*
*dans les part. 2. 3. & qu'il soit directement contraire à l'effort*
*resultant de leur concours; il sera en équilibre avec elles.*

### DEMONSTRATION.

PART. I. Les nomb. 1. 2. 3. du Corol. 2. du Lem. 3.
font voir que puisque ( *Hyp.* ) il y a ici équilibre entre le
poids K & l'effort resultant du concours des puissances
P, Q, R, S, &c. contre lui; cet effort doit être directement contraire & égal à la pesanteur de ce poids *Ce*
*qu'il falloit* 1°. *démontrer.*

FIG. 59.
60.

PART. II. Soient ( comme dans le Corol. 1. du Lem.
10. & dans le Lem. 11.) les parallelogrammes ABHC,
AHGE, AGDF, &c. le premier ABCH, fait de deux
quelconques AB, AC, des proportionnelles aux puissances supposées; le second AHGE, fait de la diagonale AH
de celui-ci, & d'une troisiéme AE quelconque de ces proportionnelles; le troisiéme AGDF, fait de la diagonale
AG de ce second parallelogramme, & d'une quatriéme
aussi quelconque AF de ces mêmes proportionnelles; &
ainsi de suite en quelque nombre qu'elles soient. Je dis
donc que la diagonale du dernier de ces parallelogrammes, par exemple AD, s'il n'y en a que trois, ou que
quatre puissances avec le poids, comme ici pour ne pas
accabler l'esprit par la multitude des lignes, sera toûjours à chacune des proportionnelles AB, AC, AE, AF,
des puissances P, Q, R, S, comme le poids K à chacune
de ces puissances supposées en équilibre avec lui.

Car ( *Lem.* 3. *Corol.* 10.) l'effort resultant du concours
de toutes ces puissances P, Q, R, S, se fait de A vers D,
suivant cette derniere diagonale AD, & est à chacune de
toutes ces puissances comme cette derniere diagonale AD
est à chacune de leurs proportionnelles AB, AC, AE,
AF. Or ( *part.* I. ) dans l'équilibre supposé entre le poids
K & ces puissances P, Q, R, S, cet effort resultant de
leur concours de A vers D suivant AD, est directement

contraire & égal à la pesanteur de ce poids. Donc en ce
cas d'équilibre non seulement cette derniere diagonale
AD est toûjours en ligne droite avec la direction AK de
ce poids ; mais encore ce poids K est aussi toûjours à chacune des puissances P, Q, R, S, comme cette derniere
diagonale AD est à chacune de leurs proportionnelles
AB, AC, AE, AF. La même chose se trouvera de
même pour tout autre nombre de puissances ainsi en
équilibre avec quelque poids que ce soit. Donc en general un poids ainsi en équilibre avec tant de puissances
qu'on voudra, par le moyen de plusieurs cordons issus
d'un seul nœud, sera toûjours à chacune de ces puissances comme la diagonale du dernier des parallelogrammes
faits comme ci-dessus, sera à chacune de leurs proportionnelles. *Ce qu'il falloit 2°. démontrer.*

PART. III. Soient encore sur les cordes ou directions
AP, AQ, AR, AS, &c. des puissances P, Q, R, S, &c.
en équilibre ( *Hyp.* ) avec le poids K, leurs proportionnelles AB, AC, AE, AF, &c. Par les extrêmitez B, C,
de deux quelconques AB, AC, d'entr'elles soit la droite
BC, du milieu G de laquelle soit menée GE à l'extrêmité E d'une troisiéme quelconque AE de ces proportionnelles, laquelle GE soit divisée en H, de maniere qu'on
ait HE. HG :: 2. 1. De ce point H à l'extrêmité F de la
proportionnelle AF soit aussi menée HF, laquelle soit
pareillement divisée en L, de maniere qu'on ait LF. LH ::
3. 1. Et ainsi de suite suivant les Corol. 2. 3. 4. du Lem.
11. s'il y avoit ici plus de quatre puissances avec le poids.
Le Corol. 5. du même Lemme 11. fait voir que l'effort
resultant du concours des quatre puissances P, Q, R,
S, sera ici de A vers L suivant AL, & à chacune de ces
puissances comme 4×AL est à chacune de leurs proportionnelles AB, AC, AE, AF. Donc cet effort devant
être ici (*part.* 1. ) directement contraire & égal à la pesanteur du poids K ( *Hyp.* ) en équilibre avec lui ; ce poids
K sera pareillement ici à chacune des puissances P, Q,
R, S, comme 4×AL est à chacune de leurs proportion-

nelles AB, AC, AE, AF. Or ( *Déf.* 13.) L eft le centre principal d'équilibre de ces quatre puiffances P, Q, R, S. Donc le poids K ici ( *Hyp.* ) en équilibre avec elles, doit non feulement y avoir fa direction KA fuivant AL; mais encore y être à chacune de ces puiffances P, Q, R, S, comme le produit 4×AL de leur nomb. 4. par la diftance AL de leur centre principal L d'équilibre au nœud commun A de toutes leurs cordes, eft à chacune des proportionnelles AB, AC, AE, AF, de ces quatre puiffances.

Les Corol. 2. 3. 4. 5. du Lem. 11. qui pour le cas de quatre puiffances en équilibre avec un poids donnent ce rapport de 4×AL à leurs proportionnelles, donneroient de même le rapport de *n*×AL aux proportionnelles de tel nombre *n* de puiffances qu'on voudroit ainfi en équilibre avec un poids, & ce poids dirigé fuivant AL, fi L étoit le centre principal d'équilibre de toutes ces puiffances. Donc en general, quelque foit le nombre de puiffances dirigées à volonté dans quelque nombre de plans que ce foit, lefquelles foûtiennent toutes enfemble en équilibre un poids K auffi quelconque avec des cordes feulement, qui partent toutes d'un même nœud commun A ; ce poids ainfi en équilibre avec toutes ces puiffances, non feulement aura fa direction fuivant la ligne menée de ce point A au centre principal d'équilibre de toutes ces puiffances ; mais encore il fera toûjours alors à chacune d'elles comme le produit de leur nombre par la diftance du nœud A à leur centre principal d'équilibre, fera à chacune de leurs proportionnelles. *Ce qu'il falloit* 3°. *démontrer.*

FIG 60. 61. 62. 63.

PART. IV. Le poids K étant ici fuppofé aux puiffances P, Q, R, S, &c. appliquées comme ci-deffus en celle qu'on voudra des raifons marquées dans les part. 2. 3. il leur fera ( *Lem.* 3. *Corol.* 10. & *Lem.* 11. *Corol.* 5.) en même raifon que l'effort refultant de leur concours contre lui ; & par confequent ce poids fera égal à cet effort. Donc ce même poids K étant auffi ( *Hyp.* ) directement contraire à ce même effort, il doit ( *Ax.* 3. ) demeurer en équilibre avec lui ; c'eft-à-dire, avec les puiffances P, Q, R, S, &c. du concours defquelles cet effort réfulte. *Ce qu'il falloit* 4°. *démontrer.*

## COROLLAIRE I.

La part. 2. démontrée en fe fervant de parallelogrammes, fe prouve encore par la part. 3. fans en faire aucun ; & reciproquement cette part. 3. démontrée fans parallelogrammes, fe prouve auffi par ceux de la part. 2. Car,

1°. Le poids K étant en équilibre comme dans le commencement des démonftrations de ces part. 2. 3. avec les quatre puiffances P, Q, R, S, feulement ; fi l'on prend AD=4×AL fur AL prolongée dans les Fig. 62. 63. cette AD fera ( *Lem.* 11. ) la diagonale du dernier des parallelogrammes qui auroient été faits en A ( comme dans la démonftration de la part. 2. ) des proportionnelles AB, AC, AE, AF, de ces quatre puiffances P, Q, R, S. Donc fuivant la démonftration de la part. 3. cette derniere diagonale AD fera encore ici non feulement en ligne droite avec la direction AK du poids K ; mais auffi à chacune de ces proportionnelles AB, AC, AE, AF, des puiffances P, Q, R, S, comme ce poids eft à chacune de ces puiffances. On le déduira encore de même des Corol. 2. 3. 4. 5. du Lem. 11. pour tout autre nombre de puiffances quelconques dirigées à volonté, & fuppofées ainfi en équilibre avec le poids K. Donc encore en general un poids quelconque ainfi foûtenu en équilibre par tant de puiffances auffi quelconques qu'on voudra, de directions pareillement quelconques qui rencontrent toutes celle du poids en un même nœud ou point A, fera toûjours alors à chacune de ces puiffances, comme la diagonale du dernier des parallelogrammes, qui feroient faits en A de la même maniere que dans la démonftration de la part. 2. feroit à chacune des proportionnelles de ces mêmes puiffances. Ce qui eft cette

F ı g: 62.<br>63.

R iij

part. 2. elle-même qu'il falloit ici démontrer par la part.
3. sans faire aucun parallelogramme.

2°. Le poids K étant encore en équilibre comme ci-
dessus, avec les quatre puissances P, Q , R , S, si l'on
prend $AL = \frac{1}{4}AD$ dans les Figures 60. 61. d'ou resulte
$4 \times AL = AD$ ; le point L ainsi pris sur la derniere diagonale AD , sera ( *Déf.* 12. ) le centre principal d'équilibre
de ces quatre puissances ; & consequemment AL sera la
distance de ce centre au nœud ou concours A de leurs
quatre directions avec celle du poids. Or ( *part.* 2. ) ce
poids K ainsi en équilibre avec ces quatre puissances P,
Q , R , S , est à chacune d'elles comme cette derniere
diagonale AD est à chacune de leurs proportionnelles
AB, AC, AE, AF. Donc ce poids K sera aussi pour lors
à chacune de ces puissances P, Q , R , S , comme $4 \times AL$
( produit de leur nombre 4. par la distance AL de leur
centre principal d'équilibre au point A de concours de
leurs directions) sera à chacune de leurs proportionnelles
AB, AC, AE, AF. On le trouvera de même pour tout
autre nombre de puissances ainsi en équilibre avec quelque poids que ce soit. Donc en general ce poids ainsi en
équilibre avec toutes ces puissances quelconques, & de
directions quelconques qui rencontrent toutes celle de
ce poids en un même nœud ou point A , sera toûjours
à chacune de ces puissances, comme le produit de leur
nombre par la distance de ce point A à leur centre principal d'équilibre , sera à chacune de leurs proportionnelles. Ce qui est la partie 3. qu'il falloit ici démontrer
par la part. 2. en y employant des parallelogrammes.

## COROLLAIRE II.

Il suit de la part. 4. que tant de puissances données
qu'on voudra , appliquées à autant de cordes retenues
ensemble par un seul nœud commun, peuvent demeurer en équilibre entr'elles suivant une infinité de directions differentes pour toutes & pour chacune, excepté
lorsqu'il n'y en a que trois ou deux seulement.

Car en prenant le poids K pour une puissance égale F I G. 60.<br>61.
à sa pesanteur, afin de faire servir ici les Fig. 60. 61. la
part. 4. fait voir que quelque soit le nombre des puissances données P, Q, R, S, &c. appliquées à autant de
cordes attachées ensemble par un seul nœud commun A;
toutes ces puissances seront toûjours en équilibre entre-
elles tant qu'une d'elles sera à toutes les autres comme
la diagonale du dernier des parallelogrammes faits ( ainsi
que dans la démonstration de la part. 2. ) de leurs proportionnelles sera à ces mêmes proportionnelles, & qu'elle
sera dirigée suivant cette diagonale à contre-sens de
l'impression resultante de toutes ces autres puissances.
Or pour peu d'attention qu'on fasse à la démonstration
de la part. 2. on verra que cela peut arriver dans une
infinité de directions differentes de toutes ces puissances,
& de chacune d'elles : voici comment.

De toutes ces puissances données P, Q, R, S, K, &c.
moins deux quelconques S, K, soient les directions AP,
AQ, AR, &c. telles qu'on voudra, & dans quels plans
on voudra, avec les proportionnelles AB, AC, AE, &c.
des puissances P, Q, R, &c. qu'on destine à ces directions. De deux quelconques AB, AC, de ces proportionnelles soit fait le parallelogramme BACH ; de sa diagonale AH, & d'une troisiéme quelconque AE de ces
mêmes proportionnelles, soit fait ensuite le parallelogramme HAEG ; & toûjours de même jusqu'à la derniere inclusivement des puissances qu'on vient de diriger à
volonté, laquelle soit ici R. Sur la diagonale AG du dernier de ces parallelogrammes soit dans tel plan qu'on
voudra qui passe par elle, un triangle ADG dont les
deux côtez GD, AD, soient chacun à AB, comme chacune des deux puissances S, K, reservées pour les dernieres, est à la puissance P. Soient enfin la puissance S dirigée suivant AS parallele à GD, & la puissance K suivant DA prolongée vers K.

Cela fait, il suit de la part. 4. que toutes ces puissances
P, Q, R, S, K, ainsi dirigées sont en équilibre entre-

elles ; puifque fi l'on mene DF parallele à AG , & qui
rencontre AS en F, cette conftruction donnera la puiffance K dirigée fuivant DA , eft à chacune des autres P,
Q , R , S , comme cette diagonale AD du dernier AGDF
des parallelogrammes ici faits, eft à chacune de leurs
proportionnelles AB, AC, AE, AF. Ce nombre arbitraire de puiffances données fait voir qu'il en fera de même
de tout autre nombre de puiffances quelconques auffi
données. Donc les directions de celles-là ayant été prifes
arbitrairement, à la referve de deux qu'on voit devoir
varier avec elles ; ces mêmes puiffances P, Q , R , S , K,
peuvent ainfi faire équilibre entr'elles fuivant une infinité de directions differentes pour toutes & pour chacune d'elles. Leur nombre auffi arbitraire fait pareillement
voir qu'il en fera de même de tout autre nombre de puiffances données quelconques, pourvû ( *Schol. du Th.* 1. )
qu'il ne foit pas moindre que quatre.

*Il eft à remarquer que la difpofition des directions arbitrai-
res doit ici être telle que la penultième diagonale AG foit moindre que la fomme des proportionnelles GD , AD , des deux
puiffances reftantes S , K, & affez grande pour faire avec
chacune de ces deux dernieres proportionnelles une fomme plus
grande que l'autre de ces mêmes proportionnelles : autrement
le triangle AGD feroit impoffible , & confequemment auffi
l'équilibre, à l'établiffement duquel il vient de nous conduire.
Mais cela n'empêche pas que les puiffances données P , Q ,
R , S , K , ne puiffent être encore en équilibre entr'elles fuivant
une infinité de directions differentes , ainfi que dans le precedent Corol. 2. Puifqu'une infinité de directions arbitraires des
puiffances P , Q , R , peuvent rendre AG, telle qu'on ait à
la fois $AG < GD + AD$ , $AG + GD > AD$ , & $AG + AD
> GD$ , en une infinité de rapports differens ; n'y ayant pour
cela qu'à ouvrir plus ou moins les angles que ces directions arbitraires feront entr'elles, ou à n'appliquer fuivant ces directions que des puiffances dont la fomme foit plus grande que
la difference des deux refervées pour les dernieres , ou enfin à
faire ( fi l'on veut ) les deux enfemble. Il en fera de même de*
*tel*

*tel autre nombre de puiſſances quelconques qu'on voudra, plus
grand que trois.*

## Cᴏʀᴏʟʟᴀɪʀᴇ III.

Ce qu'on vient de voir de la part. 4. dans le précedent
Corol. 2. ſur les Fig. 60. 61. par la voye des parallelogrammes qu'on a tenue dans la démonſtration de la part.
2. ſe peut encore déduire de cette même part. 4. ſur les
Fig. 62. 63. ſans parallelogrammes, en ſuivant la voye
qu'on a tenue dans la démonſtration de la part. 3.

Car ſi après avoir encore conduit à volonté dans des
plans quelconques les direction AP, AQ, AR, &c. de
toutes les puiſſances données P, Q, R, S, K, &c. à la
reſerve de celles AS, AK, de deux quelconques S, K,
de ces puiſſances, & avoir pris ſur ces directions arbitraires AP, AQ, AR, &c. depuis leur concours A, des
parties AB, AC, AE, &c. proportionnelles aux puiſſances P, Q, R, &c. qu'on leur deſtine; ſoit menée par les
extrêmitez B, C, de deux quelconques AB, AC, de ces
proportionnelles, la droite BC; du milieu G de cette ligne ſoit enſuite menée à l'extrêmité E d'une troiſiéme
quelconque AE de ces mêmes proportionnelles, une ſeconde droite GE, laquelle ſoit diviſée en H, de maniere
qu'on ait EH. HG:: 2. 1. De ce point H à l'extrêmité
d'une quatriéme quelconque de ces proportionnelles ſoit
menée de même une troiſiéme droite, laquelle ſoit diviſée en deux parties telles que celle du côté de cette quatriéme proportionnelle ſoit à l'autre du côté de G:: 3. 1.
ainſi que dans la démonſtration de la part. 3. conformément aux Corol. 2. 3. 4. du Lem. 11. quelque nombre
de puiſſances données quelconques qu'on ſuppoſe juſqu'à la derniere de celles qu'on aura dirigées à volonté,
laquelle eſt ici R. Enſuite ſuivant le Lem. 14. ſoient du
point A menées dans quelque plan que ce ſoit, les lignes
$AF = \frac{S}{P} \times AB$, $AL = \frac{K}{P} \times \frac{AB}{4}$, de maniere que la droite HF
menée de H à l'extrêmité F de ces deux-là ſoit diviſée en

S

L par la feconde AL, en parties FL, LH, telles qu'on ait FL. LH : : 3. 1. Ce qui eft facile par le Lem. 14. Après cela foient dirigées fuivant AF, & fuivant LA prolongée vers K, les deux puiffances S, K, refervées ci-deffus pour les dernieres.

Il eft vifible que cette conftruction donnera non feulement AB, AC, AE, AF, $4\times$AL, en raifon des puiffances P, Q, R, S, K, dirigées fuivant ces lignes; mais encore BG$=$GC, avec EH. HG : : 2. 1. Et FL. LH : : 3. 1. ainfi que dans la démonftration de la part. 3. Donc (*part. 4.*) toutes ces puiffances feront ici en équilibre entr'elles : de plus les directions arbitraires de toutes, excepté des deux dernieres S, K, dont les directions doivent varier avec celles-là, font voir auffi que cet équilibre peut arriver avec une infinité de directions differentes de ces mêmes puiffances. Il en fera de même de tel autre nombre de puiffances données quelconques qu'on voudra, pourvû (*Schol. du Th.* 1.) qu'il ne foit pas moindre que quatre, le nombre & le rapport de celles-ci entr'elles étant pareillement arbitraire jufques-là.

Si l'on prend *m* pour cet autre nombre de puiffances données auffi quelconques plus grand d'une unité que celui *n* des nomb. 1. 2. du Corol. 4. du Lem. 11. & encore S, K, pour les deux dernieres refervées comme ci-deffus; le nomb. 2. du Corol. 4. du Lem. 11. fait voir

qu'il faudroit alors $AL = \frac{K}{P} \times \frac{AB}{m-1}$, & divifer la ligne HE

en L, de maniere qu'on eût FL. LH : : $m-2$. 1. Ce qui dans l'exemple précedent de cinq puiffances, donneroit

$$AL = \frac{K}{P} \times \frac{AB}{5-1} = \frac{K}{P} \times \frac{AB}{4},$$ & FL. LH : : $5-2$. 1. : : 3. 1. ainfi

qu'on les y vient de faire.

*Si l'on fait ici la remarque qu'on a faite à la fin du Corol. 2. on verra derechef que s'il y a des directions fuivant lefquelles les puiffances propofées ne demeurcroient pas en équilibre entr'elles, il ne laiffe pas d'y en avoir encore une infinité fuivant lefquelles ces mémes puiffances y demeureroient.*

## Corollaire IV.

La part. 4. du preſent Th. 4. donne encore le reciproque des deux précedens Corol. 2. 3. ſçavoir, que tant
de puiſſances quelconques qu'on voudra au-deſſus de
trois, ſucceſſivement appliquées à autant de cordes attachées enſemble par un ſeul nœud commun, & de directions données à volonté, peuvent être entr'elles dans
une infinité de rapports differens, & cependant faire toûjours équilibre ſuivant ces mêmes directions, pourvû
(*Lem.* 17. *Corol.* 2.) que ces directions ſoient répandues en
plus d'un demi-cercle ou d'une demi-ſphere, dont le
nœud commun de ces cordons ſoit le centre, & que
pour le cas de quatre cordons leurs directions données
ſoient toutes en même plan : tous les autres cas de plus
de quatre cordons les auront en tels plans qu'on voudra,
ainſi qu'on le verra dans le Prob. de la Sect. IX. avec
les précautions qu'il faut prendre pour trouver ce dont
il s'agit ici, leſquelles nous y engageroient à une trop
grande digreſſion : c'eſt pour cela que nous n'y allons
parler que de directions données quelconques en même
plan au deſſus de trois, & répandues en plus d'un demi-
cercle, ſoient donc, par exemple, dans les Fig. 60. 61.
en même plan, & répandues en plus d'un demi-cercle
les directions données AP, AQ, AR, AS, AK, ſuivant
leſquelles les cinq puiſſances P, Q, R, S, K, ſoient en
équilibre entr'elles ; la part. 4. fait voir, dis-je, qu'une
infinité d'autres puiſſances cinq à cinq peuvent encore
être ſucceſſivement en équilibre entr'elles ſuivant ces
mêmes directions, quoique ces nouvelles puiſſances de
chaque fois cinq, ſoient entr'elles dans des rapports tout
differens de ceux de celles-là, & de toute autre fois cinq.

Pour le voir, ſur une quelconque des directions données, par exemple, ſur KA prolongée vers D, ſoit priſe
AD à volonté, & de même AF à volonté ſur telle autre
AS qu'on voudra de ces directions données ; ſoit le parallelogramme AFDG, dont AD ſoit la diagonale ; de

F ı ɢ. 6ǝ.<br>61.

S.ij

même ayant pris AE à volonté fur une troifiéme quelconque AR de ces directions, foit achevé le parallelogramme AEGH, dont AG foit la diagonale. Enfin ( puifqu'il n'y a ici que cinq directions données ) fur les deux autres directions AP, AQ, foient menées les droites HB, HC, qui leur foient reciproquement paralleles, & qui avec elles faffent le parallelogramme BACH, dont AH foit la diagonale.

Cela fait, la part. 2. fait voir que fi l'on applique aux directions données AP, AQ, AR, AS, AK, autant de puiffances P, Q, R, S, K, qui foient entr'elles comme AB, AC, AE, AF, AD ; toutes ces puiffances ainfi dirigées feront en équilibre entr'elles. Donc toutes ces proportionnelles ( hors AC, AB, qui doivent varier avec les autres ) étant arbitraires dans la conftruction précedente ; toutes les puiffances P, Q, R, S, K, le font auffi, hors les deux premieres P, Q, qui doivent varier avec les autres. Donc une infinité de puiffances cinq à cinq, de rapports tout differens, peuvent faire fucceffivement équilibre entr'elles fuivant les mêmes cinq directions données AP, AQ, AR, AS, AK ; & ainfi de tout autre nombre de directions données, & confequemment auffi de puiffances fucceffivement requifes, excepté s'il n'y en avoit que trois ; car le Th. 1. fait voir que s'il n'y avoit que trois directions, ou que trois cordes de directions données, le rapport des trois puiffances requifes pour faire équilibre entr'elles fuivant ces trois directions, feroit auffi donné, & confequemment invariable.

C O R O L L A I R E  V.

La même chofe que dans le précedent Corol. 4. fe peut encore déduire de la part. 4. fans faire aucun parallelogramme. Pour cela fur une quelconque des cinq directions données AP, AQ, AR, AS, AK, par exemple, fur KA prolongée du côté A, foit prife AL à volonté, & encore AE, AF, à volonté fur deux autres quelconques AS, AR, des quatre directions reftantes ; foit la

FIG. 62. 63.

droite FL prolongée vers H de maniere qu'on ait FL.
HL :: 3. 1. n'y ayant ici (*Hyp.*) que cinq directions données : le nomb. 1. du Corol. 4. du Lem. 11, auquel il y
auroit ici une puissance à ajoûter opposée à l'impression
resultante du concours de toutes les autres, fait voir
que s'il y en avoit ici tel autre qu'on voudra, fait de
l'unité ajoûtée au nombre quelconque $n$ de toutes celles-là, il y faudroit FL. LH :: $m-2$. 1. Puisque le nombre de toutes ces puissances ensemble étant $m = n + 1$.
donne $m-2 = n-1$. Après cela menez EH prolongée
vers G, de maniere que vous ayez EH. HG :: 2. 1. Enfin,
par le point G menez (*Lem.* 13.) la droite BC telle que ce
point G la divise en deux parties égales.

Cela fait, la part. 4. du present Th. 4. fait voir que si
l'on applique aux directions données AP, AQ, AR,
AS, AK, qui soient entr'elles comme AB, AC, AE, AF,
$4 \times$AL ; toutes ces puissances seront en équilibre entre-
elles. Donc toutes ces proportionnelles AB, AC, AE,
AF, $4 \times$AL (hors AB, AC, qui doivent varier avec les
autres) étant arbitraires dans la construction précedente,
toutes les puissances P, Q, R, S, K, le sont aussi, hors
les deux premieres P, Q, qui doivent varier avec les
autres. Donc une infinité de puissances cinq à cinq, de
rapports tout differens, peuvent successivement faire
équilibre entr'elles suivant les mêmes cinq directions
données au dessus de trois, & consequemment aussi de
puissances successivement requises, ainsi qu'on l'a déja vû
dans le précedent Corol. 4.

<h2 style="text-align:center">COROLLAIRE VI.</h2>

Les quatre derniers Corollaires 2. 3. 4. 5. font voir
que non seulement tant de puissances données qu'on voudra au dessus de trois, appliquées à autant de cordes attachées ensemble par un nœud commun, peuvent demeurer en équilibre entr'elles suivant une infinité de directions differentes pour toutes & pour chacune, mais
encore que si les directions de ces cordes sont données

S iij

répandues en plus d'un demi-cercle ou d'une demi-
sphere, dont ce nœud commun soit le centre : les puiſſances qui y ſeront ſucceſſivement appliquées, peuvent
être entr'elles en une infinité de rapports differens, & cependant faire toujours équilibre entr'elles ſuivant ces
mêmes directions, excepté lorſqu'il n'y en a que quatre
en plus d'une demi-ſphere : le premier ſe voit dans les
Corol. 2. 3. le ſecond dans les Corol. 4. 5. de ſorte que
ſuivant ces quatre Corollaires tant de puiſſances données
qu'on voudra au deſſus de trois, peuvent faire équilibre
entr'elles ſuivant autant de directions variées à l'infini,
& reciproquement tant de directions qu'on voudra étant
données répandues en plus d'un demi-cercle ou d'une
demi-ſphere, autant de puiſſances de rapports variez à
l'infini, peuvent faire équilibre entr'elles ſuivant ces mêmes directions, excepté lorſqu'il n'y en a que quatre en
plus d'une demi-ſphere, le rapport des puiſſances étant
invariable en ce cas, ainſi qu'on le verra dans le Probl. 9.
de la Section I.

C O R O L L A I R E   VII.

FIG. 64.

S'il n'y a que trois puiſſances P, Q, R, qui réſiſtent au
poids K avec trois cordes ſeulement AP, AQ, AR, dirigées à volonté ſuivant differens plans, du nœud commun A de ces cordes auquel eſt auſſi attachée celle du
poids K, ſoient priſes ſur elles des parties AB, AC, AE,
proportionnelles à ces trois puiſſances P, Q, R, qui leur
ſont appliquées ; de ces trois proportionnelles AB, AC,
AE, comme côtez, ſoit fait le parallelepipede BACFDHEG,
avec ſa diagonale AD.

1°. Il ſuit de la part. 1. de ce Théoreme-ci, que ſi le
poids K demeure ainſi en équilibre avec les trois puiſſances P, Q, R, l'effort reſultant du concours de ces trois
puiſſances ſera toûjours ſuivant la direction KA de ce
poids en ſens contraire, & égal à ſa peſanteur. Mais le
parallelogramme ABFC étant ( *Hyp.* ) fait de deux AB,
AC, des trois proportionnelles AB, AC, AE ; & le paral-

lélogramme AEDF fait ensuite ( *Hyp.* ) de la diagonale AF
de celui-là , & de la troisiéme proportionnelle AE ; cet
effort resultant du concours des trois puissances P , Q ,
R , contre le poids K , doit se faire ( *Lem. 3. Corol.* 10. ) de
A vers D suivant la diagonale AD de ce dernier parallelogramme & tout à la fois du parallelepipede BACFDHEG ,
doit ( en cas d'équilibre entre le poids K & les trois puissances P , Q , R , ) être en ligne droite avec la direction
AK du poids K , c'est-à-dire, qu'alors cette direction KA
prolongée doit passer par l'angle D de ce parallelepipede.

2°. Il suit aussi de la part. 2. de ce Théoreme-ci, qu'en
ce cas d'équilibre entre le poids K & les trois puissances
P , Q , R , ce poids doit être à chacune de ces puissances,
comme la diagonale AD du parallelepipede BACFDHEG
est à chacun de ses trois côtez AB , AC , AE , pris ( *Hyp.* )
sur les directions de ces trois puissances ; puisque l'effort
resultant de leur concours contre ce poids , lui ( *nomb.* 1. )
est égal , & est ( *Lem. 3. Corol.* 10. ) en cette raison à chacune de ces trois puissances.

3°. Il suit reciproquement de la part. 3. de ce Théoreme-ci, que si la diagonale AD du dernier des deux parallelogrammes ABFC , AFDE , ou du parallelepipede
BACFDHEG , est en ligne droite avec la direction AK
du poids K , c'est-à-dire, si cette direction KA prolongée
passe par l'angle D de ce parallelepipede , & que ce poids
soit à chacune de ces trois puissances P , Q , R , comme
la diagonale AD de ce même parallelepipede est à chacun de ses trois côtez AB , AC , AE , pris sur leurs directions ; ces trois puissances soûtiendront ensemble ce
poids en équilibre avec elles : puisque ( *nomb.* 1. ) l'effort
resultant de leur concours contre ce poids , lui sera directement contraire & égal.

## C O R O L L A I R E  VIII.

Les trois puissances P , Q , R , tirant encore contre le Fig. 63.
poids K comme dans le précedent Corol. 7. avec des directions quelconques dans des plans differens , sur lesquel-

les depuis le point A de leur concours, foient encore prifes AB, AC, AE, AD, proportionnelles à ces puiſſances
P, Q, R, & à ce poids K.

1°. En cas d'équilibre entr'elles & lui, ſa direction
paſſera par le centre de gravité de la baſe BCE d'une pyramide triangulaire BCED, qui aura ſes quatre angles
B, C, E, D, aux extrêmitez des proportionnelles AB,
AC, AE, AD, de ces trois puiſſances P, Q, R, & du
poids K. Car ſi l'on mene la droite EF par le milieu F de
BC, le Corol. 5. du Lem. 11. fait voir que l'effort réſultant du concours de ces trois puiſſances P, Q, R,
doit ſe faire ſuivant une ligne AG, qui diviſe EF en G
de maniere qu'elle rende EG. GF :: 2. 1. c'eſt-à-dire
( Déf. 17. ) en un point G, qui ſoit le centre de gravité
de la baſe BCE de la pyramide BCED. Mais en cas d'équilibre entre le poids K & les trois puiſſances P, Q, R, la
direction AK de ce poids, doit être ( part. 1. ) en ligne
droite avec la direction AG de l'effort réſultant du concours de ces mêmes puiſſances. Donc cette direction KA
ou DA prolongée du poids K, doit alors auſſi paſſer par
le centre de gravié G de la baſe BCE de la pyramide
BCED, & conſéquemment auſſi ( Déf. 17. ) par le centre
de gravité de cette pyramide elle-même.

2°. En ce cas d'équilibre le nœud ou point commun A
des quatre cordes ou directions AP, AQ, AR, AK, des
puiſſances P, Q, R, & du poids K, ſera dans le centre
de gravité de cette pyramide BCED. Car la part. 3. fait
voir qu'en ce cas d'équilibre entre le poids K & les puiſſances P, Q, R, ce poids eſt à chacune d'elles comme
3 ×AG eſt à chacune de leurs proportionnelles AB, AC,
AE. Mais ( Hyp. ) ce poids eſt auſſi à chacune de ces puiſſances, comme AD eſt à chacune de ces mêmes proportionnelles correſpondantes. Donc en ce cas d'équilibre
l'on aura AD = 3 ×AG ; & conſéquemment la droite DG
ſera diviſée en A de maniere qu'on aura AD. AG :: 3. 1.
Donc cette droite paſſant auſſi pour lors ( nomb. 1. ) par
le centre de gravité de la baſe BEC de la pyramide BECD,

le

le point A sera alors ( *Déf.* 7.) le centre de gravité de
cette pyramide elle-même.

3°. Reciproquement si le nœud ou point commun A
des cordes ou directions des puissances P, Q , R, & du
poids K , est le centre de gravité de cette pyramide
BECD ; & que ces trois puissances & ce poids soient entr'eux comme les distances AB, AC, AE, AD, de ce
centre A aux angles B, C, E, D, de cette pyramide ; ces
puissances P, Q , R, & ce poids K, dirigées suivant ces
lignes, seront en équilibre entr'eux. Car si A est le centre
de gravité de la pyramide BCED, l'on aura ( *Déf.* 17. )
non seulement AD. AG :: 3 . 1 . mais encore EG. GF :: 2 .
1 . Et BF=FC. Ce qui fait voir que non seulement on
aura ici AD=3×AG ; mais encore que G y sera ( *Déf.*
13. ) le centre principal d'équilibre des puissances P, Q,
R, entr'elles. Or ( *Hyp.* ) le poids K est à chacune de ces
puissances P, Q , R, comme AD est à chacune de leurs
proportionnelles AB, AC, AE. Donc ce poids est aussi à
chacune de ces trois puissances comme 3×AG à chacune de ces mêmes proportionnelles correspondantes. Donc
sa direction AK ou AD étant ici ( *Hyp.* ) en ligne droite
avec AG , & G étant le centre principal d'équilibre de
ces trois puissances P, Q , R , entr'elles , ce poids K
doit ici ( *part.* 4. ) demeurer en équilibre avec elles.

Cela se peut encore démontrer indépendemment de
la part. 4. Car puisque l'hypothese donne ici EG. GF ::
2 . 1 . & BF=FC , avec AB, AC, AE, proportionnelles
aux trois puissances P, Q , R , agissantes suivant ces lignes ; l'effort résultant de leur concours , sera ( *Lem.* 11.
*Corol.* 5. ) de A vers G suivant AG , & à chacune d'elles
comme 3×AG à chacune de leurs proportionnelles cor-
respondant es. Mais le poids K est aussi ( *Hyp.* ) à chacune de leurs trois puissances P, Q, R, comme AD est à
chacune de ces mêmes proportionnelles AB, AC, AE ;
& de plus l'hypothese vient de donner AD=3×AG.
Donc ce poids est ici égal à l'effort suivant AG , resultant du concours des trois puissances P, Q, R , Donc la
T

direction AK ou AD de ce poids étant ici ( *Hyp.* ) en ligne droite avec la direction AG de cet effort en sens
contraire ; ce poids K doit ici ( *ax.* 4. ) demeurer en équilibre avec cet effort, c'est-à-dire, avec les trois puissances P, Q, R, du concours d'action desquelles cet effort
résulte.

    4.°. Reciproquement encore si trois puissances quel-
conques P, Q, R, & un poids K aussi quelconque,
font équilibre entr'eux suivant autant de cordes ou directions AP, AQ, AR, AK, qui du centre A de gravité de quelque pyramide triangulaire BCED que ce
soit, passent par les quatre angles B, C, E, D, de cette
pyramide ; ces trois puissances P, Q, R, & ce poids K
seront entr'eux comme les distances correspondantes de
ce centre A à ces quatre angles. Car si cela n'étoit pas,
soit ( si l'on veut ) le poids K aux puissances P, Q, R,
comme AD à AL, AM, AN, quels que soient ces rapports. Le nomb. 1. fait voir que dans le cas present d'é-
quilibre entre ce poids & ces trois puissances, le nœud
ou concours A de leurs cordes ou directions, se trouveroit au centre de gravité d'une pyramide triangulaire,
qui auroit ses quatre angles ou ses quatre pointes aux
extrêmitez D, L, M, N, de ces quatre proportionnelles. Mais on suppose ici ce nœud ou concours A des
cordes ou directions des puissances P, Q, R, & du poids
K, au centre de gravité de la pyramide BCED. Donc
ces deux pyramides auroient le même centre de gravité
A, & la même pointe D ; ce que la Déf. 17. fait voir aux
moindres Géométres être impossible. Par consequent dans
la presente hypothese d'équilibre entre les trois puissances P, Q, R, & le poids K, suivant des directions qui
du centre de gravité A de la pyramide BCED passent par
les quatre angles de cette pyramide ; il est pareillement
impossible que ces trois puissances P, Q, R, & ce poids
K, ne soient pas entr'eux comme les distances correspondantes AB, AC, AE, AD, de ce centre à ces angles.

## COROLLAIRE IX.

Les Corol. 2. 3. 7. font voir en Géométrie qu'il peut y avoir une infinité de parallelepipedes, dont les trois côtez contigus & la diagonale qui part du concours ou de l'angle folide fait des trois plans qui paffent par ces trois côtez, feroient les mêmes dans tous. Car les puiffances P, Q, R, K, fuppofées en raifon des grandeurs données AB, AC, AE, AD, pouvant avoir une infinité de directions differentes AP, AQ, AR, AK, en differens plans, & cependant ( *Corol.* 2. 3. ) faire toûjours équilibre entr'elles fur le point A concours ou nœud de ces directions ou de ces cordes, fur lefquelles font données les proportionnelles AB, AC, AE, AD; trois quelconques AB, AC, AE, de ces quatre proportionnelles pourroient être les côtez d'une infinité de parallelepipedes BACFDGEH differens felon la varieté infinie des angles qu'elles feroient alors entr'elles autour du point A dans differens plans : de forte qu'alors la puiffance K feroit aux trois autres P, Q, R, comme la quatriéme proportionnelle AD feroit à ces trois côtez AB, AC, AE, de chacun de tous ces parallelepipedes. Mais cette puiffance K feroit auffi pour lors ( *Corol.* 7. *nomb.* 2. ) à ces trois autres P, Q, R, comme la diagonale qui pafferoit par l'angle A de chacun de tous ces parallelepipedes, feroit à ces trois côtez AB, AC, AE, les mêmes pour tous. Donc la diagonale par A feroit dans tous égale à AD; & confequemment ils auroient tous la même diagonale & les mêmes côtez par ce point A. Ce qu'on voit de la proportionnelle AD par rapport aux trois autres AB, AC, AE, fe démontrera de même de chacune de celles-ci par rapport à celle-là & aux deux autres. Donc il peut effectivement y avoir une infinité de parallelepipedes, dont les trois côtez contigus, & la diagonale qui paffe par leur concours ou angle folide, feroient les mêmes dans tous, quelle que foit celle de ces quatre lignes

F I G. 64.

T ij

données, qu’on veuille en être la diagonale commune qui passe par le concours des trois autres.

## COROLLAIRE X.

Les Corol. 2. 3. 8. font voir de même en Géométrie qu’il peut aussi y avoir une infinité de pyramides triangulaires differentes, qui ayent toutes les mêmes distances de leurs quatre angles à leur centre de gravité, quelles que soient ces quatre distances données. Car les quatre puissances P, Q, R, K, supposées en raison de AB, AC, AE, AD, pouvant avoir une infinité de directions differentes, & cependant ( *Corol.* 2. 3. ) faire toûjours équilibre entr’elles; c’est-à-dire, leurs quatre cordes ou directions AP, AQ, AR, AK, pouvant faire entr’elles une infinité d’angles differens en differens plans autour de leur nœud ou point commun A, sans cependant empêcher ces quatre puissances P, Q, R, K, de faire équilibre entr’elles; leurs mêmes proportionnelles AB, AC, AE, AD, prises sur ces directions depuis ce point A, alors fixe & immobile, pourroient alors se terminer aux quatre angles de chacune d’une infinité de pyramides BCED differentes selon la varieté infinie de ces angles autour de ce point A. Ainsi il pourroit y avoir une infinité de telles pyramides dont chacune auroit alors ces quatre proportionnelles de longueurs données, pour distances des quatre angles à ce point A. Mais ( *Corol.* 8. *nomb.* 2. ) ce point A seroit aussi pour lors le centre de gravité de chacune de toutes ces pyramides. Donc il peut y avoir une infinité de pyramides triangulaires differentes, lesquelles ayent cependant toutes les mêmes distances AB, AC, AE, AD, de leurs quatre angles à leur centre de gravité.

## SCHOLIE.

A l’occasion des deux derniers Corol. 9. 10. voici presentement comment la Géométre seule prouve encore ce que la Mecanique vient d’y donner. Voici, dis-je,

comment on peut conſtruire une infinité de parallelepipedes, qui ayent tous les mêmes côtez contigus avec la
même diagonale menée par le concours de ces côtez; 
& une infinité de pyramides triangulaires, qui ayent
toutes les mêmes diſtances de leurs quatre angles à leur
centre de gravité.

I. Pour conſtruire une infinité de parallelepipedes differens, dont les trois côtez contigus, & la diagonale menée par leur point de concours ou angle ſolide, ſoient
cependant les mêmes dans tous, par exemple, égaux
dans chacun d'eux tous à quatre lignes données de grandeur V, X, Y, Z, ſoit un angle rectiligne quelconque F i g. 64.
BAC, dont les côtez BA, AC, ſoient pris égaux à deux 66.
quelconues V, X, de ces quatre lignes données; après
en avoir fait le parallelogramme BACF, ſoit ſur la diagonale AF, dans un autre plan quelconque un triangle
ADF, dont les côtez FD, AD, ſoient égaux aux deux
autres Y, Z, de ces mêmes lignes données; ſoient enfin
achevez les parallelogrammes AFDE, EACG, DFCG,
DFBH.

Cela fait, il eſt viſible que l'on aura un parallelepipede BACFDGEH, dont les trois côtez contigus AB, AC,
AE, ſeront égaux aux trois lignes données V, X, Y, &
la diagonale AD égale à la quatriéme Z de ces mêmes
lignes données. On voit de plus que la variabilité infinie
de ſon angle arbitraire BAC, & conſequemment auſſi
de ſes autres angles, le peut varier à l'infini, ſans en varier les côtez AB, AC, AE, ni la diagonale AD, c'eſt-à-
dire, ces quatre lignes y demeurant toujours égales aux
quatre données V, X, Y, Z, chacune à chacune. Donc
on peut ainſi faire une infinité de parallelepipedes differens qui auront tous les mêmes côtez contigus, & la même diagonale menée par le concours de ces côtez; & même ces quatre lignes égales dans tout à quatre données
quelconques.

II. Pour conſtruire auſſi une infinité de pyramides
triangulaires differentes, dont les diſtances de leur cen-

tre de gravité à leurs quatre angles, foient neanmoins
les mêmes dans toutes, par exemple, égales dans toutes
ces pyramides à quatre lignes quelconques données V,
X, Y, Z; foit encore à volonté un angle rectiligne
quelconque BAC, dont les côtez BA, AC, foient pris
égaux à deux quelconques V, X, des quatre lignes données; après en avoir fait encore le parallelogramme
BACF, foit encore auffi fur fa diagonale AF dans un autre plan quelconque le triangle ADF, dont les côtez
FD, AD, foient égaux aux deux autres Y, Z, de ces
quatre lignes données; enfin après avoir achevé le parallelogramme AFDE, foit prife AK=AD fur fa diagonale DA prolongée du côté de K.

Cette conftruction, fuivant laquelle on voit que la pyramide triangulaire BCEK, dont les quatre angles feront
en B, C, E, K, aura les quatre lignes AB, AC, AE, AK,
égales aux quatre données V, X, Y, Z, donne auffi A
pour le centre de gravité de cette pyramide. Car fi l'on
mene la droite BC, & par fon milieu H encore une autre droite EH, laquelle rencontre en G la diagonale AD;
les triangles DGE, ADH, que le parallelogramme AFDE
rend femblables, donneront EG. GH :: DE, AH :: AF.
AH :: 2. 1. Donc ayant déja ( *Hyp.* ) BH=CH, le point G
fera ( *Déf.* 16. ) le centre de gravité de la bafe BCE de la
pyramide BCEK; & conféquemment ( *Déf.* 17. ) le centre de gravité de cette pyramide elle-même, fera dans la
droite GK. Or les triangles ( *conftr.* ) femblables DGE,
ADH, donnent auffi DG. AG :: DE. AH :: AF. AH ::
2. 1. Et ( en compofant ) AD. AG :: 3. 1. Mais ( *conftr.* )
AK=AD. Donc auffi AK. AG :: 3. 1. Par conféquent
ayant déja G pour le centre de gravité de la bafe BCE
de la pyramine BCEK, le point A fera auffi ( *Déf.* 17. )
le centre de gravité de cette pyramide elle-même. Donc
les diftances AB, AC, AE, AK, de ce point A aux quatre angles B, C, E, K, de cette pyramide ayant déja été
trouvées égales aux quatre lignes données V, X, Y, Z;
les diftances de fon centre de gravité à ces quatre an-

gles, feront égales à ces mêmes lignes données chacune
à chacune. Or il eft manifeſte que la variabilité infinie
de l'angle arbitraire BAC, laquelle ( *conſtr.* ) doit en produire de pareilles dans tous les angles qu'on voit autour
du point A, fans rien changer aux diſtances AB, AC,
AE, AK de lui aux quatre angles de la pyramide BCEK,
doit auſſi varier cette pyramide à l'infini, fans rien changer aux diſtances de ſes angles B, C, E, K, à fon centre
A de gravité. Donc on peut ainſi faire une infinité de
pyramides triangulaires, qui auront toutes les mêmes diſtances de leur centre de gravité à leurs quatre angles,
& ces diſtances toûjours égales à quatre lignes données
quelconques, chacune à chacune.

III. Il eſt vrai que pour les conſtructions précedentes
( *art.* 1. 2. ) il faut que la diagonale AF ſe trouve toûjours moindre que la ſomme des lignes FD, AE, c'eſt-à-
dire, moindre que FD+AD, ou ( *conſtr.* ) Y+Z ; autrement le triangle ADF ſeroit impoſſible ; & conſequemment auſſi les parallelepipedes & les pyramides des art.
1. 2. Mais cela n'empêche pas qu'il n'en reſte encore une
infinité de poſſibles ; l'accroiſſement continuel de l'angle
arbitraire BAC peuvant diminuer à l'infini cette diagonale AF juſqu'à la rendre plus petite en une infinité de
rapports que FD+AD, à moins que la difference de
AB, AC, ne fût égale ou plus grande que cette ſomme :
auquel cas il n'y auroit qu'à prendre ces côtez AB, AC,
de l'angle initial arbitraire BAC, égaux aux deux moindres des quatre lignes données ; ou plûtôt il n'y auroit
qu'à les prendre toûjours ainſi, & alors les parallelepipedes & les pyramides des art. 1. 2. feront toûjours poſſibles & differens à l'infini ſelon la variabilité infinie de
cet angle arbitraire BAC, laquelle pourra rendre AF
toûjours plus petite à l'infini que FD+AD égale ( *Hyp.* )
à la ſomme des deux plus grandes des quatre lignes données.

IV. Pour la même raiſon ſi les puiſſances P, Q, R,
S, K, &c. appliquées aux cordes AP, AQ, AR, AS, AK,

Fig. 64.
66. 67.

Fig. 66.
67.

&c. dans les Fig. 60. 61. du prefent Th. 4. étoient données en raifon des parties quelconques AB, AC, AE,
AF, AD, &c. de ces cordes, & qu'il s'agit de les diriger
de maniere à mettre toutes ces puiffances en équilibre
entr'elles : quoiqu'on y pût réuffir en prenant au hazard AB, AC, pour en faire le premier parallelogramme BACH; enfuite AE encore au hazard pour en faire
avec AH le fecond parallelogramme HAEG; & ainfi
des autres : il feroit cependant plus fûr, & même il le
feroit toûjours de commencer par les moindres de ces
proportionnelles données, & de faire leurs angles entre-
elles au point A, affez grands ( plus ils le feront, tant
mieux ) pour rendre la penultiéme diagonale moindre
que la fomme des deux plus grandes proportionnelles refervées pour être l'une diagonale, & l'autre un des côtez du dernier des parallelogrammes précedens, lequel
doit avoir cette penultiéme diagonale pour fon autre
côté. Par exemple, fuppofé que les précedentes proportionnelles données AB, AC, AE, AF, AD, &c. foient
ici rangées de maniere que les moindres y précedent par
tout les plus grandes, il faudroit prendre les deux premieres, c'eft-à-dire ( *Hyp.* ) les deux moindres AB, AC,
pour en faire le premier parallelogramme BACH; de fa
diagonale AH, & de la troifiéme proportionnelle AE
faire le fecond HAEG; de fa diagonale AG, & de la
quatriéme proportionnelle faire le troifiéme; & ainfi de
fuite jufqu'à l'antepenultiéme proportionnelle inclufivement, laquelle foit ici AF. De cette maniere la penultiéme diagonale AG fera toûjours moindre que la fomme AF+AD des deux plus grandes & dernieres des
cinq proportionnelles ici données, à moins qu'on n'eût
pris les angles BAC, HAE, trop petits : auquel cas il n'y
a qu'à les augmenter, & faire enfuite les parallelogrammes précedens, pour rendre cette penultiéme diagonale
AG moindre que la fomme des deux dernieres proportionnelles reftantes AF, AD, ou GD, AD, en prenant
GD=AF; defquelles GD, AD, & de la penultiéme diagonale

gonale AG, on pourra toûjours alors faire le triangle
ADG; & confequemment auffi le dernier parallelogramme AGDF, qui aura AG, AF pour côtez, & AD pour
diagonale: ce qui étant, la part. 4. du prefent Th. 4.
fait voir que les puiffances données P, Q , R, S, K , feront en équilibre entr'elles en les dirigeant ainfi fuivant
AB, AC, AE, AF, DA ; au lieu que fi la penultiéme
diagonale AG étoit égale ou moindre que la fomme des
deux dernieres proportionnelles AF , DA , le triangle
ADG feroit impoffible, auffi-bien que le dernier parallelogramme AGDF ; & par confequent (*part. 2. Th, 4.*)
l'équilibre entre les puiffances données feroit pareillement impoffible fuivant les directions qu'elles auroient
alors.

V. Pour appliquer aux Fig. 6 2. 6 3. ce qu'on voit des
Fig. 6 0. 6 1. dans le précedent art. 4. il faut confiderer
dans la part. 4. du prefent Th. 4. que pour mettre en
équilibre dans les Fig. 6 2. 6 3. les puiffances données P,
Q , R, S , K, dont les proportionnelles foient AB , AC,
AE, AF, AD ; il faut ( en commençant par les premieres) que G foit le milieu de BC ; que GE foit divifée en
H de maniere qu'on ait EH. HG :: 2. 1. Que HE foit divifée en L, de maniere qu'on ait FL. LH :: 3. 1. Tout
cela en forte qu'il en refulte 4×AL à AB, AC, AE, AF,
comme la puiffance K eft aux autres P, Q , R , S,
& diriger enfuite la puiffance K fuivant LA prolongée
vers K, & les autres P, Q , R, S , fuivant AP, AQ ,
AR, AS. Donc la puiffance K étant ( *Hyp.* ) à celles-là P,
Q , R, S , comme AD eft à AB, AC, AE, AF ; il faut
pour cet équilibre 4×AL=AD, laquelle en ligne droite
avec KA , foit ( *Corol.* 1.) diagonale par A du dernier
des parallelogrammes faits dans le précedent art. 4. Et
confequemment pour cet équilibre il faut que AL, diftance ( *Déf.* 1 3.) du nœud A au centre principal d'é-
quilibre entre les quatre puiffances P, Q , R, S , foit ici
le quart de cette derniere diagonale, & que la puiffance
K foit fuivant leur direction commune à contre-fens de

V.

FIG. 6 2.
63.

ce qu'elles font enfemble d'effort fuivant cette direction.
La part. 4. du prefent Th. 4. fait voir qu'en general fuivant le Corol 4. nomb. 2. du Lem. 11. fi *m* étoit le
nombre quelconque de ces puiffances données, cette
diftance du nœud A au centre principal d'équilibre de
toutes, moins une, devroit être égale à la derniere diagonale divifée par *m*—1 , pour pouvoir être toutes en
équilibre entr'elles autour de ce nœud commun A de
leurs cordes ; & confequemment dans le cas prefent de
cinq puiffances, pour leur équilibre entr'elles la diftance AL doit être égale à la derniere diagonale divifée
par 5—1 , c'eft-à-dire, par 4. , ainfi qu'on le vient de
dire. Donc pour mettre ici en équilibre entr'elles tant de
puiffances données qu'on voudra, fans faire aucun parallelogramme, il y faut obferver tout ce qu'on a marqué dans l'art. 4. pour les y mettre par le moyen des parallelogrammes ; c'eft-à-dire, que pour mettre plus prom-
tement & fûrement en équilibre les puiffances données.
P, Q, R, S, K, &c. fans faire aucun parallelogramme,
il faut commencer ( comme dans l'art. 4. ) par les moindres d'elles, ou par les moindres de leurs proportionnelles AB, AC, AE, AF, &c. qu'il faut diriger toutes, hors
la plus grande refervée pour la derniere, de maniere
qu'elles faffent des angles affez grands entr'elles pour
arriver fûrement à l'équilibre requis.

Par exemple, fi dans l'ordre qu'on les voit ici, les
moindres font les premieres, en forte que les plus grandes y foient par tout après les moindres, il faut commencer par un angle affez grand ABC fait des deux
premieres AB, AC, & divifer également en G la bafe
BC ; de ce point G par l'extrêmité E de la troifiéme proportionnelle AE, mener la droite GE, qu'il faut divifer
en H, de maniere qu'on ait EH. HG :. 2. 1. De ce point
H par l'extrêmité F de la quatriéme proportionnelle AF,
mener la droite HF, laquelle doit être divifée en L, de
maniere qu'on ait FL. LH :: 3. 1. Et ainfi de fuite fuivant le Corol. 1. du Lem. 11. comme dans la démonftra-

tion de la part. 3. du preſent Th. 4. juſqu'à la plus
grande excluſivement de ces proportionnelles ou puiſſances, reſervée pour la derniere, laquelle ſoit ici K.
Après cela il faut diriger toutes les puiſſances P, Q, R,
S, ſuivant leurs proportionnelles AB, AC, AE, AF,
ainſi placées, & la plus grande K reſervée pour la derniere, ſuivant LA, diſtance du nœud commun A de
leurs cordes au dernier point L de diviſion, lequel ſera
( *Déf.* 13.) le centre principal d'équilibre de toutes les
puiſſances P, Q, R, S, hors de la derniere K : alors
4×AL ſe trouvant à AB, AC, AE, AF, comme la
puiſſance K dirigée ſuivant LA, eſt aux autres puiſſances P, Q, R, S, dirigées ſuivant AP, AQ, AR, AS;
la part. 4. du preſent Th. 4. fait voir que toutes ces
puiſſances ainſi dirigées ſeront alors en équilibre entre-
elles; & ainſi de quelqu'autre nombre *m* de puiſſances
données que ce ſoit, dirigées de maniere que le produit
de *m*—1 par la diſtance du nœud commun A de leurs
cordes au centre principal d'équilibre de toutes ces puiſſances, moins une, ſoit à chacune des proportionnelles
de celles-là, comme cette exceptée eſt à chacune d'elles.

## THEOREME V.

*La conſtruction demeurant la même que dans les démon-* 
*ſtrations des part. 2. 3. du précedent Th. 4. ſi les cordes AP,* 
*AQ, AR, AS, &c. avoient chacune pluſieurs branches,*
*chacune de ces branches encore pluſieurs autres, & ainſi juſ-*
*qu'à tant de branches qu'on voudra de chacune d'elles; qu'au*
*lieu d'être tirées par les puiſſances P, Q, R, S, &c. com-*
*me dans ce Th. 4. leurs dernieres branches l'étoient toutes par*
*autant d'autres puiſſances, en quelque nombre qu'elles fuſſent:*
*Tout le contenu du précedent Th. 4. en ſeroit encore vrai;*
*ſçavoir,*

I. *Qu'en cas d'équilibre de toutes ces puiſſances avec le*
*poids K, l'effort reſultant de leur concours d'action contre lui,*
*ſeroit toûjours ſuivant la direction KA de ce poids en ſens con-*
*traire, & égal à ſa peſanteur.*

Fig. 68.<br>69.

V ij

II. *Que ce poids K ainsi soûtenu par toutes ces puissan- ces en équilibre avec lui, seroit aussi toûjours à chacune d'el- les comme la diagonale du dernier des parallelogrammes faits en A comme dans la démonstration 1. de la part. 2. du Th. 4. seroit à chacune des proportionnelles de ces mêmes puissances.*

III. *Que dans cet équilibre du poids K avec toutes ces puis- sances, si l'on appelle m le nombre des cordes ( quel qu'il soit) dont A est le nœud commun ; ce poids K sera aussi toûjours à chacune de ces puissances , comme le produit de m—1 par la distance de ce nœud A à leur centre principal d'équilibre , sera à chacune de leurs proportionnelles.*

IV. *Reciproquement que si ce poids est à ces puissances en celle qu'on voudra des deux raisons ici marquées dans les part. 2. 3. & qu'il soit directement contraire à l'effort resultant de leurs concours , il sera en équilibre avec elles.*

### DEMONSTRATION.

PART. I. Cette part. 1. se démontrera de même que la part. 1. du Th. 4. les nomb. 1. 2. 3. du Corol. 2. du Lem. 3. faisant pareillement voir ici qu'en cas d'équilibre entre le poids K & l'effort resultant du concours de tout ce qu'il peut y avoir ici de puissances qui lui soient ap- pliquées à l'extrêmité d'autant de branches de cordes ; cet effort doit être directement contraire à ce poids, & égal à sa pesanteur. *Ce qu'il falloit 1°. démontrer.*

Fig. 68.    PART. II. Si la corde, par exemple AP, avoit plusieurs branches PX, PY, PZ, &c. issues d'un même nœud P, ausquelles fussent appliquées autant de puissances X, Y, Z, &c qui fussent entr'elles comme les parties PO, PT, PV, &c. de ces branches, prises depuis leur nœud com- mun P ; que de deux quelconques PT, PV, de ces pro- portionnelles on fît le parallelogramme TV ; que de sa diagonale PM, & d'une troisiéme aussi quelconque PO de ces proportionnelles, on fît le parallelogramme MO ; que de sa diagonale PN, & d'une quatriéme encore quel- conque de ces mêmes proportionnelles, on fît de même un autre parallelogramme, & ainsi jusqu'à la derniere.

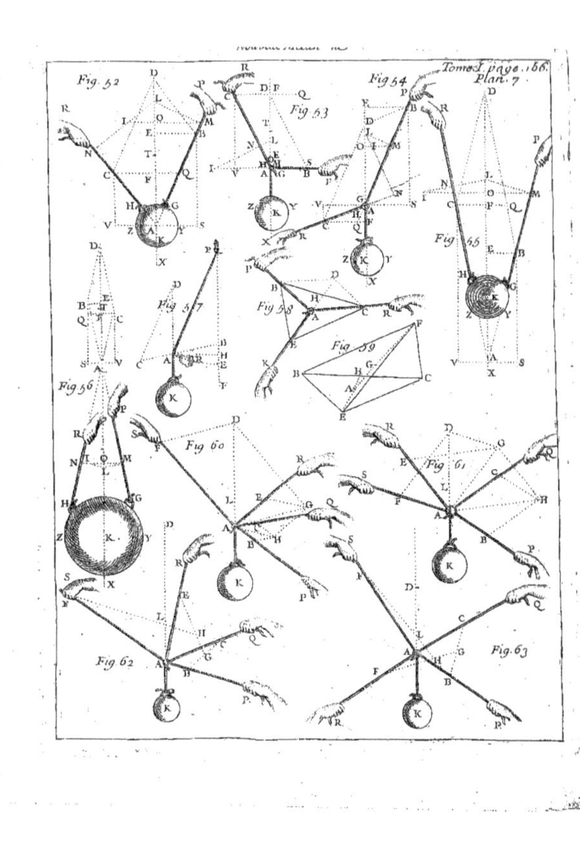

Tome I. page 166.
Plan. 7.
Fig. 52
Fig 53
Fig 54
Fig 55
Fig 56
Fig 57
Fig 58
Fig 59
Fig 60
Fig 61
Fig 62
Fig 63

Le Corol. 10. du Lem. 3. fait voir que l'effort résultant du concours des puissances X, Y, Z, &c. qui répondent à toutes ces proportionnelles PO, PT, PV, &c. doit être à chacune de ces puissances comme la diagonale du dernier des parallelogrammes précedens est à chacune de ces proportionnelles correspondantes. De sorte que s'il n'y a ( comme ici ) que trois puissances X, Y, Z, qui agissent ensemble sur le nœud P, l'effort résultant de leur concours sur ce nœud suivant la diagonale PN, est à chacune d'elles comme cette diagonale PN est à chacune de leurs proportionnelles PO, PT, PV. Donc la corde AP tirée par cet effort suivant cette direction PN, laquelle sera ( *part.* 1. ) en ligne droite avec elle, sera ainsi tirée par le concours des puissances X, Y, Z, comme ( *princ. gener.* ) par une seule puissance P, dirigée suivant AP, & égale à cet effort résultant du concours de celles-là, c'est-à-dire, par une puissance P, ainsi dirigée, laquelle ( en prenant AB=PN ) seroit à ces puissances X, Y, Z, comme AB à leurs proportionnelles PO, PT, PV. Donc aussi l'effort en A, résultant du concours des puissances X, Y, Z, Q, R, S, sera ici le même, & suivant la même direction, que celui qui y resulteroit du concours des puissances P, Q, R, S. Or en prenant AC, AE, AF, à AB, comme les puissances Q, R, S, sont à la puissance P, & en faisant ensuite les parallelogrammes qu'on voit en A, comme dans la démonstration de la part. 2. du Th. 4. Le Corol. 10. du Lem. 3. fait voir que l'effort résultant du concours de ces puissances P, Q, R, S, seroit non-seulement suivant la diagonale AD du dernier AFDG de ces parallelogrammes ainsi faits en A ; mais encore à chacune de ces mêmes puissances P, Q, R, S, comme cette derniere diagonale AD à chacune de leurs proportion-nelles AB, AC, AE, AF. Donc l'effort en A, résultant du concours des puissances X, Y, Z, Q, R, S, est aussi suivant AD, & à chacune des puissances P, Q, R, S, comme AD est à AB, AC, AE, AF. Mais on vient de voir que P est à X, Y, Z, comme AB est à PO, PT, PV.

V iij

Donc l'effort A refultant du concours des puiſſances X,
Y, Z, Q, R, S, eſt non feulement de A vers D ſuivant AD; mais encore à chacune de ces puiſſances comme cette diagonale AD du dernier AFDG des parallelogrammes faits en A, eſt à chacune de leurs proportionnelles PO, PT, PV, AC, AE, AF. Or la part. 1. fait
voir qu'en cas d'équilibre entre le poids K & toutes ces
puiſſances, l'effort refultant de leur concours lui eſt directement contraire & égal. Donc le poids K eſt auſſi
pour lors à chacune de ces puiſſances X, Y, Z, Q, R,
S, comme la derniere AD des diagonales en A, eſt à chacune de leurs proportionnelles PO, PT, PV, AC, AE,
AF.

On démontrera de la même maniere quelque nombre
de branches qu'on fuppofe auſſi aux cordes AQ, AR,
AS, que le poids K en équilibre avec les puiſſances appliquées aux extrêmitez de ces branches, au lieu des
puiſſances Q, R, S, & avec celles des branches de la
corde AP, au lieu de la puiſſance P : que ce poids K
( dis-je ) en cas d'équilibre avec les puiſſances ainſi appliquées aux extrêmitez de toutes ces cordes ou branches
de cordes, fera à chacune de ces puiſſances, comme la
derniere AD des diagonales en A fera à chacune de leurs
proportionnelles. On démontrera de même, quelque
nombre de cordes qui partent du nœud A, quelque
nombre de branches qu'elles ayent chacune, quelques
branches qu'ayent encore celles-ci, & ainſi juſqu'à tant
de cordes qu'on voudra faire partir du nœud A, & jufqu'à tant de branches qu'on leur voudra fuppofer à chacune ; que le poids K en équilibre avec toutes les puiſſances appliquées aux extrêmitez de toutes ces branches,
fera toûjours à chacune de ces puiſſances, comme la diagonale du dernier des parallelogrammes faits en A, ainſi
que dans la démonſtration 2. de la part. 1. du Th. 4. fera
à chacune de leurs proportionnelles priſes depuis les derniers nœuds fur les directions ou branches de cordes de
ces puiſſances. *Ce qu'il falloit 2°. démontrer.*

PART. III. La corde AP ayant encore plufieurs bran- 
ches PX , PY , PZ , &c. iffues d'un même nœud P, aufquelles foient appliquées autant de puiffances X , Y , Z ,
&c. qui foient entr'elles comme les parties PO , PT , PV ,
&c. de ces branches prifes depuis leur nœud commun P;
foit par les extrêmitez T , V , de deux quelconques PT ,
PV , de ces proportionnelles , la droite TV ; de fon milieu
M par l'extrêmité O d'une troifiéme PO de ces mêmes
proportionnelles , foit menée MO , laquelle foit divifée en
N de maniere qu'on ait ON. NM : : 2 . 1. Et ainfi de fuite
fuivant les Corol. 2. 3. 4. du Lem. 11. s'il y avoit ici plus
de trois puiffances , ou plus de trois branches à la corde
AP. Le Corol. 5. de ce même Lemme 11. fait voir que
l'effort refultant du concours de ces trois puiffances X ,
Y , Z , fera ici de P vers N , & à chacune de ces puiffances comme 3 ×PN eft à chacune de leurs proportionnelles PO , PT , PV. Donc la corde AP tirée de cet effort
fuivant PN , qui fera ( *part.* 1. ) en ligne droite avec elle ,
fera ainfi tirée par le concours des puiffances X , Y , Z ,
comme ( *princip. gener.* ) par une feule P dirigée fuivant
AP , & égale à l'effort refultant du concours de ces trois-
là , c'eft-a-dire , par une feule puiffance P ainfi dirigée ,
laquelle ( en prenant AB = 3 ×PN ) feroit à celles-là X ,
Y , Z , comme AB à leurs proportionnelles PO , PT , PV.
Donc auffi l'effort en A , refultant du concours des puiffances X , Y , Z , Q , R , S , fera ici le même & fuivant
la même direction que celui qui y refulteroit du concours
des puiffances P , Q , R , S. Or prenant AC , AE , AF , à
AB , comme Q , R , S , font à P ; & en menant ( ainfi
que dans la démonftration de la part. 3. du Th. 4. ) par
les extrêmitez des proportionnelles AB , AC , AE , AF ,
premierement la droite CB ; fecondement de fon milieu
G la droite GE , laquelle foit divifée en H de maniere
qu'on ait EH. HG : : 2. 1. En menant enfin HF divifée en
L de maniere qu'on ait FL. LH : : 3. 1. Le Corol. 5. du
Lem. 11. fait voir que l'effort refultant du concours des
puiffances P , Q , R , S , feroit non feulement fuivant AL ,

mais encore à chacune de ces quatre puissances, comme 4×AL est à chacune de leurs proportionnelles AB, AC, AE, AF. Donc l'effort en A , résultant du concours des six puissances X, Y , Z , Q , R , S, est aussi suivant AL, & à chacune des puissances P , Q , R , S, comme 4×AL est à AB , AC, AE, AF. Mais on vient de voir que P est à X, Y , Z, comme AB est à PO , PT, PV. Donc l'effort en A , résultant du concours des puissances X, Y , Z , Q , R , S , est non seulement de A vers L suivant AL distance ( *Def.* 13.) du nœud A au centre principal L d'équilibre de ces six puissances ; mais encore à chacune d'elles, comme 4×AL est à chacune de leurs proportionnelles PO , PT , TV , AC, AE, AF. Or la part. 1. fait voir qu'en cas d'équilibre entre le poids K & toutes ces puissances, l'effort résultant de leur concours lui est non seulement directement contraire , mais encore égal. Donc ce poids K est aussi pour lors à chacune de ces puissances X, Y , Z , Q , R , S , comme 4×AL est à chacune de leurs proportionnelles PO , PT , PV , AC, AE, AF.

On démontrera de même , quelque nombre $m$ de cordes qui partent du nœud A , quelque nombre de branches qu'elles ayent chacune, quelques branches qu'ayent encore celles-ci, & ainsi jusqu'à tant de branches qu'on voudra ; que le poids K en équilibre avec toutes les puissances appliquées aux extrêmitez de toutes ces branches chacune à chacune, sera toûjours à chacune de ces puissances, comme le produit de $m$—1 par la distance du nœud A à leur centre principal d'équilibre est à chacune de leurs proportionnelles. *Ce qu'il falloit* 3°. *démontrer.*

FIG. 68.
69.

PART. IV. Le poids K étant ainsi supposé aux puissances X , Y , Z , Q , R , S , &c. appliquées comme ci-dessus en celles qu'on voudra des raisons marquées dans les part. 2. 3. il sera à ces puissances ( *Corol.* 10. *du Lem.* 3. *& Corol.* 5. *du Lem.* 11. ) en même raison que l'effort résultant de leur concours d'action contre lui ; & par conséquent ce poids sera ici égal à cet effort. Donc ce même

poids

poids K étant de plus ( *Hyp.* ) directement contraire à ce
même effort, il doit ( *Ax.* 3. ) demeurer en équilibre avec
lui, c'est-à-dire, avec les puissances X, Y, Z, Q, R, S,
&c. du concours desquelles cet effort resulte. *Ce qu'il fal-*
*loit* 4°. *démontrer.*

### COROLLAIRE.

Quelque nombre de nœuds & de branches qu'ayent
ici les cordes des Fig. 68. 69. chacun de ces nœuds avec
les branches qui en naissent, pouvant être regardé comme celui des Fig. 60. 61. 62. 63. avec les siennes; il est
visible que ce qu'on a conclu du Th. 4. par rapport aux
puissances appliquées aux branches de celui-ci, se peut
aussi conclure du present Th. 5. par rapport aux puissances appliquées aux branches de chacun des nœuds des
Fig. 68. 69. quelque nombre de nœuds & de branches à
chacun d'eux, qu'il y puisse avoir. Donc,

1°. Tant de puissances données qu'on voudra ( en prenant le poids K pour une ) appliquées à autant de branches de cordes, issues de tant de nœuds qu'on voudra,
peuvent demeurer en équilibre entr'elles suivant une infinité de directions differentes pour toutes & pour chacune, pourvû qu'il y ait plus de trois branches à chaque
nœud. Cela se prouvera comme les Corollaires 2. 3. du
Théoreme 4.

2°. Reciproquement tant de puissances qu'on voudra,
appliquées encore à autant de branches de cordes, issues
d'autant de nœuds qu'on voudra, peuvent changer de
rapports en une infinité de manieres, & cependant faire
toujours équilibre entr'elles suivant les mêmes directions,
y étant successivement appliquées, pourvû qu'il y ait encore plus de trois branches à chaque nœud. Cela se prouvera comme les Corol. 4. 5. du Th. 4.

3°. En cas d'équilibre, chacun des nœuds où il n'y auroit que quatre branches répandues en plus d'une demi-
sphere, sera toûjours à un angle de parallelepipede, suivant les trois côtez & la diagonale duquel les quatre

X

branches de ce nœud feront dirigées; & les quatre puiſ-
fances qui y feront appliquées, feront alors entr'elles
comme ces trois côtez & cette diagonale de parallelepipede. Cela ſe prouvera comme le nomb. 2. du Corol. 7.
du Th. 4.

4°. Si ces quatre puiſſances font ainſi dirigées, & en
ce rapport entr'elles il y aura équilibre auſſi entr'elles.
Tout cela ſe prouvera comme le nomb. 3. du Corol. 7.
du Th. 4.

5°. Chacun des nœuds où il n'y auroit encore que quatre branches répandues en plus d'une demi-ſphere, fera
au centre de gravité d'une pyramide triangulaire, par
les quatre angles de laquelle ces quatre branches paſſe-
ront, en cas d'équilibre; & les puiſſances qui y feront appliquées, feront alors entr'elles comme les diſtances correſpondantes de ce centre de gravité aux quatre
angles de la pyramide; c'eſt-à-dire, que ces puiſſances
feront alors entr'elles comme les parties de leurs directions ou de leurs cordes, compriſes entre ce centre &
chacun de ces angles. Cela ſe prouvera comme le nomb.
2. du Corol. 8. du Th. 4.

6°. Reciproquement ſi les quatre puiſſances de chaque nœud, ainſi dirigées par le centre de gravité &
par les quatre angles d'une telle pyramide, font entr'-
elles en ces rapports; elles feront auſſi pour lors équilibre entr'elles. Cela ſe prouvera comme le nomb. 3. du
Corol. 8. du Th. 4.

S C H O L I E.

S'il ſe trouvoit ici des nœuds de cordes, leſquels n'euſ-
fent que trois branches, le Th. 3. part. 1. 2. fait voir
qu'en cas d'équilibre entre les puiſſances qui y feroient
appliquées, ce nœud feroit dans le centre de gravité
d'un triangle rectiligne, par les trois angles duquel les
directions de ces trois puiſſances paſſeroient; & de plus
que ces trois puiſſances feroient alors entr'elles comme
les parties de leurs cordes ou directions, compriſes entre

ce centre & chacun de ces angles, c'eſt-à-dire, comme
les diſtances de ce centre de gravité à chacun de ces
angles correſpondans.

Le Th. 3. part. 3. fait reciproquement voir que ſi les
trois puiſſances de chacun de ces nœuds ſont dirigées
par le centre de gravité & par les trois angles d'un triangle rectiligne quelconque ; que de plus elles ſoient entre-
elles comme les diſtances de ce centre à chacun de ces
angles correſpondans ; elles ſeront alors en équilibre entr'elles.

Pour des nœuds à deux branches ſeulement, le nomb.
1. du Corol. 2. du Lem. 3. fait voir qu'il n'y en peut
avoir, & que ce qu'on prendroit pour deux branches,
ſe dirigeroit bien-tôt en une ; c'eſt-à-dire, qu'elles ſe
mettroient bien-tôt en ligne droite par l'action des deux
puiſſances qui y ſeroient appliquées ſeules l'une contre
l'autre.

## THEOREME VI.

*Soit encore le poids K ſoûtenu en équilibre par tant de puiſ-*
*ſances P, Q, R, S, T, &c. qu'on voudra, appliquées à*
*autant de cordes AP, AQ, AR, AS, AT, &c. attachées*
*enſemble par un même nœud A, & dirigées ſuivant quel-*
*ques plans que ce ſoient : je dis preſentement que ce poids ainſi*
*en équilibre avec toutes ces puiſſances, ſera toûjours à cha-*
*cune d'elles comme la ſomme de leurs ſublimitez, moins celle*
*de leurs profondeurs, c'eſt-à-dire, comme l'excès dont la pre-*
*miere de ces deux ſommes ſurpaſſe la ſeconde, eſt à chacune*
*des proportionnelles de ces mêmes puiſſances.*

Fig. 70.<br>71.

### DEMONSTRATION.

Depuis le nœud commun A des cordes AP, AQ, AR,
AS, AT, &c. ſoient ſur ces mêmes cordes autant de
parties AB, AC, AE, AF, AM, &c. proportionnelles
aux puiſſances P, Q, R, S, T, &c. qui leur ſont appliquées ; des extrêmitez B, C, E, F, M, &c. de ces proportionnelles ſoient menées autant de lignes B*b*, C*c*, E*e*,

Fig. 72.

X ij

F*f*, M*m*, &c. perpendiculaires en *b*, *c*, *e*, *f*, *m*, &c. sur la direction AK du poids K prolongée de part & d'autre. On voit suivant la Déf. 16. que A*c*, A*e*, A*f*, sont ici les sublimitez des puissances Q, R, S, qui tirent de bas en haut, & que A*b*, A*m*, y sont les profondeurs des puissances P, T, qui y tirent de haut en bas. Je dis donc que le poids K en équilibre ( *Hyp.* ) avec les puissances P, Q, R, S, T, &c. est à chacune d'elles comme A*c*—+A*c*—+A*f*—A*b*—A*m*±, &c. est à chacune de leurs proportionnelles AB, AC, AE, AF, AM, &c.

Pour le voir, soit le parallelogramme BACH fait de deux quelconques AB, AC, de ces proportionnelles; de sa diagonale AH, & d'une troisiéme quelconque AE de ces mêmes proportionnelles soit ensuite le parallelogramme HAEG; de sa diagonale AG, & d'une quatriéme proportionnelle AF, soit aussi le parallelogramme GAFD de sa diagonale AD; & d'une cinquiéme proportionnelle AM, soit pareillement le parallelogramme DAMN; de sa diagonale AN, & d'une sixiéme proportionnelle, soit encore un autre parallelogramme, & toûjours de même jusqu'à la derniere inclusivement des proportionnelles aux puissances supposées en équilibre avec le poids K, laquelle étant ici AM, la derniere des diagonales y sera AN. Par consequent ( *Th.* 4. *part.* 1. 2. ) non seulement cette derniere diagonale AN sera ici en ligne droite avec la direction AK de ce poids, mais encore ce poids K y sera à chacune des puissances P, Q, R, S, T, supposées en équilibre avec lui, comme cette derniere diagonale AN est à chacune de leurs proportionnelles AB, AC, AE, AF, AM.

Cela étant ainsi, des points H, G, D, des parallelogrammes précedens, hors du dernier, soient encore H*h*, G*g*, D*d*, perpendiculaires en *h*, *g*, *d*, sur la direction AK du poids K, prolongée de part & d'autre. Le Lem. 10. donne, 1°. A*b*=A*b*—A*c*. 2°. A*g*=A*c*—A*b* ( *nomb.* 1. ) =A*e*—A*b*—+A*c*. 3°. A*d*=A*g*—+A*f* ( *nomb.* 2. ) =A*c*—A*b*—+A*c*—+A*f*. 4°. AN=A*d*—A*m* ( *nomb.* 3. ) =A*e*—A*b*

—+Ac—+Af—A*m*. Et en continuant toûjours ainſi juſqu'à la derniere diagonale incluſivement, telle qu'eſt ici
AN, laquelle ſe trouve toûjours ( *Th.* 4. *part.* 1.) dans
la direction prolongée KA du poids K en équilibre avec
les puiſſances ſuppoſées; on trouvera toûjours cette derniere diagonale =Ac—Ab—+Ac—+Af—A*m*±&c. ce qui
ſe voit auſſi tout d'un coup par le Corol. 3. du Lem. 10.

Or le Th. 4. part. 2. fait voir qu'en ce cas d'équilibre
le poids K eſt toûjours à chacune des puiſſances P, Q,
R, S, T, &c. qui l'y ſoûtiennent, comme cette derniere
diagonale eſt à chacune de leurs proportionnelles AB,
AC, AE, AF, AM, &c. Donc ce poids K eſt auſſi toûjours alors à chacune de ces puiſſances P, Q, R, S, T,
&c. comme Ac—+Ac—+Af—Ab—A*m* ±, &c. eſt à chacune de leurs proportionnelles AB, AC, AE, AF, AM,
&c. c'eſt-à-dire ( *Déf.* 16. ) comme la ſomme de leurs
ſublimitez Ac, Ae, Af, &c. moins la ſomme de leurs profondeurs Ab, A*m*, &c. ou comme l'excès dont la premiere de ces deux ſommes ſurpaſſe la ſeconde, eſt à chacune de ces mêmes proportionnelles. *Ce qu'il falloit démon-*
*trer.*

AUTRE DEMONSTRATION.

Soient encore les lignes AB, AC, AE, AF, AM, &c. F i g. 71.
proportionnelles aux puiſſances P, Q, R, S, T, &c.
ſuppoſées en équilibre avec le poids K ſuivant ces directions. Des extrêmitez B, C, E, F, M, &c. de ces proportionnelles ſoient encore auſſi B*b*, C*c*, E*e*, 1*f*, M*m*, &c.
perpendiculaires en *b*, *c*, *e*, *f*, *m*, &c. ſur la direction AK
de ce poids, prolongée de part & d'autre. Soient de plus
appellées *b*, *c*, *e*, *f*, *m*, &c. les forces verticales employées
ſelon le Lem. 3. part. 1. par les puiſſances P, Q, R, S,
T, &c. pour ou contre le poids K ſuivant ſa direction
A*m* ou A*d*.

X iij

Cela posé, le Lem. 3. part. 1. donnera

$$\left\{\begin{array}{l} b.\ P :: Ab.\ AB. \\ c.\ Q :: Ac.\ AC. \\ e.\ R :: Ae.\ AE. \\ f.\ S :: Af.\ AF. \\ m.\ T :: Am.\ AM. \end{array}\right.$$

&c.

Donc les puissances P, Q, R, S, T, &c. étant (*Hyp.*) entr'elles comme AB, AC, AE, AF, AM, &c. leurs forces verticales $b, c, e, f, m$, &c. pour ou contre le poids K, sont aussi entr'elles comme A$b$, A$c$, A$e$, A$f$, A$m$, &c. Par conséquent l'on aura ici $c + e + f - b - m \pm$ , &c. $b :: Ac + Ae + Af - Ab - Am \pm$ &c. A$b$. Mais on vient de voir $b.$ P :: A$b.$ AB. Donc aussi ( en raison ordonnée ( $c + e + f - b - m \pm$ , &c. P :: Ac + Ae + Af - Ab - Am \pm$ , &c. AB. Or les efforts verticaux $c, e, f$, &c. des puissances Q, R, S, &c. étant ici de bas en haut directement contraires au poids K, & aux efforts verticaux $b, m$, &c. de haut en bas, que les puissances P, T, &c. y font directement contre ceux-là en faveur de ce poids; l'équilibre ici supposé exige ( *Ax.* 4. ) $c + e + f +$ &c. = K + b + m + &c. Et conséquemment $c + e + f - b - m \pm$ &c. = K. Donc K. P :: Ac + Ae + Af - Ab - Am \pm$ &c. AB. Mais ( *Hyp.* ) P est à Q, R, S, T, &c. comme AB est à AC, AE, AF, AM, &c. Donc aussi ( en raison ordonnée ) ce poids K est à chacune de toutes les puissances P, Q, R, S, T, &c. supposées en équilibre avec lui, comme Ac + Ae + Af - Ab - Am \pm$ , &c. est à chacune de leurs proportionnelles AB, AC, AE, AF, AM, &c. Or ( *Déf.* 16. ) A$c$, A$e$, A$f$, sont les sublimitez des puissances Q, R, S, qui tirent de bas en haut; & A$b$, A$m$, sont les profondeurs des puissances P, T, qui tirent au contraire de haut en bas. Donc enfin le poids K en équilibre avec elles & avec les autres, c'est-à-dire, avec toutes les puissances P, Q, R, S, T, &c. est toûjours alors à chacune d'elles, comme la somme de leurs sublimitez,

moins la fomme de leurs profondeurs, ou comme l'excès
de la premiere de ces deux fommes fur la feconde, eft à
chacune des proportionnelles AB, AC, AE, AF, AM,
&c. de ces mêmes puiffances. *Ce qu'il falloit encore démontrer.*

### C O R O L L A I R E  I.

Puifque fuivant la premiere des deux démônftrations
précedentes, & fuivant le Corol. 3. du Lem. 10. tant
que le poids K eft en équilibre ( comme ci-deffus ) avec
les puiffances P, Q, R, S, T, &c. la fomme de leurs
fublimitez, moins la fomme de leurs profondeurs, eft
toûjours égale à la diagonale du dernier des parallelogrammes faits de leurs proportionnelles comme dans la
démonftration 1. & comme dans la démonftration de la
part. 2. du Th. 4. Il fuit reciproquement de la part. 4. de
ce Th. 4. qu'il y aura toûjours équilibre entre ce poids
& ces puiffances, tant que la fomme de leurs fublimitez,
moins celle de leurs profondeurs, prifés les unes & les
autres fur fa direction, fera égale à cette derniere diagonale prife auffi fur la direction de ce poids.



### C O R O L L A I R E  I I.

Puifque ( *Démonftr.* 2. ) les efforts verticaux $c$, $e$, $f$, des
puiffances fublimes Q, R, S, font entr'eux comme les
fublimitez A$c$, A$e$, A$f$, de ces puiffances ; & que ( *Démonftr.* 2. ) leur fomme $c + e + f$ eft égale à la fomme
$b + m + K$ des verticaux directement contraires $b$, $m$,
des puiffances profondes P, T, & du poids K, tant que
ce poids eft en équilibre avec toutes ces puiffances : il fuit
manifeftement que les portions de $b + m + K$ que les
puiffances fublimes Q, R, S, portent chacune alors
pour fa part, font entr'elles comme les fublimitez A$c$,
A$e$, A$f$, de ces mêmes puiffances.

### C O R O L L A I E E  I I I.

Par la même raifon fi toutes les puiffances P, Q, R, S,
T, &c. étoient fublimes, c'eft-à-dire ( *Déf.* 16. ) fi elles

tiroient toutes de bas en haut contre le poids K en équilibre avec elles, en sorte que leurs forces verticales $b$, $c$,
$e$, $f$, $m$, &c. fuſſent toutes de bas en haut directement
contraires à ce poids, & que conſequemment ( *Déf.* 10.)
A$b$, A$c$, A$e$, A$f$, A$m$, &c. fuſſent autant de ſublimitez
de ces puiſſances ; ce que chacune d'elles porteroit ou
ſoûtiendroit de ce poids, ſeroit alors comme chacune de
ces mêmes ſublimitez.

C O R O L L A I R E   IV.

FIG. 72.
73.
Si de toutes ces puiſſances il n'en reſtoit que deux R, S,
qui ſeules ſoutinſſent enſemble le poids K en équilibre
avec elles, comme dans les Fig. 72. 73. il ſuit des deux
derniers Corol. 2. 3. conformément aux Corol. 2. 5. 6.
du Th. 2.

FIG. 73.
1°. Que ſi une de ces deux puiſſances, par exemple R,
tiroit le poids K de haut en bas, & l'autre S de bas en
haut, comme dans la Fig. 73. ce poids ſeroit ( *Corol.* 2.)
à chacune de ces puiſſances R, S, comme l'excès A$f$—A$e$
de la ſublimité A$f$ de la ſeconde S ſur la profondeur A$e$
de la premiere R, ſeroit à chacune des proportionnelles
AE, AF, de ces mêmes puiſſances R, S, conformément
au Corol. 6. du Th. 2.

2°. Qu'alors l'effort vertical $f$ de bas en haut de la
puiſſance ſublime S, ſeroit ſeul égal à K—$e$ ſomme du
poids K & de l'effort vertical $e$ de la puiſſance profonde
R : de ſorte que la puiſſance ſublime S ſoûtiendroit alors
ſeule le poids K augmenté de l'effort vertical $e$ que la
puiſſance profonde R fait de haut en bas en faveur de ce
poids, conformément encore au Corollaire 6. du Théoreme 2.

FIG. 72.
3°. Mais ſi les puiſſances R, S, étoient ſublimes toutes
deux comme dans la Fig. 72. c'eſt-à-dire ( *Déf.* 16.) ſi
elles tiroient toutes deux de bas en haut contre le poids
K en équilibre ( *Hyp.* ) avec elles ; les précedens Corol. 2.
3. font auſſi voir que ce poids ſeroit alors à chacune de
ces puiſſances R, S, comme la ſomme A$e$—A$f$ de leurs
ſublimitez

ſublimitez A*e*, A*f*, ſeroit à chacune de leurs proportionnelles AE, AF, conformément au Corol. 5. du Th. 2.

4.º. Ces précedens Corol. 2. 3. font voir auſſi que la
partie du poids K ſoûtenue par la puiſſance R, ſeroit alors
à ſon autre partie ſoûtenue par la puiſſance S, comme la
ſublimité A*e* de la premiere de ces deux puiſſances ſeroit
à la ſublimité A*f* de la ſeconde, conformément au Corol.
2. nomb. 1. du Th. 2.

*Il eſt manifeſte que tous les autres Corollaires du Th. 2. &*
*ce Théoreme lui-même pourroient être ainſi déduits du préce-*
*dent Corol. 3. Auſſi ce Th. 2. n'eſt-il qu'un cas particulier du*
*preſent Th. 6. d'où reſulte ce Corol. 4.*

### COROLLAIRE V.

Pour faciliter le calcul de tout ceci, ſoient pris *a* pour FIG. 71.
le ſinus total, & $p, q, r, \int, t$, &c. pour les ſinus des angles AB*b*, AC*c*, AE*e*, AF*f*, AM*m*, &c. complemens
(chacun à un droit) des aigus que font les directions des
puiſſances P, Q, R, S, T, &c. avec celle du poids K
(*Hyp.*) en équilibre avec elles.

Les angles (*Hyp.*) droits en *b*, *c*, *e*, *f*, *m*, &c. donneront

$$a . p :: AB . Ab = \frac{p}{a} \times AB$$
$$a . q :: AC . Ac = \frac{q}{a} \times AC$$
$$a . r :: AE . Ae = \frac{r}{a} \times AE$$
$$a . \int :: AF . Af = \frac{\int}{a} \times AF$$
$$a . t :: AM . Am = \frac{t}{a} \times AM$$

&c.

D'où reſulte $Ac + Ae + Af - Ab - Am \pm$ &c. $=$

$$\frac{q \times AC + r \times AE + \int \times AF - p \times AB - t \times AM \pm \&c.}{a}$$

mais ſuivant le preſent Th. 6. le poids K ici en équilibre
(*Hyp.*) avec les puiſſances P, Q, R, S, T, &c. y eſt à chacune
d'elles comme $Ac + Ae + Af - Ab - Am \pm$ &c. eſt à cha-

cune de leurs proportionnelles AB , AC , AE , AF , AM ,
&c. Donc ce poids K y doit pareillement être à chacune de ces puiſſances P , Q , R , S , T , &c. comme

$$\frac{q \times AC \dashv r \times AE \dashv \int \times AF - p \times AB - t \times AM \pm \&c.}{a}$$

eſt à chacune de leurs mêmes proportionnelles AB, AC, AE ,
AF , AM , &c. Et conſequemment auſſi comme $q \times AC \dashv$
$r \times AE \dashv \int x AF - p \times AB - t \times AM \pm \&c$ eſt à chacun des
produits $a \times AB$ , $a \times AC$ , $a \times AE$ , $a \times AF$ , $a \times AM$ , &c. faits
du ſinus total par chacune de leurs proportionnelles. D'où
l'on voit que n'y ayant ici que des proportionnelles de
puiſſances données , avec des ſinus d'angles donnez , il
ſera aiſé d'en conclure par le calcul la valeur requiſe
du poids ainſi en équilibre avec ces puiſſances.

## THEOREME VII.

*De quelque maniere qu'un poids ſoit ſoûtenu avec des cor-*
*des par quelque nombre de puiſſances que ce ſoit , appliquées*
*aux branches de tant de nœuds qu'on voudra , dirigées ſui-*
*vant quelques plans que ce ſoient ; chacune de ces puiſſances*
*eſt toûjours à ce poids en raiſon compoſée d'autant d'autres*
*raiſons qu'il y a de nœuds entre cette puiſſance & ce poids :*
*ſçavoir , à chaque nœud , de la raiſon qui eſt entre la propor-*
*tionnelle à la force dont ce nœud eſt tiré ſuivant la corde qui*
*lui donne communication avec cette puiſſance , & la ſomme*
*des ſublimitez , moins celle des profondeurs , de toutes les for-*
*ces dont les branches dans leſquelles ce même nœud ſe diviſe,*
*ſont tirées ſuivant ſa direction contre la réſiſtance qui leur*
*vient par la corde de communication de lui au poids ſuppoſé*
*en équilibre avec toutes les puiſſances qui lui ſont ainſi appli-*
*quées.*

### DEMONSTRATION.

Si le poids K dont la corde Aλ ſe diviſe en tant de branches AZ , AX , AY , Aφ , qu'on voudra, dont celles qu'on
voudra auſſi , ſe diviſent encore en pluſieurs branches,

& celles qu'on voudra encore de celles-ci en plusieurs
autres de la maniere qu'on voit ici ; & toûjours de même
jufqu'auffi loin qu'on voudra. Commencez au premier
nœud A à marquer fur les branches AZ, AX, AY, A$\varphi$,
&c. des parties AM, AN, AP, A$\theta$, &c. qui foient entre
elles comme les forces avec lefquelles ces cordes font tirées chacune fuivant fa direction. Faites-en autant fur
les branches dans lefquelles celles-ci fe fubdivifent ; &
toûjours de même jufqu'aux dernieres aufquelles les
puiffances C, E, D, B, F, G, H, I, T, $\varphi$, &c. font appliquées. Après cela des extrêmitez de toutes ces proportionnelles foient marquées ( *Déf.* 16.) les fublimitez &
les profondeurs de toutes ces forces.

Cela fait, je dis qu'en cas d'équilibre entre toutes ces
forces ou puiffances & le poids K, chacune d'elles, par
exemple, la puiffance D fera toûjours alors à ce poids K
en raifon compofée d'autant d'autres raifons telles qu'elles font énoncées dans ce Théoreme-ci, qu'il y a de nœuds
entre cette puiffance & ce poids.

Car, 1°. la puiffance D étant ( *Hyp.* ) à la puiffance E,
comme OS à OV, elle eft auffi ( *Th.* 6. ) à la force dont
le nœud O leur réfifte fuivant OZ, comme OS à la fomme de leurs fublimitez O$\int$ & Q$u$, c'eft-à-dire :: OS.
O$\int$—|—O$u$. 2°. Cette même réfiftance ou force du nœud
O fuivant ZO, étant auffi ( *Hyp.* ) aux puiffances C, B,
comme ZR à ZL & ZQ, elle eft de même ( *Th.* 6. ) à la
réfiftance que leur fait le nœud Z fuivant ZA, comme
ZR à la fomme des fublimitez Z$r$ & Z$q$ moins la profon-
deur Z$l$, c'eft-à-dire :: ZR. Z$r$—|—Z$q$—Z$l$. 3°. Enfin la
valeur de cette réfiftance fuivant ZA, étant encore(*Hyp.*)
aux forces dont le nœud A eft tiré fuivant AX, AY,
A$\varphi$, &c. comme AM à AN, AP, A$\theta$, &c. elle eft auffi
( *Th.* 6. ) au poids K comme AM à la fomme des fublimitez A$m$, A$n$, &c. moins celle des profondeurs A$\lambda$, A$p$,
&c. c'eft-à-dire :: AM. A$m$—|—A$n$—A$\lambda$—A$p$. Donc en
multipliant par ordre ces trois rangées de proportionnelles, la puiffance D fe trouvera être au poids K, comme

le produit des trois antecedens OS , ZR , AM, au produit de leurs trois confequens O*f*—+O*u*, Z*r*—+Z*q*—Z*l* ; A*m*—+A*n*—A*p*—Aλ: c'eſt-à-dire en raiſon compoſée des trois raiſons de OS à O*f*—+O*u*, de ZR à Z*r*—+Z*q*—Z*l*, & de AM à A*m*—+A*n*—A*p*—Aλ qu'on voit telle que le Théoreme les annonce. Or il n'y a en effet que trois nœuds O, Z, & A , entre cette puiſſance D & ce poids K. Donc cette puiſſance eſt ici à ce poids en raiſon compoſée d'autant d'autres raiſons telles que ce Théoreme-ci les annonce, qu'il y a de nœuds entre cette puiſſance D & ce poids K.

On démontrera de même que la puiſſance C eſt à ce poids K en raiſon compoſée de ZL à Z*r*—+Z*q*—Z*l*, & de AM à A*m*—+A*n*—A*p*—Aλ. On trouvera encore de même que la puiſſance F eſt à ce même poids K en raiſon compoſée de Xβ à X*b*—+X*f*, & de AN à A*m*—+A*n*—A*p*—Aλ ; & ainſi de toutes les autres puiſſances , en quelque nombre qu'elles ſoient , de quelque maniere, & à quelque nombre de nœuds qu'elles ſoient appliquées.

Donc en general , de quelque maniere qu'un poids ſoit ſoûtenu avec des cordes par quelque nombre de puiſſances que ce ſoit, appliquées à tant de nœuds qu'on voudra, chacune d'elles eſt toûjours à ce poids en raiſon compoſée d'autant d'autres telles que ce Théoreme-ci les annonce, qu'il y a de nœuds entre cette puiſſance & ce poids. *Ce qu'il falloit démontrer.*

### COROLLAIRE I.

On voit qu'en prenant ZR égale à O*f*—+O*u*, avec ZL & ZQ à ZR en même proportion qu'elles ſont ici ; de plus AM égale à ZQ—+Z*r*—Z*l*, avec AN, AP, Aθ, &c. auſſi à AM en même proportion qu'elles ſont ici: la puiſſance D ſera au poids K , comme OS à A*m*—+A*n*—Cλ—C*p*+ &c c'eſt-à-dire, comme ſa proportionnelle à la ſomme des ſublimitez moins celle des profondeurs des forces avec leſquelles les branches du premier nœud A ſont tirées chacune ſuivant ſa direction. Il en faut penſer au-

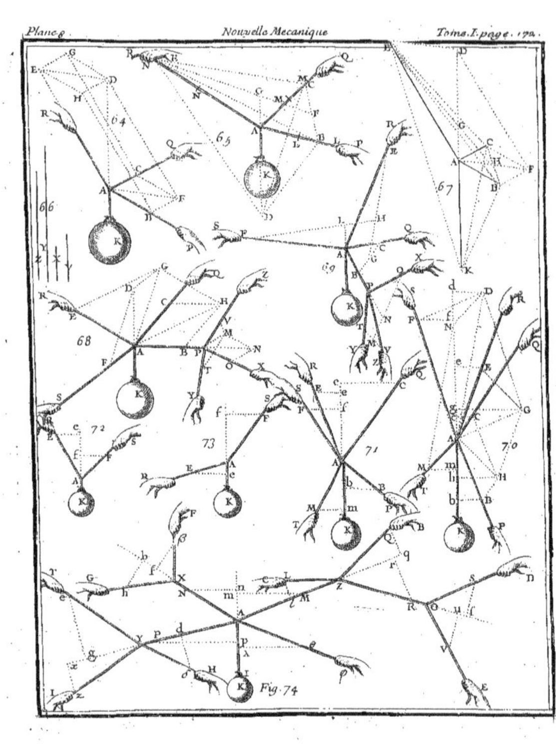
64
65
66
67
68
69
70
71
72
73
Fig. 74

cant de toutes les autres puissances appliquées au poids K,
soit de près, soit de loin.

## Corollaire II.

Lorsqu'un poids attaché à une corde qui a plusieurs
nœuds, par chacun desquels, entre toutes les branches
qui en naissent, il n'y en a qu'une qui se subdivise en
d'autres branches : lors, dis-je, que le poids K attaché à
une telle corde, est soûtenu par plusieurs puissances Y,
X, S, R, V, Z, &c. tellement appliquées aux dernieres
de ces branches que tous les nœuds F, E, C, &c. d'où
elles naissent, se trouvent dans la ligne de direction de ce
poids ; chacune de ces puissances, en quelque nombre
qu'elles soient, est toûjours à ce poids comme la proportionnelle de cette même puissance à la somme des sublimitez moins celle des profondeurs de tout ce qu'il y en a
d'appliquées à ce même poids. Car si l'on prend sur les
branches de chaque nœud des parties OF, EI, CB, CA,
EH, FK, FN, EM, &c. proportionnelles aux forces avec
lesquelles chacune de ces branches est tirée suivant sa
direction, & que des extrêmitez de ces mêmes parties on
marque ( *Déf.* 16. ) leurs sublimitez avec leurs profondeurs ; on trouvera, 1°. que les proportionnelles FN,
EM, &c. qui se trouvent dans la ligne de direction du
poids K, sont égales aux sublimitez FN, EM, &c. des
forces avec lesquelles ces proportionnelles sont tirées
suivant leur direction, c'est-à-dire, suivant celle du
poids. 2°. On trouvera encore que chacune de ces mêmes proportionnelles, par exemple, FN est aussi toûjours
égale à la somme des sublimitez moins celle des profondeurs des forces ou des puissances appliquées au nœud
E qui est immédiatement au dessus du nœud F depuis lequel cette proportionnelle a été prise : puisque ( *Hyp.* )
cette même proportionnelle, & ( *Th.* 6. ) cette difference
des sommes sont à la proportionnelle EI de la puissance X,
comme la force dont le nœud E est tiré suivant la corde
EF, est à cette même puissance. Pour la même raison

EM eſt égale à la ſomme des ſublimitez moins celle des profondeurs des forces ou des puiſſances appliquées au nœud C, qui eſt immédiatement au deſſus de E ; & ainſi des autres proportionnelles qui ſe trouvent dans la direction du poids K. De-là on verra que chacune des ſublimitez FN, EM, &c. des forces qui ſuivent la direction de ce poids, eſt toûjours égale à la ſomme des ſublimitez moins celle des profondeurs des forces ou des puiſſances au nœud qui eſt immédiatement au deſſus de celui depuis lequel elle ſe prend, par exemple, au deſſus de F pour FN, au deſſus de E pour EM, &c. D'où il ſuit que la ſublimité FN, qui ſe prend depuis le plus bas F de tous ces nœuds, eſt égale à la ſomme des ſublimitez moins celle des profondeurs de toutes les puiſſances X, V, S, R, &c. appliquées à tous les autres nœuds E, C, &c. Or on vient de voir dans le précedent Corol. 1. que chacune de toutes les puiſſances qui ſoûtiennent le poids K, par exemple S, ou Y, eſt à ce poids comme la proportionnelle CB, ou OF, de cette puiſſance eſt à la ſomme des ſublimitez moins celle des profondeurs des forces avec leſquelles toutes les branches du plus bas nœud F ſont tirées chacun ſuivant ſa direction contre ce poids K ; c'eſt-à-dire, à la ſomme faite de la ſublimité FN, & de la ſomme des ſublimitez moins les profondeurs des puiſſances Y, Z, &c. immédiatement appliquées au nœud E. Donc chacune des puiſſances Y, X, S, R, V, Z, &c. eſt ici au poids K, comme la proportionnelle de cette puiſſance eſt à la ſomme des ſublimitez moins celle des profondeurs de tout ce qu'il y en a d'appliquées à ce même poids.

*Il eſt ici à remarquer que les proportionnelles FN, EM, &c. dirigées ſuivant la direction du poids K, ne le ſont d'aucune des puiſſances ici ſuppoſées, mais de forces en ce ſens reſultantes du concours de ces puiſſances : par exemple, FN n'exprime aucune de ces puiſſances, elle n'exprime que la force ou l'effort ſuivant FE, reſultant du concours d'action de tout ce qu'il y a de puiſſances R, V, X, S, &c. au deſſus de F. De même EM n'exprime que la force ou l'effort suivant EC, résultant du concours d'action de tout ce qu'il a de puissances R, S, &c. au dessus de E ; & ainsi de tout ce qu'il pourroit y avoir d'autres proportionnelles dirigées suivant la direction du poids. K.*

## COROLLAIRE III.

Puisque suivant le précedent Corol. 2. chacune des puissances ici supposées en équilibre avec le poids K, y est à ce poids comme la proportionnelle de cette puissance à la somme des sublimitez moins celle des profondeurs de tout ce qu'il y en a d'appliquées à ce même poids ; la somme de toutes ces puissances doit être ici à ce poids, comme la somme de leurs proportionnelles à la somme de leurs sublimitez moins celle de leurs profondeurs : de sorte que s'il n'y en avoit que deux d'appliquées à chaque nœud, dont l'une tirât à droit & l'autre à gauche, & que toutes celles de chaque côté fussent égales entr'elles, avec des directions paralleles entr'elles, la somme (Fig. 75.) des sublimitez, par exemple, $Fo + Fk$, ou $Ei + Eh$, ou $Cb + Ca$, &c. des deux puissances appliquées auquel que ce soit des nœuds F, E, C, &c. ou bien la difference (Fig. 76.) de la sublimité de l'une à la profondeur de l'autre, par exemple, $Fk - Fo$, ou $Eh - Ei$, ou $Ca - Cb$, &c. étant alors la même pour tous ces nœuds, aussi-bien que les proportionnelles de ces puissances ; la somme de toutes ces mêmes puissances seroit alors au poids K comme la somme des proportionnelles de deux d'entr'elles, appliquées à un même nœud, quel qu'il soit, est à la somme (Fig. 75.) des sublimitez de ces deux puissances, ou à la difference (Fig. 76.) dont la sublimité de l'une surpasse la profondeur de l'autre.

## COROLLAIRE IV.

Ce qui fait enfin voir que si toutes les puissances Y, X, S, R, V, Z, &c. étoient égales entr'elles, & que toutes leurs directions fissent vers le haut avec celle du poids K

des angles égaux aussi entr'eux ; leur somme seroit alors
à ce poids ( Fig. 75. ) comme une de leurs proportionnelles à une de leurs sublimitez, l'une & l'autre prise à volonté : c'est-à-dire, comme le sinus total au sinus du complement de celui qu'on voudra de ces mêmes angles.

## COROLLAIRE V.

Fig. 77.
28.

Ce Théoreme-ci fait encore voir que dans l'hypotese
des lignes de direction de tous les points du corps AD,
concourantes au centre E de la Terre, de quelque maniere que ce poids soit soûtenu par tant de puissances F,
G, H, I, K, L, M, N, &c. qu'on voudra avec des cordes qui lui soient appliquées en tant de points A, B, C,
D, &c. qu'on voudra aussi ; chacune de ces puissances sera
toûjours à ce poids, comme chacune de leurs proportionnelles à la somme des sublimitez des forces avec lesquelles ces points A, B, C, D, &c. seront tirez suivant les lignes AE, BE, CE, DE, &c. par le concours d'action des
puissances qui y sont appliquées : des sublimitez, dis-je,
déterminées comme dans le Corol. 1. Car il est clair que
ce poids agit contre toutes ces puissances de même que
feroit une force qui lui seroit égale, si AE, BE, CE, DE,
&c. étoient autant de cordes attachées ensemble par un
nœud commun E auquel cette force fût appliquée suivant la direction ZE du centre de gravité de ce poids.
Or en ce cas les points A, B, C, D, &c. étant comme
autant de nœuds ausquels sont appliquées, chacune suivant sa direction, les puissances F, G, H, I, K, L, M,
N, &c. si l'on prend depuis E sur chacune des lignes AE,
BE, CE, DE, &c. une partie E$g$, E$f$, E$e$, E$b$, &c. égale
à la somme des sublimitez moins celle des profondeurs
des puissances appliquées à chacun des points A, B, C,
D, &c. On trouvera ( *Cor.* 1.) que chacune de toutes ces
puissances F, G, H, I, K, L, M, N, &c. seroit alors à la
force qu'on suppose en E égale au poids AD, comme
chacune de leurs proportionnelles DO, CP, BQ, DX,
AR, CV, BT, AS, &c. à la somme des sublimitez E$l$,
E$e$,

E*e*, E*d*, E*a*, &c. des forces dont les nœuds A, B, C, D, &c. seroient alors tirez, chacun suivant la ligne qui le joint avec le point E. Donc chacune de ces mêmes puissances est aussi au poids AD, comme chacune de leurs proportionnelles à la somme de telles sublimitez des forces avec lesquelles les points A, B, C, D, &c. sont tirez suivant les lignes AE, BE, CE, DE, &c. par le concours d'action des puissances qui y sont appliquées.

*Si les forces avec lesquelles les differens points A, B, C, D, &c. du corps AD, sont tirez suivant des lignes qui concourent au centre de la Terre ( auquel on suppose que tous ses points tendent ) par le concours d'action des puissances qui lui sont appliquées, avoient quelque profondeur: On trouveroit de même que chacune de toutes ces puissances supposées en équilibre avec ce poids AD, lui seroit en raison de la proportionnelle de cette puissance à la somme de telles sublimitez moins celle des profondeurs de ces mêmes forces: mais ce cas étant impossible, puisqu'il faudroit pour cela que ce poids comprît pour le moins plus du quart de la circonference de la Terre, on n'a pas crû qu'il fût necessaire de l'exprimer ici.*

## COROLLAIRE VI.

On voit presentement que dans l'hypothese ordinaire, où l'on regarde les directions AE, BE, CE, DE, &c. comme paralleles entr'elles, chacune des sublimitez E*l*, E*e*, E*d*, E*a*, &c. déterminées sur ZE par chacune des proportionnelles E*g*, E*f*, E*e*, E*b*, &c. qu'on vient (*Cor.* 5.) de prendre égales à la somme des sublimitez moins celle des profondeurs des puissances appliquées à chacun des points A, B, C, D, &c. étant alors égales à ces mêmes proportionnelles; chacune des puissances ainsi appliquées à ce poids, sçavoir, F, G, H, I, K, L, M, N, &c. est toûjours en ce cas à ce même poids AD, comme chacune de leurs proportionnelles à la somme de toutes leurs sublimitez moins celle de toutes leurs profondeurs.

Z

## COROLLAIRE VII.

D'où il suit que dans la même hypothese des directions des graves paralleles entr'elles, la somme de toutes ces puissances est à ce poids comme la somme de leurs proportionnelles est à la somme de leurs sublimitez moins celle de leurs profondeurs : de forte que s'il n'y en avoit que deux d'appliquées à chaque point de ce corps AD, dont l'une tirât à droit, & l'autre à gauche ; & que toutes celles de chaque côté fussent égales entr'elles, & avec des directions qui fissent avec celle du point auquel elles sont appliquées, des angles de chaque côté égaux entr'eux : la somme ( Fig. 77. ) des sublimitez, par exemple, $Ar + A\int$, ou $Bq + Bt$, ou $Cp + Cu$, ou $Do + Dx$, &c. des deux puissances appliquées à celui qu'on voudra des nœuds A, B, C, D, &c. ou bien ( Fig. 78. ) la difference de la sublimité de l'une à la profondeur de l'autre, par exemple, $Ar - A\int$, ou $Bq - Bt$, ou $Cp - Cu$, ou $Do - Dx$, &c. étant alors la même pour tous ces points, aussi-bien que les proportionnelles de ces puissances ; la somme de toutes ces puissances seroit alors au poids AD, comme la somme des proportionnelles de deux d'entr'elles appliquées à un même point, quel qu'il soit, est à la somme ( Fig. 77. ) de leurs sublimitez, ou ( Fig. 78. ) à la difference qui est entre la sublimité de l'une & la profondeur de l'autre.

## COROLLAIRE VIII.

Ce qui fait enfin voir que si toutes les puissances F, G, H, I, K, L, M, N, &c. étoient égales entr'elles, & que toutes leurs directions fissent vers le haut avec celles des points où elles sont appliquées, des angles égaux entr'eux ; la somme de toutes ces puissances seroit alors au poids AD ( Fig. 77. ) comme une de leurs proportionnelles à une de leurs sublimitez, de quelque maniere qu'on les prenne : c'est-à-dire, comme le sinus total au sinus du complement de celui qu'on voudra de ces mêmes angles,

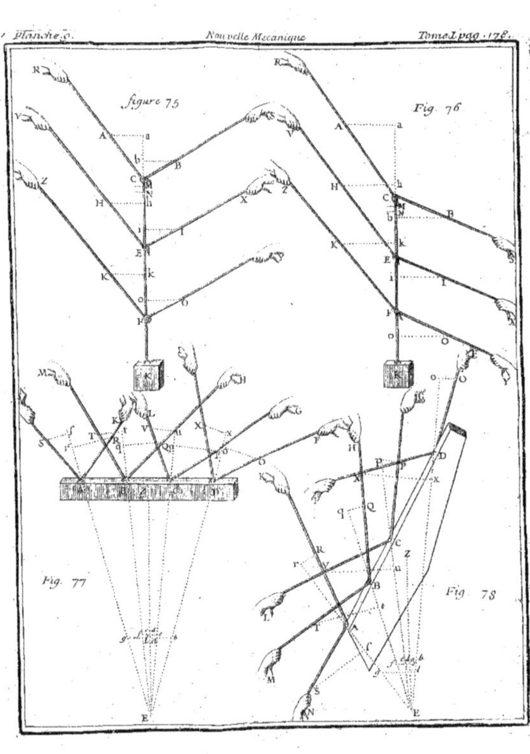

figure 75
Fig. 76
Fig. 77
Fig. 78

# THEOREME VIII.

*Quelques soient les directions des corps pesans, si deux poids*     Fig. 73.
*quelconques K, L, sont suspendus à deux points aussi quel-*
*conques C, D, d'une corde lâche parfaitement flexible ACDB,*
*attachée par les deux bouts à deux clous ou crochets A, B;*
*& qu'on fasse deux parallelogrammes DCME, CDNF, qui*
*ayent CD pour côté commun, & dont les diagonales CE,*
*DF, soient sur les directions KC, LD, de ces deux poids pro-*
*longez de ce côté-là.*

I. *Ces deux poids K, L, en ce cas d'équilibre, seront entre-*
*eux comme ces diagonales correspondantes CE, DF.*

II. *Reciproquement si ces deux poids K, L, sont entr'eux*
*en raison de ces deux diagonales CE, DF, ils demeureront en*
*équilibre entr'eux dans la position donnée ACDB de la corde.*

## DEMONSTRATION.

PART. I. Le Th. 1. fait voir qu'en cas d'équilibre le
poids K est à la force dont la partie CD de la corde est
tirée de C vers D :: CE. CD. Et que la force dont cette
même partie CD de la corde est tirée de D vers C, est
au poids L :: CD. CE. Mais ces forces avec lesquelles
cette même partie CD de la corde est tirée en même tems
de C vers D, & de D vers C, sont ( A. 4. ) égales entr'elles en ce cas d'équilibre. Donc ( en raison ordonnée )
le poids K est ici au poids L, comme CE est à CF. *Ce qu'il*
*falloit 1°. démontrer.*

PART. II. Les deux poids donnez K, L, devant se
mettre tôt ou tard en équilibre entr'eux, à cause des
résistances invincibles ( *Hyp.* ) des crochets A, B; si pour
cela la position de la corde ACB devoit être autre que la
donnée ACDB, cette position donnée ne pouvant changer que par l'augmentation d'un de ses deux angles
ACD, CDB, & par la diminution de l'autre, les directions
des poids demeurant ( *Hyp.* ) toûjours les mêmes, sans faire augmenter une des deux diagonales CE, DF, & sans
faire diminuer l'autre; c'est-à-dire, sans faire changer le

rapport que ces deux diagonales ont entr'elles dans la
position donnée ACDB de cette corde ; les deux poids
K, L, suppofées en raifon de ces deux diagonales , pourroient être en équilibre entr'eux, fans y être en ce rapport : ce que la part. 1. fait voir être impoffible. Donc il
eft pareillement impoffible qu'ils ne demeurent pas en
équilibre entr'eux dans la pofition donnée ACDB de la
corde ACB. *Ce qu'il falloit* 2°. *démontrer.*

### COROLLAIRE I.

Si prefentement on fuppofe à l'ordinaire que les directions EK, FL, de ces deux poids K, L, foient parallèles
entr'elles, & qu'on prolonge BD, AC, jufqu'à leur rencontre en G, H ; les nouveaux parallélogrammes DECH,
CFDG , qui en refulteront , rendant DH=CE, &
CG=DF ; la part. 1. qui vient de donner K.L::CE.DF.
pour toutes fortes de directions des poids K, L, donnera
pareillement K.L::DH.CG. pour ces parallèles-ci ; &
confequemment K×CG=L×DH.

### COROLLAIRE II.

Reciproquement fi les deux poids K, L, de directions
CK, DL, parallèles l'une à l'autre, font entr'eux comme
DH, CG ; la part. 2. fait voir qu'ils demeureront en équilibre dans la pofition donnée ACDB de la corde ACB :
puifque DH=CE, & CG=DF, les rendroient entr'eux
comme les diagonales correfpondantes CE, DF.

### COROLLAIRE III.

Il fuit du Corol. 1. que dans cette hypothefe des directions parallèles entr'elles, les prolongemens CH, DG,
des parties de corde AC, BD, compris entre les directions des poids K, L, doivent fe divifer mutuellement
en Q en raifon réciproque de ces poids en équilibre (*Hyp.*)
entr'eux ; c'eft-à-dire, de maniere qu'elles rendent QH.
QC::K.L::QD.QG. Et qu'au contraire les parallèles
DE, CF, à ces prolongemens CH, DG, & comprifes en-

tre les mêmes directions des poids K, L, se divisent mutuellement en P en raison directe de ces poids ; c'est-à-dire, de maniere qu'elles rendent EP. PD :: K. L :: CP. PF. Car le parallelisme supposé de ces directions EK , FL , des poids K, L, rendant les triangles CQG, HQD , semblables entr'eux, de même les triangles CPE, FPD, l'on aura ici QH. QC :: QD. QG :: DH. CG ( *Corol.* 1. ) :: K. L. Et EP. PD :: CP. PF :: CE. DF (*Th.* 8.) :: K. L. ainsi qu'on le vient de dire.

### COROLLAIRE IV.

Soient presentement tant de poids quelconques K , L , M , N , &c. qu'on voudra, suspendus à autant de points aussi quelconques C , D , E , F , &c. de la corde lâche & parfaitement flexible ACDB entre ses deux points d'attache A , B. Si après avoir prolongé de CK vers FN, chacun des côtez AC, CD, DE, &c. du polygone ACDEFB que les poids font faire à cette corde, jusqu'à la rencontre en H, Q , S, &c. des directions ( *Hyp.* ) paralleles entr'elles DL , EM, FN, &c. immédiatement suivantes des poids L , M , N , &c. On prolonge de même de FN vers CK, les côtez BF, FE, ED, &c. jusqu'à la rencontre en R , P, G , & c. des directions aussi ( *Hyp.* ) paralleles entre elles EM , DL, CK, &c. des poids M , L, K, &c.

Alors le Corol. 1. donnant $\begin{cases} \text{K. L :: DH. CG.} \\ \text{L. M :: EQ. DP.} \\ \text{M. N :: FS. ER.} \end{cases}$

L'on aura en mult. par ordre $\begin{cases} \text{K. N :: DH×EQ×FS. CG×DP×ER.} \\ \text{L. N :: EQ×FS. DP×ER.} \\ \text{K. M :: DH×EQ. CG×DP.} \end{cases}$

Et toûjours de même, quelque nombre de poids quelconques de directions paralleles entr'elles, qu'on suppose ainsi suspendus à autant de points aussi quelconques d'une corde lâche & parfaitement flexible, attachée par les ex-

trêmitez à deux clous ou crochets, telle qu'on suppose
ici ACDEFB.

## THEOREME IX.

I. *La corde lâche & parfaitement flexible ACDB du précedent Th. 8. demeurant attachée par les deux bouts aux
deux clous ou crochets A, B, soient encore deux puissances
quelconques K, L, dirigées comme l'on voudra, appliquées à
deux points aussi quelconques C, D, de cette corde entre ces
deux clous ou crochets A, B. D'un point S pris à volonté dans
le plan du polygone ACDB, que ces deux puissances avec ces
deux clous font faire à cette corde, soient Se, Sf, Sg, perpendiculaires en e, f, g, aux trois côtez prolongez AC, CD,
DB de ce polygone; de plus à une des directions des deux puissances K, L, par exemple, à la direction CK de la puissance
K, soit faite EF perpendiculaire en k, & rencontrée en E, F,
par Se, Sf, Sg, prolongées jusqu'à elle; enfin du point F soit
FG perpendiculaire en l à la direction DL de l'autre puissance L, & qui rencontre Sg en G.*

*Cela fait, je dis qu'en cas d'équilibre la puissance K sera
à la puissance L, comme EF est à FG; c'est-à-dire, K. L ::
EF. FG.*

II. *Réciproquement la corde ACDB étant donnée de position, c'est-à-dire, le polygone qu'elle forme étant donné, si
d'un point S pris à volonté dans le plan de ce polygone ACDB,
on fait SE, SF, FG, perpendiculaires en e, f, g, à ses côtez
AC, CD, DB, prolongez, & de rapports quelconques entr'elles; deux puissances K, L, dirigées suivant CK, DL,
perpendiculaires aux bases EF, FG, des deux triangles ESF,
FSG, & entr'elles comme ces bases, retiendront la corde
ACDB dans cette position donnée, y demeurant en équilibre
entr'elles.*

### DEMONSTRATION.

PART. I. Dans le cas d'équilibre que cette part. 1. suppose, les deux forces dont chacun des cordons AC, CD,

DB, est tiré directement en sens contraires, soient appellées *e* chacune des deux forces dont le cordon AC
est tiré de A vers C, & de C vers A ; *f*, chacune des deux
dont le cordon CD est tiré de C vers D, & de D vers C ;
*g*, chacune des deux dont le cordon DB est tiré de D vers
B, & de B vers D.

Cela posé, puisque ( *constr.* ) les trois côtez SE, EF, SF,
du triangle ESF sont ici perpendiculaires aux directions
( prolongées s'il est necessaire ) CA, CK, CD, des trois
forces *e*, K, *f*; ces trois côtez doivent être ici entr'eux
( *Théoreme* I. *Corollaire* 7. ) comme ces trois forces. De
même puisque ( *constr.* ) les trois côtez SF, FG, CS,
du triangle FSG, sont pareillement ici perpendiculaires aux directions DC, DL, DB, des trois forces *f*,
L, *g*; ces trois côtez doivent être aussi entr'eux comme
ces trois forces. Donc K. *f* : : EF. FS. Et *f*. L : : FS. FG.
Donc aussi ( en raison ordonnée ) K. L : : EF. FG. *Ce qu'il*
*falloit* I°. *démontrer.*

PART. II. Premierement, puisque les clous ou crochets A, B, sont ( *Hyp.* ) chacun d'une résistance invincible, il est manifeste que les puissances K, L, gardant
toûjours les mêmes directions CK, DL, doivent se mettre
tôt ou tard en équilibre entr'elles dans quelque position
de la corde ACB. Secondement, pour voir que cette position ne peut être autre que l'a donnée ACDB, il faut
considerer qu'aucun des deux angles ACD, CDB, ne
peut ici augmenter ni diminuer, à moins que l'autre au
contraire ne diminue ou augmente en même tems. Mais si
l'angle, par exemple, ACD augmentoit, la direction CK demeurant ( *Hyp.* ) la même, son complement ESF ( à deux
droits ) diminueroit; les collateraux ACK, DCK, diminueroient aussi, la direction CK demeurant ( *Hyp.* ) la
même; au contraire leurs complemens ( à deux droits )
SEF, SFE, augmenteroient l'un & l'autre : de sorte qu'a-
lors le rapport de EF à FS, diminueroit. Au contraire l'angle CDB, qui diminueroit alors, feroit augmenter son complement FSG à deux droits, aussi-bien que ses collate-

raux CDL , BDL , la direction DL demeurant ( *Hyp.* ) la même, & diminuer leurs complemens SFG , SGF, à deux droits : de forte qu'alors le rapport de SF à FG diminueroit auffi.

Donc en cas de changement des angles ACD , CDB, les rapports de EF à FS , &c. FS à FG diminueroient tous deux ; & confequemment le rapport de EF à FG diminueroit auffi. Donc les puiffances K , L, fuppofées entre-elles dans ce dernier rapport, feroient alors en équilibre fans être entr'elles comme EF à FG ; ce que la part. I. fait voir être impoffible. Donc il eft impoffible auffi que ces deux puiffances K , L , dirigées fuivant CK, DL, perpendiculaires ( *Hyp.* ) à EF , FG , & entr'elles ( *Hyp.* ) comme ces lignes EF , FG , ne demeurent pas en équilibre entr'elles dans la pofition donnée ACDB de la corde ACB. *Ce qu'il falloit* 2°. *démontrer.*

C O R O L L A I R E I.

FIG. 86.
87. 88. Soient prefentement tant de puiffances quelconques K , L , M , N , &c. qu'on voudra , appliquées fuivant telles directions CK , DL , PM , QN , &c. qu'on voudra auffi, à autant de points quelconques C , D , P , Q , &c. de la corde lâche & parfaitement flexible ACDB attachée par les deux bouts à deux clous ou crochets A , B , & en équilibre entr'elles. D'un point S pris à volonté fur le plan du polygone ACDPQB que ces puiffances font former ( *Th.* I. *Corol.* II.) à cette corde, foient fur tous les côtez AC , CD , DP , PQ , QB, &c. de ce polygone autant de perpendiculaires S*e* , S*f* , S*g* , S*h* , S*r*, &c. qui les rencontrent ( prolongez ou non ) en autant de points *e* , *f* , *g* , *h* , *r*, &c. Après cela fur une quelconque CK des directions des puiffances K , L , M , N , &c. foit menée une perpendiculaire EF qui la rencontre en *k* , & qui rencontre auffi en E , F , les droites S*e* , S*f*, prolongées jufqu'à elle, s'il eft neceffaire. Du point F foit FG perpendiculaire en *l* à la direction DL de la puiffance fuivante L , & qui rencontre S*g* en G. De ce point G foit auffi GH perpendiculaire

diculaire en *m* à la direction PM de la puiſſance ſuivante M, & qui rencontre S*h* prolongée en H. De ce point H ſoit pareillement HR perpendiculaire en *n* à la direction QN de la puiſſance ſuivante N, & qui rencontre S*r* prolongée en R; & toûjours de même, quelque nombre de puiſſances quelconques qu'il puiſſe y avoir ici en équilibre ainſi entr'elles.

Cela fait, il ſuit de la part. 1. du preſent Th. 9. qu'en cas d'équilibre entre toutes ces puiſſances K, L, M, N, &c. elles ſeront entr'elles comme les lignes correſpondantes EF, FG, GH, HR, &c. perpendiculaires ( *Hyp.* ) à leurs directions. Car l'équilibre ſuppoſé rendant ici le point P immobile comme s'il étoit fixe ainſi que le point A, la part. 1. du preſent Th. 9. fait voir que K. L :: EF. FG. Le même équilibre rendant pareillement les points C, Q, immobiles comme s'ils étoient fixes, cette part. 1. du preſent Th. 9. donnera de même L. M :: FG. GH. Par la même raiſon elle donnera pareillement M. N :: GH. HR. Et toûjours de même, quelque nombre de puiſſances quelconques dirigées à volonté, qu'on ſuppoſe ici en équilibre entr'elles.

$$\text{Donc} \begin{cases} \text{K. L :: EF. FG.} \\ \text{L. M :: FG. GH.} \\ \text{M. N :: GH. HR.} \end{cases}$$
&c.

Par conſequent ( en raiſon ordonnée ) toutes ces puiſſances K, L, M, N, &c. ſeront ici entr'elles comme les lignes correſpondantes EF, FG, GH, HR, &c. perpendiculaires à leurs directions. *Ce qu'il falloit démontrer.*

### COROLLAIRE II.

Toutes ces lignes EF, FG, GH, HR, &c. étant ici ( *conſtr.* ) perpendiculaires en *k*, *l*, *m*, *n*, &c. aux directions CK, DL, PM, QN, &c. de toutes les puiſſances K, L, M, N, &c. chacune à chacune; il eſt manifeſte

FIG. 88.

A a

que fi ces directions font toutes paralleles entr'elles, comme dans la Fig. 88. toutes leurs perpendiculaires EF, FG, GH, HR, &c. ne feront alors enfemble qu'une feule & même ligne droite OI, de laquelle elles feront autant de parties. Donc ( *Corol.* 1. ) les puiffances K, L, M, N, &c. fuppofées en équilibre entr'elles, feront auffi pour lors entr'elles comme les parties correfpondantes EF, FG, GH, HR, &c. de la droite OI perpendiculaire à toutes leurs directions. D'où l'on voit dans la Fig. 88. que des poids K, L, M, N, &c. de directions paralleles entr'elles, & ainfi en équilibre entr'eux, feroient auffi entr'eux comme ces parties correfpondantes EF, FG, GH, HR, &c. de la droite OI perpendiculaire à leurs directions.

## COROLLAIRE III.

FIG. 86. 87. 88.

Le reciproque des deux précedens Corol. 1. 2. fe démontrera comme la part. 2. de ce Théoreme-ci : fçavoir, que la corde ACDPQB étant donnée de pofition, c'eft-à-dire, le polygone quelconque qu'elle forme, étant donné, fi d'un point pris à volonté fur le plan de ce polygone, on mene SE, SF, SG, SH, SR, &c. perpendiculaires en *e*, *f*, *g*, *h*, *r*, &c. à fes côtez AC, CD, DP, PQ, QB, &c. & de rapports quelconques entr'elles ; fi l'on applique aux angles C, D, P, Q, &c. de ce polygone, fuivant des directions CK, DL, PM, QN, &c. perpendiculaires aux bafes ( prolongées ou non ) EF, FG, GH, HR, &c. des triangles ESF, FSG, GSH, HSR, &c. autant de puiffances K, L, M, N, &c. lefquelles foient entr'elles comme ces bafes ; toutes ces puiffances retiendront enfemble la corde ACB dans la pofition donnée ACDPQB, y demeurant en équilibre entr'elles.

Car premierement les clous ou crochets A, B, étant chacun ( *Hyp.* ) d'une réfiftance invincible, il eft manifefte que toutes ces puiffances doivent tôt ou tard fe mettre en équilibre entr'elles dans quelque pofition de la corde ACB. Secondement, cette pofition ne peut être autre que la donnée ACDPQB ; puisque si quelqu'un de ses angles, par exemple, ACD, augmentoit ou diminuoit, un raisonnement semblable à celui de la démonstration de la part. 2. fera voir que quelqu'un des autres angles du polygone donné, diminueroit ou augmenteroit, & peut-être plusieurs : mais un nous suffit pour faire voir qu'alors les perpendiculaires EF, FG, GH, HR, &c. aux directions données des puissances K, L, M, N, &c. ne seroient plus en raison de ces puissances ; & qu'ainsi ces mêmes puissances pourroient ici faire équilibre entr'elles, sans être en raison de ces lignes ; ce qui est impossible par le Corol. 1. Donc il est pareillement impossible que ces puissances, telles qu'on les vient de supposer, ne demeurent pas en équilibre entr'elles dans la position donnée ACDPQB de la corde ACB. *Ce qu'il falloit démontrer.*

## Cᴏʀᴏʟʟᴀɪʀᴇ IV.

Il suit de-là en particulier dans la Fig. 88. que des poids  K, L, M, N, &c. de directions parallèles entr'elles, appliqués aux angles C, D, P, Q, &c. d'un polygone quelconque ACDPQB formé par une corde ACB de position donnée, & entr'eux comme les parties EF, FG, GH, HR, &c. marquées sur une droite OI perpendiculaire aux directions de ces poids, par les droites SE, SF, SG, SH, SR, &c. menées d'un point S pris à volonté sur le plan de ce polygone, perpendiculairement en $e, f, g, h, r$, &c. à ses côtez AC, CD, DP, PQ, QB, &c. prolongez ou non : il suit, dis-je, du précédent Corol. 3. que tous ces poids retiendront ensemble cette corde ACB dans cette position donnée ACDPQB en équilibre entr'eux, ou qu'ils la lui donneroient, si elle ne l'avoit pas.

## Cᴏʀᴏʟʟᴀɪʀᴇ V.

Donc si le polygone étoit d'une infinité de côtez, c'est-à-dire, si la corde ACB formoit une courbe quelconque donnée ACDPQB, dont les tangentes fussent conséquemment les côtez infiniment petits prolongez AC, CD, DP,

PQ , QB , &c. de ce polygone infinilatere ; que d'un
point quelconque S pris à volonté fur le plan de ce polygone ou de cette courbe ACDPQB on fuppofât des perpendiculaires SE, SF, SG, SH, SR , &c. à toutes ces tangentes en $e$ , $f$ , $g$ , $h$ , $r$ ,&c. & qui rencontraffent en autant
de points E,F,G, H, R , &c. une droite quelconque OI perpendiculaire en $k$, $l$ , $m$ , $n$,&c. à des directions CK,DL,PM,
QN,&c. paralleles entr'elles de poids K, L, M, N, &c. fufpendus aux angles ou points C, D, P, Q, &c. de
concours des tangentes contigues de la courbe donnée
ACDPQB , & que ces poids fuffent entr'eux comme les
parties correfpondantes EF, FG , GH , HR , &c. de la
droite OI : il fuit, dis-je , du précedent Corol. 4. que ces
poids en cette raifon, & ainfi appliqués à la corde ACB,
la retiendroient enfemble dans la courbure donnée
ACDPQB , ou la lui donneroient fi elle ne l'avoit pas.

COROLLAIRE VI.



Cela étant , fi la pofition donnée de la corde ACB
étoit , par exemple , un arc quelconque de cercle
ACDPQB, égal ou moindre que le quart de cette courbe, dont S fût le centre , & A le plus bas de tous les
points, auquel elle fût attachée comme en B dans un plan
vertical, & touchée par l'horifontale AI on OI ; qu'aux
extrêmitez C, D , P , Q , &c. de fes parties égales infiniment petites AC, CD ,DP , PQ , &c. de cet arc ( qui regardé comme un polygone infinilatere regulier , ait fes
points pour fes angles , & fes petites parties pour fes côtez ) fuffent fufpendus autant de poids K, L , M , N , &c.
de directions toutes perpendiculaires en $k$ , $m$ , $n$ , &c.
à la tangente horifontale OI , & qui fuffent entr'eux
comme les parties EF , FG , GH , HR , &c. marquées fur
cette tangente par les fecantes SE, SF, SG , SH , SR,&c.
perpendiculaires aux milieux $e$ , $f$ , $g$ , $h$ , $r$ , &c. des élemens égaux AC, CD , DP , PQ , QB , &c. de l'arc circulaire donné ACDPQB : fi tout cela ( dis-je ) étoit ainfi,
il fuit du précedent Corol. 5. que ces poids K, L, M, N,

&c. ainsi en raison des differences EF, FG, GH, HR, &c.
des tangentes AE, AF, AG, AH, AR, &c. des arcs circulaires A$e$, A$f$, A$g$, A$h$, A$r$, &c. retiendroient ensemble la
corde ACB dans la position ou courbure circulaire donnée ACDPQB, ou la lui donneroient si elle ne l'avoit pas.

### COROLLAIRE. VII.

Toutes choses demeurant les mêmes que dans tous les
Corollaires précedens, ces six Corollaires faisant voir que
pour que les puissances K, L, M, N, &c. quelques directions qu'elles ayent, retiennent ensemble la corde ACB
dans la courbure quelconque donnée ACDPQB, où
qu'ils la lui donnent si elle ne l'a pas ; il faut que ces
puissances K, L, M, N, &c. soient entr'elles comme les
lignes EF, FG, GH, HR, &c. perpendiculaires à leurs
directions, & terminées par des perpendiculaires menées
d'un même point quelconque S, pris sur le plan de cette
courbure ou polygone ACDPQB, à ses côtez AC, CD,
DP, PQ, QB, &c. lesquels prolongez se trouvent tangentes de la courbe en laquelle ce polygone se réduit,
lorsqu'il devient infinilatere, aux angles ou concours C,
D, P, Q, &c. desquels côtez, pris deux à deux contigus,
ces puissances sont appliquées : il suit necessairement de

tous ces Corol. 1. 2. 3. 4. 5. 6. qu'alors $\frac{EF}{K}$, $\frac{FG}{L}$, $\frac{GH}{M}$, $\frac{HR}{N}$,
&c. doivent être autant de fractions constantes égales
entr'elles ; & reciproquement que lorsqu'elles seront telles, les puissances K, L, M, N, &c. ainsi appliquées
doivent demeurer en équilibre entr'elles, & retenir la
corde ACB dans la courbure qui aura donné les numerateurs de ces fractions en raison de ces puissances, ou lui
donner cette courbure si elle ne l'a pas.

### COROLLAIRE VIII.

Donc conformément aux Corol. 2. 4. 5. 6. lorsque les
directions CK, DL, PM, QN, &c. des poids K, L, M,
N, &c. sont paralleles entr'elles, comme dans les Fig.

A a iij

88. 89. les perpendiculaires EF, FG, GH, HR, &c. à ces directions, ne faisant alors qu'une seule & même ligne droite OI perpendiculaire à toutes ces mêmes directions ; il faut, pour que ces poids retiennent la corde ACB dans la courbure donnée ACDPQB non seulement ( *Corol.* 7. ) que les fractions $\frac{EF}{K}$, $\frac{FG}{L}$, $\frac{GH}{M}$, $\frac{HR}{N}$, &c. soient constantes & toutes égales entr'elles, mais encore que leurs numerateurs EF, FG, GH, HR, &c. soient autant de parties d'une même ligne droite OI perpendiculaire aux directions de ces poids, marquées sur elle par des perpendiculaires menées d'un même point quelconque S aux côtez du polygone ou aux tangentes de la courbe ACDPQB que la corde doit former par l'action de ces poids appliquez chacun au concours de deux tangentes contigues, c'est-à-dire, aux angles du polygone qui dégenere en cette courbe. Reciproquement lorsque ces fractions seront telles, les poids K, L, M, N, &c. ainsi suspendus aux angles ou concours C, D, P, Q, &c. des côtez ou tangentes contigues de ce polygone ou de cette courbe ACDPQB, doivent ( *Corol.* 7. ) demeurer en équilibre entr'eux, & retenir la corde ACB dans cette courbure, ou la lui donner si elle ne l'a pas.

## THEOREME X.

FIG. 90. 91.

I. *Deux puissances quelconques K, L, dirigées à volonté, & appliquées en deux points quelconques C, D, d'une corde lâche & parfaitement flexible ACDB, attachée par les deux bouts à deux clous ou crochets A, B, demeurant encore en équilibre entr'elles, comme dans les Th. 8. 9. d'un point quelconque S soient faites SE, SF, SG, paralleles aux trois côtez AC, CD, DB, du polygone ACDB que ces puissances font faire à cette corde ; & d'un point F pris aussi à volonté sur SF, soient menées FE, FG, paralleles aux directions CK, DL, des puissances K, L, jusqu'à ce que ces deux lignes rencontrent SE, SG, en E, G. Cela fait, je dis qu'en ce cas d'é-*

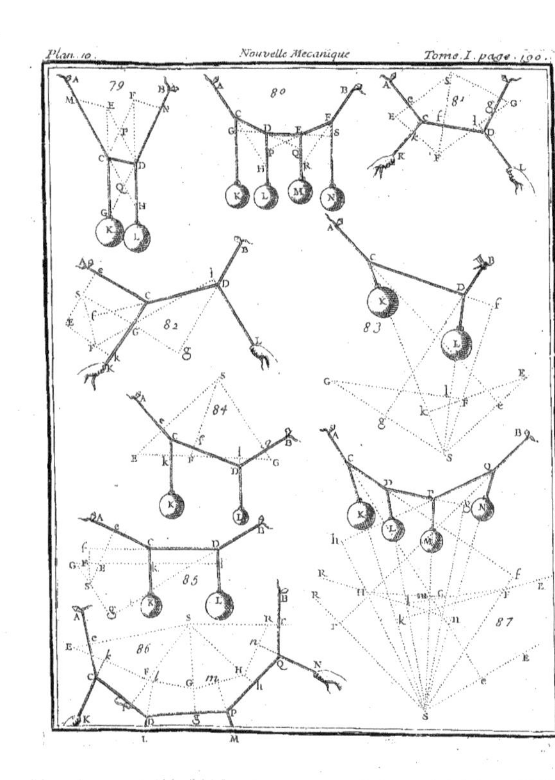

Plan. 10.
Nouvelle Mecanique
Tome I. page. 100.
79
80
81
82
83
84
85
86
87

quilibre les puiſſances *K*, *L*, feront entr'elles comme *EF*, *FG*, c'eſt-à-dire, *K.L :: EF. FG*.

II. *Reciproquement la corde ACDB étant donnée de poſi-tion, c'eſt-à-dire, le polygone qu'elle forme étant donné, ſi d'un point S pris à volonté, on fait SE, SF, SG, parallele aux trois côtez AC, CD, DB, de ce polygone ; & que d'un point F pris auſſi à volonté ſur SF, on mene deux droites quelconques FE, FG, qui rencontrent SE, SG en E, G : deux puiſſances K, L, qui ſeroient entr'elles comme ces deux lignes FE, FG, & qui auroient leurs directions CK, DL, paral-leles à ces mêmes lignes, chacune à chacune, retiendront la corde ACDB dans cette poſition donnée, y demeurant en équi-libre entr'elles.*

DEMONSTRATION.

PART. I. Soient encore appellez *e*, *f*, *g*, comme dans la démonſtrat. de la part. 1. du Th. 9. les forces dont les cordons AC, CD, DB, ſont ici tirez chacun également en ſens directement contraires. Le triangle ESF ayant ici (*conſtr.*) les trois côtez SE, EF, SF, paralleles aux dire-ctions CA, CK, CD, des trois forces *e*, K, *f*, (*Hyp.*) en équilibre entr'elles ; ces trois côtez du triangle ESF ſe-ront ici entr'eux (*Th.* 1. *Corol.* 7.) comme ces trois for-ces. De même le triangle SFG ayant pareillement (*conſtr.*) les trois côtez SF, FG, GS, paralleles aux directions DC, DL, DB, des trois forces *f*, L, *g*, ces trois côtez du trian-gle SFG ſeront auſſi entr'eux (*Th.* 1. *Corol.* 7.) comme ces trois forces. Donc K. *f* :: EF. FS. Et *f*. L :: FS. FG. Par conſequent (en raiſon ordonnée) K. L :: EF. FG. *Ce qu'il falloit* 1º. *démontrer.*

PART. II. Cette ſeconde ſe démontrera comme la ſe-conde du Théoreme 9.

COROLLAIRE I.

Soient preſentement tant de puiſſances K, L, M, N, &c. qu'on voudra appliquées ſuivant telles directions CK, DL, PM, QN ; qu'on voudra auſſi, à autant de

points quelconques C, D, P, Q, &c. de la corde lâche
& parfaitement flexible ACB, & en équilibre entr'elles.
D'un point quelconque S foient menées SE, SF, SH, SR,
&c. paralleles aux côtez AC, CD, DP, PQ, QB, &c.
chacune à chacun, du polygone ACDPQB que ces
puiſſances K, L, M, N, &c. font former (*Th.* 1. *Cor.* 11.)
à cette corde ACB. Soient auſſi EF, FG, GH, HR, &c.
paralleles aux directions CK, DL, PM, QN, &c. de ces
mêmes puiſſances, & qui rencontrent SE, SF, SG, SH,
SR, &c. en E, F, G, H, R, &c.

Cela fait, il ſuit de la part. 1. du preſent Th. 10. qu'en
ce cas d'équilibre entre toutes ces puiſſances K, L, M, N,
&c. elles feront entr'elles comme les lignes EF, FG, GH,
HR, &c. paralleles à leurs directions. Car l'équibre ſuppoſé rendant ici le point D immobile comme s'il étoit fixe,
ainſi que le point A, la part. 1. du preſent Th. 10. donne K. L :: EF. FG. le même équilibre rendant pareillement les points C, P, immobiles comme s'ils étoient fixes,
cette part. 1. du preſent Théor. 10. donnera de même
L. M :: FG. GH. Par la même raiſon elle donnera auſſi
M. N :: GH. HR. Et toûjours de même, quelque nombre
de puiſſances quelconques dirigées à volonté qu'on puiſſe
ſuppoſer ainſi en équilibre entr'elles.

$$\text{Donc}\begin{cases} \text{K. L :: EF. FG.} \\ \text{L. M :: FG. GH.} \\ \text{M. N :: GH. HR.} \\ \text{\&c.} \end{cases}$$

Par conſequent ( en raiſon ordonnée ) toutes ces puiſſances K, L, M, N, &c. feront ici entr'elles comme les
lignes correſpondantes EF, FG, GH, HR, &c. paralleles à leurs directions.

COROLLAIRE II.

Toutes ces lignes EF, FG, GH, HR, &c. étant ici
( *conſtr.* ) paralleles aux directions CK, DL, PM, QN, &c.
de toutes les puiſſances K, L, M, N, &c. chacune à chacune,

cune ; il est manifeste que si toutes ces directions sont paralleles entr'elles , toutes leurs paralleles EF , FG , GH ,
HR , &c. ne feront alors ensemble qu'une seule & même
ligne droite OI , de laquelle elles seront autant de parties. Donc ( *Corol.* 1. ) les puissances K , L , M , N , &c.
supposées en équilibre entr'elles , seront aussi pour lors
entr'elles comme les parties correspondantes EF , FG ,
GH , HR , &c. de cette ligne droite OI parallele à toutes
& à chacune de leurs directions. D'où l'on voit dans la
Fig. 93. que des poids K , L , M , N , &c. de directions paralleles entr'elles , & ainsi en équilibre entr'eux , seroient
aussi entr'eux comme ces parties correspondantes EF ,
FG , GH , HR , &c. de la droite OI parallele à leurs directions.

## COROLLAIRE III.

Le reciproque des deux précedens Corol. 1. 2. suit de
la part. 2. du present Th. 10. & se démontrera comme
le Corol. 3. du Th. 9. sçavoir , que la corde ACB étant
donnée de position ACDPQB , c'est-à-dire , le polygone
quelconque qu'elle forme , étant donné ; si d'un point
quelconque S on mene SE , SF , SG , SH , SR , &c. paralleles à ses côtez AC , CD , DP , PQ , QB , &c. & de
rapports quelconques entr'elles ; si l'on applique ensuite
aux angles C , D , P , Q , &c. de ce polygone , suivant
des directions CK , DL , PM , QN , &c. paralleles aux bases EF , FG , GH , HR , &c. des triangles ESF , FSG , GSH ,
HSR , &c. autant de puissances K , L , M , N , &c. lesquelles soient entr'elles comme ces bases ; toutes ces puissances
retiendront ensemble la corde ACB dans la position donnée ACDPQB , en équilibre entr'elles ; ou elles la lui donneroient , si elle ne l'avoient pas. Cela , dis-je , se démontrera comme le Corol. du Th. 9.

## COROLLAIRE IV.

Il suit en particulier dans la Fig 93. que des poids K ,
L , M , N , &c. de directions paralleles entr'elles , appli-

quées aux angles C, D, P, Q , &c. d'un polygone quelconque ACDPQB formé par une corde ACB de position donnée , & entr'eux comme les parties EF, FG, GH, HR, &c. marquées sur une droite OI parallele aux directions de ces poids, par les droites SE, SF, SG, SH, SR, &c. menées d'un point quelconque S paralleles aux côtez AC, CD, DP, PQ , QB, &c. de ce polygone : il fuit, dis-je , du précedent Corol. 3. que tous ces poids retiendront enfemble la corde ACB dans la pofition donnée ACDPQB en équilibre entr'eux ; ou qu'ils la lui donneroient, fi elle ne l'avoit pas.

### COROLLAIRE. V.

Donc fi ce polygone étoit d'une infinité de côtez , c'eſt-à-dire, fi la corde ACB formoit une courbe quelconque ACDPQB , dont les tangentes fuſſent conféquemment les côtez infiniment petits prolongez AC, CD, DP, PQ , QB , &c. de ce polygone infinilatere ; que d'un point quelconque S on fuppofât des paralleles SE, SF , SG, SH, SR , &c. à toutes ces tangentes, & qui rencontraſ- fent en autant de points E, F, G, H, R , &c. une ligne droite quelconque OI, parallele aux directions CK, DL, PM, QN, &c. des poids K , L , M , N , &c. fufpendus aux angles ou points C, D , P , Q , &c. de concours des tangentes contigues de la courbe données ACDPQB , & que ces poids fuſſent entr'eux comme les parties corref- pondantes EF, FG, GH , HR , &c. de la droite OI : il fuit , dis je , du précedent Corol. 4. que ces poids en cette raiſon, & appliqués à la corde ACB, la retien- droient enfemble dans la courbure donnée , ou la lui don- neroient, fi elle ne l'avoit pas.

### COROLLAIRE VI.

D'où l'on voit que fi les points ( infiniment proches les uns des autres) C, D , P , Q , &c. de cette corde ACB, jufqu'ici regardée comme fans pefanteur , avoient effec- tivement des pefanteurs de directions paralleles entre-

elles , & en raiſon des parties EF , FG, GH, HR, &c.
marquées comme dans le Corol. 5. ſur la droite OI parallele à toutes ces directions ; cette corde ( *Hyp.* ) parfaitement flexible ACB prendroit d'elle-même la courbure
donnée ACDPQB.

### C O R O L L A I R E  VII.

Toutes choſes demeurant les mêmes que dans tous les
Corollaires précedens, ces ſix Corollaires faiſant voir que
pour que les puiſſances K , L , M , N , &c. quelques directions qu'elles ayent, retiennent enſemble la corde ACB
dans une courbure quelconque donnée ACDPQB, il faut
que ces puiſſances K , L , M , N , &c. ſoient entr'elles
comme les lignes EF , FG , GH , HR , &c. paralleles à
leurs directions, & terminées par des paralleles menées
d'un même point quelconque S , aux côtez AC , CD ,
DP, PQ , QB , &c. de ce polygone , leſquels prolongez
ſont tangentes de la courbe en laquelle il ſe réduit quand
il devient infinilatere , aux angles ou concours C, D ,
P, Q , &c. deſquels côtez, pris deux à deux contigus ,
ces puiſſances K , L , M , N , &c. ſont appliquées : il ſuit,

dis-je, des Corol. 1. 2. 3. 4. 5. 6. qu'alors $\frac{EF}{K}$, $\frac{FG}{L}$, $\frac{GH}{M}$, $\frac{HR}{N}$,

&c. doivent être autant de fractions conſtantes toutes
égales entr'elles ; & réciproquement que lorſqu'elles ſeront telles , les puiſſances K , L , M , N , &c. ainſi appliquées doivent demeurer en équilibre entr'elles , & retenir enſemble la corde ACB dans la courbure ACDPQB
qui aura donné les numerateurs de ces fractions , ou lui
donner cette courbure , ſi elle ne l'avoit pas.

### C O R O L L A I R E  VIII.

Donc conformément aux Corol. 2. 4. 5. 6. lorſque les
directions CK, DL, PM, QN, &c. des poids K , L , M ,
N , &c. ſont paralleles entr'elles, comme dans la Fig. 93.
les paralleles EF , FG , GH , HR , &c. à ces directions,
ne faiſant plus alors qu'une ſeule & même ligne droite

OI parallele à ces mêmes directions ; il faut pour que ces poids retiennent la corde ACB dans la courbure donnée ACDPQB, non feulement ( *Corol.* 7. ) que les fractions $\frac{EF}{K}$, $\frac{FG}{L}$, $\frac{GH}{M}$, $\frac{HR}{N}$, &c. foient conftantes & toutes égales entr'elles, mais encore que leurs numerateurs EF, FG, GH, HR, &c. foient autant de parties marquées fur une même ligne droite OI parallele aux directions de ces poids, par des paralleles menées d'un même point S aux côtez du polygone, ou aux tangentes de la courbe ACDPQB que la corde doit former : reciproquement lorfque ces fractions feront telles, les poids K, L, M, N, &c. ainfi fufpendus aux angles ou concours C, D, P, Q, &c. des côtez ou tangentes contigues de ce polygone ou de cette courbure ACDPQB, doivent demeurer en équilibre entr'eux, & retenir la corde ACB dans cette courbure donnée, ou la lui donner, fi elle ne l'a pas.

*Lorfqu'on a parlé ci-deffus de courbures quelconques ACDPQB, données ou non, de la corde ACB, il eft vifible qu'on n'y a compris que des courbures telles que des puiffances ou des poids qui lui feroient appliquez, lui pourroient donner ; & confequemment toutes convexes du côté vers lequel tendent les poids ou les puiffances qui la tirent en même fens.*

## THEOREME XI.



*Soit encore une corde lâche parfaitement flexible ACDPQB, attachée par fes extrémitez à deux clous ou crochets A, B, laquelle foit tirée en C, D, P, Q, &c. par tant de puiffances K, L, M, N, &c. qu'on voudra, en équilibre entr'elles fuivant des directions quelconques EK, FL, GM, HN, &c. je dis qu'en ce cas d'équilibre la réfiftance du clou A fera toûjours à celle du clou B, comme le produit des finus des angles faits du côté de B par ces directions avec la corde ACDPQB, fera au produit des finus de ce qu'elles font d'autres angles avec cette corde du côté de A.*

## DEMONSTRATION.

Soient $e, f, g$, &c. les forces de tensions dont les parties intermediaires CD, DP, PQ, &c. de la corde sont tirées suivant leurs longueurs par le concours des puissances K, L, M, N, &c. soient aussi A, B, les résistances que leur font les clous de ces noms. Soit enfin $f$ la caractéristique ou la marque des sinus des angles que les directions des puissances font avec la corde qu'elles courbent en polygone quelconque ACDPQB.

Cela posé, le Cor. 1. du Th. 2. donne
$$\begin{cases} A.\, e :: fECD.\, fECA. \\ e.\, f :: fFDP.\, fFDC. \\ f.\, g :: fGPQ.\, fGPD. \\ g.\, B :: fHQB.\, fHQP. \\ \&c. \end{cases}$$

Donc ( en multipliant par ordre ) A. B :: $fECD \times fFDP \times fGPQ \times fHQB \times$ &c. $fECA \times fFDC \times fGPD \times fHQP \times$ &c. *Ce qu'il falloit démontrer.*

## COROLLAIRE I.

Il suit de-là que si les directions EK, FL, GM, HN, &c. des puissances K, L, M, N, &c. divisent chacune en deux également chacun des angles ACD, CDP, DPQ, PQB, &c. de la corde, au travers desquels ces directions passent ; cette corde sera bandée par tout d'égale force dans toute sa longueur ACDPQB ; & les résistances A, B, des clous de ces noms, feront égales entr'elles ; c'est-à-dire, qu'alors on aura A $=e=f=g=$ B $=$ &c. Car cette égalité d'angles en chacun des points C, D, P, Q, rendant $fECD=fECA$, $fFDP=fFDC$, $fGPQ=fGPD$, $fHQB=fHQP$, rendra aussi ( suivant les premieres analogies de la démonstration précedente ) A $=e$, $e=f$, $f=g$, $g=$ B, &c. Et par conséquent A $=e=f=g=$ B $=$ &c. ainsi qu'on le vient de dire.

fera la direction de l'effort réfultant du concours des
puiffances K , L , M , N , lequel effort (*Th.* 1. *Cor.* 4.) fera
à chacune de ces réfiftances des clous A, B, comme le finus
de cet angle total à chacun des finus des angles partiaux
GTB, GTA : de forte que fi l'on appelle A , B , ces réfiftances des clous de ces noms, & qu'on prenne ſ pour la
marque des finus, l'un aura toûjours ici A. B :: ſGTB.
ſGTA. Donc ,

1°. Les réfiftances A , B , des clous ou crochets de ces
noms étant trouvées fuivant le Th. 11. fi depuis T fur
leurs directions TA , TB, on prend TV. TX :: A. B. &
que de ces côtez TV , TX, on faffe le parallelogramme
TVXG , l'on aura fa diagonale GT pour la direction
commune de toutes les puiffances K, L , M, N, c'eft-à-
dire , de la force réfultante de leur concours : puis on
aura pour lors A. B :: TV. TX ( *Lemme* 8. *Corol.* 2. ) ::
ſTGV. ſGTA :: ſGTB. ſGTA. Ce que le nomb. 2. du
Corol. 1. du Lem. 3. fait auffi voir.

2°. Reciproquement la direction commune GT des
puiffances K , L , M , N , c'eft-à-dire , de la force ( que
j'appelle T ) réfultante de leur concours, étant trouvée
fuivant le prefent Th. 12. le parallelogramme TVGX
d'une diagonale GT prife à volonté fur cette direction
commune, & des côtez TV , TX, placez fur les directions TA , TB, des réfiftances A , B, donnera de même
( *Lem.* 3. *Corol.* 1 *nomb.* 2. ) VT , GT , XT, en raifon de
A , T , B ; & confequemment A. B :: TV. TX ( *nomb.* 2. )
:: ſGTB. ſGTA.

*M. Bernoulli a trouvé la précedente direction commune GT*
*d'une autre maniere dans ſon* Effay de la Manœuvre des
Vaiffeaux , chap. 15. prop. 3. *où il l'appelle* Direction
moyenne.

C O R O L L A I R E   I I.

On vient de voir dans le Corol. 1. du Th. 11. que
lorfque les directions EK , EL , FM , GN , des puiffances
K , L , M , N , divifent chacune en deux parties égales
chacun

chacun des angles ACD, CDP, DPQ, PQB, qu'elles
traverſent ; les réſiſtances des clous A, B, ſont égales
entr'elles. Donc alors ( *Corol.* 1. ) la direction GT de
l'effort reſultant du concours de toutes ces puiſſances,
diviſe également en deux l'angle ATB compris entre les
directions prolongées AC, BQ, de ces réſiſtances ; &
cet effort commun eſt à chacune de ces deux réſiſtances, comme le ſinus de l'angle ATB eſt au ſinus de la
moitié de cet angle.

<h3 style="text-align:center">COROLLAIRE III.</h3>

Le Corol. 2. du Th. 11. fait voir auſſi que lorſque les FIG. 97.
directions EK, EL, FM, GN, des puiſſances K, L, M,
N, ſont toutes paralleles entr'elles, le ſinus de l'angle
GQB eſt au ſinus de l'angle ECA, comme la réſiſtance
du clou A eſt à celle du clou B ; c'eſt-à-dire, en prenant
encore A & B pour les noms de ces réſiſtances, & ſ pour
la marque des ſinus ; qu'alors A. B : : ſGQB. ſECA. Or
en general ( *Corol.* 1. ) la direction GT de l'effort réſultant de toutes ces puiſſances K, L, M, N, quelques directions qu'elles ayent, doit toûjours diviſer l'angle ATB
en deux autres GTA, GTB, tels qu'on ait toûjours A. B
: : ſGTB. ſGTA. Donc en ce cas-ci de directions EK, EL,
FM, GN, toutes paralleles entr'elles, l'on aura toûjours
ſGQB. ſECA : : ſGTB. ſGTA. Ce qui fait voir qu'en ce
cas-ci la direction GT de l'effort réſultant du concours
des puiſſances K, L, M, N, de telles directions, doit toûjours être parallele à ces mêmes directions, conformément au Corol. 1. du Lem. 6. qui le pouvoit auſſi démontrer.

<h3 style="text-align:center">COROLLAIRE IV.</h3>

Imaginons preſentement que le précedent polygo- FIG. 98.
ne funiculaire devienne infinilatere, & dégenere ainſi
en une courbe ACDB, comme dans la Figure 98.
par l'action d'une infinité de puiſſances appliquées à
tous les points de cette corde, ou par les peſan-

Cc

## COROLLAIRE II.

Si au contraire les directions EK , FL , GM , HN , &c. des puissances K , L , M , N , &c. sont toutes paralleles entr'elles ; les résistances A , B , des clous de ces noms, seront en raison reciproque des sinus des angles ECA, HQB, que leurs cordons feront avec les directions EK, HN , des puissances K , N , qui leur sont plus voisines ; c'est-à-dire, qu'alors on aura A.B :: ∫HQB. ∫ECA. Puisque ce parallelisme rendant ∫ECD=∫FDC, ∫FDP=∫GPD, ∫GPQ=∫HQP, &c. l'analogie conclue dans la démonstration précédente , doit se réduire ici à A.B :: ∫HQB. ∫ECA.

## THEOREME XII.

*Soit encore la corde lâche & parfaitement flexible ACPB attachée par ses extrêmitez à deux clous ou crochets A, B, & bandée en polygone quelconque ACDPQB par tant & telles puissances K , L , M , N , &c. qu'on voudra, appliquées suivant telles directions CK , DL , PM , QN , &c. qu'on voudra aussi, aux angles ou points C , D , P , Q , &c. de la corde que ces puissances en équilibre entr'elles disposent ainsi en polygone ACDPQB. Soient R , S , T , &c. les points où les côtez prolongez PD , QP , BQ , &c. de ce polygone rencontrent son premier côté AC prolongé. Soient E le point où les directions KC , LD , prolongées se rencontrent ; F celui où RE, MP , prolongées se rencontrent aussi ; G , un pareil point de rencontre entr'elles de SF , NQ , prolongées de même , &c. Cela posé , je dis,*

*I. Que si N est ( comme ici ) la derniere des puissances supposées, la droite GT sera leur direction commune, c'est-à-dire ( Déf. 7. ) la direction de l'effort resultant du concours de toutes ces puissances K , L , M , N , contre les clous A , B.*

*II. Que cet effort commun sera aux résistances de ces clous A , B , comme le sinus de l'angle total ATB aux sinus des angles partiaux GTB , GTA.*

## DÉMONSTRATION.

PART. I. Les Corol. 19. & 20. du Lem. 3. font voir que l'effort réfultant du concours des puiffances K, L, eft dirigé fuivant ER ou FR ; que le réfultant du concours de celui-ci & de la puiffance M, eft dirigé fuivant FS ou GS ; que le réfultant de celui-ci & de la puiffance N eft dirigé fuivant GT ; & toûjours de même. Donc s'il n'y a ( comme ici ) que les quatre puiffances K, L, M, N, l'effort réfultant de leur concours total d'action contre les clous A, B, aura fa direction fuivant GT. *Ce qu'il falloit 1°. démontrer.*

PART. II. Donc toutes ces puiffances K, L, M, N, ne font enfemble contre les clous A, B, que comme une feule égale à l'effort réfultant de leur concours, laquelle appliquée en T fuivant la direction GT de cet effort, à une corde ATB, feroit foûtenue par ces deux clous A, B. Or ( *Th.* I. *Corol.* 4.) cette nouvelle puiffance fuivant GT, feroit alors aux réfiftances de ces mêmes clous A, B, comme le finus de l'angle ATB aux finus des angles GTB, GTA. Donc l'effort réfultant du concours d'action de toutes les puiffances K, L, M, N, contre les clous A, B, eft ici aux réfiftances de ces clous, comme le finus de l'angle total ATB eft aux finus des angles partiaux GTB, GTA. *Ce qu'il falloit 2°. démontrer.*

### COROLLAIRE I.

Donc en general ( *part.* 1. 2. ) fi l'on prolonge le premier AC, & le dernier BQ, des côtez du polygone funiculaire fuppofé ACDPQB, jufqu'à ce qu'ils fe rencontrent en quelque point T, & qu'on divife leur angle ATB en deux autres GTA, GTB, dont les finus foient en raifon reciproque des réfiftances des clous A, B, trouvées dans le Th. 11. c'eft-à-dire, en deux autres angles GTA, GTB, tels que le finus partial GTB foit au finus de l'autre partial GTA, comme la réfiftance du clou A eft à celle du clou B ; la droite GT qui divifera ainfi l'angle total ATB,

teurs particulieres quelconques de toutes ſes parties ;
ſoient auſſi imaginées aux points A , B , de ſuſpenſion
deux tangentes AT , BT , de cette courbe ACDB , leſquelles ſe rencontrent en quelque point T. Cela poſé ,

1°. Si les preſſions ou tractions de cette corde ACDB
ſont toutes perpendiculaires à ſa courbure , le Corol. 2.
fera voir que la ligne GT , qui diviſera en deux également l'angle ATB compris entre ces deux touchantes
AT , BT , ſera la direction de l'effort réſultant de tout
ce qu'il a de forces qui courbent ainſi cette corde.

2°. Si les preſſions ou tractions ſont toutes paralleles
entr'elles , telles qu'on ſuppoſe d'ordinaire toutes celles qui réſulteroient à cette corde ADCB de l'action ſur
elle des differentes peſanteurs de toutes ſes parties ; le Corol. 3. fait auſſi voir que la ligne GT parallele à toutes ces
directions , ſeroit la direction de l'effort réſultant du concours de toutes ces peſanteurs particulieres , ou d'autres
forces quelconques qui , comme ces peſanteurs , agiroient
ſur cette corde ACDB ſuivant des directions toutes paralleles à celles-là.

## THEOREME XIII.



*Soit le précedent polygone funiculaire quelconque ACDPQB
formé par l'action de tant de puiſſances K , L , M , &c. qu'on
voudra , appliquées aux ſommets C , D , P , &c. de ſes angles
ſuivant des directions EK , EL , FM , &c. leſquelles faſſent
preſentement toutes d'un même côté , par exemple , vers A ,
avec les côtez adjacens AC , CD , DP , PQ , &c. des angles
quelconques ACE , CDE , DPF , PQG , &c. tous égaux entr'eux , & dont les immediatement voiſines ſe rencontrent deux
à deux en E , F , &c. ſi l'on appelle e , f , g , &c. les forces dont
les parties CD , DP , PQ , &c. de la corde polygone ACDFQB
ſont bandées ou tirées chacune ſuivant ſa longueur ; l'on aura*

$$par\ tout\ ici\ ces\ puiſſances\ K = \frac{e \times DC}{CE},\ L = \frac{f \times DP}{ED},\ M = \frac{g \times PQ}{GP},$$

*&c.*

## D E M O N S T R A T I O N.

Puifque les angles ACE, CDE, DPF, PQG, &c. font ( *Hyp.* ) tous égaux entr'eux, il eft manifefte que fi l'on prolonge AC, CD, DP, PQ, &c. vers R, S, T, V, &c. l'on aura les angles DCR=DEC, PDS=PFD, QPT= QGP, &c. Cela étant, & les côtez d'un triangle rectiligne quelconque étant toûjours entr'eux ( *Lem. 8. Cor. 2.* ) comme les finus des angles qui leur font oppofez,

Le Corol. 4. du Th. 1. donnera par tout ici

$$\begin{cases} K.e :: \int ACD. \int ACE :: \int DCR. \int CDE :: \int CED. \int CDE :: CD.CE. \\ L.f :: \int CDP. \int CDE :: \int PDS. \int DPF :: \int PFD. \int DPF :: DP.FD. \\ M.g :: \int DPQ. \int FPD :: \int QPT, \int GQP :: \int QGP. \int GQP :: PQ.GP. \end{cases}$$
&c.

Defquelles Analogies réfultent $K = \dfrac{e \times CD}{CE}$, $L = \dfrac{f \times DP}{FD}$,

$M = \dfrac{g \times PQ}{GP}$, &c. *Ce qu'il falloit démontrer.*

## C O R O L L A I R E I.

On voit de-là que fi les côtez CD, DP, PQ, &c. du polygone funiculaire ACDPQB étoient en raifon reciproque des forces $e$, $f$, $g$, &c. dont ils font tirez chacun fuivant fa longueur par le concours des puiffances K, L, M, &c. Cette hypothefe rendant par tout $e \times CD = f \times DP = g \times PQ = $ &c. de grandeur conftante, laquelle foit prife pour l'unité, rendroit $K = \dfrac{1}{CE}$, $L = \dfrac{1}{FD}$, $M = \dfrac{1}{GP}$, &c. c'eft-à-dire, que les puiffances K, L, M, &c. feroient alors en raifon reciproque des lignes CE, FD, GP, &c. qui leur répondent.

## COROLLAIRE II.

FIG. 100. Si préfentement on fuppofe que le précedent polygone funiculaire devienne infinitilatere, c'eftà-dire, une courbe quelconque APB par l'action d'une infinité de puiffances qui lui foient appliquées en tous fes points fuivant des directions toutes perpendiculaires à fa courbure, defquelles une foit ( fi l'on veut ) celle GM de la puiffance M perpendiculaire en P à la courbure de cette corde APB, laquelle perpendiculaire GM foit rencontrée en G par une autre QG perpendiculaire auffi à cette courbe en l'autre extrêmité Q de fon élément ou de fa partie infiniment petite PQ : la perpendicularité de ces deux droites GP, GQ, à la courbe APB en deux points P, Q, infiniment proches l'un de l'autre, leur faifant faire avec cette courbe des angles droits GPD, GQP, & confequemment égaux entr'eux d'un même côté, fi l'on prend encore $g$ pour la force dont ce petit côté PQ du préfent polygone infinitilatere APB, eft tiré fuivant fa longueur par l'action de tout ce qu'il y a ici de puiffances qui donnent cette forme à cette corde ; la démonftration précedente donnera ici la puiffance $M = \dfrac{g \times PQ}{GP}$, & ainfi de toutes les autres puiffances, dans lefquelles valeurs le Corol. 1. du Th. 11. faifant voir que la force $g$ fera par tout la même : de forte que la longueur des élemens P, Q, ne faifant rien à cette force $g$, fi on les prend auffi par tout les mêmes, c'eft-à-dire, tous égaux entr'eux ou conftans, & que le produit $g \times PQ$ ainfi rendu conftant, y foit pris pour l'unité, l'on y aura ces puiffances $M = \dfrac{1}{GP}$, &c. c'eft-à-dire, que les puiffanees M, &c. feront alors par tout entr'elles en raifon reciproque de leurs GP, &c. appellez vulgairement *rayons ofculateurs*

de la courbe quelconque APB aux points P, &c. où ces
puissances lui sont appliquées suivant ces directions perpendiculaires à sa courbure.

### COROLLAIRE III.

Soient presentement deux cordes APB, ERF, courbées
encore à volonté par l'action d'une infinité de puissances
qui agissent toutes perpendiculairement sur elles en tous
leurs points, de maniere que pour peu qu'on augmentât
les appliques M, T, en P, R, suivant les rayons osculateurs GP, HR, de ces courbes, elles casseroient ces cordes en ces points ou élemens PQ, RS, dont les plus grandes forces ou résistances possibles soient $g$, $h$, avec lesquelles ces puissances M, T, soient en équilibre, & comme à la veille de les surmonter. En ce cas le précedent

Corol. 2. donnera $M = \dfrac{g \times PQ}{GP}$, $T = \dfrac{h \times RS}{HR}$ : de sorte que

l'on aura ici $\dfrac{g \times PQ \times T}{GP} = \dfrac{h \times RS \times M}{HR}$, d'où resulté $g . h :$

$\dfrac{RS \times M}{HR} . \dfrac{PQ \times T}{GP} :: \dfrac{GP \times M}{PQ} . \dfrac{HR \times T}{RS}$. c'est-à-dire, que les plus

grandes forces ou résistances possibles $g$, $h$, des cordes
APB, ERF, en P, R, seront ici en raison des fractions

correspondantes $\dfrac{GP \times M}{PQ}$, $\dfrac{HR \times T}{RS}$, ou ( en prenant $PQ = RS$

dont la grandeur n'y fait qu'autant que les forces M, T,
sont répandues le long de ces élemens, comme seroient
celles de liqueurs qui les presseroient perpendiculairement dans toute leur longueur ) comme les produits
$GP \times M$, $HR \times T$. De sorte que s'il ne falloit ici que des
puissances égales M, T, pour faire ainsi équilibre avec
les plus grandes résistances possibles $g$, $h$, de ces cordes
en P, R, ces plus grandes résistances ou forces $g$, $h$, en
ces points, seroient alors comme les rayons osculateurs
GP, HR, de ces courbes en ces mêmes points.

## COROLLAIRE IV.

Si préfentement on confidere les courbes APB, ERF, comme des anneaux ou parties d'anneaux differens d'un tuyau, ou de tuyaux differens de bafes quelconques, coupez horifontalement, & les puiffances M, T, comme des efforts de liqueurs quelconques contenues dans ces tuyaux, lefquelles le preffent de dedans en dehors perpendiculairement en leurs élemens PQ, RS, avec des forces en équilibre avec les plus grandes réfiftances poffibles $g$, $h$, des anneaux ou tuyaux à être rompus en ces endroits, de maniere que pour peu que ces efforts M, T, y augmentaffent, ils y creveroient ces anneaux ou tuyaux; tout cela (dis-je) ainfi confideré, le Corol. 3. fait voir que les plus grandes réfiftances poffibles $g$, $h$, de ces anneaux APB, ERF, y feroient entr'elles comme les fra-

ctions correfpondantes $\dfrac{GP \times M}{PQ}$, $\dfrac{HR \times T}{RS}$, c'eft-à-dire, $g \cdot h :: \dfrac{GP \times M}{PQ} \cdot \dfrac{HR \times T}{RS}$, Ainfi l'experience, & même le raifonne-

ment feul faifant voir que les efforts des liqueurs contre quoi que ce foit, font toûjours comme les produits de leurs pefanteurs fpecifiques par leurs hauteurs au deffus des bafes ou furfaces qu'elles preffent, & par ces bafes; & confequemment que fi l'on prend $p$, $\varpi$, pour les pefanteurs fpecifiques des liqueurs contenues dans les tuyaux dont APB, ERF, font les anneaux ou parties d'anneaux, & $b$, $\beta$, pour les hauteurs que ces liqueurs y doivent avoir au deffus de PQ, RS, pour y faire équilibre avec les plus grandes réfiftances poffibles $g$, $h$, de ces anneaux ou tuyaux à être rompus en ces endroits, pour des hauteurs (dis-je) telles que pour peu qu'on les augmentât, ces liqueurs y creveroient ces tuyaux ; l'on y aura $M = bp \times PQ$, & $T = \beta\varpi \times RS$, pour les efforts perpendiculaires M, T, fur les élemens PQ, RS, des anneaux APB, ERF, en équilibre avec les plus grandes réfiftances

$g$, $h$, que ces anneaux y puissent faire pour n'y point crever : la substitution de ces valeurs de M , T, dans l'Analogie précedente, la changera ici en $g$, $h$ :: GP×$bp$. HR×$\beta\varpi$. c'est-à-dire, que les plus grandes forces ou résistances possibles $g$, $h$, de ces anneaux APB, ERF, ou de leurs tuyaux , pour n'être point rompus en PQ , RS, par l'effort M , T, des liqueurs qui tendent perpendiculairement à les y crever, & qui les y creveroient en effet ( *Hyp.* ) pour peu qu'on les augmentât, seront ici entr'elles comme les produits GP×$bp$, HR×$\beta\varpi$, des rayons osculateurs GP , HR, de ces anneaux APB, ERF, en ces endroits, multipliez par les hauteurs $b$, $\beta$, & par les pesanteurs specifiques $p$, $\varpi$, des liqueurs qui les y pressent perpendiculairement : de sorte que,

1°. Si ces liqueurs sont de mêmes pesanteurs specifiées $p$, $\pi$, comme de l'eau qui seroit de la même dans les tuyaux dont les courbes APB, ERF, seroient des anneaux ou des parties d'anneaux ; l'on y aura $g$. $h$ :: GP×$b$. HR×$\beta$. c'est-à-dire, que les plus grandes forces ou résistances possibles $g$, $h$, de ces anneaux pour ne point crever en PQ , RS, y seroient comme les produits de leurs rayons osculateurs GP , HR, en ces endroits, multipliez par les hauteurs $b$, $\beta$, des liqueurs qui les y pressent perpendiculairement, & qui les y creveroient ( *Hyp.* ) pour peu que ces hauteurs de liqueurs au dessus des endroits y fussent augmentez.

2°. Si de plus on veut que ces hauteurs $b$, $\beta$, soient égales entr'elles, c'est-à-dire, si l'on veut ici $b=\beta$ outre $p=\pi$ ; ces plus grandes forces ou résistances $g$, $h$, des tuyaux , ou de leurs anneaux APB , ERF, pour ne point crever en PQ , RS, seront entr'elles comme les rayons osculateurs GP , HR, de ces anneaux en ces endroits.

3°. Si l'on veut que ces tuyaux soient à l'ordinaire circulaires , & remplis d'eau, comme sont les tuyaux de conduite des fontaines ; leurs plus grandes forces ou résistances possibles $g$, $h$, pour ne point crever en PQ , RS, y seront comme les produits des hauteurs $b$, $\beta$, de l'eau dans

ces tuyaux au deſſus de leurs anneaux APB, ERF, multipliées par les rayons de ces anneaux circulaires. De forte que ſi les plus grandes hauteurs $b$, $\beta$, d'eau que ces
plus grandes forces ou réſiſtances poſſibles $g$, $h$, puſſent
ſoûtenir ſans que les tuyaux crevaſſent PQ, RS, étoient
égales; ces plus grandes forces ou réſiſtances $g$, $h$, en cet
endroit, y ſeroient en raiſon des rayons ou des diamétres
des anneaux circulaires APB, ERF, de ces tuyaux.

*On voit aſſez que les courbes APB, ERF, pouvant être
également priſes pour des anneaux en differens endroits d'un
même tuyau, ou de differens tuyaux ; tout le précedent Cor. 4.
convient également aux differens anneaux d'un même ou de
differens tuyaux, de quelque nature ou grandeur de baſes qu'ils
ſoient.*

## COROLLAIRE V.

On appelle tuyaux de forces ou de réſiſtances $g$, $h$, par
tout égales, lorſque les plus grandes hauteurs $b$, $\beta$, d'eau
qu'ils puiſſent ſoûtenir ſans crever, ſont par tout égales
entr'elles aux endroits PQ, RS, ou ils creveroient(*Hyp.*)
pour peu qu'on augmentât ces hauteurs. Or, le nomb. 2.
du précedent Corol. 4. fait voir qu'en ce cas, ces plus
grandes forces ou réſiſtances poſſibles $g$, $h$, de ces tuyaux,
pour ne pas crever en aucun des endroits PQ, RS, ſont
entr'elles comme les rayons oſculateurs GP, HR, en ces
endroits de leurs ſections horiſontales APB, ERF. Donc
des tuyaux ſont de réſiſtances égales par tout pour ne ſe
point crever, lorſque leurs plus grandes forces ou réſiſtances poſſibles $g$, $h$, y ſont par tout en raiſon des rayons
oſculateurs de leurs ſections horiſontales aux endroits
de ces plus grandes réſiſtances. Or il eſt viſible qu'en
fait de tuyaux de même matiere les plus grandes forces
ou réſiſtances poſſibles à ne point crever, y ſont comme
la multiplicité de leurs fibres, c'eſt-à-dire, comme les
épaiſſeurs de leurs anneaux de hauteurs égales. Donc
pour que ces tuyaux de même matiere ſoient par tout
& entr'eux de même force ou réſiſtance à être crevez

par

par des liqueurs homogenes, il faut que leurs épaisseurs
soient par tout en raison des rayons osculateurs en ces
endroits de leurs sections horisontales ; & conséquemment que leurs épaisseurs y soient comme leurs diamétres en ces endroits, lorsqu'ils sont circulaires.

### S C H O L I E.

On voit assez de quelle utilité les deux derniers Corollaires 4. 5. sont pour juger de la force des tuyaux dans
la conduite des eaux : ils pourroient me mener plus loin
sur cette matiere, à laquelle la liaison des consequences m'a insensiblement conduit ; mais n'étant pas de mon
sujet, je ne m'arrêterai ici qu'à faire remarquer que le
Corollaire 2. d'où ces deux-là me sont venus par la mé-
diation du Corollaire 3. pourroit encore se démontrer
immédiatement sans le secours du present Théoreme 13.
qui l'a donné.

Car si outre l'élement ou petit côté PQ du polygone   Fig. 100.
infinilatere APB de la Fig. 100. on y en considere encore
un autre DP prolongé vers T en tangente DT ou PT de
cette courbe, & que GP, GQ, perpendiculaires ( *Hyp.* )
à ces deux petits côtez PQ, DP, y rendent les angles
GQP=GPD, & PGQ=QPT ; le point P se trouvant ici
tiré par la puissance M contre les résistances de ces deux
petits côtez, comme avec trois cordons PM, PQ, PD,
le Corol. 4. du Th. 1. fera voir que la puissance M y doit
être à la résistance $g$ de petit côté ou cordon PQ, comme le sinus de l'angle total DPQ au sinus du partial GPD;
c'est-à-dire, en prenant encore ici $\int$ pour la marque des si-
nus M. $g$ : : $\int$DPQ. $\int$GPD : : $\int$QPT. $\int$GQP : : $\int$PGQ. $\int$GQP

$$( \textit{Lem. 8. Corol. 2.}) : : PQ. \; GP. \text{ Ce qui donne } M = \frac{g \times PQ}{GP},$$

& le reste comme dans le Corol. 2.

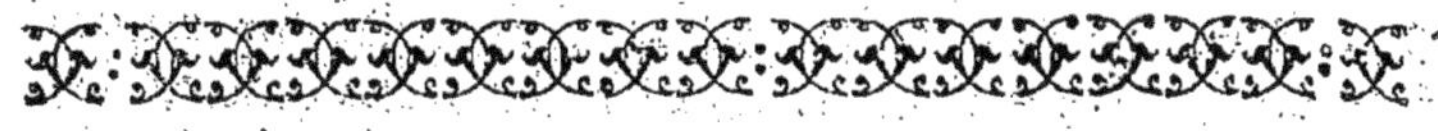

# SECTION III.

## *DES POULIES ET DES MOUFLES.*

*Soit que le centre de ces Poulies demeure fixe, ou qu'on le suppose mobile, & pour toutes les directions possibles des puissances ou des poids qui y seront appliquez.*

### DEFINITION XVIII.

Fig. 102. 103. 104. 105.

LA *Poulie* est une Machine composée d'une Roue MBNC, traversée par son centre A d'un Essieu appellé *Goujon*, ou *Tourillon*, autour duquel elle est mobile par le moyen d'une corde PMBNR, appuyée sur sa circonference ou sur son épaisseur : elle est presque toûjours enchâssée ou retenue par le moyen de son Essieu dans une fente ou replis d'une piece de bois ou de fer AB, appellée *Chappe ou Echarpe*; que cet Essieu ( que nous regarderons à l'ordinaire comme une ligne ) traverse aussi.

L'assemblage de plusieurs Roues ou Poulies ainsi enchâssées dans plusieurs fentes ou replis d'une même piece de bois ou de fer, & mobiles ( chacune sur son centre ) par une seule & même corde, qui, en passant de l'une à l'autre, s'appuye sur toutes, s'appelle *Moufle*.

Soit qu'une même corde embrasse une ou plusieurs Poulies, ses parties touchantes de chaque Poulie, seront dans la suite appellées simplement *touchantes* de cette Poulie, ou même *cordes touchantes* de cette Poulie, comme si elles étoient autant de cordes differentes; & les points où ces Poulies seront touchées par ces parties de cordes, seront simplement appellez leurs *points d'attouchement*.

Ces Poulies seront enfin appellées *fixes* ou *mobiles*, selon que leurs centres ou goujons le seront. Les Moufles

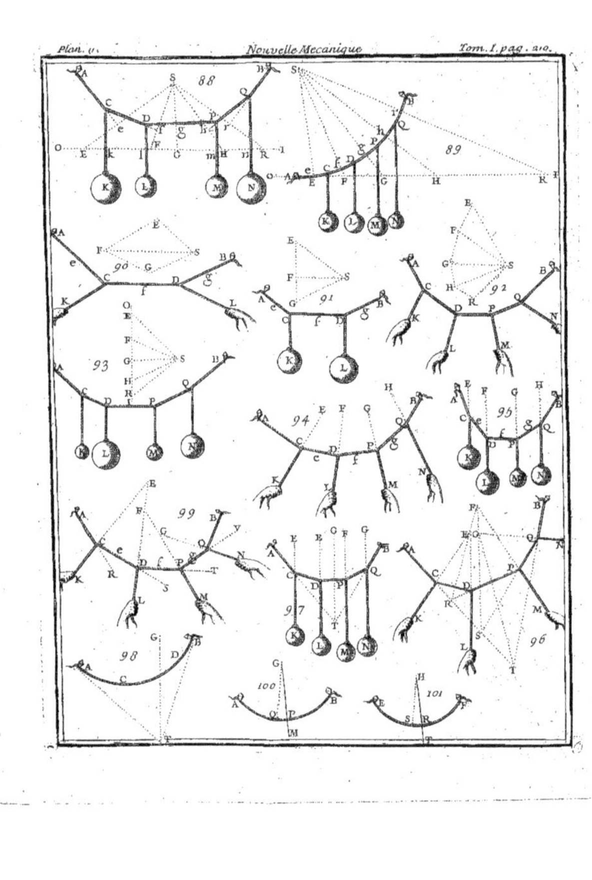

Plan. 1.
Nouvelle Mecanique
Tom. I. pag. 210.
88
89
90
91
92
93
94
95
96
97
98
99
100
101

feront auffi appellées *fixes* ou *mobiles*, felon qu'elles feront attachées à des points fixes, ou qu'elles pourront s'en
approcher ou s'en éloigner.

## D E F I N I T I O N   XIX.

La droite MN menée par les points M, N, d'attouchement de la circonference du Cercle ou de la Poulie
MBNC, & comprife entr'eux, s'appelle d'ordinaire *Corde*
ou *Soutendante*, de chacun des arcs MBN, MCN; mais
nous ne l'appellerons dans la fuite que *Soutendante de l'arc
MBN* embraffé par la corde PMBNR, pour diftinguer
cette droite MN de cette corde PMBNR, ou fimplement
*Soutendante*; fçavoir, celle qui paffera par les points d'attouchement de la Poulie.

## T H E O R E M E   XIV.

### Fondamental de la prefente Section. 3.

*Soient trois puiffances quelconques D, P, R, dont la pre-
miere D foit appliquée au centre mobile A d'une Poulie*
*MBNC fuivant une direction quelconque AD, & les deux
autres P, R, aux extrémitez d'une corde PMBNR appuyée
fur cette Poulie.*

I. *S'il y a équilibre entre ces trois puiffances D, P, R, ainfi
appliquées, quelqu'angle MHN que faffent entr'elles les parties prolongées PM, RN, de cette corde, c'eft-à-dire, les directions PM, RN, des deux puiffances P, R; la direction
AD de la troifiéme puiffance D paffera toûjours par le point
H de leur concours à travers de leur angle MHN, & fera
dans un même plan avec elles.*

II. *En ce cas d'équilibre cette puiffance D fera toûjours à
chacune des deux autres P, R, comme le finus de cet angle
MHR fera au finus de fa moitié.*

III. *En ce même cas d'équilibre, fi du centre A de la Poulie
par les points M, N, où elle eft touchée par les parties PM,
RN, de la corde PMBRN, on mene les rayons AM, AN,
avec la foutendante MN, le poids ou la puiffance D fera auffi*

Fig. 102.<br>103. 104.<br>105.

Dd ij

*à chacune des puissances P, R, comme cette soutendante MN de l'arc MBN enveloppé par la corde PMBNR, est à chacun de ses rayons AM, AN.*

*I V. Reciproquement par rapport à la part. 2. si la direction AD de la puissance D passe par le concours H & à travers l'angle MHN des directions prolongées PM, RN, des puissances P, R, & que cette puissance D soit à chacune de ces deux-ci, comme le sinus de l'angle MHN compris entre leurs directions prolongées, sera au sinus de sa moitié; ces trois puissances en ce rapport, & ainsi appliquées, seront ici en équilibre entr'elles.*

*V. Reciproquement aussi par rapport à la part. 3. si la direction de la puissance D passe encore dans le plan & par le concours H des directions prolongées PM, RN, des puissances P, R, & que cette puissance D soit presentement à chacune de ces deux-ci comme la soutendante MN de l'arc MBN de la Poulie MBNC, embrassé par la corde PMBNR, est à chacun des rayons AM, AN, de cette Poulie; ces trois puissances en ce rapport, & ainsi appliquées, seront encore ici en équilibre entr'elles.*

D E M O N S T R A T I O N.

PART. I. Les trois puissances D, P, R, étant ici (*Hyp.*) en équilibre entr'elles, les Corol. 13. 14. du Lemme 3. font voir qu'en quelque point H que les directions prolongées PM, RN, de deux quelconques P, R, de ces trois puissances concourent entr'elles, la direction AD de la troisiéme puissance D y doit aussi concourir, & être dans un même plan avec elles. Donc en ce cas d'équilibre, quelqu'angle MHN que fassent entr'elles les parties prolongées PM, RN, de la corde PMBNR, c'est-à-dire, les directions PM, RN, des puissances P, R, la direction AD de la troisiéme puissance D passera toûjours par le point H de leur concours le long de leur plan, & à travers leur angle. *Ce qu'il falloit* 1°. *démontrer.*

PART. II. Sur une partie quelconque HG de la direction AD de la puissance D, prise de H vers A dans les

Fig. 102. 104. & du côté opposé dans les Fig. 103.
105. soit le parallelogramme HEGF, dont les côtez HE,
HF, soient sur les directions HP, HR, des puissances P,
R. Cela fait, les nomb. 1. 2. 3. du Corol. 2. du Lem. 3.
font voir que dans l'équilibre ici supposé entre les puissances D, P, R, la puissance D doit être égale à la force
résultante ( *Lem.* 3. *Corol.* 1. *nomb.* 1. ) du concours des
deux autres contr'elle, & être dirigée suivant la même
ligne que cette force en sens contraire : de sorte que la
puissance D étant ici ( *Hyp.* ) dirigée suivant AD, la force résultante du concours des deux autres puissances P,
R, contre celle-là, y sera aussi dirigée suivant AD, ou
suivant HG diagonale du parallelogramme EF. Par consequent cette force ou impression résultante du concours
de ces deux puissances P, R, sera ici non seulement égale & directement opposée à la puissance D, mais encore
elle sera ( *Lem.* 3. *Corol.* 5. ) à chacune des puissances P,
R, comme la diagonale HG du parallelogramme EF est
à chacun de ses côtez HE, HF, qui leur répondent sur
leurs directions. Donc la puissance D sera de même ici
à chacune des puissances P, R, comme cette diagonale
HG à chacun de ces côtez HE, HF, du parallelogramme EF ; c'est-à-dire ( à cause de HF=GE ) comme HG est
à HE, GE. Or dans le triangle HEG ces trois côtez HG,
HE, GE, sont ( *Lem.* 8. *Corol.* 2. ) comme les sinus des
angles HEG, HGE, EHG, qui leur sont opposez ;
c'est-à-dire ( à cause de GE, HF, supposées parallèles
entr'elles ) comme les sinus des angles EHF, FHG,
EHG, ou PHR, RHA, PHA. Donc la puissance D est
pareillement ici à chacune des puissances P, R, comme
le sinus de l'angle total PHR est à chacun des sinus des
angles partiaux RHA, PHA. Mais PH, RH, étant ici
tangentes en M, N, de la Poulie MBNC, & HA passant
par son centre A, les angles RHA, PHA, y sont égaux
entr'eux, & chacun la moitié du total PHR. Donc enfin
la puissance D est ici à chacune des puissances P, R, en
équilibre ( *Hyp.* ) avec elle, comme le sinus de l'angle
D d iij

PHR que leurs directions font entr'elles, est au sinus de sa moitié. *Ce qu'il falloit* 2°. *démontrer.*

*Cette démonstration fait voir que les trois puissances D, P, R, sont ici en équilibre sur la Poulie MDNC, & dans le même rapport entr'elles, que si elles n'étoient en équilibre ( Th. 1. Corol. 4. ) qu'avec des cordes HD, HP, HR, nouées ensemble en H, & dirigées comme elles sont ici, c'est-à-dire, de maniere que les angles PHD fussent égaux entr'eux comme ils le sont ici : & qu'ainsi l'équilibre des puissances entr'elles sur des Poulies, peut fort bien passer pour un cas de l'équilibre avec des cordes seulement : & conséquemment aussi le présent Th. 14. pour un seul cas du Th. 1. ce qui fournit encore une autre démonstration que voici de la même part. 2. du présent Th. 14.*

Autrement. Il est visible que tant que la puissance D demeure ainsi en équilibre avec les puissances P, R, sur la Poulie MBNC, non seulement cette Poulie demeure sans mouvement, mais encore la corde PMBNR demeure dessus sans glisser, ni se mouvoir non plus que si elle y étoit collée, ou physiquement unie depuis M jusqu'à N avec la partie MBN de sa circonference ; & les points M, N, de cette corde aussi fixes que si PM, RN, étoient deux cordes differentes qui y fussent separément attachées suivant les tangentes de la Poulie en ces deux points-là : de sorte qu'on peut regarder ici cette Poulie MBNC comme un corps qui tend vers D suivant AD d'une force égale à celle de la puissance D, & retenu avec les cordes PM, RN, par les puissances P, R, en équilibre avec lui. Or en ce cas non seulement sa ligne de direction AD passeroit ( *Lem.* 3. *Corol.* 13. 14. ) par le point H où concourent ces cordes prolongées, & le long de leur plan ; mais encore cette Poulie MBNC regardée avec une telle impression, auroit ( *Th.* 1. *Corol.* 4. ) cette force à chacune des puissances P, R, qui la retiennent, comme le sinus de l'angle MHN à chacun des sinus des angles NHA, MHA. Donc en effet la ligne de direction AD de la force ou puissance D, avec laquelle la Poulie

MN eſt ainſi tirée contre les puiſſances P, R, en équilibre ( *Hyp.* ) avec elle, paſſe toûjours par le point H, dans
lequel leurs cordes prolongées concourent, & le long de
leur plan, ainſi qu'on le vient de démontrer dans la
part. 1: mais encore en ce cas d'équilibre entre ces trois
puiſſances D, P, R, la premiere D appliquée au centre
A de la Poulie, eſt toûjours à chacune des deux autres
P, R, comme le ſinus de l'angle MHN eſt à chacun des
ſinus des angles NHA, MHA.

Or à cauſe que DA paſſe ( *Hyp.* ) par le centre A de la
Poulie, & par H, & que MH, NH, en ſont deux touchantes en M, N; les deux angles NHA, MHA, ſont
chacun la moitié de l'angle MHN: Donc en la preſente
hypotheſe d'équilibre entre les trois puiſſances D, P, R,
ſur la Poulie MBNC, la premiere D, dont la direction
AD paſſe par le centre A de cette Poulie, eſt toûjours à
chacune des deux autres P, R, comme le ſinus de l'angle MHN, ou PHR, que leurs directions ou cordes prolongées ſont entr'elles, eſt au ſinus de ſa moitié. *Ce qu'il*
*falloit encore* 2°. *démontrer.*

Part. III. Puiſque( *Hyp.* ) M, N, ſont les points où
la Poulie eſt touchée par les parties PM, RN de la corde
PMBNR, & que dans l'équilibre ici ſuppoſé entre les trois
puiſſances D,P,R,ces parties de corde ( directions des puiſſances P, R.) prolongées concourent en H, ſur la direction
AD, perpendiculaire à la ſoutendante MN; les angles
AMH, ANH, ſeront droits de même que ceux que fait la
droite MN avec AD; & par conſequent l'on aura ici non-
ſeulement l'angle MAN, complement de MHN à deux
droits, mais encore tous les angles AMN, AHM, AHN,
ANM, égaux entr'eux. Donc ( *Déf.* 9. *Corol.* 2. ) le ſinus
de l'angle MAN ſera ici au ſinus de chacun des angles
AMN, ANM, comme le ſinus de l'angle MHN y eſt au
ſinus de chacune de ſes moitiez AHM, AHN. Or en ce
cas d'équilibre la puiſſance D eſt ( *part.* 2. ) à chacune
des deux autres puiſſances P, R, comme le ſinus de
l'angle MHN eſt au ſinus de chacune de ſes moitiez

AHN, AHM. Donc en ce cas d'équilibre cette puissance D doit aussi être à chacune des deux autres P, R,
comme le sinus de l'angle MAN est au sinus de chacun
des angles ANM, AMN, du triangle isoscelle MAN,
c'est-à-dire ( *Lem.* 8. *Corol.* 2.) comme la soutendante MN
est à chacun des rayons AN, AM, de la Poulie MBNC.
*Ce qu'il falloit* 3°. *démontrer.*

AUTREMENT. Puisque ( *constr.* ) les trois côtez AM,
AN, MN, du triangle MAN, sont perpendiculaires aux
trois directions PH, RH, AD, ( chacun à chacune ) des
trois puissances P, R, D, en équilibre (*Hyp.*) entr'elles,
& que ces trois puissances sont ici en équilibre comme
sur un corps MBNC, auquel elles seroient appliquées
en M, N, B; le Corol. 6. du Th. 1. fait voir que la puissance D y doit être à chacune des deux autres P, R,
comme le côté MN du triangle MAN est à chacun de
ses deux autres côtez AN, AM, c'est-à-dire, encore comme la soutendante MN de l'arc MBN de la Poulie, enveloppé de la corde PMBNR, qui soutient cette Poulie
MBNC, est à chacun des rayons de cette même Poulie.
*Ce qu'il falloit encore* 3°. *démontrer.*

PART. IV. Puisque (*Hyp.* ) les trois puissances D, P, R,
appliquées comme ci-dessus à la Poulie MBNC; le sont
de maniere que la direction AD de la premiere D de ces
puissances, passe par le concours H des directions PM,
RN, prolongées des deux autres puissances P, R, le long
de leur plan, & à travers leur angle MHN; que de plus
cette premiere puissance D est à chacune des deux autres P, R, comme le sinus de l'angle MHN compris entre leurs directions ou cordes prolongées, est au sinus de
sa moitié; & que ( la direction AD passant par le centre
A de la Poulie suivant son plan, & les deux autres PM,
RN, la touchant en M, N, ) chacun des angles MHA,
NHA, est la moitié de l'angle MHN : ces trois puissances
D, P, R, en action ( *Hyp.* ) les unes contre les autres sur
la Poulie MBNC, seront ici entr'elles comme les sinus
des angles MHN, NHA, MHA, que les directions ou
cordes

cordes prolongées font entr'elles au point H, où elles
concourent ( *Hyp.* ) toutes trois ensemble. Donc ( *Th.* 1.
*Corol.* 15.) ces trois puissances D, P, R, ainsi appliquées
à la Poulie MBNC comme à un corps tiré de ces trois
forces à la fois, doivent ici demeurer en équilibre entre-
elles. *Ce qu'il falloit* 4°. *démontrer.*

AUTREMENT. Si quelqu'une de ces trois puissances
D, P, R, par exemple, D, ne suffisoit pas pour faire
ici équilibre avec les deux autres P, R, suivant les directions supposées, soit en sa place telle autre puissance B
qu'on voudra, qui appliquée ( comme elle ) suivant AD,
y suffise. La part. 2. fait voir que cette puissance B seroit
alors à chacune des deux autres P, R, comme le sinus
de l'angle MHN est au sinus de sa moitié, c'est-à-dire
( *Hyp.* ) comme la puissance D est à chacune de ces deux
puissances P, R; & que par conséquent cette puissance
D seroit égale à l'autre B substituée en sa place. Donc
ayant ici ( *Hyp.* ) la même direction AD qu'elle, cette
puissance D feroit aussi ( *ax.* 2. ) équilibre avec les deux
autres P, R.

Si l'on vouloit que ce fût une de ces deux-ci, par
exemple, P, qui ne suffît pas pour leur faire faire équilibre avec la troisiéme D; l'on n'auroit qu'à supposer de
même en la place de P suivant sa direction PM quelqu'autre puissance K, qui y suffît, & l'on trouveroit pareillement que cette nouvelle puissance K lui seroit égale; & conséquemment que la puissance P, aussi-bien que
K, feroit équilibre avec les deux autres R, D.

Donc les trois puissances D, P, R, appliquées comme
on les suppose ici, à la Poulie MBNC, & entr'elles ( *Hyp.* )
comme les sinus de l'angle MHN & de ses moitiez, seroient ici en équilibre entr'elles. *Ce qu'il falloit encore* 4°.
*démontrer.*

PART. V. Puisque ( *Hyp.* ) les directions prolongées DA,
PM, RN, des puissances D, P, R, concourent ici toutes
trois en H dans un même plan, & que ( *Hyp.* ) M, N,
sont les points où la Poulie MBNC est touchée par les

parties PM , RN , de la corde PMBNR ; l'on aura ici
( comme dans la démonst. 1. de la part. 3.) le sinus de l'angle
MHN au sinus de chacune de ses moitiez AHM , AHN ,
comme le sinus de l'angle MAN est au sinus de chacun des
angles AMN, ANM, du triangle MAN, c'est-à-dire ( *Lem.*
8. *Corol.* 2. ) comme la soutendante MN est à chacun des
rayons AN , AM , de la Poulie MBNC ; & consequemment aussi ( *Hyp.* ) comme la puissance D est à chacune
des puissances R , P. Donc ( *part.* 4. ) ces trois puissances
seront encore ici en équilibre entr'elles. *Ce qu'il falloit*
5°. *démontrer.*

AUTREMENT. Ces trois puissances D , P , R , étant ici
( *Hyp.* ) entr'elles comme les côtez MN , AM , AN , du
triangle MAN , perpendiculaires. ( *Hyp.* ) à leurs directions AD , PM , RN , & en action les unes contre les autres sur la Poulie MBNC comme sur un corps auquel
elles seroient appliquées en B , M , N ; le Corol. 19. du
Th. 1. fait voir que ces trois puissances D , P , R , doivent encore ici demeurer en équilibre entr'elles. *Ce qu'il*
*falloit encore* 5°. *démontrer.*

*Cette part.* 5. *se pourra encore démontrer ( si l'on veut)*
*par un raisonnement semblable à celui de la seconde démon-*
*stration de la part.* 4.

COROLLAIRE I.

La part. 2. faisant voir qu'en cas d'équilibre sur la
Poulie MBNC entre les puissances D , P , R , la premiere
D appliquée au centre A de la Poulie, est toûjours à chacune des deux autres P , R , appliquée à la corde PMBNR
qui passe sur cette Poulie, comme le sinus de l'angle
MHN compris entre les directions de ces deux puissances P , R , est au sinus de sa moitié, fait voir que la puissance D est toûjours alors en même raison. à chacune de
ces deux mêmes puissances P , R ; & consequemment
que ces deux-ci sont toûjours alors égales entr'elles.

Cela suit aussi de la part. 3. laquelle en ce cas d'équilibre donnant toûjours la puissance D à chacune des deux

autres P, R , comme la foutendante MN à chacun des rayons AM , AN, de la Poulie ABMC, donne auffi toûjours alors ces deux puiffances P , R , entr'elles comme ces deux rayons ; & confequemment toûjours alors égales entr'elles.

## COROLLAIRE II.

De ce qu'en cas d'équilibre fur la Poulie MBNC, la puiffance D eft toûjours ( *part. 2.* ) à chacune des puiffances P, R, comme le finus de l'angle MHN compris entre les directions de ces deux puiffances-ci, eft au finus de fa moitié ; il fuit ( comme dans le Corol. 10. du Th. 1. ) que lorfque ces directions PM , RN, font paralleles entr'elles , & confequemment auffi ( *Lem. 6. Corol.* 1.) à la direction AD de la puiffance D, le finus de l'angle total MHN fe trouvant alors ( *Lem.* 7. ) feul égal à la fomme des finus des deux angles partiaux MHA , NHA, moitiez de ce total MHN ; la puiffance D doit pareillement être alors feule égale à la fomme des deux autres P, R, & confequemment ( *Corol.* 1.) être alors double de chacune d'elles, ou chacune d'elles être alors moitié de celle-là.

Cela fuit auffi de la part. 3. fuivant laquelle la puiffance D en équilibre avec les puiffances P, R, eft toûjours à chacune d'elles comme la foutendante MN de l'arc enveloppé MBN de la Poulie eft à chacun de fes rayons AM, AN. Puifque ce parallelifme entr'elles des directions PM, RN, de ces deux puiffances P, R , confondant cette foutendante MN avec ces deux rayons AM, AN, alors bout à bout en ligne droite, & la rendant ainfi pour lors égale à leur fomme, doit auffi rendre alors la puiffance D égale à la fomme des deux autres P, R ; & confequemment ( *Corol.* 1.) être double de chacune d'elles.

## COROLLAIRE III.

Pour en tout autre cas, c'eft-à-dire , tant que les directions PM , RN , ne font point paralleles entr'elles , ou

que prolongées elles font entr'elles quelqu'angle fini
MHN, & conſequemment auſſi ( *part.* 1.) les finis MHA,
NHA , avec la direction AD de la puiſſance D ; cette
troiſiéme puiſſance D eſt toûjours moindre ( *part.* 2.) que
leur ſomme P—+R , ou que le double ( *Corol.* 1.) de chacune : puiſqu'alors le ſinus de l'angle total MHN eſt toûjours moindre ( *Lem.* 8. *Corol.* 7.) que la ſomme des ſinus
des angles partiaux MHA , NHA.

    Cela ſuit auſſi de la part. 3. puiſqu'alors la ſoutendante
MN de la Poulie MBNC eſt toûjours alors moindre que
la ſomme AM—+AN de ſes rayons AM , AN ; & que cette
part. 3. donne toûjours alors D. P—+R :: MN.AM—+AN.

## COROLLAIRE IV.

    En ce cas d'équilibre non ſeulement la puiſſance D eſt
toûjours moindre ( *Corol.* 3.) que la ſomme P—+R des
deux autres P , R , tant que leurs directions ou cordes
ne ſont point paralleles entr'elles ; mais encore ( *Corol.* 1.
*d'ici* , *& Lem.* 8. *Cor.* 6.) d'autant moindre ( quoiqu'en
raiſon differente ) que l'angle MHN de ces directions ou
cordes prolongées eſt plus obtus.

    La part. 3. fait voir la même choſe en ce que plus cet
angle MHN eſt obtus, plus ſon complement MAN ( à
deux droits.) eſt aigu ; & conſequemment plus auſſi la
ſoutendante MN eſt moindre que la ſomme AM—+AN
des rayons AM , AN, de la Poulie MBNC : de ſorte que
cette partie 3. donnant toûjours ici D. P—+R :: MN.
AM—+AN. elle y donnera toûjours auſſi D d'autant
moindre , que P—+R ( quoiqu'en raiſon differente ) que
l'angle MHN y ſera plus obtus.

## COROLLAIRE V.

    Donc cet angle MHN pouvant s'ouvrir ou augmenter
de plus en plus à l'infini, juſqu'à ce que les directions ou
cordes PM, RN, des puiſſances P, R, ſe trouvent en ligne droite ; ces deux mêmes puiſſances P , R , peuvent
faire enſemble équilibre avec une infinité d'autres ap-

pliquées une à une en la place de la troisiéme puissance
D suivant sa direction AD , plus petites , & plus petites à
l'infini , selon que cet angle MHN s'ouvrira de plus en
plus.

## COROLLAIRE VI.

De-là & du Corol. 2. on voit que la puissance D peut
diminuer à l'infini, & cependant faire toûjours équilibre
avec les mêmes puissances P , R , à mesure que l'angle
MHN compris entre leurs directions ou cordes prolongées PM , RN , deviendra plus grand ; mais qu'en ce cas
d'équilibre cette puissance D ne peut jamais être plus
grande ( *Corol.* 1. *d'ici & Lem.* 8. *Corol.* 6. ) que la somme
P—|—R de ces deux-là ; cette puissance D sera égale à
cette somme P—|—R ( *Corol.* 2. ) lorsque les directions PM,
RN, des puissances P , R , se trouveront paralleles entr'elles ; & depuis cette égalité cette puissance D diminuera à l'infini ( *Corol.* 5. ) à mesure que l'angle MHN
augmentera, jusqu'à devenir même nulle ou zero, lorsque cet angle se trouvera infiniment obtus, c'est-à-dire
( *Déf.* 11. ) lorsque les directions PM , RN , des puissances P , R , supposées toûjours les mêmes , se trouveront en
ligne droite.

## COROLLAIRE VII.

Donc en tous ces cas d'équilibre differens à l'infini, les
puissances P , R , étant toûjours ( *Corol.* 1. ) égales entre-
elles , & consequemment leur somme double de chacune
d'elles ; il n'y en a qu'un seul où la puissance D puisse
être double de chacune de ces deux-là , sçavoir ( *Cor.* 2. )
celui où les directions PM , RN , de ces deux puissances
égales P , R , sont paralleles entr'elles ; & dans tous les autres ( *Corol.* 3. ) cette puissance D sera toûjours plus petite que le double de chacune de ces deux-là , & d'autant
plus petite ( *Corol.* 4. que l'angle MHN sera plus ouvert
ou plus obtus.

E e iij

## C O R O L L A I R E VIII.

Prefentement fi au lieu de la puiffance ou du poids D en équilibre avec les puiffances P, R, on attachoit la corde AD à quelque clou, il eſt viſible que ce clou feroit la même réſiſtance contre les puiffances P, R, que fait prefentement le poids ou la puiffance D; que la direction de la corde AD feroit encore ici la même qu'auparavant, & que la réſiſtance du clou y feroit égale à celle du poids ou de la puiffance D. D'où il fuit,

1°. Que lorſqu'une Poulie fur laquelle deux puiffances font équilibre comme ici P, R, eſt fufpendue ou retenue par une corde telle qu'eſt ici AD, cette corde fe dirige toûjours en forte ( *part.* 1. ) qu'elle divife en deux également l'angle MHN des tangentes de cette Poulie touchée aux points M, N, par les directions ou cordes PM, RN, de ces deux puiffances.

2°. La réſiſtance ou la charge du clou auquel eſt attachée la corde AD qui foûtient cette Poulie MBNC contre l'action des puiffances P, R, eſt à chacune d'elles ( *part.* 2. ) comme le finus de l'angle MHN de leurs directions ou cordes prolongées PM, RN, eſt au finus de fa moitié; & auffi ( *part.* 3. ) comme la foutendante MN de l'arc MBN enveloppé de la corde PMBNR, eſt au rayon AM, AN de la Poulie MBNC.

3°. Par confequent tant que l'angle MHN feroit fini, la charge ou la réſiſtance de ce clou auquel la corde AD feroit attachée, feroit ( *Corol.* 3. ) moindre que la fomme des puiffances P, R, & moindre de plus en plus ( *Corol.* 4. ) que cette fomme P─+R, à mefure que cet angle MHN deviendroit plus grand : mais fi les directions ou cordes PM, RN, de ces deux puiffances, lefquelles prolongées font cet angle, fe trouvent parallèles entre-elles, la charge ou la réſiſtance de ce même clou fera égale ( *Corol.* 2. ) à la fomme de ces deux puiffances P, R; & confequemment alors ( *Corol.* 1. ) double de chacune d'elles.

## C O R O L L A I R E  IX.

Si la Poulie MBNC au lieu d'être arrêtée en D, ou en quelqu'autre point de la corde AD, qui passe par son centre A, avoit seulement ce centre A fixe autour duquel elle fût mobile, les puissances P, R, agissant encore sur cette Poulie de la même maniere qu'auparavant, & cette Poulie leur faisant aussi encore la même résistance qu'elle leur faisoit, lorsqu'elle étoit retenue par la corde AD; elle doit en recevoir encore la même impression, & suivant la même direction AD qu'auparavant; ainsi l'effort commun des puissances P, R, sur cette Poulie MBNC, ne tend encore qu'à la mouvoir suivant DA avec la même force commune dont elles tiroient auparavant contre le poids ou la puissance D, ou contre le clou qu'on vient de supposer ( *Cor.* 8.) en la place de ce poids ou de cette puissance D. Donc la charge de cette Poulie MBNC, lorsque le centre A en est fixe, ou la résistance de son goujon fixe A, autour duquel seulement elle est mobile, est toûjours ( *part.* 2. ) à chacune des puissances P, R, (en équilibre sur cette Poulie, & au concours d'action desquelles son goujon fixe A résiste) comme le sinus de l'angle MHN compris entre leurs directions ou cordes prolongées PM, RN, est au sinus de sa moitié, ou ( *part.* 3. ) comme la soutendante MN est au rayon AM ou AN de cette Poulie MBNC; & consequemment aussi ( *Corol.* 3. ) cette charge ou résistance de ce goujon fixe A, est toûjours moindre que la somme de ces deux puissances P, R, excepté dans le cas de leurs directions paralleles entr'elles, dans lequel cette charge de la Poulie MBNC est toûjours ( *Corol.* 2. ) égale à la somme de ces deux puissances P, R, & consequemment ( *Corol.* 1. ) double de chacune d'elles.

## C O R O L L A I R E  X.

De-là & du Corol. 5. il suit que plus l'angle MHN compris entre les parties de la corde PM, RN, prolon-

gées du côté de H , fera grand, moins fera grande la
charge de la Poulie MBNC , ou de fon centre A , foit
que ce centre en foit fixe, ou qu'il foit mobile : de forte
que cet angle MHN peut devenir fi obtus que la Poulie
MBNC ou fon centre A ne fera chargé que fi peu qu'on
voudra des puiffances P , R ; jufques-là même que cette
Poulie pourroit être foûtenue contre ces deux puiffances
par une troifiéme D indéfiniment petite , c'eft-à-dire ,
moindre que quelque poids donné que ce foit : il ne faut
pour cela ( *Corol. 4.* ) qu'ouvrir l'angle MHN compris
entre les directions des parties de corde PM , RN , jufqu'à ce qu'enfin fon finus foit à celui de fa moitié , ou la
foutendante MN au rayon, AM de la Poulie , en moindre
raifon que le poids donné n'eft à chacune des puiffances P , R.

COROLLAIRE XI.

Au contraire on peut rendre cet angle MHN fi aigu
que la puiffance ou le poids D appliqué au centre A de
la Poulie MBNC , ou quelqu'autre en fa place , devra
être plus grand que chacune des puiffances P , R , pour
faire équilibre avec elles. Mais ce poids ne peut pas ainfi
augmenter à l'infini ; car ne pouvant jamais ( *Corol. 6.* )
être plus grand que lorfque cet angle MHN ou PHR
eft infiniment aigu , c'eft-à-dire ( *Lem. 6. Corol. 1.* ) lorfque les parties PM , RN , de corde font paralleles entre-
elles ; & le finus de cet angle MHN , n'étant encore alors
( *Corol. 4.* ) que double du finus de fa moitié , & la foutendante MN feulement double alors du rayon AM de
la Poulie , ce poids ne peut être tout au plus ( *Corol. 1.* )
que double de chacune des puiffances P , R.

COROLLAIRE. XII.

Ce qui fait encore voir , comme dans le Corol. 7. que
fur une infinité de cas differens où cet équilibre peut arriver, il n'y en a qu'un feul dans lequel le poids ou la
puiffance D puiffe ( *Corol. 11.* ) être double de chacune
des

des puissances P, R ; & que dans tous les autres il est
toûjours ( *Corol.* 10. ) moindre que double, & moindre à
l'infini que chacune d'elles.

*Tous ceux qui se mélent de Mécanique, sçavent assez que*
*jusqu'au Projet de celle-ci, donné en 1687. dans lequel ceci*
*fut ainsi démontré, on regardoit ordinairement comme gene-*
*rale, & comme absolument vraye cette proposition :* Qu'un
poids attaché ou suspendu au centre mobile d'une Poulie, & en équilibre avec une puissance appliquée à une
des extrêmitez d'une corde, laquelle embrassant cette
Poulie, auroit son autre extrêmité retenue par quelque
clou, ou autrement, seroit double de cette puissance.
*Cependant on voit par ce dernier Corol.* 12. *& par le Corol.*
*7. que sur une infinité de cas differens où cet équilibre peut*
*arriver, cette proposition n'est vraye que dans un seul, qui est*
*lorsque les parties de la corde, qui touchent cette Poulie,*
*sont paralleles entr'elles, & qu'elle est fausse dans tous les*
*autres. Il est vrai que dans la démonstration qu'en donnent*
*les Auteurs qui l'ont avancée, ils supposent tous que ces par-*
*ties de corde touchent cette Poulie aux extrêmitez d'un même*
*diamétre ; & consequemment qu'elles sont paralleles entr'elles ;*
*mais outre qu'il est rare qu'elles le soient, ces Auteurs n'ayant*
*point fait cette restriction dans leur proposition, ils la regar-*
*dent dans la suite comme generale, & l'appliquent indiffe-*
*remment à toutes les machines où l'on se sert de Poulies, sans*
*avoir égard à la situation de leurs cordes, que plusieurs même*
*dirigent indifferemment, sans rien changer au rapport résul-*
*tant du seul parallelisme de ces directions dans cette proposi-*
*tion, entre les poids & la puissance qu'ils y supposent en équi-*
*libre entr'eux, comme si cette varieté des directions n'en de-*
*voit apporter aucune dans ce rapport : ce qui a jetté ces Au-*
*teurs dans des méprises considerables, comme on le verra par*
*le Corol.* 17. *de ce Théoreme-ci, & par les Corol.* 1. 2. 3. *des*
*Th.* 17. 18. *dans les réflexions qui suivront ce Corol.* 17.
*du present Th.* 14. *& le Scholie du Th.* 18.

*M. Wallis est le seul que je sçache avoir reconnu cet in-*
*convenient avant 1687. que j'en avertis dans le Projet de*

F f

cette *Mécanique-ci*, *fans fçavoir*, *ou fans me fouvenir alors*
*qu'il l'eût effectivement reconnu. Je l'apperçois tout prefente-*
*ment dans les Scholies des propofitions* 2. 3. *du chap.* 8. *de.*
*la part.* 3. *de fa Mécanique ; mais il n'y remedie pas : il fe*
*contente de dire dans le premier de. ces deux Scholies, que l'on.*
*y pourra remedier par. ce qu'il a dit de l'obliquité des mou-*
*vemens dans le chap.* 2. *& puis dans l'autre Scholie. il traite.*
*cet inconvenient de leger, quoiqu'il n'y ait rien de leger pour*
*un Géometre, fur tout pour un auffi grand Géometre qu'il l'é-*
*toit, & que cet inconvenient puiffe même aller. jufqu'à faire*
*prendre un poids pour double d'une puiffance. par rapport à la-*
*quelle il feroit fi petit qu'on voudroit, & cependant toûjours.*
*en équilibre avec elle, ainfi qu'on le vient de voir dans les Cor.*
7. 12.

*Au refte cette remarque, à laquelle nous a engagé la juftice*
*dûe à M. Wallis, pour. avoir le premier. (que je fçache) ap-*
*perçû cette difficulté, ne doit faire penfer autre chofe de lui,*
*par rapport à elle, finon que la facilité qu'il croyoit à réfou-*
*dre le lui a fait negliger, quoiqu'il en foit de cette facilité à re-*
*foudre cette difficulté par le principe de M. Wallis, ceux pour*
*qui ceci eft écrit ; feront peut-être bien aifes de la voir (comme*
*ici.) réfolue par le nôtre.*

## C o r o l l a i r e XIII.

Il fuit des part. 2. 4. de ce Théoreme-ci, que fi les
parties de corde PM, RN, des puiffances P, R, lorfqu'elles foûtiennent la puiffance D, ne font pas paralleles entr'elles, ces deux mêmes puiffances P, R, pourront
foûtenir la même troifiéme D par le moyen d'une même
Poulie MBNC, dans deux fituations differentes de leurs
cordes PM, RN, parce que ces deux cordons prolongez peuvent faire des angles égaux en H de part & d'autre de la Poulie MBNC, ou de fon centre A, entr'elles
& avec la direction AD de ce centre, ou de cette Poulie, foit en s'écartant l'une de l'autre, comme dans les
Fig. 102. 104. foit en s'approchant, comme dans les Fig.
103. 105. par confequent (*part.* 2. 4.) les mêmes puif

fances P , R , qui dans l'une de ces deux fituations
de leurs parties de corde , font capables de foûtenir la
puiſſance ou le poids D , le pourront encore foûtenir dans
l'autre.

La même choſe fuit auſſi des part. 3. 5. parce qu'en
ce cas des directions PM , RN , non paralleles entr'elles,
des puiſſances P , R , ces directions peuvent en deux fituations differentes toucher la même Poulie MBNC aux
extrêmitez de deux foutendantes MN égales entr'elles,
l'une au deſſus du centre A , comme dans les Fig. 102.
105. & l'autre au deſſus , comme dans les Fig. 103.
104. les deux puiſſances P , R , qui foûtiendroient la
troiſiéme D dans une de ces deux fituations de leurs
cordons PM , RN , la foûtiendroient auſſi ( *part.* 3. 5. )
dans l'autre.

## COROLLAIRE XIV.

Mais fi les directions ou cordons PM , RN , des puiſ-
fances P, R , en équilibre ( *Hyp.* ) avec la puiſſance D,
font paralleles entr'elles ; ces deux puiſſances P , R , ne
pourront ( *part.* 2. 3. ) foûtenir la troiſiéme D qu'en cette
feule fituation de leurs cordons ou parties de corde ;
parce qu'il n'eſt pas poſſible ( *Corol.* 7. ) de donner à ces
cordons d'autre fituation, dans laquelle la puiſſance ou
le poids D foit double de chacune des puiſſances P, R ,
comme il l'eſt ( *Corol.* 2. ) dans celle-ci.

## COROLLAIRE XV.

Fig. 106.

Il fuit encore de la part. 2. de ce Théoreme-ci que
le poids D en équilibre avec la puiſſance R par le moyen
de plufieurs Poulies mobiles, dont A , B , C, &c. font les
centres feparez & appliquez comme on les voit dans la
Fig. 106. Il fuit, dis-je , encore de la part. 2. du prefent Th. 14. que ce poids D ainfi en équilibre avec la
puiſſance R , eſt toûjours à cette puiſſance comme le produit des finus des angles totaux MHN , PKQ , XLY ,
&c. que font ( lorſqu'on les prolonge ) les parties dont les

cordes EK , FO , GR , &c. touchent toutes ces Poulies, est au produit des sinus des moitiez de chacun de ces angles. Car ( *part.* 2.) la résistance de la Poulie A ou du poids D , est à la résistance de la Poulie B , comme le sinus de l'angle MHN est au sinus de sa moitié ; de même ( *part.* 2.) la résistance de la Poulie B est à celle de la Poulie C, comme le sinus de l'angle PKQ est au sinus de sa moitié ; de même encore ( *part.* 2. ) la résistance de la Poulie C est à celle de la puissance R, comme le sinus de l'angle XLY est au sinus de sa moitié ; & toûjours de même , quelque nombre de Poulies mobiles qu'on suppose ici avant que d'arriver à la puissance R. Donc, en multipliant par ordre les termes de toutes ces analogies, l'on aura ici le poids D à la puissance R , comme le produit des sinus des angles totaux MHN , PKQ , XLY , &c. ou EHK , FKC , GLR , &c. est au produit des sinus des moitiez de ces angles.

COROLLAIRE XVI.

Toutes choses demeurant les mêmes que dans le précedent Corol. 15. si l'on ajoûte aux Poulies mobiles les soutendantes & les rayons qu'on leur voit ici par les points où elles sont touchées par les cordes qui les soûtiennent, ainsi que dans la *part.* 3. la résistance de la Poulie A , ou du poids D , sera ici (*part.* 3.) à la résistance de la Poulie B : : MN. AM. De même (*part.* 3.) la résistance de la Poulie B sera ici à celle de la Poulie C :: PQ. BP. De même encore (*part.* 3.) la résistance de la Poulie C sera à celle de la puissance R :: XY. CX. Et toûjours de même , quelque nombre de Poulies mobiles qu'on suppose ici depuis le poids D jusqu'à la puissance R. Donc, en multipliant par ordre les termes de toutes ces Analogies, l'on aura ici D. R :: MN×PQ×XY. AM× BP×CX. C'est-à-dire, que le poids D sera toûjours ici à la puissance R , comme le produit des soutendantes des arcs des Poulies , embrassez par les cordes qui les soûtiennent sera au produit de leurs rayons.

## COROLLAIRE XVII.

Si presentement on suppose que les cordons qui touchent ces Poulies, sont tous deux à deux paralleles entr'eux sur chacune d'elles, cette hypothese rendant ( *Lem.* 6. *Corol.* 1. ) les angles MHN, PKQ, XLY, &c. infiniment aigus, leurs sinus seront alors ( *Lem.* 7. ) doubles de ceux de leurs moitiez ; ou ( ce qui revient au même ) les soutendantes MN, PQ, XY, &c. des arcs enveloppez par les cordes qui les soûtiennent, passant alors toutes par les centres A, B, C, &c. de ces arcs ou des Poulies, seront aussi pour lors chacune double du rayon de chaque Poulie, dont cette soutendante est alors le diamétre. Ainsi ayant en general le poids D à la puissance R ( *Corollaire* 15. ) comme le produit des sinus des angles totaux MHN, PKQ, XLY, &c. au produit des sinus des moitiez de chacun de ces angles, ou ( *Corollaire* 16.) comme le produit des soutendantes MN, PQ, XY, &c. au produit des rayons des Poulies : l'on aura ici $D.R :: 1 \times 1 \times 1 \times$ &c. $\frac{1}{2} \times \frac{1}{2} \times \frac{1}{2} \times$ &c. $:: 2 \times 2 \times 2 \times$ &c. 1. c'est-à-dire, le poids D à la puissance R, comme le degré de 2, qui auroit pour exposant le nombre des Poulies, seroit à l'unité : de sorte qu'en prenant $n$ pour ce nombre quelconque des Poulies, ce cas de parallelisme supposé dans toutes entre les cordons touchans de chacune donneroit en general $D.R :: 2^n$ 1. Ce qui signifie qu'alors le poids D seroit à la puissance R, comme le plus grand terme d'une progression Géométrique double, qui en auroit autant qu'il y a de Poulies, plus un, seroit au premier. D'où l'on voit que $n = 3$ dans le cas de la presente Fig. 106. de trois Poulies, donneroit $D.R :: 2^3.$ 1 $:: 8.$ 1. s'il y en avoit quatre, alors $n = 4$ donneroit $D.R :: 2^4.$ 1 $:: 16.$ 1. s'il y en avoit cinq, alors $n = 5$ donneroit $D.R :: 2^5.$ 1 $:: 32.$ 1. & ainsi de tel autre nombre $n$ qu'on voudra de Poulies.

## Corollaire XVIII.

Ce cas ( *Corol.* 17.) de parallelisme deux à deux de tous les cordons touchans des Poulies employées, comme dans la presente Fig. 106. est le seul sur une infinité, dans lequel le poids D en équilibre avec une puissance R, puisse être à cette puissance comme le plus grand terme d'une progression Géométrique double, qui en auroit autant qu'il y a de Poulies, plus un, seroit au premier. Car dans tous les autres cas de cordons touchant les Poulies sans être paralleles deux à deux sur chacune, ce poids D doit toûjours être à cette puissance R en équilibre ( *Hyp.* ) avec lui, en moindre raison ( *Corol.* 3.) que ce dernier terme au premier de cette progression double, & même ( *Corol.* 4. ) en moindre à l'infini ; parce que les angles MHN, PKQ, XLY, &c. ne pouvant devenir plus aigus ( *Lem.* 6. *Corol.* 1.) que lorsque ces parties de cordes, tangentes des Poulies, sont deux à deux ( sur chaque Poulie) paralleles entr'elles, les raisons de leurs sinus aux sinus de leurs moitiez, ne peuvent jamais être plus grandes ( *Corol.* 7.) que celle de 2 à 1. Pareillement les soutendantes MN, PQ, XY, &c. alors diamétres de leurs Poulies, ne pouvant jamais être plus grandes qu'en cet état ; le rapport de chacune au rayon de sa Poulie, ne peut être non plus jamais plus grand que de 2 à 1. Au contraire les angles MHN, PKQ, XLY, &c. pouvant devenir toûjours plus grands ou plus obtus à l'infini, les rapports de leurs sinus aux sinus de leurs moitiez, peuvent ( *Lem.* 8. *Corol.* 6.) diminuer à l'infini ; ou ( ce qui revient au même) les soutendantes MN, QP, YX, &c. devant diminuer à mesure que ces angles augmentent ou deviennent plus obtus ; le rapport de chacune d'elles au rayon de sa Poulie, peut aussi par ce moyen diminuer à l'infini.

*De-là on voit assez la méprise de ceux qui dans cet usage des Poulies, ont avancé comme proposition generale, que le poids D est la puissance R, comme le plus grand terme*

d'une progreſſion double, qui en auroit autant qu'il y a
de Poulies, plus un, eſt au moindre. *Ce qui les a trompez,
c'eſt l'uſage trop étendu qu'ils ont donné à la propoſition rapportée dans la réflexion qui ſuit le Corol. 1 2. de ce Théoreme-ci.*

## COROLLAIRE XIX.

Le précedent Corol. 17. fait déja voir, & on le verra
encore dans la ſuite, que les Poulies mobiles peuvent
conſiderablement épargner les forces qu'il faudroit employer pour ſoûtenir immédiatement, & ſans aucune machine le poids qu'on ſoûtient avec elles ; puiſque ſuivant
ce Corol. 17. dans le cas du paralléliſme des cordons
touchans de chacune des trois Poulies de la Fig. 106. il
ne faut pour ſoûtenir le poids D par leur moyen, qu'une
force égale à la huitiéme partie de ſa peſanteur, au lieu
qu'il la faudroit ( *Ax*. 4.) égale à cette peſanteur entiere
pour ſoûtenir ce poids immédiatement & ſans le ſecours
d'aucune machine. Si on le vouloit ſoûtenir de même
avec quatre Poulies ainſi mobiles, ce Corol. 17. fait pareillement voir que dans ce cas de paralléliſme des cordons touchans chacune de toutes ces Poulies, il ne faudroit qu'une puiſſance égale à la ſeiziéme partie de la
peſanteur de ce poids ; qu'avec cinq Poulies il ne faudroit qu'une puiſſance égale à la trente-deuxiéme partie
de ſa peſanteur ; & toûjours moindre à l'infini, que ce
poids ſuivant la progreſſion marquée dans ce Corol. 17.
à meſure qu'on augmentera le nombre des Poulies : de
ſorte que ſi *m* étoit un terme d'une telle progreſſion double ÷ 1. 2. 4. 8. 16. . . . . . . . *m*. &c. lequel fût précedé
d'autant d'autres qu'il y auroit ici de Poulies toutes touchées par des cordons paralleles entr'eux deux à deux
pour chacune ; le poids D ſeroit alors à la puiſſance
R :: *m*. 1.

Ce cas de paralléliſme des cordons touchans de chaque Poulie mobile, eſt bien celui où la puiſſance eſt ( *Corol*. 6.) la plus petite de celles qui, à l'aide de ces Poulies,

peuvent faire équilibre avec ce poids ; mais il n'eſt pas le
ſeul où ce poids puiſſe ainſi être ſoûtenu par une puiſſance moindre que lui. On le verra, ſi l'on imagine la
puiſſance R en équilibre avec le poids D ſuſpendu au
centre A, ou plûtôt à la chape AB d'une Poulie mobile
MBNC ſoûtenue ſur une corde PMBNR, dont une extrêmité ſoit attachée à un clou ou crochet P, & l'autre
retenue par la puiſſance R : on verra, dis-je, ſuivant les
part. 2. 3. du preſent Th. 14. & ſuivant le Corol. 6. du
Lem 8. que depuis la ſituation où les cordons PM, NR,
prolongez font entr'eux un angle PHR de 120 degrez,
juſqu'à ce qu'ils ſoient devenus paralleles entr'eux, la
puiſſance R ſera toûjours moindre que le poids D en
équilibre ( *Hyp.* ) avec elle, & d'autant moindre ( quoiqu'en raiſon differente ) que cet angle ſe trouvera plus
aigu. Car le ſinus de 120 degrez étant le même ( *Déf.*
9. *Corol.* 2. ) que celui de ſa moitié 60 degrez, qui
en eſt le complément à 180 degrez, ou ( ce qui revient
au même ) la ſoutendante MN étant alors égale au rayon
AM ou AN de la Poulie MBNC ; les part. 2. 3. font
voir que lorſque l'angle PHR ſera de 120 degrez, la
puiſſance R ſera préciſément égale au poids D : & parce
que plus cet angle diminuera, plus au contraire ( *Lem.*
8. *Corol.* 6. ) augmentera le rapport de ſon ſinus à celui
de ſa moitié, auſſi-bien que le rapport de la ſoutendante MN au rayon AM ou AN de la Poulie ; & conſequemment plus diminuera pour lors le rapport du ſinus
de la moitié de cet angle PHR au ſien, ou du rayon AM
de la Poulie à la ſoutendante MN, plus auſſi ( *part.* 2. 3. )
diminuera pour lors la puiſſance R par rapport au poids
D toûjours le même & toûjours ( *Hyp.* ) en équilibre avec
elle, juſqu'à ce qu'enfin elle n'en ſoit plus que la moitié
( *Corol.* 2. ) lorſque les cordons PM, RN, ſeront devenus
paralleles entr'eux : ce que le rapport, ſur tout du rayon
AM ou AN de la Poulie à la ſoutendante MN de ſon
arc MBN, enveloppé de la corde PMBNR, fait voir ſen-
ſiblement.

                                                    La

La même chose seroit encore sensiblement en imaginant un parallelogramme HEGF, dont la diagonale HG
soit une partie quelconque de la direction DA du poids
D prolongée depuis H vers G, & dont les côtez HE,
HF, soient sur les directions PH, HR. Car alors on verra
que puisque le poids D doit toûjours être ici (*part.* 2.)
à la puissance R, comme le sinus de l'angle PHR, ou
EHF, au sinus de sa moitié EHG ou HGF, tant qu'il
sera en équilibre avec elle; & consequemment aussi pour
lors (*Déf.* 9. *Corol.* 2.) comme le sinus de son complement HFG est au sinus de HGF, c'est-à-dire (*Lem.* 8.
*Corol.* 2.) comme HG est à HF: on verra, dis-je, alors
que le cas de l'angle PHR ou EHF de 120 degrez rendant le triangle HFG équilateral, & consequemment
alors HF=HG; la puissance R en ce cas doit être égale
au poids D. On verra de plus que le rapport de HF à
HG diminuant toûjours (*Lem.* 8. *Corol.* 2. *& 6.*) à mesure que l'angle PHR devient plus aigu, jusqu'à devenir (*Lem.* 7. *& 8. Corol.* 2.) HF+FG=HR, & consequemment HF=$\frac{1}{2}$HG lorsque l'angle PHR se trouve
infiniment aigu, c'est-à-dire (*Lem.* 6. *Corol.* 1.) lorsque
les directions PM, RN, sont paralleles entr'elles; la puissance R toûjours en équilibre (*Hyp.*) avec le poids D,
doit toûjours diminuer avec cet angle PHR, depuis l'é-
galité qu'on lui vient de voir avoir avec ce poids, lorsque cet angle étoit de 120 degrez, jusqu'à n'en valoir
plus que la moitié (*Corol.* 2.) lorsque cet angle est devenu infiniment aigu par l'arrivée (*Lem.* 6. *Corol.* 1.) des
cordons PM, RN, à être paralleles entr'eux.

*Voilà quelle est l'utilité des Poulies mobiles pour l'épargne*
*des forces dans la Statique: utilité d'autant plus grande que*
*plus on y employera de ces sortes de Poulies à la fois, moins*
*(Corol. 17.) il faudra de force pour soûtenir, & consequem-*
*ment aussi pour mouvoir les poids qu'il s'agira de retenir ou*
*de transporter d'un lieu en un autre, on le verra encore da-*
*vantage dans la suite.*

Gg

## C o r o l l a i r e  XX.

Quant aux Poulies des centres fixes, il fuit du Corol. 1.
qu'avec elles feules, de quelque maniere qu'on s'en ferve, il n'y aura jamais rien à gagner du côté de la force
qu'il y faut employer, c'eft-à-dire, que de quelque maniere qu'on s'en ferve, il y faudra toûjours employer autant de force pour foûtenir un poids par leur feul moyen,
qu'il en faudroit pour le foûtenir immédiatement fans
elles, & fans aucune autre machine. Par exemple, il
faudra une même force R, quelque direction qu'on lui
donne, pour foûtenir le poids D avec la corde RAD par
le moyen de la Poulie fixe A, que pour le foûtenir immédiatement avec le feul cordon AD, c'eft-à-dire, la
même qu'une puiffance en A, qui foûtiendroit effectivement ce poids avec le feul cordon AD; puifqu'en ce cas
d'équilibre de part & d'autre, l'on auroit ( *Corol.* 1. )
R$=$D, & auffi ( *Ax.* 4. ) la puiffance en A$=$D.

De même quand on employeroit à la fois plufieurs de
ces Poulies fixes AB, EF, HK, &c. placées à volonté, on
ne gagneroit encore rien du côté de la force R, qu'il
faudroit employer pour foutenir le poids D par le moyen
de ces feules Poulies avec la corde DABEFHKR, appuyée fur ou contr'elles; c'eft-à-dire, que cette force R,
quelque direction qu'elle eût, devroit encore être ici égale au poids D pour l'y foûtenir ainfi en équilibre, de même ( *Ax.* 4. ) que pour le foûtenir immédiatement fans le
fecours d'aucune machine. Car en ce cas d'équilibre les
deux forces dont chacune des parties BE, FH, &c. de
la corde, eft tirée directement en fens contraires, étant
( *Ax.* 4. ) égales entr'elles, fi l'on appelle M chacune des
deux forces dont BE eft tirée de B vers E, & de E vers B;
N, chacune des deux dont FH eft pareillement tirée de
F vers H, & de H vers F : ce cas d'équilibre donnera
( *Corol.* 1. ) R$=$N$=$M$=$D, c'eft-à-dire, la puiffance R
égale au poids D, de même ( *Ax.* 4. ) que fi elle le foûte-

noit immédiatement & fans le fecours d'aucune machine.

Donc les Poulies fixes ou de centres fixes, de quelque
maniere & en quelque nombre qu'on les employe, n'é-
pargnent jamais aucune force. Elles ne laiffent pourtant
pas d'être très-utiles, non feulement en ce qu'elles fer-
vent (comme dans la Fig. 110.) à continuer par tels
détours qu'on voudra, des mouvemens ou des efforts que
des embarras empêchent de pouvoir être faits en ligne
droite, en plaçant ces Poulies (appellées alors *Poulies de
renvoi*) à tous les angles de ces détours, une à chaque
angle; mais encore en ce qu'elles nous mettent en état
d'employer beaucoup plus de force, que nous ne pour-
rions faire fans elles, contre le fardeau à foûtenir ou à
enlever : elles nous mettent, dis-je, en état de tirer de
haut en bas par deffus elles, & par-là de nous fecourir
de toute la pefanteur de notre corps, que nous aurions
même à foûtenir avec le fardeau, en le tirant ou foule-
vant directement de bas en haut. La Poulie A de la Fig.
109. fait, dis-je, qu'une main appliquée en R contre le
poids D, y eft fecourue de tout le poids du corps de
celui qui, ainfi placé, tire contre ce poids D; au lieu
qu'en A cette main n'auroit que fa feule force pour agir
contre ce poids fans le fecours de cette Poulie, ni d'aucune autre machine. Ce fecours du poids de notre corps,
eft ce qui nous fait toûjours tirer plus aifément & plus
fortement de haut en bas que de bas en haut : c'eft ce qui
fait qu'un fceau d'eau, par exemple, eft beaucoup plus
aifé à tirer avec le fecours d'une Poulie fixe, que directement & fans elle.

*On voit de-là, & du Corol. 19. que l'utilité des Poulies
confifte en ce que les mobiles (Corol. 19.) nous épargnent des
forces, & que les fixes (Corol. 20.) nous en facilitent l'ufage. Voici prefentement la maniere de profiter de ces deux avantages en même tems, fe fervant de ces deux efpeces de Poulies à la fois.*

Ggij

## C O R O L L A I R E  XXI.



Suppofons prefentement le poids D en équilibre avec
la puiffance R fur deux Poulies à la fois, dont une EGFK.
foit fixe, & l'autre MBNC mobile avec le poids D fufpendu à fon centre A, ou à fa chape AB : foit, dis-je,
ce poids D foûtenu par la puiffance R, appliquée à une
des extrêmitez d'une corde RFKEMBNG, qui après
avoir paffé par deffus la Poulie fixe EKFG, & par deffous
la mobile MBNC, ait fon autre extrêmité attachée au
bout G de la chape LG de la premiere EKFG de ces
deux Poulies, fixe en fon centre L dans les Fig. 111.
112. ou par de-là fa circonference au point S de fa chape GL prolongée dans les Fig. 113. 114. 115. n'ayant
de mobilité qu'autour de ces points L, S.

L'équilibre fuppofé entre le poids D & la puiffance R
fur ces deux Poulies à la fois, rendant égales ( *Ax*. 4. ) les
forces dont le cordon EM eft tiré directement en fens contraires de E vers M, & de M vers E ; fi l'on appelle P
chacune de ces deux forces ; H, le finus de l'angle MHN
compris entre les deux cordons EM, GN, prolongez,
lefquels touchent la Poulie MBNC ; & *h*, le finus de la
moitié de cet angle : l'on aura ( *Corol*. 1. ) R=P, & non
feulement ( *part*. 2. ) P. D :: *h*. H. mais encore ( *part*. 3. )
P. D, : AM. MN. Donc auffi pour lors R. D :: *h*. H. Et
R. D :: AM. MN. ainfi qu'il arriveroit ( *part*. 2. 3. ) fi la
puiffance R étoit P. D'où l'on voit que cette puiffance R
peut avoir ici tout à la fois les deux avantages marquez
dans les Corol. 18. 19. fçavoir ( à caufe de la Poulie mobile MBNC ) de pouvoir être non feulement moindre
( *Corol*. 2. ) que le poids D en équilibre ( *Hyp*. ) avec elle,
mais encore d'autant moindre ( *Corol*. 19. ) que l'angle
MHN ou EHG fera plus petit que de 120. degrez, quoiqu'en raifon differente ; & de plus ( à caufe de la Poulie
fixe EKFG ) de coûter d'autant moins à fournir ( *Cor*. 20. )
que la pefanteur du corps de celui qui tire en R, y peut
beaucoup contribuer, outre qu'il peut encore fe foula-

ger par tout ce qu'il pourra ajoûter d'autres poids en R.

## S C H O L I E.

I. Il est visible que les chapes LG doivent se diriger dans le précedent Corol. 20. de la maniere qu'on les voit dirigées dans les Fig. 111. 112. 113. 114. 115. Car, 1°. dans les Fig. 111. 112. dans lesquelles la Poulie EKFG est fixe en son centre L, autour duquel seulement elle est mobile indépendamment de sa chape LG, qui l'est seulement aussi autour de ce point fixe L ; cette chape en ce cas ne recevant d'impression que suivant la direction GN du cordon attaché à son extrêmité G, il est manifeste qu'elle doit toûjours se diriger suivant cette ligne GN ; en sorte que NGL ne soit plus qu'une ligne droite, qui prolongée, aussi-bien que ME, concoure avec elle en H au dessus ou au dessous de la Poulie mobile MBNC, selon que son diamétre sera plus grand ou plus petit que le rayon de la Poulie fixe EKFG : si ce diamétre & ce rayon étoient égaux, il est visible que NL, ME, seroient paralleles entr'elles, & ( *Lem.* 3. *Corol.* 15. *& Lem.* 6. *Cor.* 1.) à la direction DH du poids D.

2°. Dans les Fig. 113. 114. 115. dans lesquelles la Poulie EKFG est mobile non seulement autour de son centre L fixe dans la chape SG, mais encore avec son centre & cette chape autour du point S de cette même chape, fixe au-delà de la circonference de cette Poulie EKFG : si outre les cordons GN, EM, prolongez vers H jusqu'à leur rencontre ( *part.* 1.) en ce point de la direction DH du poids D, on prolonge de même RF, ME, vers Q, jusqu'à leur rencontre en ce point, & qu'on mene la droite QO par le centre L de la même Poulie EKFG ; on verra que du concours d'action des forces ( *Corol.* 1.) égales dont les cordons EM, FR, sont tirez par le poids D, & par la puissance R, il en doit résulter ( *Lem.* 3. *part.* 4. *& Corol.* 1.) suivant la droite QLO, sur la Poulie EKFG, & sur sa chape SG, une impression qui les pousse ou qui les tire suivant LO : de sorte que cette

F i g. 111. 112.

F i g. 113. 114. 115.

G iij

chape SG, tirée de plus fuivant GN par le poids D, fe trouve ici pouffée ou tirée tout à la fois fuivant deux directions differentes LO, NG, qui lui doivent vifiblement faire prendre la pofition qu'on lui voit dans les Fig. 113. 114. 115. de maniere que cette chape SG ne fera en ligne droite avec GN, de même que LG l'eft (*nomb.* 1.) dans les Fig. 111. 112. que lorfque les directions LO, NG, feront fuivant une même ligne droite, comme dans la Fig. 115.

II. La force de l'impreffion fuivant LO, réfultante du concours de la force R fuivant FR, & de ce que le poids D en exerce fuivant EM, étant à cette force R (*part.* 2.) comme le finus de l'angle RQM eft au finus de fa moitié, ou (*part.* 3.) comme la foutendante EF de l'arc EKF de la Poulie EKFG, embraffé par la corde RFKEMBNG, eft au rayon LF de cette Poulie ; & la force fuivant GN étant (*Corol.* 1.) =P=R : l'on aura ici la force de l'impreffion fuivant LO, à la force fuivant GN, comme le finus de l'angle RQM eft au finus de fa moitié, ou comme la foutendante EF eft au rayon LF de la Poulie EKFG. Ce qui étant connu, la Sect. 6. ou la Définit. qui s'y trouvera, fera voir que la chape SG eft ici un Levier appuyé en S, marquera dans le Corol. 2. de fon Th. 21. la fituation exacte que cette chape doit prendre ici dans les Fig. 113. 114. favoir, que cette fituation qu'on y voit, doit être telle que les perpendiculaires menées du point d'apui S fur ces directions GN, LO, prolongées, foient entr'elles comme les finus de l'angle RQM, & de fa moitié font entr'eux, ou comme la foutendante EF eft au rayon LF de la Poulie EKFG.

REMARQUE.

F I G. 101.
& fuivantes
jufqu'à 115.

Quoique la part. 3. du prefent Th. 14. ne faffe aucune mention des finus, & que par fon moyen dans la Théorie on puiffe y avoir le rapport du poids D à chacune des puiffances P, R, fans y employer de finus : cependant comme l'on en a befoin pour connoître la fou-

tendante MN, que cette part. 3. y employe, il faudroit
toûjours revenir aux sinus dans la Pratique & dans l'usage de cette part. 3. Le plus court chemin est de s'en tenir tout d'un coup aux sinus de la part. 2. puisqu'il faudroit plus d'Analogies & de calcul pour passer des sinus
à la connoissance de la soutendante MN, & ensuite de
cette connoissance à celle du rapport cherché, que d'aller tout d'un coup des sinus à ce rapport, comme dans
la part. 2. D'où l'on voit que dans la Pratique l'usage de
cette part. 2. est toûjours préferable à celui de la part. 3.
quoiqu'à la premiere vûe celle-ci paroisse plus simple que
celle-là. La raison de cette préference sera la même pour
la suite dans l'usage qu'on va faire de plusieurs Poulies
mobiles à la fois.

## THEOREME XV.

*Soient deux puissances quelconques P, R, appliquées sui-*     Fig. 116.
*vant telles directions MP, NR, qu'on voudra, aux centres*    117. 118.
*mobiles M, N, de deux Poulies separées, & soûtenues par*
*le moyen d'une corde ACDLGKB, qui retenue à ses extrémi-*
*tez par deux clous ou crochets A, B, s'appuye sur une Poulie*
*fixe H en passant de part & d'autre par dessous les mobiles*
*M, N, dans les Fig. 116. 117. ou embrassant seulement*
*à contre-sens ces deux Poulies mobiles M, N, sans s'appuyer*
*sur aucune fixe, comme dans la Fig. 118.*

*I. En cas d'équilibre entre les deux puissances P, R, appli-*
*quées aux centres M, N, de ces deux Poulies mobiles, &*
*ainsi en action l'une contre l'autre suivant leurs directions*
*quelconques MP, NR; ces deux puissances P, R, seront en-*
*tr'elles en raison composée de la directe des sinus des angles*
*AEL, LFB, compris entre les cordons prolongez qui tou-*
*chent les Poulies mobiles, & de la reciproque des sinus des*
*moitiez de ces angles; c'est-à-dire (en appellant E, F, les sinus*
*des angles AEL, LFB; & e, f, les sinus de leurs moitiez)*
*P. R :: Exf. Fxe.*

*II. En ce cas d'équilibre, si l'on mene les soutendantes CD,*
*GK, avec les rayons MC, MD, NG, NK, des Poulies mo-*

*biles M , N , par les points C , D , G , K , où elles font tou-*
*chées par les parties AC , DL , LG , KB , de la corde*
*ACDLGKB; la puiſſance P , ſera auſſi à la puiſſance R , en*
*raiſon compoſée de la directe des ſoutendantes CD , GK , &*
*de la reciproque des rayons MC , NG , de ces Poulies ; c'eſt-à-*
*dire, P . R :: CD×NG. GK×MC.*

    III. *Reciproquement ſi ces deux puiſſances P , R , ſont en-*
*tr'elles en celui qu'on voudra , de ces deux rapports marquez*
*dans les part. 1.2. elles ſeront ici en équilibre entr'elles.*

## DEMONSTRATION.

    PART. I. Outre les noms aſſignez dans l'énoncé de cette part. 1. ſoit auſſi appellée L chacune des réſiſtances ſuivant EL , FL , de la corde ACDLGKB contre les puiſſances P , R , leſquelles réſiſtances en équilibre (*Hyp.*) avec les forces directement contraires ſuivant LE , LF , ſont ( *Ax. 4. & Th. 14. Corol. 1.* ) égales entr'elles. Cela poſé , la part. 2. du Th. 14. donnera ici P. L :: E. *e*. Et L. R :: *f*. F. Donc ( en multipliant par ordre ) l'équilibre ici ſuppoſé y donnera toûjours P. R :: E×*f*. F×*e*. *Ce qu'il falloit* 1°. *démontrer.*

    PART. II. En ce cas d'équilibre , ſi l'on appelle encore L chacune des réſiſtances de la corde ACDLGKB ſuivant EL , FL , la part. 3. du Th. 14. donnera P. L :: CD. MC. Et L. R :: NG. GK. Donc ( en multipliant par ordre ) on aura auſſi pour lors P, R :: CD×NG. GK×MC. *Ce qu'il falloit* 2°. *démontrer.*

    PART. III. Reciproquement par rapport aux part. 1.2. à la fois , ſi P. R :: E×*f*. F×*e*. ou P. R :: CD×NG. GK×MC. il y aura équilibre entre les puiſſances P , R. Car ſi quelqu'une des deux , par exemple P , étoit trop grande ou trop petite pour faire ainſi équilibre avec l'autre R , ſoit une autre puiſſance quelconque S , qui appliquée à la place de P ſuivant ſa direction MP , faſſe effectivement équilibre avec R. Alors on auroit auſſi ( *part. 1.* ) S. R :: E×*f*. F×*e*. Et ( *part. 2.* ) S. R :: CD×NG. GK×MC. Par conſequent cette nouvelle puiſſance S ſeroit égale à P.

Donc

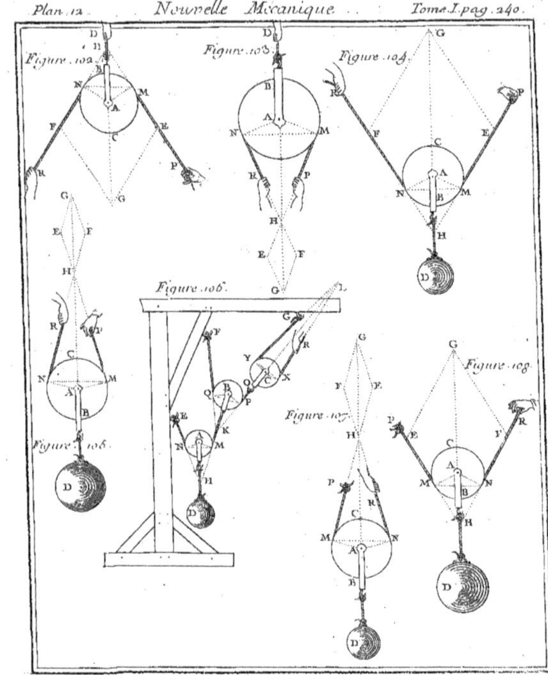


Plan .12.
Nouvelle Mécanique
Tome.I.pag.240.
Figure.102.
Figure.103.
Figure.104.
Figure.106.
Figure.105.
Figure.107.
Figure.108.

Donc ( *Ax.* 2. ) celle-ci P feroit pareillement équilibre avec R. *Ce qu'il falloit* 3°. *démontrer.*

## COROLLAIRE I.

Il fuit de la part. 1. que fi plufieurs puiffances P, R, S, T, V, &c. appliquées à plufieurs Poulies mobiles L, M, N, O, Q, &c. féparées comme dans les Fig. 119. 120. font en équilibre entr'elles ; ces puiffances feront toutes, chacune à chacune, dans quelque ordre qu'on les prenne, en raifon compofée de la directe des finus des angles compris entre les tangentes de leurs Poulies, & de la réciproque des finus des moitiez de ces angles.

Car fi les finus des angles $eEe$, $fFf$ $gGg$, $hHh$, $kKk$, &c. compris entre les cordons touchans des Poulies L, M, N, O, Q, &c. font appellez E, F, G, H, K, &c. Et les finus des moitiez de ces angles, appellez $e$, $f$, $g$, $h$, $k$, &c. la part. 1. en ce cas d'équilibre,

Donnera $\begin{cases} P. R :: E \times f. \; F \times e. \\ R. S :: F \times g. \; G \times f. \\ S. T :: G \times h. \; H \times g. \\ T. V :: H \times k. \; K \times h. \\ \qquad \&c. \end{cases}$

Donc ( en multipl. par ordre ) $\begin{cases} P. R :: E \times f. \; F \times e. \\ P. S :: E \times g. \; G \times e. \\ P. T :: E \times h. \; H \times e. \\ P. V :: E \times k. \; K \times e. \\ R. S :: F \times g. \; G \times f. \\ R. T :: F \times h. \; H \times f. \\ R. V :: F \times k. \; K \times f. \\ S. T :: G \times h. \; H \times g. \\ S. V :: G \times k. \; K \times g. \\ T. V :: H \times k. \; K \times h. \end{cases}$

&c.

*Ce qu'il falloit démontrer.*

H h

## COROLLAIRE II.

Les puiſſances P, R, S, T, V, &c. demeurant encore
en équilibre entr'elles (dans les Fig. 119. 120. du Corol. 1. ſi l'on y ajoûte les ſoutendantes & les rayons
qu'on y voit par les points d'attouchement des Poulies
mobiles; la part. 2. fera voir auſſi que ces puiſſances feront toutes, chacune à chacune, dans quelque ordre
qu'on les prenne en raiſon compoſée de la directe des ſoutendantes des arcs de leurs Poulies embraſſez par la corde
qui les ſoûtient toutes, & de la reciproque des rayons
de ces Poulies. Cette ſeconde partie, dis-je,

Donnera
$$\begin{cases} P.R :: ee \times Mf. \ ff \times Le. \\ R.S :: ff \times Ng. \ gg \times Mf. \\ S.T :: gg \times Oh. \ hh \times Ng. \\ T.V :: hh \times Qk. \ kk \times Oh. \end{cases}$$

&c.

Donc (en multipl. par ordre)
$$\begin{cases} P.R :: ee \times Mf. \ ff \times Le. \\ P.S :: ee \times Ng. \ gg \times Le. \\ P.T :: ee \times Oh. \ hh \times Le. \\ P.V :: ee \times Qk. \ kk \times Le. \\ R.S :: ff \times Ng. \ gg \times Mf. \\ R.T :: ff \times Oh. \ hh \times Mf. \\ R.V :: ff \times Qk. \ kk \times Mf. \\ S.T :: gg \times Oh. \ hh \times Ng. \\ S.V :: gg \times Qk. \ kk \times Ng. \\ T.V :: hh \times Qk. \ kk \times Oh. \end{cases}$$

&c.

*Ce qu'il falloit ici démontrer.*

## COROLLAIRE III.

Il suit reciproquement de la part. 3. que si les puissances
P, R, S, T, V, &c. appliquées comme dans les Corol. 1.
2. sont entr'elles dans celle qu'on voudra des raisons trouvées dans ces Corol. 1. 2. c'est-à-dire ( *Corol.* 1. ) chacune à chacune en raison composée de la directe des sinus
des angles compris entre les cordons touchans de leurs
Poulies séparément mobiles, & de l'inverse des sinus des
moitiez de ces angles; ou ( *Corol.* 2. ) en raison composée
de la directe des soutendantes des arcs enveloppez de
leurs Poulies, & de la reciproque des rayons de ces Poulies; ces puissances seront toutes en équilibre entr'elles.
Car suivant la part. 3. l'on aura pour lors la puissance P
en équilibre avec la puissance R, celle-ci avec la puissance S; cette puissance S avec la puissance T, la puissance
T avec la puissance V, &c. Donc toutes ces puissances
seront aussi pour lors en équilibre entr'elles.

## COROLLAIRE IV.

Si presentement on suppose dans le present Th. 15. &
dans les Corol. 1. 2. qui le suivent, que tous les angles
compris entre les cordons touchans de chaque Poulie
séparément mobile, sont infiniment aigus, c'est-à-dire
( *Lem. 6. Corol.* 1. ) que tous ces cordons sont paralleles
entr'eux deux à deux sur chaque Poulie mobile sans en
excepter aucune; alors les puissances P, R, supposées
en équilibre entr'elles dans les part. 1. 2. Fig. 116. 117.
118. & les puissances P, R, S, T, V, &c. supposées de
même toutes en équilibre entr'elles dans les Corol. 1. 2.
Fig. 119. 120. seront toutes égales entr'elles, tant dans
les part. 1. 2. que dans les Corol. 1. 2. Car les angles
compris chacun entre deux de ces cordons prolongez, se
trouvant alors tous égaux entr'eux, & conséquemment
aussi leurs moitiez toutes égales entr'elles; tous les produits faits chacun de chacun des sinus de chacun de ces
angles totaux par le sinus de la moitié de son voisin,

Fig. 116.<br>117. 118.<br>119. 120.

H ij

marquez dans la part. 1. & dans le Corol. 1. feront alors
égaux entr'eux. De même auffi les foutendantes par les
points d'attouchement des Poulies mobiles, en devenant
alors les diamétres ; les produits marquez dans la part;
2. & dans le Corol. 2. feront pour lors tous égaux entre-
eux. Donc ( *part.* 1. 2. *& Corol.* 1. 2. ) les deux puiſſances
P, R, des part. 1. 2. Fig. 116. 117. 118. & toutes celles
P, R, S, T, V, &c. des Corol. 1. 2. Fig. 119. 120. fup-
poſées en équilibre entr'elles fur des Poulies mobiles touchées de cordons paralleles entr'eux deux à deux fur
chacune, feront alors égales entr'elles.

### COROLLAIRE. V.

Il ſuit reciproquement de la part. 3. & du Corol. 3.
que ſi toutes ces puiſſances ſont ainſi égales entr'elles,
& appliquées à des Poulies féparément mobiles touchées
toutes par des cordons paralleles entr'eux deux à deux
fur chacune ; toutes ces puiſſances feront alors en équilibre entr'elles dans chacune des Fig. 116. 117. 118.
119. 120. puiſque fuivant le raiſonnement du précedent Corol. 4. elles auront alors entr'elles dans chacune
de ces Figures les rapports exigez pour cet équilibre par
la part. 3. & par le Corol. 3.

### COROLLAIRE VI.

Il ſuit enfin des part. 1. 2. & des Corol. 1. 2. 4. que
fur une infinité de cas dans léſquels deux ou pluſieurs
puiſſances peuvent faire équilibre entr'elles fur des Poulies féparément mobiles comme ci-deſſus, il n'y en a que
deux où ces puiſſances puiſſent être toutes égales entre-
elles dans chacune des Figures du précedent Corol. 3.
ſçavoir ( *part.* 1. *& Corol.* 1. ) lorſque les produits faits
chacun du ſinus de chacun des angles compris entre les
cordons touchans de chaque Poulie mobile, & du ſinus
de la moitié de chaque angle vóiſin, ſont tous égaux entr'eux ; ou ( *part.* 2. *& Corol.* 2. ) lorſque les produits faits
chacun de chaque foutendante de chaque Poulie mobile,

& du rayon de chaque voifine, font tous égaux entr'eux :
& ( *Corol.* 4.) lorfque ces cordons touchans font tous paralleles deux à deux fur chaque Poulie mobile.

## COROLLAIRE VII.

Il fuit reciproquement de la part. 3 . & des Corol. 3 . 5.
que ces deux cas du précedent Corol. 6. font auffi les
feuls où des puiffances égales puiffent faire équilibre entr'elles fur des Poulies mobiles comme ci-deffus ; puifqu'ils font les feuls ( *Corol.* 6. ) qui puiffent rendre égaux
les produits dans les rapports defquels ces puiffances
doivent être ( *part.* 3 . & *Corol.* 3 . 5. ) pour faire ainfi équilibre entr'elles.

*Ces deux derniers Corollaires 6 . 7. font encore voir combien
on fe méprendroit, fi l'on prenoit ici comme generale la propofition rapportée dans la reflexion qui fuit le Corol. 1 2. du
Th. 14. & fuivant laquelle ( fi elle étoit auffi generalement
vraye qu'on l'a énoncée ) des puiffances égales appliquées
comme ci-deffus, feroient toûjours en équilibre entr'elles, &
reciproquement toûjours égales entr'elles dès qu'elles feroient
ainfi en équilibre ; ce que les deux derniers Corol. 6 . 7. font cependant voir n'être vrai que dans les deux cas qui y font marquez, & faux dans tous les autres à l'infini.*

## SCHOLIE.

Pour ce qui eft des réfiftances des clous ou crochets
A, B, ou bien des puiffances qu'il faudroit en leurs places pour les fuppléer, l'égale tenfion de la corde qui paffe
de l'un à l'autre de ces crochets par déffous ou par deffus
les Poulies fuppofées, fait affez voir que ces réfiftances
en cas d'équilibre doivent être égales entr'elles. Cela feroit encore par les part. 1. 2. du Th. 14. & par les part.
1. 2. & Corol. 1. 2. du prefent Th. 15. Car les noms demeurant ici les mêmes que dans le Corol. 1. de ce Théoreme-ci, & appellant de plus ici A, B, les réfiftances des
crochets de ces noms, ou des puiffances, qui mifes en
leurs places, les fuppléeroient.

<table>
<tr><td></td><td>I. L'on aura ici pour les Fig. 116. 117. 118.</td><td>$\{$</td><td>(*Th.* 14. *part.* 2.) A.P :: $e$. E.<br>(*Th.* 15. *part.* 1.) P.R :: E×$f$.F×$e$.<br>(*Th.* 14. *part.* 2.) R.B :: F.$f$.</td></tr>
</table>

Donc ( en multipliant par ordre ) A. B :: E×$e$×F×$f$. E×$e$×F×$f$ :: 1. 1. c'est-à-dire, A=B. *Ce qu'il falloit* 1°. *démontrer.*

*Autrement.* L'on aura aussi pour les mêmes Fig. $\{$ (*Th.* 14. *p.* 3.) A.P :: MC. CD.<br>(*Th.* 15. *p.* 2.) P.R :: CD×NG.GK×MC.<br>(*Th.* 14. *p.* 3.) R.B :: GK. NG.

Donc ( en mult. par ordre ) A. B :: MC×CD×NG×GK. MC×CD×GK×NG :: 1. 1. c'est-à-dire encore , A=B. *Ce qu'il falloit* 1°. *démontrer.*

II. L'on aura pareillement ici pour les Fig. 119. 120.



$\{$ (*Th.* 14. *part.* 2.) A.P :: $e$. E.<br>(*Th.* 15. *Cor.* 1.) P. V :: E×$k$. K×$e$.<br>(*Th.* 14. *part.* 2.) V.B :: K. $k$.

Donc ( en multipliant par ordre ) A. B :: E×$e$×K×$k$. E×$e$×K×$k$ :: 1. 1. c'est-à-dire, A=B. *Ce qu'il falloit* 2°. *démontrer.*

*Autrement.* L'on aura aussi pour les mêmes Figures $\{$ (*Th.* 14. *p.* 3.) A.P :: L$e$. $ee$.<br>(*Th.* 15. *Cor.* 2.) P. V :: $ee$×Q$k$. $kk$×L$e$.<br>(*Th.* 14. *p.* 3.) V.B :: $kk$. Q$k$.

Donc ( en multipliant par ordre ) A. B :: L$e$×$ee$×Q$k$×$kk$. L$e$×$ee$×Q$k$×$kk$ :: 1. 1. c'est-à-dire encore, A=B. *Ce qu'il falloit encore* 2°. *démontrer.*

## THEOREME XVI.

<table>
<tr><td></td><td>*Si deux poids ou deux puissances P , R, appliquées aux deux extrémitez d'une corde qui passe par dessus deux Poulies fixes B , C, en passant par dessous une des deux Poulies mobiles & inégales MLN, EGF, au centre de laquelle pende un*</td></tr>
</table>

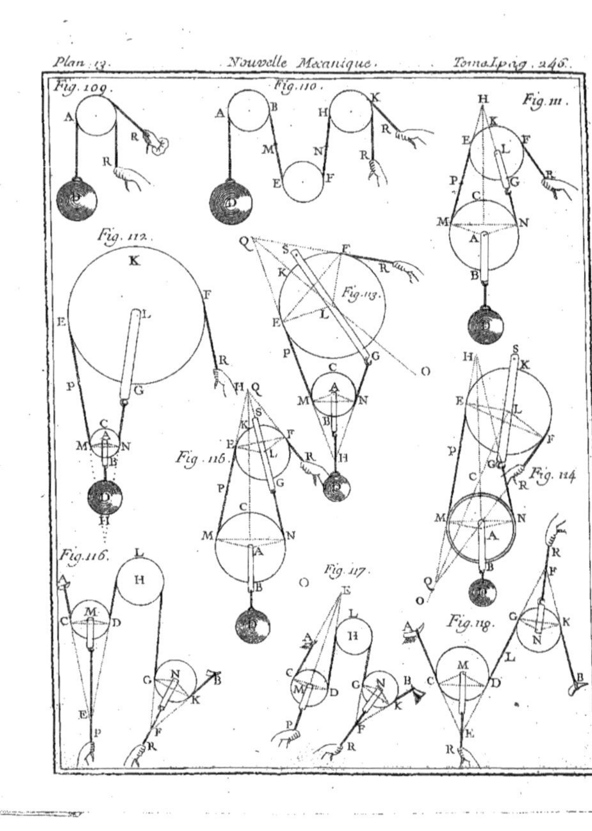


Fig.109.
Fig.110.
Fig.111.
Fig.112.
Fig.113.
Fig.114.
Fig.115.
Fig.116.
Fig.117.
Fig.118.

*poids D que ces puissances soûtiennent en équilibre avec chacune de ces deux Poulies successivement prises, & à même hauteur de leur centre. Pour cela,*

*I. Ces deux puissances P, R, doivent être moindres en soûtenant ce poids D avec la grande Poulie MLN qu'avec la petite EGF, si leurs directions BM, CN, BE, CF, concourent deux à deux en H, K, au dessous du centre commun A de ces deux Poulies mobiles, comme dans la Fig. 121.* — Fig. 121.

*II. Au contraire, si les points de concours H, K, des directions BM, CN, & BE, CF, des puissances P & R, se trouvent tous deux au dessus du centre A, comme dans la Fig. 122. ces deux puissances doivent être plus grandes en soûtenant le même poids D avec la grande Poulie MLN qu'avec la petite EGF.* — Fig. 122.

*III. Si enfin le point de concours H des directions BM, CN, étoit au dessus du centre A, & le point de concours K des directions BE, CF, au dessous de ce centre A, comme dans la Fig. 123. les puissances P, R, seroient moindres ou plus grandes en soûtenant le même poids D avec la grande Poulie MLN qu'en le soûtenant avec la petite EGF, ou égales de part & d'autre, selon que l'angle MHN seroit plus petit ou plus grand que l'angle EKF, ou égal à lui.* — Fig. 123.

## DEMONSTRATION.

En ce cas d'équilibre des puissances P, R, avec le poids D successivement sur chacune des Poulies mobiles LMN, EGF, à même hauteur de leur centre A, l'on aura (*Th.* 14. *part.* 2.) ce poids D à chacune des puissances P, R, comme le sinus de l'angle BHC ou MHN au sinus de sa moitié sur la grande Poulie MLN, & aussi comme le sinus de l'angle BKC ou EKF au sinus de sa moitié sur la petite Poulie EGF. Or le Corol. 1. du Lemme 8. fait voir que plus un angle est aigu, plus est grande la raison de son sinus au sinus de sa moitié. Donc, — Fig. 121. 122. 123.

PART. I. L'angle MHN étant plus aigu que l'angle EKF, lorsqu'ils sont tous deux au dessous du centre A, le poids D sera pour lors à chacune des puissances P, R, en plus — Fig. 121.

grande raifon, lorfqu’elles le foûtiendront avec la petite EGF à même hauteur de leur centre commun A. Donc auffi en ce cas des concours H, K, des directions des puiffances P, R, touchantes des Poulies MLN, EGF, tous deux au deffous de leur centre commun A ; ces deux puiffances P, R, doivent être moindres pour foûtenir le poids D avec la grande Poulie MLN, que pour le foûtenir avec la petite EGF à même hauteur de leur centre commun A. *Ce qu’il falloit* 1°. *démontrer.*

FIG. 122.

PART. II. Au contraire l’angle MHN étant moins aigu que l’angle EKF, lorfqu’ils font tous deux au deffus du centre A, le poids D fera pour lors à chacune des puiffances P, R, en moindre raifon, lorfqu’elles le foûtiendront avec la grande Poulie mobile MLN, que lorfqu’elles le foûtiendront avec la petite EGF à même hauteur de leur centre commun A. Donc en ce cas des points de concours H, K, des directions des puiffances P, R, touchantes des Poulies mobiles MLN, EGF, tous deux au deffus de leur centre commun A ; ces deux puiffances P, R, doivent être plus grandes pour foûtenir le poids D avec la grande Poulie MLN, que pour le foûtenir avec la petite EGF à même hauteur de leur centre commun A. *Ce qu’il falloit* 2°. *démontrer.*

FIG. 123.

PART. III. Mais fi des deux angles MHN, EKF, l’un étoit au deffus de ce centre commun A, & l’autre au deffous ; fçavoir, MHN au deffus, & EKF au deffous, le contraire ne pouvant jamais arriver ; le poids D feroit en plus grande, ou en plus petite, ou en même raifon aux puiffances P, R, lorfqu’elles le foûtiendroient avec la grande Poulie MNL, & la petite EGF, felon que l’angle MHN feroit plus petit, plus grand, ou égal à l’angle EKF. Donc en ce cas de ces angles de part & d’autre du centre A, les deux puiffances P, R, feront plus petites, plus grandes ou les mêmes, en foûtenant le poids D avec la grande Poulie mobile MLN, qu’en le foûtenant avec la petite EGF, felon que l’angle MHN fera plus grand, plus petit, ou égal à l’angle EKF. *Ce qu’il falloit* 3°. *démontrer.*

AUTRE

## AUTRE DEMONSTRATION.

Par les points d'attouchement M, N, E, F, des Pou- FIG. 121.
lies mobiles MLN, EGF, soient imaginées les souten- 122. 123.
dantes MN, EF, avec les rayons AM, AN, AE, AF,
menées de leur centre commun A. Il est visible que chacun des angles MAN, EAF, étant le complement à deux
droits, de chacun des angles MHN, EKF, qui leur répondent, plus chacun de ces deux derniers angles MHN,
EKF, sera petit, plus au contraire sera grand chacun des
deux autres MAN, EAF, qui en sera toûjours le complement à deux droits ; & que plus chacun de ces deux-ci
sera grand, plus aussi sera grande la raison de la base ou
soutendante MN, ou EF, au rayon AM, ou AE, qui lui
répond. Donc plus chacun des angles MHN, EKF, sera
petit, plus au contraire sera grande la raison de la soutendante MN, ou EF, au rayon AM, ou AE, qui lui répond. Or le cas present d'équilibre des puissances P, R,
avec le poids D successivement sur chacune des Poulies
mobiles MLN, EGF, exige (*Th.* 14. *part.* 3.) ce poids D
à chacune de ces puissances P, R, comme la soutendante
MN est au rayon AM sur la plus grande MLN de ces
deux Poulies mobiles, & comme la soutendante EF est
au rayon AE sur la plus petite EGF. Donc aussi en ce cas
d'équilibre plus chacun des angles MHN, EKF, sera petit, plus au contraire sera grande la raison du poids D à
chacune des puissances P, R. Or,

PART. I. L'angle MHN est visiblement plus petit que FIG. 121.
l'angle EKF, lorsqu'ils sont tous deux au dessous du centre A. Donc en cas des points de concours H, K, tous
deux au dessous du centre A, le poids D sera toûjours en
plus grande raison à chacune des puissances P, R, lorsqu'elles le soûtiendront avec la grande Poulie mobile
MLN, que lorsqu'elles le soûtiendront avec la petite
EGF ; & par consequent ces deux puissances P, R, doivent être alors moindre sur la grande Poulie mobile
MLN, que sur la petite EGF, pour les soûtenir l'une

après l'autre avec le même poids D à même hauteur de leur centre commun A. *Ce qu'il falloit encore 1°. démon- trer.*

*Fig. 122.* PART II. L'angle MHN étant plus grand que l'angle EKF, lorsqu'ils font tous deux au deſſus de ce centre A, il fuit de même que les puiſſances P, R, doivent au contraire être alors plus grandes pour foûtenir le poids D avec la grande Poulie mobile MLN, que pour le foûtenir avec la petite EGF à même hauteur de leur centre commun A. *Ce qu'il falloit encore 2°. démontrer.*

*Fig. 123.* PART. III. Il fuit pareillement que lorſque les angles MHN, EKF, fe trouvent de part & d'autre du centre A, les deux puiſſances P, R, doivent être plus petites, plus grandes, ou les mêmes pour foûtenir le poids D avec la grande Poulie mobile MLN, que pour le foûtenir avec la petite EGF à même hauteur de leur centre commun A, felon que l'angle MHN fera plus grand, plus petit, ou égal à l'angle EKF. *Ce qu'il falloit encore 3°. démoncrer.*

S C H O L I E.

*Fig. 121.* Il eſt à remarquer que ſi les directions des puiſſances *Fig. 123.* P, R, étoient ici deux à deux paralleles entr'elles fur chacune des Poulies mobiles MLN, EGF, l'inégalité de ces deux Poulies n'en apporteroit plus aucune entre les deux puiſſances P, R, de l'une, ni entre les deux de l'autre pour foûtenir le même poids D fucceſſivement fufpendu au centre A de chacune de ces deux Poulies mobiles; puiſque ce parallelifme fuppofé de part & d'autre, ren- droit auſſi de part & d'autre ( *Th.* 14. *Corol.* 2.. ) ce mê- me poids D double de chacune de ces deux puiſſances fur chacune de ces deux Poulies mobiles. Mais il eſt vi- fible que ce double parallelifme feroit ici impoſſible, puiſ- que ſi BM étoit parallele à CN, & BE à CF, les foutend- antes MN, EF, feroient alors diamétres égaux des Pou- lies mobiles MLN, EGF, lefquelles confequemment fe- roient alors égales entr'elles; ce qui eſt contre l'hypothe- fe. Il ne peut donc y avoir ici de parallelifme qu'entre les

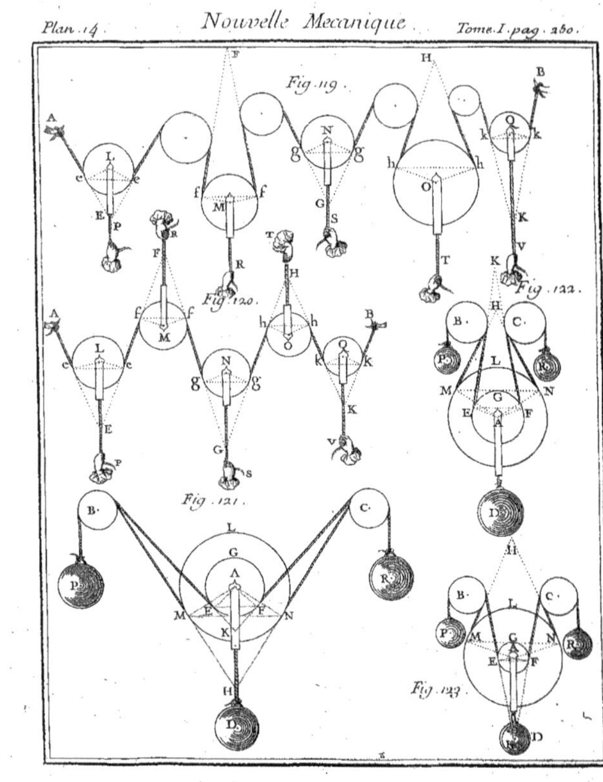

Fig .119.
Fig .120.
Fig .121.
Fig .122.
Fig .123.

deux touchantes d'une de ces deux Poulies mobiles MLN,
EGF , pendant que les deux touchantes de l'autre feront
quelque angle entr'elles.

En ce dernier cas de deux touchantes d'une des deux
Poulies mobiles , paralleles entr'elles , pendant que les
deux touchantes de l'autre font entr'elles quelqu'angle
fini que ce soit , le present Th. 16. fait voir que les deux
puissances P , R , qui soûtiendroient le poids D avec des
directions paralleles entr'elles, seroient moindres que les
deux autres qui le soûtiendroient avec des directions concourantes en quelque point que ce fût, & même ( *Th.*
*34. Corol.* 7. 10.) les plus petites qui le puissent soûtenir.
Ainsi ce parallelisme pouvant également être entre les
deux touchantes de la grande Poulie mobile MLN, &
entre les deux de la petite EGF, selon l'éloignement des
Poulies fixes B , C , entr'elles ; chacune de ces ceux Poulies mobiles MLN , EGF , peut ainsi également requerir
deux puissances P , R , moindre que ne requeroit l'autre ,
pour être soûtennes l'une après l'autre avec un même
poids D à même hauteur de leur centre commun A.

*Voilà jusqu'ici pour les Poulies simples & détachées les unes*
*des autres : voici presentement pour celles qui , attachées ensem-*
*ble à une chape commune par leurs centres , autour desquels*
*elles sont mobiles dans cette chape , font cet assemblage , qu'on*
*appelle* Moufle *dans la Déf.* 18.

## THEOREME XVII.

*Soit la puissance R en équilibre avec le poids D qu'elle soû-*
*tienne avec une Moufle mobile & des Poulies fixes , comme*
*dans la Fig.* 124. *ou avec deux Moufles , dont une soit fixe*
*en* Q *, & l'autre mobile , comme dans les Fig.* 125. 126.
*par le moyen d'une corde* R S R aa O R bb N R ee M *, laquelle em-*
*brassant toutes les Poulies qu'on voit ici , ait une de ses ex-*
*trémitez retenue par la puissance R , & l'autre fixement atta-*
*chée en* M *à un crochet dans la Fig.* 124. *& à la Moufle su-*
*perieure* Q M *dans les Fig.* 125. 126. *En ce cas d'équilibre,*

Fig. 124.<br>125. 126.

I i ij

I. *Le poids D sera toûjours à la puissance R , comme la somme des produits faits chacun du sinus de l'angle compris entre les cordons touchans de chaque Poulie mobile, multiplié par tous les sinus des moitiez des autres angles pareillement compris entre les cordons touchans de chacune de toutes les Poulies mobiles , sera au produit fait des sinus des moitiez de tous les angles ainsi compris entre les cordons touchans de tout ce qu'il y a ici de Poulies mobiles.*

II. *Le poids sera toûjours à la puissance R , comme la somme des produits faits chacun de la soutendante de chaque Poulie mobile , multipliée par les rayons de toutes les autres pareillement mobiles , sera au produit des rayons de tout ce qu'il y a ici de ces Poulies mobiles.*

DEMONSTRATION.

Soient les soutendantes des Poulies mobiles L , K , H , c'est-à-dire, de leurs arcs embrassez par la corde qui les soûtient. } $aa$ ,   $bb$ ,   $cc$.

Les rayons de ces Poulies mobiles   $La$ ,   $Kb$ ,   $Hc$,

Les angles compris entre les tangentes de chacune de ces Poulies, menées par les extrêmitez des soutendantes } RAO, RBN, REM.

Les sinus de ces angles totaux   A ,   B ,   E.

Les sinus de leurs moitiez   $a$ ,   $b$ ,   $c$.

Parties du poids D soûtenues par les Poulies L , K , H , } X ,   Y ,   Z.

Force de tension de la corde, par tout égale ( *Th.* 14. *Corol.* 1.) à la puissance R } R ,   R ,   R.

PART. I. L'on aura par tout ici ( *Th.* 14. *part.* 2.) X. R :: A. $a$. Et R. Y :: $b$. B. Donc ( en multipliant par or-

dre) X.Y ::A×$b$.B×$a$. Et(en compofant)X—+Y.Y :: A×$b$
—+B×$a$. B×$a$. Mais on vient de voir Y.R :: B.$b$. Donc (en
multipliant par ordre ) X—+Y. R :: A×$b$—+B×$a$. $a$×$b$. Or
(*Th.* 14. *part.* 2.) R. Z :: $e$.E. Donc ( en multipliant par
ordre) X—+Y. Z :: A×$b$×$e$—+B×$a$×$e$. E×$a$×$b$. Et ( en compofant ) X—+Y—+Z. Z : : A×$b$×$e$—+B×$a$×$e$—+E×$a$×$b$.
E×$a$×$b$. Mais on vient de voir Z.R :: E. $e$. Donc ( en multipliant encore par ordre ) X—+Y—+Z. R : : A×$b$×$e$
—+B×$a$×$e$—+E×$a$×$b$. $a$×$b$×$e$. Or ( *Hyp.* ) D═X—+Y—+Z.
Donc aulli D.R :: A×$b$×$e$—+B×$a$×$e$—+E×$a$×$b$. $a$×$b$×$e$. Et
toûjours de même , quelque nombre de Poulies mobiles
qu'on puiffe ici fuppofer. *Ce qu'il falloit* 1°. *démontrer.*

Pᴀʀᴛ. I I. En ce cas d'équilibre l'on aura aulli (*Th.* 14.
*part.* 3.) X.R :: $aa$. L$a$. Et R. Y :: K$b$. $bb$. Donc ( en multipliant par ordre ) X. Y :: $aa$×K$b$. $bb$×L$a$. Et ( en compo-
fant ) X—+Y. Y :: $aa$×K$b$—+$bb$×L$a$. $bb$×L$a$. Mais on vient
de voir Y.R :: $bb$, K$b$. Donc ( en multipliant par ordre)
X—+Y. R :: $aa$×K$b$—+$bb$×L$a$. L$a$×K$b$. Or (*Th.* 14. *part.* 3.)
R. Z :: H$e$. $ee$. Donc ( en multipliant par ordre.) X—+Y.
Z :: $aa$×K$b$×H$e$—+$bb$×L$a$×H$e$. L$a$×K$b$×$ee$. Et ( en com-
pofant)X—+Y—+Z. Z ::$aa$×K$b$×H$e$—+$bb$×L$a$×H$e$—+L$a$×
K$b$×$ee$. L$a$×K$b$×$ee$. Mais on vient de voir Z.R :: $ce$. H$e$.
Donc ( en multipliant encore par ordre ) X—+Y—+Z.
R :: $aa$×K$b$×H$e$—+$bb$×L$a$×H$e$—+$ee$×L$a$×K$b$. L$a$×K$b$×H$e$.
Or ( *Hyp.* ) D═X—+Y—+Z. Donc D.R :: $aa$×K$b$×H$e$
—+$bb$×L$a$×H$e$—+$ee$×L$a$×K$b$. L$a$×K$b$×H$e$. Et toûjours de
même, quelque nombre de Poulies mobiles qu'on puiffe
ici fuppofer. *Ce qu'il falloit* 2.°. *démontrer.*

Cᴏʀᴏʟʟᴀɪʀᴇ I.

Il fuit de la part. 1. que le poids D. feroit à la puiffance
R, comme le double du nombre des Poulies mobiles eft
à l'unité, fi tous les cordons touchans de ces Poulies mobiles L, K , H , &c. étoient paralleles entr'eux deux à
deux fur chacune. Car les angles RAO , RBN , REM ,
&c. étant alors tous ( *Lem.* 6. *Corol.* 1. ) infiniment aigus ,,

Hi iij.

& égaux entr'eux, aussi-bien que leurs moitiez; l'on auroit pour lors (*Lem.* 7.) A═2*a*, B═2*b*, E═2*e*, &c. Donc
la substitution des seconds termes de ces égalitez au lieu
des premiers dans la derniere analogie de la démonstration de la part. 1. donneroit ici pour ce cas de parallelisme deux à deux des cordons touchans chacune de tou-
tes les Poulies mobiles,D.R:: 2*a*×*b*×*e*─╂─2*b*×*a*×*e*─╂─2*e*×*a*×*b*.
*a*×*b*×*e*::2─╂─2─╂─2. 1 :: 6. 1. C'est-à-dire , que le poids
D seroit alors à la puissance R , comme le double du nombre des Poulies mobiles est à l'unité.

C O R O L L A I R E   I I.

La même chose suit aussi de la part. 2. Car en ce cas de
parallelisme deux à deux des cordons touchans chacune
de toutes les Poulies mobiles, leurs soutendantes *aa*, *bb*,
*ee*, &c. en devenant les diamétres, l'on aura pour lors
*aa*═2L*a*, *bb*═2K*b*, *ee*═2H*e*, &c. Par consequent la substitution des seconds termes de ces égalitez au lieu des
premiers dans la derniere analogie de la démonstration
de la part. 2. donneroit ici pour ce cas de parallelisme
deux à deux des cordons touchans chacune de toutes les
Poulies mobiles, D. R :: 2L*a*×K*b*×H*e*─╂─2K*b*×L*a*×H*e*
─╂─2H*e*×L*a*×K*b*. L*a*×K*b*×H*e*::2─╂─2─╂─2. 1 :: 6. 1. c'est-
à-dire encore, le poids D alors à la puissance R , comme
le double du nombre des Poulies mobiles est à l'unité,
ainsi que dans le précedent Corol. 1.

C O R O L L A I R E   I I I.

Il suit encore de la part. 1. que plus les angles RAO,
RBN, REM, &c. compris entre les cordons touchans de
chacune des Poulies mobiles L , K, H , &c. seront grands,
plus sera grande la puissance R requise pour faire ici
équilibre avec le poids D. Car les sinus A, B, E, &c. de
ces angles totaux étant ( *Lem.* 8. *Corol.* 6. ) aux sinus de
leurs moitiez en raison d'autant moindre que ces angles
sont plus grands ; & ces sinus A, B, E, &c. d'angles to-

taux étant tous compris, dans le troifiéme terme de la derniere analogie de la démonftration de la part. 1. au lieu
que le quatriéme terme ne comprend que les finus des
moitiez de ces angles totaux ; il fuit que ce quatriéme
terme fera au troifiéme en raifon d'autant plus grande
que ces angles totaux RAO, RBN, REM, &c. feront
plus grands. Mais fuivant cette analogie, la puiffance R,
qui foûtient ici le poids D, eft à ce poids comme le quatriéme terme eft au troifiéme. Donc cette puiffance R
réquife pour foûtenir ici le poids D, y doit être d'autant
plus grande ( quoiqu'en raifon differente ) que les angles
RAO, RBN, REM, &c. compris entre les cordons touchans de chacune des Poulies mobiles L, K, H, &c. y feront plus grands, ou ( ce qui revient au même ) cette
puiffance R doit être d'autant moindre que ces angles
feront plus petits. De forte que la moindre que cette
puiffance R puiffe être pour faire équilibre ici avec le
poids D, c'eft lorfque tous ces angles RAO, RBN, REM,
&c. feront infiniment aigus, ou ( *Lem. 6. Corol. 1.* ) que
les cordons touchans des Poulies mobiles, feront paralleles entr'eux comme dans les Corol. 1. 2. Ainfi fuivant
ces deux mêmes Corol. 1. 2. lorfque cette puiffance R
eft au poids D, comme l'unité eft au double du nombre
de ces Poulies mobiles, c'eft alors qu'elle eft la moindre de
tout ce qu'il y en peut avoir ici de fucceffivement en équilibre avec ce même poids dans toutes les varietez poffibles des angles compris entre les cordons touchans de
chacune des Poulies mobiles L, K, H, &c. c'eft-à-dire,
dans toutes les pofitions poffibles des parties de la corde
qui embraffe ces Poulies.

## COROLLAIRE IV.

La même chofe fuit auffi de la part. 2. Car plus les angles RAO, RBN, REM, &c. compris entre les touchantes des Poulies mobiles L, K, H, &c. feront grands, plus
leurs complemens ( à deux droits ) *aLa, bKb, eHe*, &c.
feront petits ; & confequemment auffi moins fera grande

la raifon de leurs foutendantes *aa*, *bb*, *ee*, &c. aux rayons
L*a*, K*b*, H*c*, &c. de ces Poulies mobiles. Donc ces foutendantes étant toutes comprifes dans le troifiéme terme
de la derniere analogie de la démonftration de la part.
2. au lieu que les rayons font feuls compris dans le quatriéme ; la raifon du troifiéme terme au quatriéme de
cette analogie, & confequemment auffi du premier D
au fecond R, fera d'autant moins grande que les angles
RAO, RBN, REM, &c. le feront davantage. Donc au
contraire la puiffance R, pour faire équilibre ici avec le
poids D, doit y être d'autant plus grande ( quoiqu'en
raifon differente ) que ces angles le feront davantage,
ainfi qu'on l'a déja vû dans le précedent Corol. 3. conformément aux Corol. 10. 12. du Th. 14. D'où il fuit
encore, comme dans le précedent Corol. 3. que la plus
petite que cette puiffance R puiffe être pour foûtenir ici
le poids D, c'eft d'être à lui comme l'unité eft au double
du nombre des Poulies mobiles ; fçavoir ( *Corol*. 1. 2. )
lorfque les parties de la corde, touchantes de ces Poulies,
font toutes paralleles entr'elles.

S C H O L I E.

I. Il eft manifefte que quand la puiffance R feroit appliquée en P au cordon P*a*, qu'elle tire ici fuivant *a*P
de bas en haut de la même force qu'elle tire ici fuivant
SR de haut en bas ; le rapport de cette puiffance ou force R en P, au poids D en équilibre ( *Hyp.* ) avec elle, feroit encore le même que ci-deffus ; puifque ( *Th*. 14.
*Corol*. 1. ) le cordon *a*P feroit alors auffi fortement tiré
par la puiffance R appliquée en P, & agiffant de bas en
haut fuivant *a*P, que par cette même puiffance R agiffan-
te de haut en bas fuivant SR, fuppofé ( dis-je ) que cette
puiffance employât précifément la même force de part
& d'autre contre le poids D. Mais on voit dans le Corol.
19. du Th. 14. qu'il eft bien plus facile d'employer cette
quantité de force en tirant de haut en bas, qu'en tirant
de bas en haut ; c'eft pour cela qu'on n'exprime point
ici

ici les Figures du fecond de ces deux cas, lefquelles peuvent aifément être fupplées par celles du premier, qu'on
voit ici Fig. 124. 125. 126. en imaginant ainfi la puiffance R en P, tirant de bas en haut le cordon aP de la
même force qu'elle tire en agiffant de haut en bas fuivant SR.

II. On voit auffi, fuivant le prefent Th. 17. comment
un homme peut s'élever foi-même ( ainfi qu'on le voit
dans les Eglifes qu'on veut nettoyer de haut en bas ) à la
hauteur d'une voute par le moyen de deux Moufles,
dont la fuperieure foit attachée en Q à cette voute;
puifque fi l'on imagine que le poids D foit un panier dans
lequel foit cet homme, & que la partie SR de la corde
defcende jufqu'à lui, en forte que R foit la main de cet
homme; le prefent Th. 17. fait voir qu'il lui faudra beaucoup moins de force à cette main pour élever le poids
de fon corps appuyé fur le fonds du panier, que tout ce
fardeau D fait de lui & du panier, ne pefe avec toute la
corde & la Moufle inferieure qui doit être enlevée avec
lui; & qu'il peut s'enlever ainfi avec d'autant moins de
peine qu'il y aura plus de Poulies employées dans les deux
Moufles dont il fe fervira pour cet effet.

*Voilà jufqu'ici pour juger de l'avantage des Moufles dans
le cas où un des bouts de la corde qui embraffe leurs Poulies
eft fixe: fçavoir, fixement attaché à un crochet fixe, comme
dans la Fig. 124. ou à la Moufle fuperieure qui eft auffi
toûjours fixe, comme dans les Fig. 125. 126. Voici prefentement pour le cas où cette corde tirée par la puiffance qui foûtient le poids, eft attachée par fon autre extrêmité à la Moufle
inferieure toûjours mobile avec ce poids.*

# THEOREME XVIII.

*Soit encore la puiffance R en équilibre avec le poids D* FIG. 127.
*qu'elle foûtienne avec une Moufle & des Poulies fixes, com-* 128. 129.
*me dans la Fig. 127. ou avec deux Moufles, dont l'une foit
fixe en Q, & l'autre mobile, comme dans les Fig. 128.*

Kk

129. soit presentement attachée à la Mousle mobile en M, la corde M R T e e R N b b R O a a R S R, qui retenue par la puissance R appliquée à son autre extrémité, embrasse encore toutes les Poulies, tant fixes que mobiles, comme on le voit dans les Fig. 127. 128. 129. En ce cas d'équilibre, si d'un point F quelconque du cordon M R on imagine F G perpendiculaire en G sur M G parallele à la direction C D du poids D;

I. Ce poids D sera toûjours à la puissance R, comme la somme des produits faits chacun du sinus de l'angle compris entre les tangentes de chaque Poulie mobile, multiplié par tous les sinus des moitiez des angles pareillement compris entre les tangentes de toutes les autres Poulies mobiles : comme cette somme ( dis-je ) multipliée par le sinus total ou de l'angle droit M G F, & augmentée du produit du sinus de l'angle M F G par les sinus des moitiez de tous les angles ainsi compris entre les tangentes de toutes les Poulies mobiles, sera au produit du sinus total ou de l'angle droit M G F par tous les sinus de ces mêmes moitiez d'angles.

II. Le poids D sera aussi toûjours alors à la puissance R, comme la somme des produits faits chacun de la soutendante de chaque Poulie mobile, multipliée par les rayons de toutes les autres Poulies pareillement mobiles ; comme cette somme ( dis-je encore ) multipliée par M F, & augmentée du produit de M G par les rayons de toutes les Poulies mobiles, sera au produit de M F par tous ces mêmes rayons.

### DEMONSTRATION.

Soient les soutendantes des Poulies mobiles L, K, H, c'est-à-dire, de leurs arcs embrassez par la corde qui les soûtient :  $aa$ ;  $bb$ ,  $ee$ .

Les rayons de ces Poulies mobiles  $La$ ,  $Kb$ ,  $He$ .

Les angles compris entre les tangentes de chacune de ces Poulies, menées par les extrêmitez des soutendantes.  RAO, RBN, RET.

Les sinus de ces angles                         A ,   B ,   E.
Les sinus de leurs moitiez                       $a$ ,   $b$ ,   $c$.
Le sinus de l'angle MFG                   F ,      .     .     .
Le sinus total ou de l'angle droit MGF. G ,      .     .     .

Parties du poids D soutenues par le cordon MR, & par les Poulies L, K, H,  } V ,  X ,  Y ,  Z.

Force de tension de la corde, par tout égale ( *Th.* 14. *Corol.* 1. ) à la puissance R  } R ,  R ,  R ,  R.

PART. I. L'on aura ( *Lem.* 3. *part.* 1. ) V . R :: MG. MF ( *Lem.* 8. *Corol.* 2. ) :: F. G. Et ( *Th.* 14. *part.* 2. ) R. X :: $a$. A. Donc ( en multipliant par ordre ) V. X :: F×$a$. G×A. Et ( en composant ) V—+X. X :: F×$a$—+G×A. G×A. Mais on vient de voir X. R :: A. $a$. Donc ( en multipliant par ordre ) V—+X. R :: F×$a$—+G×A. G×$a$. Or ( *Th.* 14. *part.* 2. ) R. Y :: $b$. B. Donc ( en multipliant par ordre ( V—+X. Y :: F×$a$×$b$—+G×A×$b$. B×G×$a$. Et ( en composant ( V—+X—+Y. Y :: F×$a$×$b$—+G×A×$b$—+G× B×$a$. G×B×$a$. Mais on vient de voir Y. R :: B. $b$. Donc ( en multipliant par ordre ) V—+X—+Y. R :: F×$a$×$b$ —+G×A×$b$—+G×B×$a$. G×$a$×$b$. Or ( *Th.* 14. *part.* 2. ) R. Z :: $c$. E. Donc ( en multipliant ) V—+X—+Y. Z :: F× $a$×$b$×$c$—+G×A×$b$×$c$—+G×B×$a$×$c$. G×$a$×$b$×E. Et ( en composant ) V—+X—+Y—+Z. Z :: F×$a$×$b$×$c$—+G×A×$b$×$c$ —+G×B×$a$×$c$—+G×E×$a$×$b$. G×E×$a$×$b$. Mais on vient de voir Z. R :: E. $e$. Donc ( en multipliant encore par ordre ) V—+X—+Y—+Z. R :: F×$a$×$b$×$c$—+G×A×$b$×$c$—+G×B×$a$ ×$c$—+G×E×$a$×$b$. G×$a$×$b$×$c$. Or ( *Hyp.* ) D=V—+X—+Y —+Z. Donc D. R :: F×$a$×$b$×$c$—+ G×A×$b$×$c$—+ G×B×$a$×$c$ —+G×E×$a$×$b$. G×$a$×$b$×$c$. Et toûjours de même quelque nombre de Poulies mobiles qu'on puisse ici supposer. *Ce qu'il falloit* 5°. *démontrer.*

PART. II. En ce cas d'équilibre l'on aura encore ( *Lem.* 3. *part.* 1. ) V. R :: MG. MF. Et de plus ( *Th.* 14.

*part.* 3.) R. X : : L*a*. *aa*. Donc ( en multipliant ) V. X : :
MG×L*a*. MF×*aa*. Et ( en compofant ) V —+— X. X : : MG×
L*a* —+— MF×*aa*. MF×*aa*. Mais on vient de voir X. R : : *aa*.
L*a*. Donc ( en multipliant ) V —+— X. R : : MG×L*a* —+— MF
×*aa*. MF×L*a*. Or ( *Th.* 14. *part.* 3.) R. Y : : K*b*. *bb*. Donc
( en multipliant ) V —+— X. Y : : MG×L*a*×K*b* —+— MF×K*b*×
*aa*. MF×L*a*×*bb*. Et ( en compofant ) V —+— X —+— Y. Y : :
MG×L*a*×K*b* —+— MF×K*b*×*aa* —+— MF×L*a*×*bb*: MF×L*a*×*bb*.
Mais on vient de voir Y. R : : *bb*. K*b*. Donc ( en multi-
pliant par ordre ) V —+— X —+— Y. R : : MG×L*a*×K*b* —+— MF
×K*b*×*aa* —+— MF×L*a*×*bb*. MF×L*a*×K*b*. Or ( *Th.* 14. *part.* 3.)
R. Z : H*e*. *ee*. Donc ( en multipliant ) V —+— X —+— Y. Z : :
MG×L*a*×K*b*×H*e* —+— MF×K*b*×H*e*×*aa* —+— MF×L*a*×H*e*×*bb*.
MF×L*a*×K*b*×*ee*. Et ( en compofant ) V —+— X —+— Y —+— Z.
Z : : MG×L*a*×K*b*×H*e* —+— MF×K*b*×H*e*×*aa* —+— MF×L*a*×H*e*
×*bb* —+— MF×L*a*×K*b*×*ee*. MF×L*a*×K*b*×*ee*. Mais on vient de
voir Z. R : : *ee*. H*e*. Donc ( en multipliant encore par or-
dre ) V —+— X —+— Y —+— Z. R : : MG×L*a*×K*b*×H*e* —+— MF×K*b*
×H*e*×*aa* —+— MF×L*a*×H*e*×*bb* —+— MF×L*a*×K*b*×*ee*. MF×L*a*×
K*b*×H*e*. Or ( *Hyp.* ) D═V —+— X —+— Y —+— Z. Donc D. R : :
MG×L*a*×K*b*×H*e* —+— MF×K*b*×H*e*×*aa* —+— MF×L*a*×H*e*×*bb*
—+— MF×L*a*×K*b*×*ee*. MF×L*a*×K*b*×H*e*. Et toûjours de même
encore, quelque nombre de Poulies mobiles qu'on puiffe
ici fuppofer. *Ce qu'il falloit* 2°. *démontrer.*

C O R O L L A I R E  I.

Il fuit de la part. 1. que fi tous les cordons touchans des
Poulies mobiles L, K, H, &c. étoient paralleles entre-
eux ; & confequemment ( *Lem.* 6. *Corol.* 1. ) à la direction
CD du poids D ; ce parallelifme rendant alors A═2*a*,
B═2*b*, E═2*e*, comme dans le Corol. 1. du Th. 17. l'on
auroit ici ( en fubftituant ces valeurs de A, B, E, dans la
derniere analogie de la démonftration de cette part. 1. )
D. R : : F×*a*×*b*×*e* —+— 2G×*a*×*b*×*e* —+— 2G×*b*×*a*×*e* —+— 2G×*e*×*a*
×*b*. G×*a*×*b*×*e* : : F —+— 6G. G. De forte que fi les Poulies, tant
fixes que mobiles, étoient de diamétres tels, dans la Fig.

128. placées de maniere dans la Fig. 127. que le cordon MR fût aussi pour lors parallele à la direction CD du poids D, & qu'il le pût être dans la Fig. 128. alors l'angle MFG se trouvant ainsi droit & égal à MGF, & consequemment ayant alors son sinus F égal au total G, donneroit D . R : : 7 G . G : : 7 . 1 . c'est-à-dire, que le poids D ainsi en équilibre avec la puissance R par le moyen de deux Moufles, & d'une corde attachée à la Moufle mobile, seroit alors à cette puissance R, comme le double du nombre des Poulies mobiles, augmenté de l'unité, c'est-à-dire, comme ce double plus l'unité seroit à l'unité; au lieu que dans ce cas de parallelisme ce poids seroit seulement à cette puissance ( *Th.* 17. *Corol.* 1. 2.) comme le double du nombre des Poulies mobiles seroit à l'unité, si la corde étoit attachée à la Moufle superieure, ou à quelque point fixe.

C O R O L L A I R E  II.

La même chose suit aussi de la part. 2. Car ce cas de parallelisme des cordons touchans des Poulies mobiles L, K, H, rendant $aa = 2La$, $bb = 2Kb$, $ee = 2He$, comme dans le Corol. 2. du Th. 17. la substitution de ces valeurs des soutendantes $aa$, $bb$, $ee$, dans la derniere analogie de la démonstration de cette part. 2. donneroit ici D . R : : $MG \times La \times Kb \times He + 2 MF \times La \times Kb \times He + 2 MF \times La \times Kb \times He + 2 MF \times La \times Kb \times He . MF \times La \times Kb \times He : : MG + 6 MF$. MF. De sorte que si les Poulies, tant fixes que mobiles, étoient de diamétres tels dans la Fig. 128. & placées de maniere dans la Fig. 127. que le cordon MR fût aussi pour lors parallele à la direction CD du poids D, & qu'il le pût être dans la Fig. 128. alors MF se trouvant ainsi égale à MG, donneroit D . R : : 7 MF . MF : : 7 . 1 . ainsi que dans le précedent Corol. 1.

C O R O L L A I R E  III.

Il suit encore des part. 1. 2. que plus les angles R A O, R B N, R E T, &c. compris entre les touchantes des Poulies

K k iij

mobiles L , K , H , &c. feront grands , auffi-bien que l'angle FMG , plus la puiffance R devra être grande ( quoiqu'en raifon differente ) par rapport au poids D , pour demeurer en équilibre avec lui comme ci-deffus. Cela fe prouvera comme les Corol. 3. 4. du Th. 17. D'où il fuit, comme dans ces Corol. 3. 4. du Th. 17. que plus au contraire ces angles RAO , RBN, RET, &c. feront petits , plus auffi la puiffance R devra être petite pour faire équilibre ici avec le même poids D ; & qu'ainfi la moindre qu'elle puiffe être pour cela , c'eft lorfque tous ces angles feront infiniment petits , c'eft-à-dire ( *Lem. 6. Corol. 1.*) lorfque les cordons touchans des Poulies feront tous paralleles entr'eux ; auquel cas les précedens Corol. 1. 2. font voir que la puiffance R feroit ici au poids D en équilibre ( *Hyp.* ) avec elle , comme l'unité feroit au double du nombre des Poulies mobiles , augmenté de cette unité. Donc la moindre que la puiffance R puiffe être ici pour faire équilibre avec le même poids D , c'eft de lui être en cette raifon , qui dans le cas prefent de trois Poulies mobiles , feroit ( *Corol.* 1. 2. ) : : 1 . 7.

C O R O L L A I R E  I V.

On voit de-là , fuivant les Corol. 3. 4. du Th. 17. que l'ufage qu'on fait ici des Poulies mobiles , eft encore plus avantageux que celui qu'on en a fait dans ce Th. 17. c'eft-à-dire , qu'il eft plus avantageux d'attacher à la Moufle mobile qu'à la fixe , ou qu'à quelque crochet fixe , le bout de la corde qui doit l'être à l'une ou à l'autre de ces deux Moufles , ou à un crochet fixe , dans l'un & dans l'autre de ces deux ufages des Poulies. Puifqu'en cas d'équilibre entre la puiffance R & le poids D fur ces deux Moufles , ou fur un foûtenu de Poulies fixes , la moindre que la puiffance R puiffe être par rapport à ce poids , lorfque le bout de la corde qui embraffe les Poulies , eft attaché à la Moufle fixe , ou à un crochet fixe , c'eft ( *Th.* 17. *Corol.* 3. 4. ) d'être à ce poids comme l'unité eft au double du nombre des Poulies mobiles ; au lieu que la moindre des puissances R requises pour faire équilibre avec le même poids D, lorsque ce bout de corde est attaché à la Moufle mobile, ne doit être à ce poids ( *Corol.* 3.) que comme l'unité est au double du nombre des Poulies mobiles, augmenté de cette unité.

### SCHOLIE.

Il est visible ici, comme dans l'art. 1. du Schol. du Th. 17. que quand la puissance R seroit appliquée en P au cordon PA, qu'elle tirât suivant *a*P de bas en haut de la même force qu'elle tire ici le cordon SR de haut en bas; le rapport de cette puissance ou force R au poids D en équilibre ( *Hyp.*) avec elle, seroit encore le même que ci-dessus. Cela se prouvera encore comme dans cet art. 1. du Schol. du Th. 17.

On prouvera aussi de même ici que dans l'art. 2. de ce Schol. du Th. 17. qu'un homme peut s'élever soi-même & seul, par exemple, jusqu'à la voute d'une Eglise par le moyen de deux Moufles, au mobile desquelles la corde qui embrasse les Poulies, soit attachée comme à la Moufle fixe; & le précedent Cor.4. fait voir qu'il sera plus avantageux de s'en servir de la première maniere supposée dans le present Th. 18. que de la seconde supposée dans le Th. 17. c'est-à-dire, ( toutes choses d'ailleurs étant égales ) qu'un homme qui voudra s'élever ainsi soi-même par le secours de deux Moufles, n'aura pas besoin ( *Corol.* 4. ) d'y employer tant de force, lorsque la corde qui embrasse les Poulies, sera attachée à la Moufle mobile, que lorsqu'elle le sera à la Moufle fixe.

*Outre la méprise remarquée dans la réflexion qui suit le Corol. 17. du Th. 14. par rapport aux Poulies mobiles separées, les Corol. 1. 2. 3. 4. des précedens Th. 17. 18. en font voir encore deux autres par rapport aux Poulies jointes plusieurs ensemble en Moufles mobiles, dans lesquelles par inadvertence, sont aussi tombez les Auteurs de la proposition rapportée dans la réflexion qui suit le Corol. 12. du Th. 14. lesquels lui donnant encore ici un usage trop étendu, ont avan-*

cé fans reſtriction , que dans l'équilibre d'une puiſſance avec un poids ſuſpendu à une Mouſle mobile armée de pluſieurs Poulies.

1°. Si la corde qui les embraſſe eſt attachée par un bout à une autre Mouſle fixe , ou à un crochet pareillement fixe ; cette puiſſance eſt à ce poids, comme l'unité eſt au double du nombre des Poulies de centres mobiles. *Ce qui ſur une infinité de cas n'eſt vrai que dans celui où les cordons touchans des Poulies ſont tous paralleles entr'eux , & eſt faux dans tous les autres, ainſi que les Corol. 1. 2. 3. 4. du Th. 17. le font voir.*

2°. Si la corde qui embraſſe les Poulies eſt attachée à la Mouſle mobile ; la puiſſance eſt au poids , comme l'unité eſt à elle-même augmentée du double du nombre des Poulies mobiles. *Ce qui ſur une infinité de cas ne pourroit encore être vrai que dans celui où les cordons touchans des Poulies ſeroient tous paralleles entr'eux , & ſeroit faux dans tous les autres, ainſi que les Corol. 1. 2. 3. 4. du précedent Th. 18. le font pareillement voir.*

## REMARQUE

*Sur les précedentes Sections 2. 3. touchant l'uſage de ce qui y eſt contenu.*

La précedente réflexion jointe à celles qui ſuivent les Corol. 1 2. & 17. du Th. 14. fait voir combien on eſt loin de ſon compte , quand dans l'uſage des Poulies on calcule le rapport de la puiſſance au poids, comme ſi les cordons touchans de ces Poulies étoient toûjours paralleles entre-eux ; & qu'on doit avoir autant d'égard aux angles que ces cordons font entr'eux, que ſi prolongez ils étoient autant de branches de corde, noüées à celle du poids aux points où ils en rencontrent la direction, ainſi que dans les Fig. 75. 76. & que ce poids ne fût ici comme là, que ſoûtenu avec des cordes ſeules & ſans Poulies. Par exemple, qu'il faut avoir autant d'égard à l'angle PAR que font entr'eux les cordons ou parties prolongées PM, RN,

de

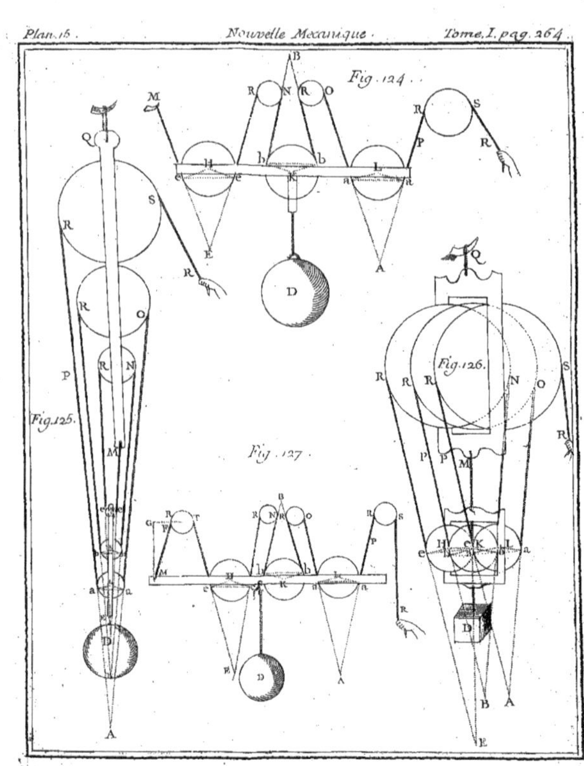


Fig. 124.
Fig. 125.
Fig. 126.
Fig. 127.

de la corde PMNR , avec laquelle les puiſſances P , R , Fɪɢ. 130.
ſoûtiennent le poids D par le moyen de la Poulie mobile 131.
MON dans la Fig. 130. que ſi ces puiſſances le ſoûte-
noient ſans aucune Poulie avec les ſeules cordes PA,RA.
nouées en A avec celle AD de ce poids D , ainſi que dans
la Fig. 131.

II. Preſentement pour avoir ces angles, par exemple , Fɪɢ. 130.
l'angle PAR dans la Fig. 130. dans laquelle. les prolongemens MA, NA , des cordons PM, RN , n'étant qu'imaginez, cet angle PAR ou MAN , n'eſt pas viſible ; il n'y
a qu'à appliquer à un de ces cordons, par exemple, à
RN le côté BC d'un quart de cercle gradué BCD, au
centre B , duquel pende un petit poids H , au bout d'un
fil de ſoye BH ; prendre garde, lorſque ce poids H ſera
en repos, par quel point F de ce quart de cercle ce fil
paſſera: l'on aura pour lors l'angle CBF ou ABH égal au
nombre des degrez compris dans l'arc CF , & conſequemment auſſi l'angle RAL , puiſque les directions LD. BH,
paralleles ( *Hyp.* ) entr'elles , rendent les angles alternes
LAB, HBA , égaux entr'eux. Cet angle RAL étant ainſi
trouvé, l'on aura conſequemment auſſi l'angle PAL , qui
lui eſt égal, puiſque RA , PA , ſont tangentes de la Poulie MON, dont L eſt le centre. Donc l'on aura auſſi l'angle total PAR fait de ces deux-là , & double de chacun
d'eux. Par conſequent le poids D étant ici ( *Th.* 14. *part.*
2.) à chacune des puiſſances P , R , en équilibre ( *Hyp.* )
avec lui, dans la raiſon du ſinus de l'angle total PAR au
ſinus de ſa moitié ; l'on aura par ce moyen en nombres
requis dans la pratique, le rapport de ce poids à chacune
de ces puiſſances , & conſequemment auſſi un des trois
étant donné, chacun des deux autres ſera pareillement
connu.

Si l'on veut ce rapport ſans ſinus, il n'y a qu'à mener
les rayons LM , LN , aux points d'attouchement M , N ,
avec la ſoutendante MN de l'arc de la Poulie , embraſſé
par la corde PMNR ; & la part. 3. du Th. 14. donnera
ce rapport du poids D à chacune des puiſſances P , R , en

Ll

raifon de cette foutendante MN à chacun des rayons
LM , LN , de la Poulie. Mais parce que pour connoître
cette foutendante MN , il faut avoir recours aux finus des
angles trouvez ci-deffus, le plus court & le plus commode
dans la pratique eft de s'en tenir tout d'un coup à ces finus,
ainfi qu'on l'a déja dit dans la Remarque qui eft dans le
Scholie du Th. 14.

Fig. 131.    III. Quant aux poids foûtenus feulement avec des cordes, comme dans la Fig. 131. l'on aura , de même que
dans le précedent art. 2. les angles RAL , PAL , dont le
côté AL eft fur la direction DA prolongée du poids D,
& confequemment auffi les angles PAR , PAD , RAD ,
que les cordes font entr'elles , en appliquant fucceffivement le côté BC du quart de cercle gradué de l'art. 2.
fur chacun des cordons AR , AP , des puiffances P, R,
en équilibre ( *Hyp.* ) avec le poids D ; & en prenant garde , comme dans cet art. 2. fur quel degré F, E, s'arrêtera le fil BH du poids H dans chacune de ces deux pofitions : les angles CBF, CBE, alors connus , donneront leurs
alternes RAL , PAL , par le moyen defquels les trois angles précedens PAR , PAD , RAD , feront auffi connus
avec leurs finus que la table des finus donnera en nombres. Donc le poids D étant ici ( *Th.* 1. *Corol.* 4. *ou Th.* 2.
*Corol.* 7. ) à chacune des puiffances P , R , en équilibre
( *Hyp.* ) avec lui, dans la raifon du finus de l'angle PAR
au finus de chacun des angles RAD , PAD ; l'on aura
auffi pour lors en nombres le rapport de ce poids à chacune de ces deux puiffances : de forte que ce poids étant
donné , on connoîtra pour lors chacune d'elles ; ou une
d'elles étant donnée , on connoîtra auffi l'autre avec ce
poids.

Quelque nombre de branches qu'ait la corde avec laquelle un poids eft foûtenu par tant de puiffances qu'on
voudra , & de quelque nombre de nœuds que les branches partent , les angles qu'elles feront chacune avec
celle qui en fera comme la tige , fe trouveront comme
ci-deffus par le moyen du quart de cercle CBD , dont on

vient de se servir, en commençant par le nœud où pend
immédiatement le poids, c'est-à-dire, par le nœud qui
en est le plus voisin : En operant ( dis-je ) comme ci-dessus, on aura tous les angles que les branches de ce nœud
feront chacune avec le fil BH du plomb H de l'instrument CBD, & consequemment chacun des angles que
chacune de ces branches fera avec la direction du poids
qu'elles soûtiennent, supposée parallele à celle du plomb
H, ou de son fil BH. Cet instrument appliqué ensuite de
même sur chacune des branches dans lesquelles chacune
de ces premieres se subdivise, donnant encore de même
l'angle que chacune de ces secondes branches fera avec
son fil BH, donnera consequemment l'angle que chacune d'elles fera avec celle des premieres dont elle sera la
branche, & dont cet instrument aura déja donné l'angle
avec la direction du poids en question. Ce même instrument donnera pareillement les angles que ces secondes
branches feront chacune avec chacune de celles dans
lesquelles elles se subdiviseront encore immédiatement ;
& toûjours de même dans quelque nombre de branches
que ces troisiémes se subdivisent encore, & quelque loin
qu'aillent ces subdivisions de chaque branche. Ce qui
étant ainsi connu, les Th. 1. 2. 4. 5. 6. 7. donneront en
nombres, par le secours de la Table des sinus, le rapport
de chaque poids à chacune des puissances qui le soûtiendront ainsi ensemble avec des cordes seulement, à quelque nombre de branches, & suivant quelques directions
qu'elles leur soient appliquées.

IV. Dans les pratiques précedentes ( *art.* 2. 3. ) il faut
bien prendre garde à ce qu'on y a marqué, que pour
qu'elles soient justes, la direction BH du fil de l'instrument y doit être parallele à celle du poids soûtenu, soit
avec des Poulies, ou avec des cordes seulement, par les
puissances dont on cherche les rapports avec lui ; ce qui
suppose les directions des poids paralleles entr'elles : supposition cependant fausse à la rigueur ; mais qui sensiblement vraye, ne laisse pas de suffire dans la pratique, où

l'on doit se contenter de l'à peu-près du but ; lorsqu'on
n'y sçauroit atteindre. Il faut pourtant avouer que pour
pouvoir juger si l'on est près ou loin du but, il faut sçavoir
où il est. C'est pour cela qu'un Géométre y doit toûjours
tendre, jusqu'à ce qu'il l'ait enfin apperçû, afin que le
voyant il puisse ensuite dans la pratique en approcher le
plus près qu'il lui sera possible, & rendre ainsi par le secours de la théorie, la pratique la moins fautive qu'elle
puisse être: elle l'est toûjours necessairement quelque peu,
faute d'assez d'adresse, & de sens assez fins dans la construction & dans l'usage des Instrumens qu'on y employe;
mais elle l'est bien davantage, quand à ce défaut est
joint celui de ne pas voir précisément où l'on tend. Cela
soit dit en passant pour desabuser ceux qui effrayez des
difficultez de la théorie inventrice & directrice de la
pratique, & qui pour dédommager leur vanité de l'igno-
rance qu'ils en ont, ne se piquent que de pratiques, par
lesquelles ils croyent pouvoir arriver à des à peu-près
qu'ils ne voyent pas: semblables en cela à des aveugles
qui voudroient jouer à la boule, sans sçavoir même de
quel côté est le but.

    Pour le voir ici dans le cas des directions des poids non
paralleles entr'elles, la théorie d'un Géométre le condui-
ra à la connoissance des angles compris tant entre ces directions, qu'entr'elles & celles des puissances qui soutien-
nent ces poids, les distances du point de concours des
directions de ces poids, à leurs points de suspension, &
de leurs points de suspension entr'eux étant données ; &
de-là par les Théorèmes précedens, à la connoissance du
rapport cherché de chacun de ces poids à chacune des
puissances qui les soûtiennent avec des Poulies, ou avec
des cordes seulement. Par exemple, le poids D étant encore ici soûtenu par les puissances P, R, avec des cordes
seulement, comme dans le précedent art. 3. si l'on suppose que les directions de ce poids suspendu en A, & du
poids H suspendu en B au centre du quart de cercle BCD
appliqué comme dans cet art. 3. au cordon AP, concou-

Fig. 132.

rent en quelque point T, qui foit ( fi l'on veut ) le centre
de la Terre ; les diftances AT, AB, étant données, l'angle CBE où ABT que le filet BH en repos, fera pour lors
connoître fur l'inftrument, donnera par la Trigonométrie les autres angles BTA, BAT, du triangle ABT, &
conféquemment auffi l'angle PAL, complément ( à deux
droits ) de BAT : on trouvera de même les angles RAT,
RAL ; & de-là auffi l'angle PAR=PAL+RAL. Si les
trois diftances AT, AB, BT, étoient données, la Trigonométrie donneroit encore prefque de même les angles
PAR, PAT, RAT, fans le fecours d'aucun inftrument ;
& ces trois angles étant ainfi connus, le Corol. 4. du Th.
1. ou le Corol. 7. du Th. 2. donneroit enfin le rapport
cherché du poids D à chacune des puiffances P, R, qui
le foûtiennent ( *Hyp.* ) avec des cordes feulement. Ce rapport fe trouveroit de même, fi ces puiffances P, R, foû-
tenoient ce poids D avec la Poulie MON de la Fig. 130.
dans ce cas des directions des poids, concourantes en quelque point que ce fût, dont les diftances aux points de
fufpenfion de ces poids, & celles de ces points entr'eux,
fuffent données.

Il eft vrai que la diftance AT au centre T de la Terre
feroit ici énorme par rapport à AB, & la diftance BT fi
peu differente de AT, que les yeux n'y verroient que
comme fi ces diftances AT, BT, étoient paralleles entr'elles ; & qu'ainfi dans la pratique il faudroit s'en tenir
ici à celle des précedens art. 2. 3. Mais du moins un Géométre feroit-il content de l'avoir conduite ( *art.* 2. 3. )
auffi près du but qu'elle peut aller, & de voir comment il
l'y meneroit jufte, fi l'inftrument & fes yeux répondoient
à fa théorie. Outre ce contentement il auroit encore celui
de voir que cette maniere de chercher ici les rapports du
poids aux puiffances qui le foûtiennent, toute impratica-
ble que la rend le trop grand éloignement du point de
concours des directions des poids entr'elles, ne laiffe pas
d'avoir fon utilité dans tous les cas où les angles de ces directions entr'elles font fenfibles. Par exemple, fi au lieu

du poids D, c'étoit une puissance δ, qui fût en équilibre
(comme lui) avec les deux puissances P, R, ; & qui, au
lieu de tendre au centre T de la Terre comme lui, & le
poids H, eût sa direction Aδ vers tout autre point δ tel
qu'elle rencontrât la direction prolongée BT du plomb H
en quelque point X assez voisin pour causer une égalité
ou une difference sensible & reconnoissable entre AX,
BX : la pratique précedente devient alors utile & même
necessaire en ce cas des directions concourantes du plomb
H & de la puissance δ. Cette pratique donnant donc en
ce cas de concours en X, les angles PAδ, RAδ, avec leurs
complemens PAλ, RAλ, comme elle auroit donné ci-
dessus les angles PAT, RAT, avec leurs complemens
PAL, RAL, dans le cas du concours en T des directions
des poids D, H, si le trop grand éloignement de ce point
n'en eût empêché l'usage ; elle donnera ici les angles PAR,
PAδ, RAδ, comme elle auroit donné là PAR, RAD,
PAD. Par consequent, suivant cette même pratique, le
Corol. 4. du Th. 1. ou le Corol. 7. du Th. 2. donnera ici
les rapports des puissances δ, P, R, entr'elles, comme il
auroit donné là le rapport du poids D à chacune des puissances P, R. Tout cela s'appliquera de même aux puissances en équilibre entr'elles sur des Poulies, l'étant alors
( suivant tout ce qui précede ) comme si elles y étoient
avec des cordes seulement. Tout cela est presentement
trop clair pour s'y arrêter davantage.

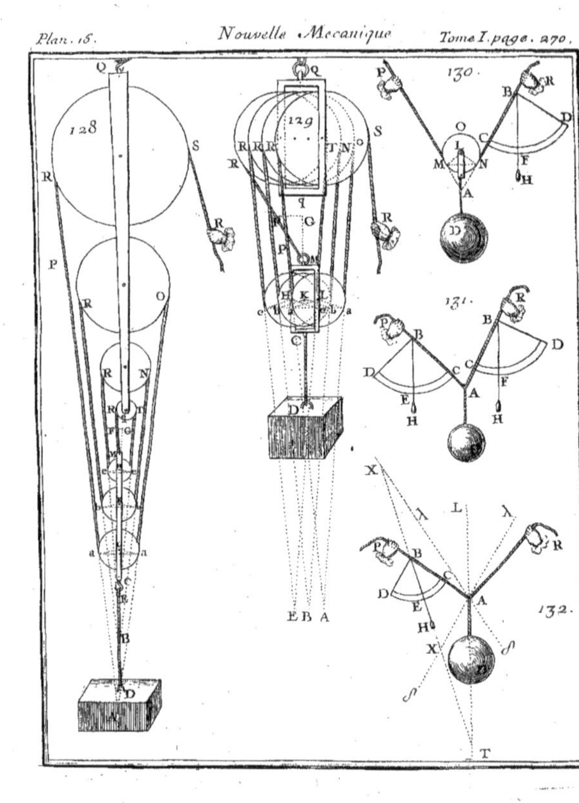
128
129
130
131
132

# SECTION IV.

*Du Tour, & des autres Machines qui y ont rapport.*

## DEFINITION XX.

LE *Tour* eſt une Machine faite d'une Roüe ou d'un
Tambour fermement aſſemblé avec un Cylindre ou
Rouleau, qui l'enfile par le milieu ſuivant ſon axe, lequel
devient auſſi pour lors celui de ce Cylindre.

Cette Machine ſert à élever ou à tirer des fardeaux P
attachez au bout d'une corde qu'une puiſſance R, appliquée à la circonference du Tambour BB, fait filer ou en-
tortiller autour du Cylindre CC, en faiſant tourner la
Machine entiere ( comme d'une piece ) autour de ſon axe
EF appuyé par ſes extrêmitez E, F, dans les trous ou ſur
les fentes de deux appuis fermes GH, GH. Les Latins appellent cette Machine *Axis in peritrochio* ; nom emprunté
du Grec ; *Axis*, c'eſt le Cylindre ou Rouleau CC, & *Peri-
trochium*, c'eſt le Tambour ou la Roüe BB.

Pour avoir plus aiſément priſe ſur ce Tambour, on
implante dans des trous faits à ſa circonference, des bâtons ou bras BD, que Pappus ( *liv.* 8. ) appelle *Scytalæ*.

Fort ſouvent on ſe contente d'implanter ces bâtons ou
bras dans le Cylindre même ſans Tambour, perpendiculairement à ſon axe, comme l'on voit dans la Fig. 134.
lorſque ce Cylindre ou Rouleau eſt horiſontal, cette Machine s'appelle ordinairement *Treüil* ou *Singe* ; & lorſqu'il eſt vertical, elle s'appelle *Vindas, Cabeſtan, Virevau,
Guindeau*, ou *Guindas*. Vitruve l'appelle *Sucula* dans la
premiere ſituation ; & *Ergata* dans la ſeconde.

*Les Tarieres, les Roües ou Rouleaux à Manivelles, les
Roües des Moulins, les Roües dentées avec Rouleaux ou Pignons, les Crics réſultans du mutuel engrenement des Roües*

*dentées dans des Pignons, les Grues, &c. se rapportent à cet-*
*te Machine, c'est-à-dire, au Tour, au Treüil, ou au Vindas.*
*Voici presentement le rapport des forces qu'il y faut employer.*

## THEOREME XIX.

### Fondamental de la presente Section 4.

FIG. 135.
& suivantes
jusqu'à 142.

*Soit le tambour BB de la Fig. 133. exprimé ici en profil*
*dans les Fig. 135. 136. 137. 138. par la roue ou le cercle*
*BBNB ; son cylindre ou rouleau CC, par le cercle CMC con-*
*centrique à celui-là ; & son axe EF avec ses poles E, F, par*
*le centre A de ces deux cercles : & de même du cylindre & de*
*l'axe du Treüil ou Vindas de la Fig. 134. dans les Fig.*
*139. 140. 141. 142. Cela supposé, soient deux puissances*
*quelconques P, R, appliquées à chacune de ces Machines des*
*Fig. 135. 136. 137. 138. 139. 140. 141. 142. sui-*
*vant telles directions MP, NR, qu'on voudra, posées dans*
*des plans perpendiculaires à l'axe de la Machine.*

*I. Ces deux puissances P, R, agiront ensemble sur cette*
*Machine, comme si elles étoient dirigées suivant un même*
*plan perpendiculaire à l'axe de cette même Machine.*

*II. S'il y a équilibre entre ces deux puissances P, R, ainsi*
*regardées comme dans un même plan CMC perpendiculaire*
*à l'axe de la Machine ; quelqu'angle PER que leurs directions*
*MP, RN, fassent entr'elles, la direction EF de la force ré-*
*sultante ( princ. gener. & Lem. 3.) de leur concours, passera*
*toûjours par l'axe immobile de la Machine, ou par le centre*
*fixe A du cercle CMC, qui represente cet axe fixe.*

*III. En ce cas d'équilibre, si de cette direction EA prolon-*
*gée on imagine dans l'angle GEH compris entre les direction*
*MP, NR, pareillement prolongées des puissances P, R, un*
*partie quelconque EF depuis le sommet E de cet angle, su*
*laquelle ( comme diagonale ) soit un parallelogramme GH, qu*
*ait ses côtez EG, EH, sur ces directions MP, NR, prolon-*
*gées des puissances P, R ; la charge de l'axe ou centre fixe A*
*de la Machine, sera toûjours dirigée suivant cette diagonale*
*EF, & à chacune de ces puissances P, R, comme cette diago-*
*nale*

*nale EF à chacun de ces côtez EG, EH, qui leur répondent sur leurs directions.*

*IV. Reciproquement si la direction EF de la force résultante du concours des puissances P, R, passe par l'axe ou centre fixe A de la Machine, il y aura équilibre entre ces puissances; & la charge de cet appui A résultante de leur concours, sera pour lors dirigée suivant EF, & à chacune de ces deux puissances dans la précedente raison ( part. 3. ) de la diagonale EF du parallelogramme GH à chacun de ses côtez EG, EH, qui leur répondent sur leurs directions.*

*V. Pareillement si la diagonale EF prolongée du parallelogramme GH passe par l'appui A, & que les puissances P, R, soient entr'elles comme les côtez EG, EH, de ce parallelogramme, pris sur leurs directions; ces deux puissances demeureront en équilibre entr'elles sur cet appui A, & la charge de cet appui, résultante de leur concours, sera encore pour lors dirigée suivant EF, & à chacune de ces deux puissances P, R, comme la diagonale EF à chacun des côtez EG, EH, qui leur répondent dans ce parallelogramme GH.*

## DEMONSTRATION.

PART. I. A quelque point de la surface du rouleau exprimé ici par le cercle CMC, que le poids ou la puissance P soit appliquée perpendiculairement à l'axe de ce rouleau, il est manifeste, suivant l'ax. 2. que cette puissance P y doit agir sur ce rouleau pour le faire tourner autour de son axe, comme elle feroit ici en M, si elle y étoit appliquée dans le plan de ce cercle CMC, suivant une direction MP parallele à celle qu'elle auroit-là. Donc la puissance R étant aussi ( *Hyp.* ) suivant une direction RN posée dans ce même plan CMC, ces deux puissances P, R, doivent ici agir ensemble sur la Machine comme si elles y étoient dirigées toutes deux suivant ce même plan CMC perpendiculaire ( *Hyp.* ) à l'axe de cette Machine. *Ce qu'il falloit 1°. démontrer.*

PART. II. Le principe general, & le nomb. 1. du Corol. 1. du Lem. 3. font voir que du concours des puissances

P, R, il doit réfulter fur la Machine ici fuppofée, une troifiéme force fuivant quelque ligne EF qui paffe par le concours E, & dans l'angle GEH des directions de ces deux puiffances, fuivant laquelle ligne EF, cette Machine doit être ici pouffée ou tirée, comme fi, au lieu de l'être par ces deux puiffances P, R, elle ne l'étoit que par une feule force égale à la réfultante ici de leur concours; & que cette Machine ainfi pouffée ou tirée fuivant cette ligne EF, fe meuvroit effectivement fuivant cette direction, fi rien ne s'y oppofoit. Donc n'y ayant ici (*Hyp.*) d'obftacle qu'en A, cette direction EF de la force réfultante du concours des puiffances P, R, doit effective-ment paffer par cet obftacle A dans le cas d'équilibre ici fuppofé. *Ce qu'il falloit* 2°. *démontrer.*

PART. III. L'art. 2. du Corol. 1. du Lem. 3. fait voir que cette force fuivant EF, réfultante du concours des puiffances P, R, doit ici être à chacune de ces puiffan-ces, comme la diagonale EF du parallelogramme GH eft à chacun de fes côtez EG, EH, qui leur répondent fur leurs directions. Mais dans le cas d'équilibre ici fuppofé, la réfiftance de l'appui A, oppofée (*part.* 2.) à cette for-ce fuivant EF, & en équilibre (*Hyp.*) avec elle, lui eft égale par l'ax. 4. & par l'art. 3. du Corol. 2. du Lem. 3. Donc en ce cas d'équilibre cette réfiftance de l'appui A, ou la charge de cet appui, c'eft-à-dire, ce qu'il reçoit ici d'impreffion du concours des puiffances P, R, fuivant EF, doit auffi toûjours être dirigée fuivant EF, & être à cha-cune de ces deux puiffances P, R, comme la diagonale EF du parallelogramme GH eft à chacun de fes côtez EG, EH, qui leur répondent fur leurs directions. *Ce qu'il fal-loit* 3°. *démontrer.*

PART. IV. En fuppofant prefentement, comme l'on fait ici, que la direction EF de la force réfultante du con-cours des puiffances P, R, paffe par l'axe ou par le cen-tre fixe A de la Machine fuppofée, le Corol. 1. du princi-pe general fait voir que la réfiftance (*Hyp.*) invincible de cet appui A, doit l'arrêter tout court, & mettre ainfi ces deux puiſſances P , R , en équilibre entr'elles ſur cet appui ; & conſequemment (*part.* 3.) ne conſiſtant que dans l'impreſſion ſuivant EF réſultante (*Hyp.*) ſur lui du concours des puiſſances P , R , doit auſſi pour lors être dirigée ſuivant EF, & être à chacune de ces puiſſances comme la diagonale EF du parallelogramme GH eſt à chacun de ſes côtez EG, EH, qui leur répondent ſur leurs directions. *Ce qu'il falloit* 4°. *démontrer.*

PART. V. Puiſque (*Hyp.*) les puiſſances P , R , ſont ici entr'elles comme les côtez EG, EH, du parallelogramme GH, qui leur répondent ſur leurs directions, l'art. 1. du Corol. 1. du Lem. 3. fait voir que l'impreſſion réſultante de leur concours ſur la Machine , doit ſe faire de E vers F ſuivant la diagonale EF de ce parallelogramme. Donc cette ligne EF prolongée paſſant (*Hyp.*) par l'appui A , toute la force réſultante du concours de ces deux puiſſances P , R , paſſera auſſi par cet appui A. Par conſequent (*part.* 4.) elles ſeront en équilibre entr'elles ſur cet axe ou appui A , alors chargé de toute cette force ou impreſſion commune ſuivant EF, & cette charge ſera (*part.* 3.) non ſeulement ainſi dirigée ſuivant EF , mais encore à chacune de ces deux puiſſances P , R , comme la diagonale EF à chacun des côtez correſpondans EG , EH, du parallelogramme GH. *Ce qu'il falloit* 5°. *démontrer.*

C O R O L L A I R E I.

En cas d'équilibre, la part. 3. donnant ici le poids ou la puiſſance P à la charge de l'appui A : : EG. EF. Et cette charge à la puiſſance R : : EF. EH. l'on aura ici ( en raiſon ordonnée) P. R : : EG. EH. c'eſt-à-dire, les puiſſances P , R , entr'elles en raiſon des côtez EG, EH, qui leur répondent ſur leurs directions dans le parallelogramme GH. Par conſequent ſi d'un point quelconque A de la diagonale EF prolongée, on mene AM, AN, perpendiculaires ſur les directions MP, NR, pareillement prolongées de ces deux puiſſances P , R , ces mêmes puiſſances ſeront entr'elles (*Lem.* 8.) en raiſon reciproque de

Mm ij

ces perpendiculaires ; c'eft-à-dire , P. R :: AN , AM. Ce
qui dans les Fig. 1 3 5. 1 3 6. 1 3 7. 1 3 8. fignifie qu'en ce
cas d'équilibre le poids ou la puiffance P y eft toûjours à
la puiffance R , comme le rayon AN de la roue ou du
tambour BNB , à la circonference duquel cette feconde
puiffance R eft appliquée , eft au rayon AM du cylindre
ou du rouleau CMC , à la circonference duquel l'autre
puiffance P eft pareillement appliquée ; c'eft-à-dire , que
ces deux puiffances P , R , en équilibre ( *Hyp.* ) entr'elles ,
y font alors entr'elles en raifon reciproque des rayons ou
des diamétres du rouleau & de la roue , aux circonferen-
ces defquelles ces deux puiffances font appliquées.

## C o r o l l a i r e  I I.

Mais en prenant EA dans ces quatre Fig. 1 3 5. 1 3 6.
1 3 7. 1 3 8. & dans les quatre autres Fig. 1 3 9. 1 4 0. 1 4 1.
1 4 2. c'eft-à-dire , dans toutes celles de ce Théoreme-ci ,
pour le finus total : On fçait ( *Déf. 9. Corol. 1.* ) que les
perpendiculaires AM , AN , font les finus des angles
AEM , AEN. Donc auffi ( *Corol. 1.* ) les puiffances P , R ,
fuppofées en équilibre , font par tout ici entr'elles en raifon reciproque des finus des angles AEM , AEN , que
leurs directions MP , NR , prolongées y font avec celle
EA de la charge de l'axe de la Machine , ou de l'appui A ,
qui exprime cet axe ; c'eft-à-dire , le poids ou la puiffance
P à la puiffance R , comme le finus de l'angle AEN eft
au finus de l'angle AEM.

## C o r o l l a i r e  I I I.

Cela fe voit encore en ce que la charge de l'appui A
étant en ce cas d'équilibre ( *part. 3.* ) à chacune des puiffances P , R , comme la diagonale EF du parallelogramme GH eft à chacun de fes côtez EG , EH , qui leur répondent fur leurs directions , c'eft-à-dire ( en appellant
cette charge A ) A , P , R , en raifon des trois grandeurs
EF , EG , EH , ou ( à caufe de EH = GF ) en raifon des
trois côtez EF , EG , GF , du triangle EGF , ou ( *Lem. 8.*

*Corol.* 2.) en raifon des finus de fes angles EGF , EFG , FEG , oppofez à ces mêmes côtez, ou bien auffi en raifon des finus des angles MEN , AEN , AEM , égaux à ceux-là, ou leurs complemens à deux droits. Ce qui donne, dis-je, encore en ce cas d'équilibre,

1º. Le poids ou la puiffance P à la puiffance R , en raifon du finus de l'angle AEN au finus de AEM , ainfi que dans le Corol. 2.

2º. Et confequemment ( *Déf.* 9. *Corol.* 1.) ce poids ou cette puiffance P à la puiffance R , en raifon de AN à AM , ainfi que dans le Corol. 1.

### COROLLAIRE IV.

Cette raifon de AN à AM , qui peut varier dans le Treüil ou le Vindas des Fig. 139. 140. 141. 142. felon la difference des angles que la direction RN de la puiffance R , y peut faire avec le bras AD ou CD de cette Machine, auquel elle eft appliquée, & felon les differentes diftances AR de l'axe ou appui A de cette même Machine au point R d'application de cette puiffance R à ce bras AD ; le rapport des puiffances P , R , requis ( *Corol.* 1. *& 3. nomb.* 2.) de AN à AM pour y faire équilibre entre-tr'elles, y peut varier auffi, & confequemment differentes puiffances R differemment appliquées à cette Machiné , y peuvent faire équilibre fucceffivement avec le même poids P. Fig. 139. 140. 141. 142.

Mais dans le Tour qu'expriment les Fig. 135. 136. 137. 138. le rapport de AN à AM , n'y pouvant non plus changer que ces rayons de la roue & du rouleau de cette Machine tant qu'elle demeure la même, quelques foient d'ailleurs les directions des puiffances P , R , qui y font ou feront appliquées : le rapport de ces puiffances P, R, requis ( *Cor.* 1. *& 3. nomb.* 2.) pour y faire équilibre entr'elles, n'y peut jamais varier ni changer, quelque changement qu'il arrive à leurs directions ; & confequemment le même poids P appliqué au rouleau de cette Machine, n'y peut jamais être foûtenu en équilibre que par une Fig. 135. 136. 137. 138.

M m iij

même puissance R appliquée à la roue de cette même Machine, quelques directions qu'on donne à ces deux puissances P, R.

### COROLLAIRE. V.

FIG. 139.
140. 141.
142.

Les bras CD du Treüil ou du Vindas des Fig. 139.
140. 141. 142. étant ( *Hyp.* ) perpendiculaires à l'axe
de son rouleau, ou à la circonference CMC, qui represente ce rouleau, en sorte que prolongez ils passeroient
tous par le centre A de ce cercle, lequel centre A exprime ici l'axe de ce rouleau ; si la puissance R tire ou pousse
perpendiculairement celui de ces bras auquel elle est appliquée, c'est-à-dire, si elle lui est appliquée suivant une
direction ER qui lui soit perpendiculaire & dans le plan
du cercle CMC ; alors AN perpendiculaire ( *Hyp.* ) à cette direction ER, tombant sur AR, & se confondant alors
avec ce bras de Treüil ou de Vindas, le Corol. 1. & le
nomb. 2. du Corol. 3. font voir qu'en cas d'équilibre, le
poids ou la puissance P sera pour lors à la puissance R,
comme la longueur du bras AR sera au rayon AM du
rouleau de cette Machine.

### COROLLAIRE VI.

FIG. 135.
& suivantes
jusqu'à 142

Il suit aussi de la part. 5. pour tous les cas du Tour & du
Treüil ou du Vindas, que si les puissances P, R, y sont
entr'elles en raison reciproque des lignes AM, AN, menées de l'appui A perpendiculairement sur les directions
MP, NR, de ces puissances, c'est-à-dire, si P. R :: AN.
AM. il y aura équilibre entre ces mêmes puissances P, R.
Car si l'on imagine un parallelogramme GH d'une diagonale quelconque EF prise sur la droite EA depuis le
point de concours E des directions de ces deux puissances
dans l'angle GEH que ces directions font entr'elles, lequel soit consequemment aussi un angle de ce parallelogramme GH. Le Lemme 8. donnera pour lors EG. EH
:: AN. AM. ( *Hyp.* ) :: P. R. Donc la diagonale EF prolongée passant ainsi ( *constr.* ) par l'appui A de la Machine,

les puiſſances P, R, demeureront par tout ici ( *part. 5.* ) en équilibre entr'elles.

## COROLLAIRE VII.

En prenant ici AE pour le ſinus total, le Corol. de la Déf. 9. fait voir que les droites AM, AN, y feront les ſinus des angles AEM, AEN, que les directions MP, NR, des puiſſances P, R, y feront avec cette droite AE. Donc ( *Corol. 6.* ) lorſque ces deux puiſſances P, R, feront entr'elles en raiſon reciproque des ſinus des angles compris entre chacune de leurs directions, & la droite menée de l'appui A de la Machine au concours E de ces directions entr'elles ; ces mêmes puiſſances P, R, demeureront encore en équilibre ſur cet axe ou appui A.

## COROLLAIRE VIII.

Il ſuit pareillement de chacune des part. 4. 5. que ſi la charge de l'axe ou appui A, tant du Tour que du Treüil ou du Vindas, réſultante du concours des puiſſances P, R, qui y ſont appliquées, eſt à chacune de ces deux puiſſances, comme le ſinus de l'angle MEN compris entre leurs directions prolongées MP, NR, eſt au ſinus de chacun des angles reciproquement pris AEM, AEN, que chacune de ces directions fait avec la droite EA menée de leur concours E à cet appui A ; ces deux puiſſances P, R, demeureront en équilibre entr'elles ſur cet appui A. Car ſi l'on imagine encore le parallelogramme GH fait comme dans le Corol. 6. l'on verra pour lors les ſinus des angles EGF, FEG, EFG, du triangle EGF être les mêmes que ceux des angles MEN, AEM, AEN ; & conſequemment ( *Lem. 8. Corol. 1.* ) le premier de ces ſinus-ci être à chacun des deux autres, comme le côté EF de ce triangle EGF eſt à chacun de ſes deux autres côtez GF, EG, c'eſt-à-dire ( à cauſe de EH=GF ) comme la diagonale EF du parallelogramme GH eſt à chacun de ſes côtez EH, EG. Mais on ſuppoſe ici la charge de l'axe ou de l'appui A, réſultante du concours des puiſſances P, R, être à chacune de ces puiſſances, comme le ſinus de l'angle MEN eſt à chacun des ſinus des angles AEN, AEM. Donc auſſi la charge ſuppoſée de l'appui A, eſt ici à chacune de ces puiſſances P, R, comme la diagonale EF du parallelogramme GH eſt à chacun de ſes côtez EG, EH, qui leur répondent ſur leurs directions. Par conſequent ces deux puiſſances P, R, ſeront ici entr'elles comme ces mêmes côtez EG, EH; & (*princ. gener. Cor.* 2.) la force réſultante de leur concours ſera non ſeulement égale à cette charge, mais encore dirigée ſuivant EF qui paſſe (*Hyp.*) par l'appui A. Donc enfin (*part.* 4. 5.) il y aura ici équilibre entre ces deux puiſſances P, R, ainſi qu'on le vient d'avancer.

## COROLLAIRE IX.

Puiſqu'en cas d'équilibre dans toutes les Machines de ce Théoreme-ci, la charge de l'axe ou de l'appui A qui repreſente cet axe, réſultante du concours d'action des puiſſances P, R, ſur lui, eſt toûjours (*part.* 3.) à chacune de ces puiſſances P, R, comme la diagonale EF du parallelogramme GH, eſt à chacun de ſes côtez EG, EH, qui leur répondent ſur leurs directions : le Lem. 9. fait voir que lorſque l'angle MEN, que font entr'elles les directions MP, NR, de ces deux puiſſances, eſt infiniment aigu, c'eſt-à-dire (*Lem.* 6. *Corol.* 1.) lorſque ces deux directions ſont paralleles entr'elles; cette charge de l'appui A, eſt toûjours égale à la ſomme P+R, de ces deux puiſſances, tant qu'elles agiſſent en même ſens; ou ſeulement égale à leur difference P—R, tant qu'elles agiſſent en ſens contraires. Les Corol. 1. 2. de ce Lem. 9. font pareillement voir que dans l'un & l'autre de ces deux cas cette charge de l'appui A eſt toûjours alors dirigée parallelement aux directions de ces deux puiſſances P, R; ſçavoir, vers le même côté qu'elles dans le premier cas, & vers le côté de la plus forte d'entr'elles dans le ſecond. Car,

1°. Lorſque l'angle MEN eſt infiniment aigu, celui GEH du parallelogramme GH l'eſt auſſi dans les Fig. 136. 138. 139. 140. du premier cas; & conſequemment auſſi ( *Lem. 9. part.* 1. ) la diagonale du parallelogramme GH ſe trouve toûjours égale en ce cas à la ſomme de ces côtez EG , EH. Donc ſuivant la part. 3. de ce Théoreme-ci, la charge de l'appui A , réſultante du concours d'action des puiſſances P , R , ſur cet appui , eſt auſſi toûjours égale à la ſomme P—+R de ces deux puiſſances dans ce cas des Fig, 136. 139. 140. 141. qui ſe réduiſent alors aux Fig. 143. 145. dans leſquelles ces deux puiſſances P , R , de directions ( *Hyp.* ) paralleles entr'elles, agiſſent vers le même côté , où ſont appliqués de différens côtez de l'appui A de la Machine: & cela conformément au Corol. 1. du Lem. 9. lequel Corol. 1. fait voir auſſi que cette charge toûjours dirigée ( *part.* 3. ) ſuivant la diagonale EF doit l'être alors de E vers A parallelement aux directions P , R , vers le même côté qu'elles, comme dans les Fig. 143. 145.

Fᴵɢ. 136. 138. 139. 140.

Fᴵɢ. 143. 145.

2°. Tant que l'angle MEN compris entre les directions de ces deux puiſſances P , R , demeure infiniment aigu , celui GEH du parallelogramme GH des Fig. 135. 137. 141. 142. de l'autre cas , eſt au contraire ( *Déf.* 11. *Corollaire.* ) infiniment obtus ; & conſequemment ( *Lem. 9. part.* 2. ) la diagonale EF du parallelogramme GH eſt pour lors en ce cas égale ſeulement à la différence des côtez EG , EH , de ce parallelogramme. Donc ſuivant la part. 3. de ce Théoreme-ci, la charge de l'appui A , n'eſt alors égale qu'à la différence P—R des puiſſances P, R, en ce cas des Fig. 135. 137. 141. 142. qui ſe réduiſent alors aux Fig. 144. 146. dans leſquelles ces deux puiſſances de directions ( *Hyp.* ) paralleles entr'elles, agiſſent vers des côtez directement oppoſez, ou ſont d'un même côté de cet appui A : & cela conformément au Corol. 2. du Lem. 9. lequel Corol. 2 fait voir auſſi que cette charge toûjours dirigée ( *part.* 3. ) ſuivant la diagonale EF, doit l'être alors de A vers E parallelement aux directions de ces deux.

Fᴵɢ. 135. 137. 141. 142.

Fᴵɢ. 144. 146.

N n

puissances P, R, & vers le côté où tend la plus forte P d’entr’elles, comme dans les Fig. 144. 146.

## COROLLAIRE X.

*Fig. 135. & suivantes jusqu’à 142.*

Tout cela suit encore du Corol. 3. joint au Lem. 9. & à ses Corol. 1. 2. sçavoir, qu’en cas d’équilibre ici entre les puissances P, R, & de l’angle MEN infiniment aigu, c’est-à-dire ( *Lem. 6. Corol. 1.* ) de leurs directions paralleles entr’elles ; non seulement la charge de l’appui A est toûjours égale à la somme P+R de ces deux puissances, tant qu’elles agissent ensemble en même sens ; ou seulement égale à leur difference P—R, si elles agissent en sens contraires, mais encore que cette charge de l’appui A est toûjours dirigée parallelement aux directions de ces deux puissances vers le même côté qu’elles dans le premier cas, & vers le côté où tend la plus forte d’entr’elles dans le second. Car,

*Fig. 136. 138. 139. 140.*

1°. Lorsque l’angle MEN est infiniment aigu, la part. 1. du Lem. 9. fait voir que le sinus de cet angle total MEN dans les Fig. 136. 138. 139. 140. du premier cas, est égal à la somme des sinus des angles partiaux AEN, AEM. Donc ( *Corol. 3.* ) la charge de l’appui A est aussi toûjours alors égale en ce premier cas à la somme P+R des puissances P, R, du concours d’action desquelles ( *part. 2. 3.* ) il est chargé ; & cette charge toûjours dirigée ( *part. 2. 3.* ) suivant EF, le sera pour lors de E

*Fig. 144. 146.*

vers A dans les Fig. 144. 146. de la presente hypothese, vers le même côté où ces deux puissances tendent, & ( *Lem. 9. Corol. 1.* ) parallelement à leurs directions, ainsi que dans le nomb. 1. du Corol. 9.

*Fig. 135. 137. 141. 142.*

2°. Lorsque l’angle MEN devient infiniment aigu par l’éloignement infini de son sommet E, l’angle AEN le devenant aussi pour lors, le Corol. 2. du Lem. 9. fait voir que le sinus du premier MEN de ces deux angles, partial de l’autre AEN dans les Fig. 135. 137. 141. 142. du second cas, n’est alors égal qu’à la difference dont le sinus de cet angle total AEN surpasse le sinus de son au-

tre partial AEM. Donc ( *Corol.* 3. ) la charge de l'appui
A n'est non plus alors en ce second cas, qu'égale à la difference P—R, dont le poids ou la puissance P surpasse la
puissance R : & cette charge, toûjours dirigée (*part.* 2. 3.)
suivant EF, le sera pour lors de A vers E dans les Figures
144. 146. de cette hypothese-ci en même sens que la
plus forte P de ces deux puissances, pour lors directement contraire à l'autre R, & ( *Lem.* 9. *Corol.* 2. ) parallelement à leurs directions, ainsi que dans le nomb. 2. du
Corol. 9.

    La même chose se peut encore démontrer autrement.
Car si dans ce second cas d'équilibre l'angle MEN est
infiniment aigu, & consequemment aussi AEM, ou
son égal FEG, le complement GEH du premier étant
alors ( *Déf.* 11. *Corollaire*) infiniment obtus avec un partial FEG infiniment aigu ; le Corol. 2. du Lem. 7. fait
voir que le sinus de cet angle total GEH ne sera pour
lors qu'égal à la difference des sinus de ses angles partiaux FEH, FEG ; & par consequent ( à cause de FEH
=EFG, & de EGF complement de GEH à deux droits )
le sinus de l'angle EGF ne sera non plus alors qu'égal à
la difference des sinus des angles EFG, FEG. Donc ( *Corol.* 3. la charge de l'appui A ne sera encore ici égale qu'à
la difference P—R des deux puissances P, R, & dirigée
( *part.* 2. 3. & *Lem.* 9. *Corol.* 2. ) de A vers E dans le sens
de la plus forte P d'entr'elles, parallelement à leurs directions, ainsi qu'on le vient de voir dans les Fig. 144. 146.

## COROLLAIRE XI.

    La charge de l'appui A, résultante du concours d'action
des puissances P, R, en équilibre ( *Hyp.*) entr'elles, étant
toûjours alors ( *part.* 3. ) à chacune d'elles, comme la diagonale EF du parallelogramme GH est à chacun de ses
côtez EG, EH, pris sur leurs directions, & cette diagonale devenant ( quoiqu'en raison differente) d'autant plus
grande dans le cas des Fig. 136. 138. 139. 140. &

N n ij

d'autant plus petite dans celui des Figures 135. 137. 141. 142. que l'angle MEN est plus aigu; il suit manifestement que cette charge de l'appui A, sera aussi d'autant plus grande dans le premier cas, & d'autant plus petite dans le second, que cet angle MEN sera plus aigu. Donc cet angle ne pouvant jamais être plus aigu que lorsqu'il l'est infiniment, c'est-à-dire ( *Lem. 6. Corol. 1.* ) que lorsque les directions des puissances P, R, sont parallèles entr'elles ; & la charge de l'appui A, résultante du concours de ces puissances, n'étant pourtant alors ( *Corol.* 9. 10. ) égale qu'à leur somme P—+—R dans le premier cas, & qu'à leur différence P—R dans le second: il suit encore évidemment que cette charge de l'appui A, ne peut jamais être plus grande que la somme de ces deux puissances P, R, dans le premier cas, ni plus petite que leur différence dans le second.

## COROLLAIRE XII.

Par conséquent tant que les directions des deux puissances P, R, ne seront point parallèles, quelqu'angle fini qu'elles fassent entr'elles, la charge de l'appui A résultante du concours d'action de ces deux puissances, sera toûjours moindre que leur somme dans le cas des Fig. 136. 138. 139. 140. & toûjours plus grande que leur différence dans celui des Fig. 135. 137. 141. 142. sans pourtant que cette charge de l'appui A puisse jamais devenir égale à la somme de ces deux puissances dans le second cas: de sorte que tant que les directions de ces deux puissances P, R, font entr'elles quelqu'angle fini, la charge de l'appui A, résultante de leur concours d'action sur lui, est toûjours moindre que la somme de ces deux puissances dans l'un & l'autre des cas précédens, & dans toutes les Machines de ce Théoreme-ci.

Tout cela suit encore immédiatement de la part. 3. la diagonale EF du parallelogramme GH, se trouvant toûjours moindre que la somme de ses côtez EG, EH, tant qu'ils font quelqu'angle fini entr'eux, quoiqu'elle devien-

ne d'autant plus grande que l'angle GEH devient plus
aigu.

## C O R O L L A I R E  XIII.

Il est visible dans le Tour que la puissance R supposée
ici en équilibre avec le poids P, pourroit se mouvoir de
maniere, en desentortillant ou en entortillant sa corde
autour de la roue BNB, que son point N d'application à
cette roue, passeroit du côté de M dans les Fig. 136.
138. ou du côté opposé à M dans les Fig. 135. 137. de
maniere, dis-je, qu'alors le cas des deux premieres de ces
quatre Figures se changeroit en celui des deux autres,
& reciproquement celui de ces deux autres Figures, en
celui des deux premieres : & cela ( *Corol.* 5. ) sans que
l'équilibre supposé entre les puissances P, R, cessât jamais ; puisque l'on y auroit toûjours P. R :: AN. AM.
ainsi ( *Corol.* 1. ) que dans cet équilibre supposé.

*Fig.* 135. 136. 137. 138.

Il est aussi visible dans le Treüil ou le Vindas, que la
puissance R passant d'un côté à l'opposé par rapport à
l'appui A, à la même distance AN, duquel elle fût encore appliquée ; le cas des Fig. 139. 140. se changeroit
en celui des Fig. 141. 142. & reciproquement : & cela
encore ( *Corol.* 6.) sans que l'équilibre supposé entre cette
puissance & le poids P, cessât ; puisque l'on y auroit encore ( *Hyp.* ) P. R :: AN. AM. ainsi ( *Corol.* 1. ) que dans
cet équilibre supposé.

*Fig.* 139. 140. 141. 142.

Or ( *Corol.* 11. ) la charge de l'axe ou appui A, résultante du concours de ces puissances P, R, ne peut jamais
être plus grande que la somme de ces puissances dans le
premier cas exprimé par les Fig. 136. 138. 139. 140.
ni plus petite que leur difference dans le second exprimé
par les Fig. 135. 137. 141. 142. Donc la charge de
l'axe ou appui A du Tour, & du Treüil ou du Vindas,
résultante du concours d'action des puissances P, R,
qu'on y vient de supposer en équilibre, & toûjours ensuite appliquées chacune à même distance que d'abord de
cet appui, de quelque côté que ce soit, & consequem-

*Fig.* 135. & suivantes jusqu'à 142.

N n iij

ment (*Corol. 1. 6.*) toûjours en équilibre entr'elles, ne peut jamais être plus grande que la somme de ces deux puissances, ni plus petite que leur différence, en quelque variété de points de ces Machines que ces deux puissances soient succeffivement appliquées, toûjours chacune à même distance de l'appui A, pour y conferver (*Corol. 1. 6.*) l'équilibre entr'elles.

*Voilà jufqu'ici pour ce qui concerne l'équilibre des puiffances P, R, fur les Machines dont il s'agit ici. Voici auffi quelque chofe qui en réfulte pour le cas même où ces puiffances n'y feroient pas en équilibre entr'elles, & feulement pour le befoin que nous en aurons dans la fuite.*

## COROLLAIRE XIV.

Puifque le cas d'équilibre entre les puiffances P, R, doit donner ici (*Corol. 1.*) P. R :: AN. AM. ou (*Corol. 2.*) P à R, comme le finus de l'angle AEN au finus de l'angle AEM; il eft manifefte que lorfqu'une de ces puiffances eft plus grande qu'il ne faut pour avoir ce rapport à l'autre, elle doit (*Ax. 5.*) l'emporter fur elle : puifqu'alors elle feroit plus grande qu'il ne faudroit (*Corol. 1. & 7.*) pour faire équilibre ici avec elle.

## COROLLAIRE XV.

Reciproquement fi une de ces deux puiffances P, R, l'emporte ici fur l'autre, étant alors plus grande qu'il ne faudroit pour faire équilibre avec elle, leurs directions demeurant les mêmes; elle fera auffi pour lors à l'autre en plus grande raifon que la requife pour cet équilibre, laquelle eft (*Corol. 1.*) de P. R :: AN. AM. ou (*Corol. 2.*) de P à R, comme le finus de l'angle AEN eft au finus de l'angle AEM. Donc alors, fi c'eft la puiffance ou le poids P qui l'emporte fur la puiffance R, l'on aura P à R en plus grande raifon que AN à AM, ou que le finus de l'angle AEN au finus de l'angle AEM. Pareillement fi c'eft la puiffance R qui l'emporte fur le poids P, l'on aura de même R à P en plus grande raifon que AM à

AN, ou que le sinus de l'angle AEM au sinus de l'angle
AEN.

## Cᴏʀᴏʟʟᴀɪʀᴇ XVI.

De plus lorsqu'une des deux puissances P, R, l'emportera ici sur l'autre, la direction de la force résultante
(*Lem. 3. Corol. 1.*) de leur concours, ne passera point
(*princip. gener. Cor. 1.*) par l'axe ou l'appui A, mais entre cet appui & la direction de celle des deux puissances
qui l'emportera sur l'autre. Car puisque (*Lem. 3. Cor. 6.*)
ces deux puissances P, R, n'agissent ensemble que de cette force résultante de leur concours sur chacune des Machines dont il s'agit, & de même que feroit cette force
seule; il est visible (*princ. gener. Cor. 1.*) que la direction
de cette force résultante du concours de ces deux puissances P, R, doit passer du côté de celle des deux qui l'emportera sur l'autre, entre l'appui A, & la direction de
cette puissance prédominante.

## Sᴄʜᴏʟɪᴇ.

Il suit de tout ce qui précede, que dans le Tour, en
cas d'équilibre entre les puissances P, R, qui y sont appliquées, la variété des directions de ces deux puissances,
y varie toûjours (*Corol. 8. 9. 10. 11. 12. 13.*) la charge
de l'appui A, résultante du concours d'action de ces deux
puissances sur lui; mais qu'elle n'y varie jamais (*Cor. 4.*)
le rapport de ces puissances entr'elles; & qu'ainsi la con-
sideration de leurs directions est tout-à-fait inutile dans
la recherche de ce rapport. C'est pour cela que dans la
suite, pour avoir ce rapport entre deux puissances en
équilibre entr'elles sur tel nombre de *Tours* à la fois qu'on
voudra, nous ne nous mettrons plus en peine des angles
que les directions de ces deux puissances y pourroient faire ou ne pas faire entr'elles, mais seulement des rayons
ou des diamétres des rouleaux & des roues de toutes ces
Machines.

## THEOREME XX.

Fig. 147.<br>148.

*Soient plusieurs Tours AMD, BNE, COF, &c. mobiles autour de leurs centres fixes A, B, C, &c. soient autant de cordes DD, EE, FR, &c. roulées sur les roues ou tambours MD, EN, OF, &c. de ces Machines, de maniere que la corde DD roulée sur le tambour DM suivant MD, le puisse être sur le rouleau ou cylindre KD suivant DK; que celle EE qui l'est sur le tambour EN suivant NE, le puisse être aussi sur le rouleau LE suivant EL; & par tout de même jusqu'au dernier Tour COF sur la roue FO duquel soit aussi la corde FR, roulée suivant OF: à l'extrémité R de cette corde FR soit une puissance R, qui par le moyen de toutes ces Machines ou de tous ces Tours ainsi équipez, agisse contre le poids ou la puissance P appliquée à une autre corde GP, qui se puisse rouler ou filer suivant GH. Cela posé, quelques soient les directions GP, DD, EE, FR, des cordes, je dis,*

*I. Qu'en cas d'équilibre ici entre les puissances P, R, la puissance R sera à la puissance ou poids P, comme le produit des rayons de tous les rouleaux est au produit des rayons de toutes les roues, ou (ce qui revient au même) comme l'unité est à la fraction résultante du second de ces produits, divisé par le premier, quelques soient les directions de ces puissances P, R.*

*II. Reciproquement si les puissances P, R, sont entr'elles en ce rapport, elles seront ici en équilibre entr'elles, quelques en soient encore les directions.*

### DEMONSTRATION.

PART. I. En ce cas d'équilibre supposé les deux forces dont chacun des cordons DD, EE, &c. est directement tiré en sens contraires, étant (*Ax. 5.*) égales entr'elles, soient appellez D chacune des deux dont le cordon DD est ainsi tiré; E, chacune des deux dont le cordon EE est aussi tiré directement en sens contraires, &c. Cela posé, si des appuis ou centres fixes A, B, C, &c. par les points G, D, D, E, E, F, &c. où les rouleaux & les roues sont touchées par les parties droites des cordes, on imagine les rayons AG, AD, BD, BE, CE, CF, &c. de ces rouleaux

&

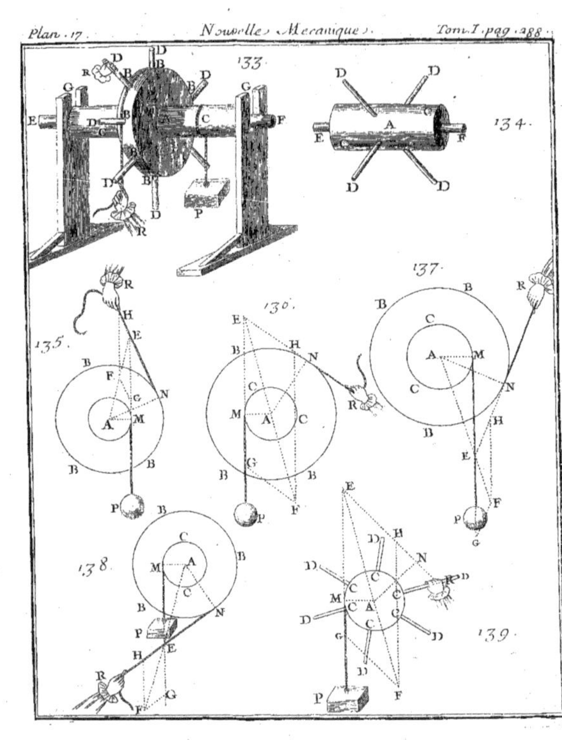
133
134
135
130
137
138
139

& de ces roues ; le Corol. 1. & le nomb. 2. du Corol. 3. du Th. 19. donneront ici chacun

R. E : : CE. CF. fur le Tour COF ;
E. D : : BD. BE. fur le Tour BNE ;
D. P : : AG. AD. fur le Tour AMD,
      &c.

Donc ( en multipliant par ordre) l'on aura ici R. P :,

$$AG \times BD \times CE \times \&c. \quad AD \times BE \times CF \times \&c : : 1 . \frac{AD \times BE \times CF \times}{AG \times BE \times CE \times}$$

&c. C'eft-à-dire , la puiffance R au poids P, comme le produit des rayons de tout ce qu'il y a ici de rouleaux , eft au produit des rayons de toutes leurs roues , ou comme l'unité eft à la fraction faite du fecond de ces produits, divifé par le premier. *Ce qu'il falloit 1°. démontrer.*

PART. II. Je dis prefentement que fi les puiffances P, R, appliquées comme ci-deffus , font entr'elles en cette raifon , elles demeureront ici en équilibre entr'elles. Car fi elles n'y demeuroient pas , & qu'une des deux , par exemple, R, l'emportât fur P ; il eft vifible qu'alors cette puiffance R l'emporteroit fur E dans le Tour COF, E fur D dans le Tour BNE, D fur P dans le Tour AMD, &c. & confequemment qu'alors ( *Th. 19. Cor. 15.*) on auroit

R. E ≻ CE. CF. dans le Tour COF ;
E. D ≻ BD. BE. dans le Tour BNE ;
D. P ≻ AG. AD. dans le Tour AMD ,
      &c.

Donc ( en multipliant par ordre ) l'on auroit auffi pour lors R. P ≻ AG × BD × CE × &c. AD × BE × CF × &c. c'eft-à-dire, qu'alors la puiffance R feroit au poids P en plus grande raifon que le produit des rayons des rouleaux au produit des rayons des roues ; ce qui eft contre l'hypothefe. Si au contraire on vouloit que ce fût P qui l'emportât fur R , on trouveroit de même R à P en moindre raifon que le premier de ces deux produits au fecond ; ce qui eft encore contre l'hypothefe. Donc aucune de ces deux puifsances ne l'emportera ici sur l'autre , & par consequent elles y demeureront en équilibre entr'elles tant que la premiere R sera à la seconde P , comme le produit des rayons de tout ce qu'il y a ici de rouleaux , est au produit des rayons de toutes leurs roues. *Ce qu'il falloit* 2°. *démontrer.*

*Autrement.* Si les deux puissances R , P , supposées entr'elles en ce rapport , ne demeuroient pas ici en équilibre entr'elles , soit à la place de R quelqu'autre puissance S qui y demeurât en équilibre avec la puissance ou le poids P. La part. 1. donneroit alors S à P , comme le produit des rayons de tout ce qu'il y a ici de rouleaux , est au produit des rayons de toutes leurs roues. Mais telle est aussi ( *Hyp.* ) la raison de R à P. Donc on auroit ici S=R ; & par consequent cette nouvelle puissance S y demeurant ( *Hyp.* ) en équilibre avec le poids P , la puissance R y demeureroit aussi ( *Ax.* 2.) en équilibre avec ce même poids P. *Ce qu'il falloit encore* 2°. *démontrer.*

## COROLLAIRE I.

Cette part. 2. jointe au Corol. 1. & au nomb. 2. du Corol. du Th. 19. fait voir que lorsqu'on aura ici R.P :: AG×BD×CE× &c. AD×BE×CF× &c. l'on y aura toûjours aussi, 1°. R.E :: CE.CF. 2°. E. D :: BD. BE. 3°. D.P :: AG. AD. 4°. &c. Car puisque ce rapport de R à P rend ici ( *part.* 2.) ces deux puissances R , P , en équilibre entre-elles , & que cet équilibre ne peut être sans ceux de R avec E , de E avec D , de D avec P , &c. Ce rapport de R à P ne peut être non plus , suivant le Corol. 1. & le nomb. 2. du Corol. 3. du Th. 19. sans qu'il y ait , 1°. R. E :: CE. CF. 2°. E. D :: BD. BE. 3°. D. P :: AG. AD. 4°. &c. ainsi qu'on le vient d'avancer.

## COROLLAIRE II.

Fig. 147. 148. 149. Les longueurs des cordons DD , EE , &c. supposez sans pesanteur , ne servant ici ( Fig. 147. 148.) qu'à la communication d'action des puissances P , R , d'un Tour à

l'autre immédiatement suivant depuis le premier jusqu'au
dernier; & cette communication d'action y devant toûjours être la même, quelques soient ces longueurs DD,
EE, &c. il est visible que quand elles deviendroient nulles,
& que les points D, D, E, E, &c. se confondroient en un
deux à deux de même nom, ainsi que dans la Fig. 149.
dans laquelle la roue MD touche en D le rouleau DK,
& la roue NE touche en E le rouleau FL; cette communication d'action des puissances P, R, subsisteroit encore
la même de chacune de ces Machines à sa voisine par le
moyen des restes de cordes NDK, NEL, &c. roulées suivant l'ordre de ces lettres sur leurs roues & rouleaux; &
qu'ainsi tout ce qu'on vient de voir dans les Fig. 147.
148. doit pareillement être vrai dans la Fig. 149. Donc,

1°. En cas d'équilibre entre les puissances P, R, sur les
Tours qui se toucheroient comme dans cette Fig. 149.
l'on auroit en general (*part.* 1.) R. P :: AG×BD×CE &c.

A.D×BE×CF &c. ou R. P :: 1. $\dfrac{AD×BE×CF×}{AG×BD×CE×}$ &c.

FIG. 149.

2°. Reciproquement si les puissances P, R, sont entr'elles en ce rapport dans cette même Fig. 149. il y aura
pour lors (*part.* 2.) équilibre entr'elles.

## COROLLAIRE III.

Au lieu des cordes MDK, NEL, roulées sur les roues
MD, NE, & sur les rouleaux DK, EL, qui les touchent
dans la Fig. 149. si l'on imagine que ces roues soient dentées, que les bandes circulaires qu'elles touchent de ces
rouleaux, soient aussi dentées en pignons engrenez avec
elles, ainsi que dans la Fig. 150. dans laquelle la puissance R à un des bras CQ de Treüil, ou Vindas, ou de Manivelle, lequel en cas de mouvement fît décrire au point F
de la perpendiculaire CF à la direction RF de cette puissance, un cercle OF tel que la roue OF de la Fig. 149.
lui auroit fait décrire si cette puissance y eût été appliquée en F : alors voyant que l'action de cette puissance R

FIG. 149.
150.

est la même dans la Fig. 150. sur le bras CF, & sur le pignon EL, que sur la roue OF & sur le rouleau EL de la Fig. 149. voyant de plus que l'effort de ce pignon EL sur la roue EN, par l'engrenement de leurs dents, se fait suivant les touchantes communes en E dans la Fig. 150. comme celui du rouleau EL sur la roue EN par le moyen de la corde NEL roulée sur l'un & sur l'autre dans la Fig. 149. & ainsi de l'effort fait en D dans chacune de ces deux Fig. 149. 150. On verra que dans celle-ci comme dans l'autre,

Fig. 150.    1°. En cas d'équilibre entre les puissances P, R, sur le roüage de la Fig. 150. il doit y avoir encore en general ( *Corol.* 2. *nomb.* 1. ) R. P : : AG×BD×CE× &c. AD×BE×

$$ CF\times \&c. \ ou \ R.P :: 1. \frac{AD\times BE\times CF\times}{AG\times BD\times CE\times} \&c. $$

2°. Reciproquement si les puissances R, P, sont entre-elles en ce rapport sur le roüage de la Fig. 150. il y aura pour lors ( *Corol.* 2. *nomb.* 2. ( équilibre entr'elles.

## COROLLAIRE IV.

Fig. 147. 148. 149. 150.    Si dans la Fig. 150. on regarde la puissance R appliquée au bras CQ d'un Treüil ou Vindas, ou d'une Manivelle, comme si elle étoit appliquée au point F d'une roue OF décrite du rayon CF perpendiculaire à la direction RF de cette puissance R, de même qu'elle l'est au point F du tambour OF dans les Fig. 147. 148. 149. & que pour nous exprimer plus universellement, on prenne cette roue OF imaginée dans la Fig. 150. pour celle d'un *Tour* substitué à la place de ce Treüil ou Vindas, ou de cette Manivelle : il suit de tout ce qui précede ( excepté du Corol. 1. ) que de quelque nombre de *Tours* que soient faites les Machines entieres des Fig. 147. 148. 149. 150.

1°. En cas d'équilibre entre les deux puissances P, R, dont la premiere P soit appliquée au rouleau du premier Tour, & la seconde R à la roue du dernier ; la premie-

re P de ces deux puiſſances ſera par tout ici à la ſeconde
R , comme le produit des rayons de toutes les roues , ſera
au produit des rayons de tous leurs rouleaux ou pignons.

2°. Reciproquement ſi ces deux puiſſances ainſi appliquées à ces Machines , ſont entr'elles en cette raiſon , elles y ſeront en équilibre entr'elles.

## C O R O L L A I R E  V.

Si l'on prend $n$ pour le nombre de ce qu'il y a de *Tours*
dans chacune de ces Machines entieres des Fig. 147.
148. 149. 150. & que le rayon de la roue de chacun
de ces Tours ſoit dans tous en même raiſon quelconque
au rayon de ſon rouleau ou pignon , en ſorte qu'on ait
par tout ici AD. AG :: BE. BD :: CF. CE :: &c. l'on y aura
auſſi pour lors

1°. AD. AG :: AD. AG.
2°. AD. AG :: BE. BD.
3°. AD. AG :: CF. CE.
$n°$            &c.

Donc ( en multipliant par ordre ) l'on y aura pareille-
ment $\overline{AD}^{n}. \overline{AG}^{n}$ :: AD×BE×CF× &c. AG×BD×CE× &c.
Or on vient de voir en general dans tout ce qui précede,
excepté dans le Corol. 1. que le cas d'équilibre entre les
puiſſances P, R , ſur chacune des Machines dont il s'agit
ici , y donne toûjours P. R :: AD×BE×CF× &c. AG×BD×
CE× &c Et reciproquement que lorſque ces puiſſances
ſont entr'elles en ce rapport, elles y ſont en équilibre entr'elles. Donc en ce cas-ci des rayons des roues par tout
en même raiſon aux rayons de leurs rouleaux ou pignons,

1°. Si les puiſſances P, R, y ſont en équilibre entr'elles,
l'on y aura toûjours P. R :: $\overline{AD}^{n}. \overline{AG}^{n}$ ( *Hyp.* ) :: $\overline{BE}^{n}. \overline{BD}^{n}$
( *Hyp.* ) :: $\overline{CF}^{n}. \overline{CE}^{n}$ :: &c.

2°. Reciproquement ſi ces deux puiſſances P, R, ſont

entr'elles en cette raifon dans ce cas-ci, elles y feront en équilibre entr'elles.

## COROLLAIRE VI.

Si l'on prend $r$ à $1$ dans la raifon quelconque du rayon de la roue de chaque *Tour* au rayon de fon rouleau ou pignon, fuppofée encore ici la même dans tous ; l'on y aura $r$. $1$ :: AD. AG :: BE. BD :: CF. CE :: &c. Et confequemment AD $= r \times$ AG , BE $= r \times$ BD , CF $= r \times$ CE , &c. Donc en fubftituant ces valeurs de AD , BE , CF , &c. en leurs places dans le nomb. 1. du Corol. 5.

1°. Ce nomb. 1. du Corol. 5. donnera pour ici P. R ::

$$\overset{n}{\overline{r \times AG}}. \ \overset{n}{\overline{AG}} :: \overset{n}{\overline{r \times BD}}. \ \overset{n}{\overline{BD}} :: \overset{n}{\overline{r \times CE}}. \ \overset{n}{\overline{CE}} :: \&c.$$

c'eft-à-dire, par tout ici P. R :: $r^n$. 1. en cas d'équilibre entre ces puiffances P, R.

2°. Reciproquement le nomb. 2. du même Corol. 5. fera voir que ces puiffances P, R, feront ici en équilibre entr'elles, tant qu'il y aura P. R :: $r^n$. 1.

## COROLLAIRE VII.



Si la Machine vûe de front dans la Fig. 150. eft regardée de côté comme dans la Fig. 151. dont les axes AA, BB, CC, &c. font reprefentez par A , B, C, &c. dans la Fig. 150. fi de plus au lieu des pignons de cette Machine ainfi vûe de côté dans la Fig. 151. on y imagine des lanternes comme dans la Fig. 152. entre les fufeaux defquelles les dents des roues s'engrennent comme entre les dents des pignons des Fig. 150. 151. fi enfin l'on fuppofe dans les Machines des Fig. 151. 152. que les rayons AD, BE, CF, des roues, & ceux AG, BD, CE, &c. des pignons ou des lanternes, y foient perpendiculaires à leurs axes AA, BB, CC, &c. comme dans la Fig. 150. en comprenant encore ici ( pour abreger nos expreffions ) le cercle OF fous le nom de *Roue*, & le rouleau de la roue MD fous le nom de *Pignon* : on verra dans les Fig. 151. 152. comme dans la Fig. 150.

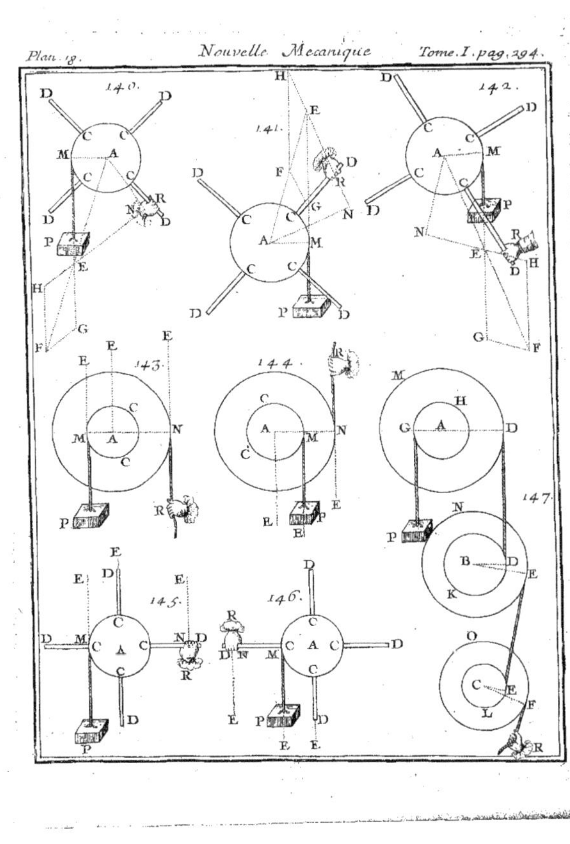

140.
141.
142.
143.
144.
147.
145.
146.

I. Qu'en general pour tous les roüages, quels qu'y foit le nombre des roues & des pignons ou des lanternes, & les rapports de leurs rayons.

1°. Le nomb. 1. des Corol. 3. 4. y donnera P.R :: AD×BE×CF× &c. AG×BD×CE× &c. tant que les puiffances P, R, y feront en équilibre entr'elles.

2°. Et le nomb. 2. des mêmes Corol. 3. 4. fera reciproquement voir que ces puiffances P, R, y étant entre-elles dans ce rapport, il y aura toûjours équilibre entr'elles.

II. Si $n$ eft le nombre de ce qu'il y a de roues dans ces Machines, & que ce rayon de chaque roue y foit par tout à celui de fon pignon ou de fa lanterne :: $r$. 1. quelque foit ce rapport fuppofé par tout le même.

1°. Le nomb. 1. du Corol. 6. donnera toûjours ici P. R :: $r^n$. 1. tant que ces puiffances P, R, y feront en équilibre entr'elles.

2°. Et reciproquement le nomb. 2. du même Corol. 6. les y fera voir en équilibre tant qu'elles y feront en ce rapport entr'elles.

## COROLLAIRE VIII.

Puifque par tout ce qui précede ( excepté par le Cor. 1.) en cas d'équilibre entre les deux puiffances P , R , fur chacune des Machines des Fig. 147. 148. 149. 150. 151. 152. la puiffance ou le poids P eft toûjours à la puiffance R, comme le produit des rayons des tambours ou des roues de tous les *Tours* qui compofent chacune de ces Machines entieres , eft au produit des rayons de tous leurs rouleaux ou pignons, ou lanternes ; il eft vifible que le rayon du tambour ou de la roue de chaque *Tour* étant toûjours plus grand que le rayon de fon rouleau, ou de fon pignon, ou de fa lanterne, il faudra d'autant moins de force à la puiffance R pour faire équilibre avec le poids P fur la Machine où ces deux puiffances feront appliquées comme cideffus, que cette Machine fera faite d'un plus grand nombre de *Tours* , & que le rayon du tambour ou de la roue de chaque *Tour* y fera plus grand par rapport au rayon de fon rouleau ou de fon pignon , ou de fa lanterne.

FIG. 147. & fuivantes jufqu'à 152.

Par exemple, si les roues des *Tours* de chacune de ces Machines, sont toutes de rayons en même raison quelconque de *r* à 1, aux rayons de leurs rouleaux ou pignons ou lanternes, comme dans le Corol. 6. & dans l'art. 2. du Corol. 7. si de plus *n* exprime le nombre des *Tours* dont chacune de ces Machines est composée, comme dans les Corol. 5. 6. & 7. art. 2. les nomb. 1. du Corol. 6. & de l'art. 2. du Corol. 7. donnant pour ce cas-ci P. R :: $r^n$. 1. lorsque les puissances P, R, sont en équilibre entr'elles sur les Machines des Fig. 147. 148. 149. 150. 151. 152. On voit que plus le nombre *n* de leurs *Tours* sera grand, & plus sera grand aussi le rapport $\frac{r}{1}$ du rayon de chacune de leurs roues ou tambours, au rayon de son rouleau ou pignon ou lanterne; plus au contraire la puissance R devra être petite pour y faire équilibre avec un même poids P : en voici quelques exemples.

Le cas particulier des Fig. 147. 148. 149. 150. 151. 152. où il n'y a que trois roues (en y prenant pour une roue le cercle OF du Treüil, du Vindas, ou de la Manivelle, dans les Fig. 150. 151. 152.) chacune d'un rayon appellé *r*, & trois rouleaux (en y comprenant aussi les pignons & les lanternes) supposez chacun d'un rayon $=$1. par rapport au rayon (*r*) de sa roue : ce cas, dis-je, ayant ainsi $n=$3, la précedente analogie generale R. P:: 1. $r^n$. s'y réduira à R. P:: 1. $r^3$. D'où l'on voit qu'en cas d'équilibre l'on y auroit,

1°. R. P:: 1. 125. si $r=$5 : c'est-à-dire, qu'alors une livre de force en soûtiendroit ici 125.

2°. R. P:: 1. 216. si $r=$6 : c'est-à-dire, qu'alors une livre de force en soûtiendroit 216.

3°. R. P:: 1. 343. si $r=$7 : c'est-à-dire, qu'alors une livre de force en soûtiendroit 343.

4°. R. P:: 1. 512. si $r=$8 : c'est-à-dire, qu'alors une livre de force en soûtiendroit 512.

5°. R. P:: 1. 729. si $r=$9 : c'est-à-dire, qu'alors une livre de force en soûtiendroit 729.

6°.

6°. R. P :: 1. 1000. si $r = 10$ : c'est-à-dire, qu'alors une livre de force soûtiendroit un poids de 1000. livres.

Et ainsi de suite, selon que le rapport $\frac{r}{1}$ seroit plus grand.

Cette même puissance R d'une livre de force soûtiendroit encore ici de bien plus grands poids P, si au lieu de trois *Tours*, il y en avoit ici davantage, & des poids d'autant plus grands qu'il y auroit plus de *Tours*, ou que le nombre *n* de ces *Tours* seroit plus grand.

De-là, & de tout ce qui précede, il suit qu'il n'y a point de poids si énorme, qu'on ne puisse faire soûtenir à la moindre force ou puissance imaginable que ce soit, par le moyen de plusieurs *Tours* ajustez entr'eux comme dans les Fig. 147. 148. 149. 150. 151. 152. soit par la multiplication de ces *Tours*, soit par l'augmentation du rapport des rayons de leurs tambours ou roues aux rayons de leurs rouleaux ou pignons ou lanternes, soit enfin ( pour faire davantage ) par tous les deux ensemble.

### Scholie.

I. Telle est la raison de la force prodigieuse du Criq *Fig. 151.* de la Fig. 151. pour élever ou pour traîner toutes sortes de fardeaux P par le moyen de la Manivelle CRQ que la puissance R fait tourner ; je veux dire la raison de la prodigieuse petitesse de force R qu'il y faut employer pour élever ou traîner les fardeaux les plus lourds. Cette Machine est non seulement très-puissante, mais encore d'autant plus commode, qu'elle tient très-peu de place : elle en tient si peu, qu'on la peut cacher dans une boëte ou caisse fort petite, & par-là en rendre la force plus merveilleuse aux ignorans, qui sont effrayez de lui voir faire marcher des Chariots, traîner des Canons, &c. avec très-peu d'effort ou de peine de la part de celui qui la fait agir.

II. Les Moufles peuvent aussi être logées dans de très-petits espaces ; mais il s'en faut bien qu'elles ne foient auffi puiffantes que le Criq : il leur faudroit bien des Poulies pour arriver à l'égaler en force, quelque nombre de roues qu'il eût, & quelque petits que fuffent les rapports des rayons de fes roues & de fa manivelle à ceux de fon rouleau & de fes pignons. Puifque la moindre force requife pour foûtenir un poids avec des Poulies ou des Moufles, doit être à ce poids ( *Th.* 17. *Corol.* 3. 4.) comme l'unité eft au double du nombre des Poulies mobiles, lorfqu'un des bouts de la corde eft attaché à la Moufle fixe ; ou ( *Th.* 18. *Corol.* 3. ) comme l'unité eft au double du nombre des Poulies mobiles, augmenté de cette unité, lorfque ce bout de la corde eft attaché à la Moufle mobile, au lieu que dans le Criq la puiffance R, pour être ainfi en équilibre avec le poids P, ne doit en general être à ce poids (*Corol.* 7. *art.* 1. *nomb.* 1. ) que comme l'unité eft à la fraction réfultante du produit des rayons des roues & de la manivelle, divifé par le produit des rayons du rouleau & des pignons ; & feulement ( *Corol.* 7. *art.* 2. *nomb.* 1. ) comme le rayon du rouleau, ou d'un des pignons, pris pour l'unité, eft au rayon d'une des roues ou de la manivelle, élevé à un degré, dont le nombre des roues ( le cercle OF de la manivelle étant pris pour une roue ) foit l'expofant, lorfque les rayons des roues & de la manivelle font dans toutes en même raifon aux rayons de leur rouleau & de leurs pignons, ainfi que dans le Corollaire 7. art. 2. Cela, dis-je, étant ainfi dans les Moufles & dans le Criq, une roue engrenée dans un pignon, pouvant feule avec lui ( par la feule grandeur du rapport de fon rayon à celui de fon pignon) épargner plus de force dans l'ufage du Criq, que plufieurs Poulies enfemble dans une Moufle ; la force du Criq entier doit être incomparablement plus grande que celle des Moufles, à pareil nombre de pieces, & même à beaucoup moins de pieces dans le Criq que dans les Moufles.

III. Cette raifon fait voir que l'homme qu'on a vû dans les articles 2. des Scholies des Théoremes 17. 18.

pouvoir s’élever foi-même feul jufqu’à la hauteur, par
exemple , de la voûte d’une Eglife , par le moyen des
Moufles , pourroit s’y élever auffi feul, & beaucoup plus
aifément par le moyen du Criq attaché ferme à un panier dans lequel cet homme feroit, à l’aide d’une corde
attachée par un bout à cette voûte, & par l’autre à la
circonference du rouleau de ce Criq : cette corde fe fi-
lant autour de ce rouleau à mefure que cet homme feroit
tourner la manivelle de cette Machine , elle enleveroit
ainfi cet homme avec la Machine & le panier fi haut qu’il
voudroit vers la voûte. Il eft encore à remarquer que
quelque aifément que cet homme fe puiffe ainfi enlever
par le moyen d’un Criq , & d’autant plus aifément que ce
Criq auroit plus de roues ; le Corol. 7. du Th. 14. fait voir
que ce même homme fe pourroit enlever encore avec la
moitié moins de force où de peine, fi la corde attachée
au rouleau de cette Machine paffoit par deffus une Poulie
attachée à la voûte, d’où elle revînt s’attacher par fon autre bout au panier.

IV. Afin que les roues des Fig. 150. 151. 152. puiffent jouer librement, il eft vifible que leurs dents doivent être égales à celles des pignons dans lefquelles ces
roues s’engrenent , & les entre-deux de ces dents auffi
égaux de part & d’autre , je veux dire dans la roue &
dans le pignon qui s’engrene avec elle ; de forte que le
nombre des dents de cette roue doit être à celui des dents
de ce pignon, comme la circonference de la roue à la circonference du pignon, ou ( ce qui revient au même )
comme le rayon de la roue au rayon du pignon. Il faut
prendre garde que ces dents de roues & de pignons doivent être un peu arondies, pour empêcher, ou du moins
pour diminuer l’oppofition que leur rencontre perpendiculaire de l’une avec l’autre pourroit faire à leur mouvement. La figure qui leur convient pour cela fe perfe-
ctionnera dans l’ufage de la Machine , en fe frottant &
en s’ufant les unes contre les autres.

Pp ij

# SECTION V.

*De toutes sortes de Leviers, de quelque figure, de quelque espece, & dans quelque situation qu'ils soient, & pour toutes les directions possibles des puissances, ou des poids qui y sont appliquez.*

## DEFINITION XXI.

*Fig. 153. & suivantes jusqu'à 167.*

LE *Levier* est une verge inflexible MN, de figure quelconque, considerée sans pesanteur, à laquelle on conçoit trois puissances E, F, H, appliquées en differens endroits X, O, B; ou deux puissances E, F, & un appui B, qui par sa résistance tient lieu de la troisiéme puissance H, & dont la *charge* est ce qu'il a à soûtenir du concours d'action des deux autres, ou de tant d'autres puissances qu'on y pourroit supposer dirigées à volonté.

## COROLLAIRE.

Quelque soit sur l'appui B d'un Levier quelconque la charge résultante du concours d'action de tant de puissances qu'on voudra, appliquées à volonté à ce Levier, & en équilibre entr'elles sur cet appui; la résistance qu'il y doit faire pour cet équilibre, doit être ( *Ax. 4.* ) égale & directement opposée à cette charge. Cet appui s'appelle d'ordinaire *Hypomochlion*, nom tiré du Grec, & fort en usage dans la Statique.

*On ne met ici tant de figures de Leviers avec tant de directions differentes de puissances, que pour faire mieux sentir l'universalité du Théoreme suivant, dont la démonstration, aussi-bien que lui, va convenir également à chacun d'eux, & à tout ce qu'on en pourroit imaginer d'autres : & cela sans être obligé de passer ( ainsi que l'on fait d'ordinaire ) par le*

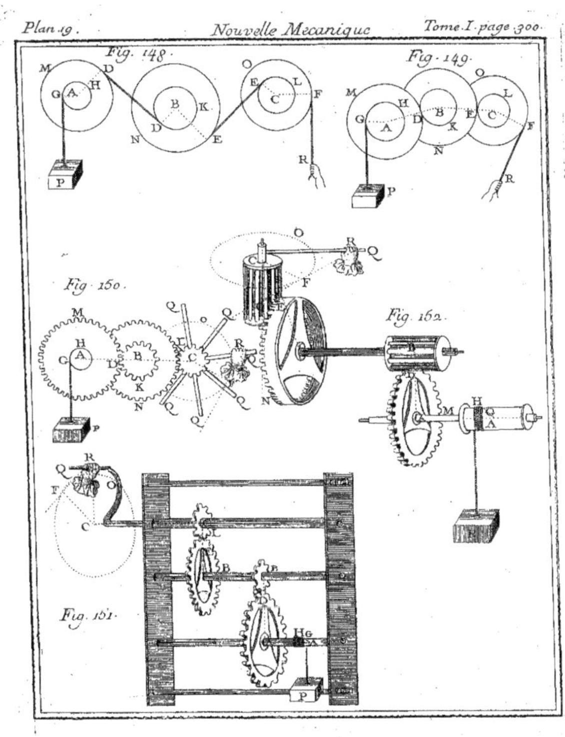
Fig. 148.
Fig. 149.
Fig. 150.
Fig. 151.
Fig. 152.

*Levier droit posé sur un appui mis entre deux païssances de directions paralleles entr'elles , & perpendiculaires à ce Levier , pour arriver aux autres , ainsi ( dis-je ) qu'on le fait d'ordinaire par des suppositions qui , qu'oique vrayes , ne sont pas assez évidentes pour être admises aussi gratuitement qu'on les fait.*

### SCHOLIE.

I. Au lieu de deux puissances & un appui, on considere d'ordinaire dans le Levier une puissance, un poids, & un appui, comme si la pesanteur d'un poids n'étoit pas une force semblable à celle d'une puissance qui lui seroit égale, & de même direction qu'elle. Cette seule varieté d'expression a fait diviser le Levier en trois especes qu'on a soigneusement distinguées l'une de l'autre, comme si elles étoient differentes.

On appelle *Levier de la premiere espece*, celui dont l'appui est placé entre le poids & la puissance ; *Levier de la seconde espece*, celui dont le poids est entre la puissance & l'appui ; & *Levier de la troisiéme espece*, celui dont la puissance est entre le poids & l'appui.

Mais si à la place du poids & de l'appui on substitue suivant leurs directions deux puissances, dont une soit égale à la pesanteur du poids, & l'autre égale à la résistance de l'appui ; on verra toutes ces differences de Leviers disparoître, & se réduire toutes à celui de la précedente Déf. 21. auquel trois puissances sont appliquées en differens endroits, & de maniere qu'une quelconque d'entr'elles agisse toûjours seule contre les deux autres. De-là s'évanouïssent aussi, comme badines, toutes les questions faites par Aristote dans sa Mécanique, & par plusieurs autres après lui, sur les Rames, les Mats, & le Gouvernail d'un Vaisseau ; sçavoir, à quelle espece de Levier chacune de ces pieces doit se rapporter. Il n'y a qu'à prendre pour appui sa puissance qui se trouve au point où chacun de ces Auteurs le veut, & pour puissance la résistance de l'appui, pour faire voir que toutes ces questions ne sont que de nom.

II. Ce qui a fait imaginer, ou du moins fort autorisé cette division de Leviers en plusieurs especes, a peut-être été le défaut d'une démonstration generale, qui convînt à toutes ces prétendues especes à la fois. Tout ce que j'en ai vû de differentes de celle qui se trouve dans le Projet de ceci, publié en 1687. n'est que de la premiere de ces especes de Leviers, de laquelle on passe ensuite aux deux autres : on y suppose, dis-je, d'abord un Levier droit sur un appui posé entre deux poids ou deux puissances, ou entre une puissance & un poids; ensuite par des suppositions nouvelles, ce qu'on a dit des proprietez de l'équilibre sur le Levier droit, on l'adapte aux angulaires ou aux coudes de son espece, & ensuite à ceux dont l'appui se trouve à une de leurs extrêmitez.

III. Ce défaut n'est pas le seul qui empêche ces démonstrations d'être universelles ; elles sont encore limitées par la supposition qu'on y fait que les directions des puissances ou des poids appliquez aux Leviers, y sont paralleleles entr'elles : de sorte que ce n'est encore que par des suppositions nouvelles qu'on passe de ce cas de parallelisme à celui où les directions feroient quelqu'angle entr'elles. Ce second défaut a paru seul si considerable au sçavant M. Fermat, qu'il n'a point craint de dire dans la page 142. du Recueil de ses Ouvrages, imprimé à Toulouse en 1679. *Fundamenta Mechanices non satis accurata tradidisse Archimedem fueram dudum suspicatus: supposuisse enim motus gravium descendentium inter se parallelos patet, nec verò absque hac hypothesi constare possunt ipsius demonstrationes. Non inficior quidem hypothesim hanc ad sensum proximè accommodari, quippe propter magnam à centro Terræ distantiam possunt descensus gravium supponi paralleli, non secùs ac radii solares : sed veritatem intimam & accuratam quærentibus, hæc non satisfaciunt. Generalis nempè Vectium natura in quolibet mundi loco videtur consideranda & astruenda ; ideòque nova in Mechanicis fundamenta è veris & proximis principiis sunt accersenda.*

M. de Fermat parle ainsi à l'occasion d'une contestation

rapportée en plusieurs Lettres depuis la pag. 122. jusqu'à la pag. 151, du Recueil qu'on vient de citer de ses Ouvrages, laquelle a duré six mois entre lui d'une part, & Messieurs Paschal & Roberval de l'autre, sans pouvoir s'accorder sur les proprietez du Levier dans l'hypothese des directions des poids concourantes au centre de la Terre, dont il s'agissoit de donner une démonstration immédiate & indépendante du parallelisme : chacun des deux partis trouvoit toûjours à rédire à la démonstration que l'autre croyoit en avoir trouvée.

I V. Sans entrer dans le détail de cette contestation qui se trouve dans les Lettres dont on vient de parler, il est aisé de voir par tout ce qui précede, que ces trois grands Géométres, ausquels les mouvemens composez étoient si familiers, auroient été bien-tôt d'accord entre-eux, s'ils avoient alors seulement tourné la tête de ce côté-là : car voyant, suivant la doctrine de ces mouvemens, conformément au Cor. 7. du Lem. 3. que les deux poids supposez appliquez à un Levier avec des directions tendantes de part & d'autre au centre de la Terre, n'agissoient ensemble sur ce Levier que comme une force unique, égale à la résultante deleur concours, dirigée comme elle suivant la diagonale d'un parallelogramme fait de côtez pris entr'eux en raison de ces poids sur les directions de ces mêmes poids ; ils auroient tout-aussi-tôt, conformément au Corol. 2. du principe general, conclut que pour l'équilibre entre ces deux poids l'appui du Levier devoit être en quelque point à volonté, de sa rencontre avec cette diagonale prolongée, & de-là se seroient offertes à eux toutes les proprietez & les suites qu'on va voir de cet équilibre par cette voye dans le Théoreme suivant, qui renfermera beaucoup plus que ces Messieurs ne cherchoient, étant d'une universalité qui embrasse toutes sortes de Leviers à la fois, quelques soient leurs figures, leurs situations, & les directions des poids ou des puissances qui s'y trouveront appliquées ; & cela sans aucune dépendance du parallelisme de ces directions, sans lequel avant le Projet de ceci publié en 1 6 8 7. perfonne ( que je fçache ) n'avoit encore rien démontré de ce qui réful-te ici de leur concours, qui bien loin d'être ainfi une fuite de ce parallelifme, eft au contraire le general dont ce parellelifme lui-même n'eft qu'un cas fur une infinité de pofitions differentes de ces directions, toutes compri-fes dans ce Théoreme univerfel fous le nom general d'angles quelconques, defquels le plus aigu de toutes les poffibles eft ( dis-je ) ce parallelifme lui-même, ainfi qu'il paroît par les Corol. 1. 2. du Lem. 6.

## D E F I N I T I O N  XXII.

Les perpendiculaires menées de l'appui d'un Levier quelconque fur les directions des poids ou puiffances qui leur feront appliquées, feront appellées leurs *diftances à l'appui*, ou fimplement les *diftances* de ces poids ou de ces puiffances ; & les parties du Levier comprifes entre ce même appui & les directions de ces poids ou puiffances, feront appellées *bras* du Levier.

Le produit de chaque poids ou puiffance abfolue par fa diftance à l'appui du Levier auquel elle eft appliquée, s'appelle en Latin *Momentum*, ce que le Corol. 4. du Th. 2 1. qu'on va voir, me fait croire ne pouvoir mieux s'ex-primer en François que ( *Déf.* 1. ) par le mot de *Force re-lative*, ou d'*impreffion* ou d'*action* fur le Levier auquel ce poids ou cette puiffance eft appliquée : nous ne laifferons pourtant pas de l'appeller auffi *Moment*, pour nous moins éloigner du langage ordinaire. La raifon de ce nom vient fans doute de ce que ces produits font égaux ou inégaux ( ainfi qu'on le verra dans les Corol. 7. 8. 9. 1 0. du Théo-reme fuivant ) comme les impreffions de deux puiffances fur un Levier, felon qu'elles font ou ne font pas équili-bre entr'elles fur fon appui. Ce qui fe dit ici des forces relatives ( *Momenta* ) des forces ou puiffances abfolues, fe dit auffi des réfiftances relatives des abfolues, qui ( *Ax.* 2. 3. 4. ) fuppléent ces forces.

## Definition XXIII.

Outre l'usage ordinaire des Leviers pour enlever ou *Fig. 169. 170.* remuer de grands fardeaux, le droit MN, dont l'appui B est entre le poids & la puissance, sert encore à peser des marchandises placées à une de ses extrêmitez contre un poids de pesanteur connue suspendu à l'autre extrêmité de ce Levier, dans l'hypothese des directions des poids paralleles entr'elles, & alors ce Levier s'appelle *Balance*, lorsque les bras BM, BN, en sont égaux; & *Peson* ou *Romaine*, lorsqu'ils sont inégaux.

Dans la Balance le Levier MN s'appelle *Fleau* ou *Traversain*; BH, l'*Anse* ou la *Chasse*; BG, l'*Aiguille*, laquelle *Fig. 169.* d'une piece avec le fleau, lui est perpendiculaire, & mobile avec lui autour de l'essieu B; les deux pieces E, F, fixement suspendues aux extrêmitez M, N, du fleau, s'appellent *Bassins*, lorsqu'elles sont creusées en forme d'Ecuelles sans oreilles, & *Plateaux*, lorsque ce ne sont que des pieces de bois plates ordinairement quarrées, comme dans certaines Balances des pauvres gens de campagne, ou dans les grandes des Doüanes.

Dans le Peson ou la Romaine le Levier MN s'appelle *Fig. 170.* la *Verge*; BH, l'*Anse*; MC, le *Crochet*, auquel la marchandise E, ou le poids à peser est suspendu à l'extrémité M de son petit bras BM; & F, la *Masse*, qui est un poids de pesanteur connue, comme d'une livre, ou deux, &c. suspendu à un *Anneau* O plat, posé sur son tranchant, & mobile le long du grand bras BN, dont il est enfilé, & qui est divisé en parties égales à BM.

## THEOREME XXI.

### Fondamental de la presente Section 5.

*Dans toutes sortes de Leviers MN de figures & de positions* *Fig. 153.* *quelconques, quelques soient aussi les directions XE, OF, BH,* *& suivantes* *des trois puissances E, F, H, qui y soient appliquées en autant* *jusqu'à 167.* *de points quelconques X, O, B, sçavoir, celle du point du mi-*

*lieu contre les deux autres, ou deux quelconques E , F , d'en-
tr'elles contre un appui invincible B mis à la place de la troisiéme H.*

I. *En cas d'équilibre entre ces trois puissances E , F , H , ou entre les deux premieres E , F , sur l'appui B ; quelqu'angle D A P
ou R A S , que fassent entr'elles les directions X E , O F , prolongées des puissances E , F , la direction B H prolongée de la
puissance H , ou de la résistance de l'appui B mis en sa place,
passera toûjours par le sommet A de cet angle D A P ou R A S , à
travers ce même angle suivant son plan.*

II. *Cette direction B H de la puissance H ou de l'appui B ,
sera aussi toûjours alors en ligne droite avec la direction de la
force résultante ( princip. gener. & Lem. 2. 3. ) du concours
d'action des puissances E , F ; ou ( ce qui revient au même ) la
direction de cette force résultante du concours de ces deux puissances E , F , passera toûjours alors du point A de concours de
leurs directions , par l'appui B , ou suivant la direction B H de
la puissance H , dont cet appui tient lieu ( Ax. 2. ) par sa résistance. Cette puissance H , ou cet appui B mis en sa place,
sera aussi toûjours alors d'une résistance égale à la force résultante du concours d'action des deux autres puissances E , F.*

III. *En quelque raison que la direction B H prolongée de
la puissance H , ou de la résistance de l'appui B mis à sa place,
divise ( part. 1. ) l'angle D A P ou R A S compris entre les directions aussi prolongées des puissances E , F ; si l'on imagine
un parallelogramme R A S G sur une diagonale quelconque A G
prise depuis A dans l'angle R A S sur H A , ou B A prolongée de
ce côté-là , lequel parallelogramme ait ses côtez A R , A S , sur
les directions E X , F O , pareillement prolongées du même côté;
la puissance H , ou la charge de l'appui B , résultante sur lui
( part. 2. ) du concours des puissances E , F , en cas d'équilibre
sera à chacune des puissances E , F , comme la diagonale A G
de ce parallelogramme R S , sera à chacun de ses côtez A R ,
A S , correspondans sur leurs directions.*

IV. *En ce même cas d'équilibre , si les puissances E , F ,
sont entr'elles comme les parties A R , A S , de leurs directions,
& que de ces deux côtez A R , A S , on fasse un parallelogram-*

*me RS ; la diagonale AG de ce parallélogramme passera toûjours suivant la direction prolongée BH de la puissance H, ou par l'appui B mis en sa place, si c'est sur cette puissance H, ou sur cet appui B, que ces deux puissances E, F, font équilibre ; & la puissance H, ou la charge de l'appui B mis en sa place, sera encore pour lors à chacune des puissances E, F, comme la diagonale AG du parallélogramme RS, est à chacun de ses côtez AR, AS, correspondans sur leurs directions.*

*V. Reciproquement si la direction de la force résultante ( princ. gener. Lem. 2. 3. ) du concours des puissances E, F, passe par l'appui B, il y aura équilibre entre ces deux puissances sur cet appui mis à la place de la puissance H ici retranchée.*

*VI. Pareillement si la diagonale AG prolongée du parallélogramme RS fait comme dans la part. 4. de côtez AR, AS, pris sur les directions des puissances E, F, en raison de ces mêmes puissances, passe par l'appui B ; ou ( ce qui revient au même ) si l'on met un appui B dans quelque point que ce soit de la rencontre de cette diagonale prolongée avec le Levier MN; il y aura toûjours encore équilibre entre ces puissances E, F, sur cet appui B.*

### DEMONSTRATION.

PART. I. Le Corol. 14. du Lem. 3. fait voir qu'en cas d'équilibre entre les trois puissances E, F, H, appliquées ( *Hyp.* ) au corps MN, ou entre les deux premieres E, F, & l'appui B suppléant ( *Ax.* 2. ) la troisiéme H ; leurs trois directions XE, OF, BH, doivent passer le long d'un même plan, chacune à travers l'angle des deux autres, & par son sommet, lequel sera infiniment éloigné ( *Lem. 6. Corol.* 1. 2. ) si ces trois directions sont paralleles entr'elles. Donc en ce cas d'équilibre, quelque soit l'angle DAP ou RAS compris entre les deux premieres XE, OF, de ces trois directions prolongées ; la troisiéme BH de la puissance H, ou de la résistance de l'appui B, qui ( *Ax.* 2. ) la suppléeroit, passera toûjours par le sommet A de cet angle, à travers ce même angle suivant son plan. *Ce qu'il falloit* 1°. *démontrer.*

PART. II. Regardons pour un moment la puiſſance H oiſive & ſans action ; le nomb. 1. du Corol. 1. du Lem. 3. fera voir, comme on l'a déja vû dans la démonſtration de la part. 2. du Th. 19. & ailleurs, que du concours d'action des puiſſances E, F, il doit réſulter ſur le Levier MN une nouvelle force ſuivant quelque ligne AG qui paſſe par la pointe A de l'angle RAS compris entre les directions de ces deux puiſſances, ſuivant laquelle ligne AG ce corps ſeroit ici preſſé, pouſſé, ou tiré par le concours de ces deux puiſſances E, F, comme ſi au lieu de l'être ainſi par elles enſemble, il ne l'étoit ſuivant cette ligne AG que par une ſeule force égale à la réſultante de leur concours ; & que ce corps ainſi preſſé, pouſſé, ou tiré ſuivant cette ligne AG, ſe meuvroit effectivement ( *Ax.* 1. ) ſuivant cette direction de A vers G, ſi rien ne s'y oppoſoit. Donc n'y ayant ici ( *Hyp.* ) d'obſtacle qu'en B, de la part de la puiſſance H remiſe en action ſuivant BH contre les deux autres E, F, ou de la part de l'appui B, qui mis à la place de cette puiſſance H, la ſupplée ( *Ax.* 2. ) par la réſiſtance, non ſeulement cette direction AG de la force réſultante du concours des puiſſances E, F, doit dans le cas d'équilibre ici ſuppoſé, ſe trouver effectivement ( *Lem.* 3. *Corol.* 2. *nomb.* 1. ) ſuivant BH, ſi c'êſt avec la puiſſance H que les puiſſances E, F, y demeurent en équilibre, ou paſſer ( *princ. gener. Corol.* 2. ) par l'appui B, ſi c'eſt ſur cet appui que ces deux puiſſances demeurent ainſi en équilibre entr'elles ; mais encore cette force réſultante de A vers G du concours de ces deux puiſſances E, F, doit alors ( *Lem.* 3. *Corol.* 2. *nomb.* 3. ) être égale à la réſiſtance de cette puiſſance H, ou de l'appui B ; c'eſt-à-dire ( *Lem.* 3. *Corol.* 2. ) égale & directement oppoſée à cette réſiſtance. *Ce qu'il falloit* 2°. *démontrer.*

PART. III. Suivant cette précédente part. 2. l'on voit qu'en ce cas d'équilibre entre les trois puiſſances E, F, H, ou entre les deux premieres E, F, ſur l'appui B, qui ( *Ax.* 2. ) ſuppléeroit à la troiſiéme H ; la force réſultante du concours de ces deux puiſſances E, F, doit être égale

& directement opposée à la résistance que leur fait la
puissance H, ou l'appui B mis à la place de cette puissance H ; de sorte que BH étant ( *Hyp.* ) la direction de la résistance de la puissance H ou de l'appui B, cette force résultante du concours d'action des puissances E, F, contre
cette résistance, doit en ce cas-ci d'équilibre, non seulement être égale à cette même résistance de la puissance H
ou de l'appui B, mais encore être dirigée suivant HB en
sens directement contraire à celui de cette résistance, qui
est ( *Hyp.* ) suivant BH, c'est-à-dire ( *part. 2.* ) être dirigée
suivant AB, ou ( *constr.* ) suivant la diagonale AG du parallelogramme RS, lequel ayant ( *constr.* ) les côtez AR,
AS, sur les directions des puissances E, F, du concours
desquelles cette force résulte, fait consequemment voir
( *Lem. 3. Corol. 1. nomb. 2.* ) que cette même force suivant AG, doit être ici à chacune des puissances E, F,
comme cette diagonale AG est à chacun de ces côtez AR,
AS, correspondans sur leurs directions. Donc la puissance H, ou la résistance de l'appui B mis en sa place, & par
consequent aussi ( *Déf. 21. Corol.* ) la charge de cet appui, doit être ici à chacune des puissances E, F, ( supposées en équilibre contre cette puissance H, ou sur cet
appui B ) comme la diagonale AG du parallelogramme
RS est à chacun de ses côtez AR, AS, correspondans sur
les directions de ces deux puissances E, F. *Ce qu'il falloit*
3°. *démontrer.*

P A R T. I V. Puisque ( *Hyp.* ) E. F :: AR, AS. la direction
de la force résultante du concours de ces deux puissances E, F, doit être *Lem. 3. Corol. 1. nomb. 1.* ) de A vers
G suivant la diagonale AG du parallelogramme RS, ou
( ce qui revient au même ) cette diagonale AG doit être
suivant cette direction de la force résultante du concours des puissances E, F. Or ( *part. 2.* ) en cas d'équilibre cette même direction doit être suivant BH ou passer
par B. Donc en ce même cas d'équilibre ici supposé, la
diagonale AG doit toûjours aussi être suivant BH, ou
passer par B ; & consequemment ( *part. 3.* ) la puissance

H, ou la charge de l'appui B mis en sa place, doit encore être ici à chacune des deux puissances E, F, (supposées en équilibre avec cette puissance H, ou sur cet appui B) comme la diagonale AG du parallogramme RS, est à chacun de ses côtez AR, AS, qui leur répondent sur leurs directions. *Ce qu'il falloit 4°. démontrer.*

PART. V. Cette part. 5. se trouve démontrée dans le Corol. 1. du principe general, en ce que lorsque la direction de la force résultante du concours des puissances E, F, passe par l'appui B, la résistance invincible (*Hyp.*) de cet appui, que cette force trouve alors à son passage, quand elle tend vers lui, comme dans les Fig 153. 155. 157. 159. 162. 164. 166. 167. ou quand il tire (pour ainsi dire) contr'elle, lorsqu'elle tend à s'en éloigner, comme dans les Fig. 154. 156. 158. 160. 161. 163. 165. doit l'arrêter tout court, & mettre ainsi (*Lem.* 3. *Corol.* 1. *nomb.* 4.) en équilibre entr'elles sur cet appui B les puissances E, F, sans qu'aucune d'elles puisse faire pancher le Levier MN d'aucun côté; puisque cette force résultante de leur concours, & ainsi arrêtée ou soûtenue toute entiere par l'appui, est (*Lem.* 3. *part.* 3. *& Corol.* 6.) tout ce que ces deux puissances E, F, font d'effort sur ce Levier MN. *Ce qu'il falloit 5°. démontrer, & ce qu'on verra encore l'être ci-après dans le Schol. du Th.*

PART. VI. Puisque les puissances E, F, sont ici entr'elles (*Hyp.*) comme les côtez AR, AS, du parallelogramme RS, suivant lesquels elles sont dirigées : la force résultante de leur concours sera (*Lem.* 3. *Corol.* 2. *nomb.* 1.) suivant la diagonale AG de ce parallelogramme. Donc cette diagonale prolongée passant (*Hyp.*) par l'appui B, il y aura encore ici équilibre (*part.* 5.) entre ces deux puissances E, F, sur cet appui B. *Ce qu'il falloit 6°. démontrer.*

## AUTRE DEMONSTRATION.

Ce Th. 21. pourroit encore se démontrer par le Th. 1. en considerant le Levier MN comme un corps sans pesanteur, tiré avec des cordes par trois puissances E, F, H,

à la fois, ou comme un corps tiré par les deux premieres
E, F, contre la troisiéme H qui lui tienne lieu de pesanteur, de même que si ce Levier MN étoit un poids de
cette pesanteur H, soûtenu ou tiré avec des cordes XE,
OF, par ces deux premieres puissances E, F. Suivant cela,

PART. I. La partie 1. du Th. 1. fera voir qu'en cas d'é-
quilibre, la direction BH prolongée de la pesanteur ou
puissance H, passera toûjours par le concours A des directions pareillement prolongées XE, OF, des puissances
E, F, suivant leur plan, & à travers l'angle DAP ou
RAS, que ces deux directions-ci prolongées font entre-
elles, quel qu'il soit : de sorte qu'en imaginant au Levier
MN un appui B, dont la résistance contre les puissances
E, F, y supplée (*Ax.* 2.) celle de sa pesanteur ou puissance H, c'est-à-dire, dont la résistance & la direction
soient les mêmes que celles de cette puissance ou pesanteur H de ce Levier ; cette direction HB prolongée de
cet appui B, ou de cette puissance H, passera encore ( en
cas d'équilibre ) par le sommet A de l'angle DAP ou RAS
compris entre les directions ainsi prolongées des puissances E, F, à travers de cet angle & suivant son plan. *Ce
qu'il falloit encore* 1°. *démontrer.*

PART. II. La part. 2. du Th. 1. fait aussi voir qu'en
ce cas d'équilibre cette direction BH de la puissance ou
pesanteur H du Levier MN, sera toûjours en ligne droite
avec celle de la force résultante du concours des puissances E, F. Donc en substituant encore un appui B dans
la direction BH de cette pesanteur ou puissance H, au lieu
d'elle, lequel ( *Ax.* 2. ) la supplée par sa résistance ; la
direction de la force résultante du concours des puissances E, F, passera aussi toûjours ( en cas d'équilibre ) par
cet appui B. *Ce qu'il falloit encore* 2°. *démontrer.*

PART. III. La part. 3. du Th. 1. fait aussi voir qu'en
ce même cas d'équilibre, la puissance ou pesanteur H du
Levier MN, & consequemment aussi ( *Ax.* 2. ) la résistance de l'appui B mis en la place de cette puissance ou
pesanteur H, doit toûjours être à chacune des puissances

E, F, comme la diagonale AG du parallelogramme RS,
est à chacun de ses côtez AR, AS, correspondans sur les
directions EX, FO, prolongées de ces puissances E, F.
*Ce qu'il falloit encore 3°. démontrer.*

PART. IV. La part. 4. du Th. 1. fait pareillement
voir qu'en ce cas d'équilibre, non seulement la direction
de la force résultante du concours des puissances E, F,
c'est-à-dire ( *Lem.* 3. *Corol.* 1. *nomb.* 1. ) la diagonale AG
du parallelogramme RS, fait des côtez AR, AS, pris en
raison de ces deux puissances sur leurs directions, passera
toûjours suivant la direction BH de la puissance ou pesanteur H du Levier MN, & consequemment aussi par
l'appui B, mais encore que la résistance de cette puissance ou pesanteur H, ou de l'appui B mis en sa place dans
sa direction BH, doit alors être à chacune des puissances
E, F, comme cette diagonale AG du parallelogramme
RS est à chacun de ses côtez AR, AS, correspondans
sur les directions de ces deux puissances E, F. *Ce qu'il falloit encore 4.°. démontrer.*

*Les part. 5. 6. de ce Théoreme-ci pourroient aussi se démon-
trer par la part. 6. du Th. 1. mais les démonstrations qui en
résulteroient, ne seroient que celles-là mêmes qui seroient de
ces deux part. 5. 6. dans la démonstration generale qui précé-
de celle-ci, seulement plus longues & moins claires que celles-
là par le tour qu'il faudroit prendre alors pour y revenir; c'est
pour cela que nous ne nous y arréterons pas davantage.*

*Nous ne parlerons pas non plus davantage de la puissance H
qui, prise au hazard entre les trois puissances E, F, H, appliquées
au Levier MN, en quelque ordre, & suivant quelques directions que ce soient, ne vient d'être employée que pour faire
voir que l'appui B mis en sa place, c'est-à-dire, en son point
d'application à ce Levier, résisteroit de même qu'elle aux deux
autres puissances E, F, en équilibre entr'elles; & qu'un Levier quelconque pressé, poussé, ou tiré par deux puissances sur
un appui placé à tel point qu'on voudra de ce Levier, revient
toûjours à un qui le seroit par trois puissances, dont une quelconque seroit à la place de cet appui, & dont une quelconque
aussi*

*auſſi agiroit ſeule contre les deux autres: pour faire voir, dis-je, qu'en quelque point d'application de ces trois puiſſances à un Levier, qu'on plaçât cet appui au lieu de celle qui y étoit appliquée, l'équilibre s'y feroit toûjours de même , & avec les mêmes rapports entre les deux puiſſances reſtantes, & la réſiſtance de cet appui., qu'entre ces deux mêmes puiſſances & la troiſiéme dont cet appui tiendroit la place ; & qu'ainſi la diviſion ordinaire des Leviers en trois eſpeces diſtinguées entr'elles par les differentes poſitions de cet appui & des deux puiſſances qu'il ſoûtient , eſt auſſi inutile pour avoir ces rapports , qu'on l'a cru neceſſaire pour paſſer de celui d'entre deux puiſſances en équilibre ſur un appui entr'elles ( qui étoit le ſeul qu'on y cherchât avant le Projet qui parut de ceci en 1687.) à celui d'entre deux puiſſances, dont l'une ſeroit entre l'autre & cet appui. Nous ne parlerons donc plus de la puiſſance H, mais ſeulement de l'appui B , qu'on vient de voir en faire la fonction contre les deux autres puiſſances E , F , en équilibre entr'elles.*

## AVERTISSEMENT.

Pour abreger nos expreſſions , nous appellerons dorénavant B, la charge ou ( *Déf.* 11. *Corol.* ) la réſiſtance de l'appui de ce nom.

## COROLLAIRE I.

En cas d'équilibre entre les puiſſances E, F, ſur l'appui B, la diagonale AG du parallelogramme RS de la part. 4. fait des côtez AR, AS, pris en raiſon de ces deux puiſſances E, F, ſur leurs directions, paſſant toûjours ( *part.*4.) par cet appui B; il eſt viſible que ce parallelogramme doit être le même que celui de la part. 3. fait ſur cette diagonale AG priſe ſur AB, ſans ſe mettre en peine du rapport de ſes côtez AR, AS , ſuppoſez ſeulement ſur les directions des puiſſances E , F ; & ainſi en ce cas d'équilibre le rapport de AR. AS :: E. F. ſuppoſé dans la part. 4. doit auſſi ſe trouver dans la part. 3. Ce qui ſuit auſſi de cette même & ſeule part. 3. puiſque donnant E. B :: AR. AG. & B. F :: AG. AS. en cas d'équilibre,

R r

elle doit auſſi donner alors ( en raiſon ordonnée ) E. F::
AR. AS.

## COROLLAIRE II.

Par conſequent la diagonale AG prolongée paſſant
toûjours ( *part.* 3. 4. ) par l'appui B en cas d'équilibre entre les puiſſances E, F, ſur cet appui, ſi de ce même appui B on imagine les perpendiculaires BD, BP, ſur les directions XE, OF, prolongées de ces deux puiſſances ; le
Lem. 8. donnant AR. AS:: BP. BD. ce cas d'équilibre
donnera auſſi toûjours ( *Corol.* 1. ) E. F:: BP. BD. c'eſt-à-
dire ( *Déf.* 22. ) que ces puiſſances E, F, ſeront toûjours
alors entr'elles en raiſon reciproque de leurs diſtances
BD, BP, à l'appui B de leur équilibre.

## COROLLAIRE III.

Reciproquement ſi E. F:: BP. BD. il y aura équilibre
entre ces deux puiſſances E, F, ſur l'appui B: car ſi autour d'une diagonale quelconque AG priſe depuis A
vers G ſur AB prolongée, on imagine un parallelogramme RS qui ait ſes côtez AR, AS, ſur les directions prolongées EX, FO, des puiſſances E, F, le Lem. 8. donnant
alors BP. BD:: AR. AS. l'on aura auſſi pour lors E. F::
AR. AS. Par conſequent ces deux puiſſances E, F, ſeront alors ( *part.* 6. ) en équilibre entr'elles ſur l'appui B.

*C'eſt-là, ſuivant ce qu'on a rapporté de M. Fermat au com-
mencement de cette Section-ci dans l'art. 3. du Schol. de la
Déf. 21. ce que lui, M. Paſchal, & M. de Roberval cherchoient dans le cas de la Fig. 154. en y prenant A pour le centre de la Terre, & les puiſſances E, F, pour des poids qui y tendent ; & comme les démonſtrations precedentes conviennent à
toutes ſortes de Leviers, & à toutes ſortes de directions des
poids ou puiſſances qui y ſeront appliquées, au lieu du Levier
droit MN de la Fig. 154. on peut prendre ici le circulaire
ponctué XβBx concentrique à la Terre ( auquel les puiſſances
ou les poids E, F, de tendances à ſon centre A, ſeroient appliquées en X, x, & lui rencontré en B par la direction prolongée*

Fig. 154.

*AG de l'effort réfultant du concours de ces poids ou puiffances) ainfi que faifoient Meffieurs de Fermat, Pafchal & de Roberval, pour arriver ( à ce qu'ils croyoient ) plus aifément au but où ils tendoient, comme fi la figure du Levier, & la variété des directions des poids ou puiffances, y faifoient quelque chofe. Les proprietez que ces Meffieurs y cherchoient, font ici démontrées de ce Levier circulaire XβBx chargé fur fon appui B de puiffances ou de poids tendans à fon centre A, comme de tout ce qu'on y voit d'autres Leviers ; fçavoir, que E. F : : BP. BD. dans ce Levier circulaire ainfi chargé, comme dans tous ceux-là. M. de Roberval, qui parloit pour lui, & pour M. Pafchal contre M. de Fermat, arriva pourtant à cette proprieté pour ces directions requifes de poids tendans au centre A de la Terre, en démontrant ( comme Archimede ) le rapport de deux puiffances de directions paralleles, en équilibre fur un Levier droit d'un appui pofé entr'elles, & en paffant enfuite de ces directions paralleles aux concourantes. Mais M. de Fermat s'oppofoit à ce paffage, quoiqu'il admît ce principe d'Archimede pour les directions paralleles, & que pour le faire fervir aux directions concourantes, M. de Roberval n'y employât que les fuppofitions qu'on y employe encore tous les jours ; marque que ces fuppofitions, quoique vrayes, ne font pas affez claires pour être admifes auffi gratuitement qu'on les fait.*

## COROLLAIRE IV.

Si les puiffances E, F, au Levier MN, n'y faifoient point équilibre entr'elles fur fon appui B, & que ce fût, par exemple, la puiffance E qui l'emportât fur la puiffance F ; il eſt vifible que la puiffance E feroit alors plus grande, ou la puiffance F plus petite qu'il ne faudroit pour faire équilibre entr'elles fuivant leurs directions ; & conféquemment ( *Corollaire* 2. ) qu'on auroit alors E. F > BP. BD.

Fig. 153. & fuivantes jufqu'à 167.

## COROLLAIRE. V.

Reciproquement fi E. F > BP. BD. il n'y aura point d'é-

quilibre entre les puissances E , F , sur l'appui B , & ce
fera E qui l'emportera sur la puissance F ; puisque s'il y
avoit équilibre entr'élles , l'on auroit alors ( *Corol.* 2. )
E. F : : BP. BD. Et si c'étoit F qui l'emportât sur E , l'on auroit aussi pour lors ( *Corol.* 4. ) E. F $<$ BP. BD. Ce qui l'un
& l'autre seroit contre l'hypothese. Donc si E. F $>$ BP. BD.
il n'y aura point d'équilibre entre les puissances E , F , sur
l'appui B. On démontrera de même qu'il n'y en auroit
pas non plus si F. E : : BD. BP. & que ce seroit alors F qui
l'emporteroit sur E.

*De ces Corollaires suit la raison de la force des Ciseaux , des
Pincettes , des Tenailles , & de semblables Machines. Car ce
sont autant de Leviers , ou plûtôt de doubles Leviers dans chacun de ces instrumens , dont le clou qui en lie les deux Leviers
ensemble , est le centre ou l'appui commun de ces deux Leviers ;
& parce que les branches qu'on tient à la main , sont plus longues que les serres , aussi la force qu'on applique à ces branches
qui en sont comme les distances à l'appui , y a un bien plus grand
effet par rapport à ce qu'on pince dans les serres , & ce d'autant plus grand que ces branches sont plus longues que ces
serres.*

## COROLLAIRE VI.

Le *Corol.* 2. donnant E. F : : BP. BD. en cas d'équilibre
entre les puissances E , F , sur l'appui B ; & le *Corol.* 4.
donnant E. F $>$ BP. BD. en cas de non équilibre , & que
ce fût la puissance E qui l'emportât sur la puissance F , l'on
aura E×BD=F×BP dans le premier cas , & E×BD $>$ F×BP
dans le second ; c'est-à-dire ( *Déf.* 22. ) que les *Momens* seront égaux entr'eux dans le premier cas , & le *Moment*
de la puissance E plus grand que celui de la puissance F
dans le second.

## COROLLAIRE VII.

Le *Corol.* 3. fait reciproquement voir que les puissances E , F , seront en équilibre entr'elles sur l'appui B , si les
*Momens* en sont égaux entr'eux , c'est-à-dire ( *Déf.* 22. )

fi ExBD=FxBP ; puifqu’alors on auroit E. F :: BP. BD; auquel cas le Corol. 3. fait voir qu’il y auroit équilibre entre les puiſſances E , F , ſur l’appui B.

### COROLLAIRE VIII.

Le Corol. 5. fait reciproquement voir que les puiſſances E , F , ne ſeront point en équilibre entr’elles ſur l’appui B, fi les *Momens* en ſont inégaux, & que ce ſera la puiſſance E qui l’emportera ſur la puiſſance F, fi le *Moment* de la premiere eſt plus grand que celui de la ſeconde, c’eſt-à-dire ( *Déf.* 22. ) fi ExBD > FxBP ; puifqu’on auroit alors E. F > BP. BD. auquel cas le Corol. 5. fait voir qu’il n’y auroit point d’équilibre entre les puiſſances E , F , ſur l’appui B.

### COROLLAIRE IX.

Il ſuit des précedens Corol. 2. 3. 4. 5. 6. 7. 8. que le degré ou la quantité d’action ou d’impreſſion ( *Momentum* ) d’une puiſſance ſur un Levier, ne ſe prend pas ſeulement de la grandeur de ſa force employée, mais auſſi de ſa diſtance de ſa ligne de direction au point d’appui du Levier ſur lequel elle agit : de ſorte que le produit de cette diſtance par la force employée de cette puiſſance, eſt la meſure de ſon action , ou de l’impreſſion ( *Momentum* ) qu’elle fait ſur ce Levier. D’où l’on voit que lorſque pluſieurs puiſſances ou poids font équilibre entr’eux ſur un appui de Levier : il faut que les ſommes de ces produits ou *Momens* antagoniſtes ſoient égales de part & d’autre de l’appui ; & reciproquement que fi ces deux ſommes ſont égales entr’elles , tous ces poids ou puiſſances demeureront en équilibre ſur cet appui. Cela ſe verra encore autrement dans le Corol. 1. du Th. 25.

### COROLLAIRE X.

Ce Corol. 9. fait auſſi voir qu’en quelque point d’un Levier qu’une puiſſance lui ſoit appliquée , pourvû que la diftance de la ligne de direction de cette puiffance au point d'appui de ce Levier foit toûjours la même ; fon action ou impreffion ( *Momentum* ) fur ce Levier fera auffi toûjours la même.

Par la même raifon , fi differentes puiffances égales agiffoient fucceffivement fuivant la même direction , ou fuivant des directions également diftantes du point d'appui du Levier auquel elles feroient appliquées ; leurs actions ou impreffions ( *Momenta* ) fur ce Levier feroient auffi égales ; & confequemment ( *Corol.* 5. ) il y auroit alors équilibre entr'elles.

COROLLAIRE XI.

Si prefentement on prend pour finus total la droite AB menée de l'appui B du Levier MN au concours A des directions EX , FO , prolongées des puiffances E , F , appliquées en X , O , à ce Levier ; les perpendiculaires BD , BP , menées de cet appui B fur ces directions , fe trouvant alors être ( *Def.* 9. ) les finus des angles BAE , BAF , de chacune de ces mêmes directions avec la droite AB , ce qu'on voit de ces perpendiculaires BD , BP, dans les Corol. 2. 3. 4. 5. eft pareillement vrai des finus de ces deux angles BAE , BAF : fçavoir,

1°. Qu'en cas d'équilibre entre les puiffances E , F , fur l'appui B , ces deux puiffances E , F , feront toûjours alors entr'elles ( *Corol.* 2. ) en raifon reciproque des finus de ces angles BAE , BAF , compris entre chacune des directions de ces puiffances & la droite AB.

2°. Reciproquement que fi ces deux puiffances E , F , appliquées au Levier MN , y font entr'elles en ce rapport, il y aura pour lors ( *Corol.* 3. ) équilibre entr'elles fur cet appui B.

3°. Que fi les puiffances E , F , appliquées au Levier MN , n'y faifoient point équilibre entr'elles fur l'appui B , & que ce fût , par exemple , la puiffance E qui l'emportât fur la puiffance F , cette puiffance E feroit alors ( *Corol.* 4. )

à cette puissance F en plus grande raison que le sinus de l'angle BAF au sinus de l'angle BAE.

4°. Reciproquement, que si la puissance E étoit à la puissance F en plus grande raison que le sinus de l'angle BAF au sinus de l'angle BAE, cette puissance E l'emporteroit (*Corol.* 5.) sur la puissance F, de maniere qu'il n'y auroit point alors d'équilibre entr'elles.

## COROLLAIRE XII.

Soit *b* le point ou la droite XO est rencontrée par la diagonale AG prolongée de part ou d'autre jusqu'à elle, & que les angles *b*XA, *b*OA, des directions des puissances E, F, avec cette droite XO, soient égaux entr'eux: les Corol. 2. 3. font voir que si ces deux puissances ainsi appliquées au Levier MN, sont en équilibre entr'elles sur son appui B, elles seront alors entr'elles en raison reciproque des bras *b*X, *b*O, d'un Levier droit XO, dont l'appui seroit en *b*; c'est-à-dire, qu'on auroit alors E. F:: *b*O. *b*X. Et reciproquement que si ces deux puissances sont entr'elles en cette raison, elles seront aussi en équilibre entr'elles sur cet appui B ou *b*. Car en menant *bd*, *bp*, perpendiculaires aux directions XE, OF, prolongées de ces deux puissances E, F, & consequemment (*Cor.* 2.) paralleles à BD, BP, chacune à chacune;

1°. Dans les Fig. 153. 154. 155. 156. 157. 158. 159. 160. 161. 162. ou les angles (*Hyp.*) égaux *b*XA, *b*OA, rendent le triangle XAO isoscelle; les triangles *bd*A, *bp*A, ainsi faits semblables aux triangles BDA, BPA, chacun à chacun, de même que les semblables entr'eux *bd*X, *bp*O, donneront BP. BD:: *bp*, *bd*:: *b*O. *b*X. Donc en cas d'équilibre sur l'appui B, l'on aura ici (*Corol.* 2.) E. F:: *b*O. *b*X. Et reciproquement si ces deux puissances E, F, sont entr'elles en cette raison, il y aura ici (*Cor.* 3.) équilibre entr'elles sur l'appui B. FIG. 153. & suivantes jusqu'à 162.

2°. Dans les Fig. 163. 164. 165. 166. 167. où les angles (*Hyp.*) égaux *b*XA, *b*OA, rendroient les droites EX, FO, & consequemment aussi (*Lem.* 6. *Corol.* 1. 2.) BA, FIG. 163. & suivantes jusqu'à 167.

toutes trois paralleles entr’elles : ce qui rendant femblables les triangles *bd*X , *bp*O , & égales deux à deux ; les
perpendiculaires comprifes entre BA , & chacune des
deux autres EX , EO de ces trois paralleleles, fçavoir,
*bd*=BD , & *bp*=BP ; l’on auroit encore ici, comme dans
le nomb. 1. BP. BD :: *bp*. *bd* :: *b*O. *b*X. Donc auffi en cas d’é-
quilibre entre les puiffances E , F , fur l’appui B , l’on auroit ici ( *Corol.* 2. ) E. F :: *b*O. *b*X. Et reciproquement fi
ces deux puiffances E , F , étoient entr’elles en cette raifon,
il y auroit ici ( *Corol.* 3. ) équilibre entr’elles fur l’appui B.

## COROLLAIRE XIII.

F i g. 153.<br>154. 163.<br>164.

Si prefentement on fuppofe que fur un Levier droit
MN d’un appui B pofé dans fa direction, tel que dans les
Fig. 153. 154. 163. 164. les directions des puiffances E,
F , font paralleles entr’elles : les bras BX , BO , de ce Levier étant alors ( *Déf.* 22. ) les diftances elles-mêmes de fon
appui B aux directions EX , FO , de ces deux puiffances,
ou en raifon de ces diftances, felon que ces directions paralleles EX , FO , feront perpendiculaires, ou non , à ce
Levier droit MN : les Corol. 2. 3. font voir que fi ces
deux puiffances E , F , font entr’elles en raifon reципро-
que de ces bras BX , BO , du Levier, c’eft-à-dire, fi E. F ::
BO. BX. il y aura pour lors équilibre entr’elles fur l’appui B ; & reciproquement que fi avec de telles directions
fur un Levier droit, elles font en équilibre entr’elles, elles
feront auffi pour lors en ce rapport. Tout cela fuit auffi du
précedent Corol. 12.

  *C’eft-là ce qu’on appelle d’ordinaire* le premier principe de
Mécanique, *excepté M. Defcartes, & Varron Jurifconfulte
Genevois, lefquels ont pris tous deux pour ce premier principe,*
qu’il ne faut ni plus ni moins de force pour lever un corps
pefant à une certaine hauteur, que pour en lever un autre moins pefant à une hauteur d’autant plus grande,
qu’il eft moins pefant , ou en lever un plus pefant à une
hauteur d’autant moindre. *C’eft ainfi que parle M. Def-*
*cartes*

cartes dans ses Lettres, Tom. I. Lett. 73. Voici presentement comment parle Varron dans la pag. 23. de son Traité De Motu, imprimé à Geneve en 1584. chez Jacques Stoer: Tantum enim est libram unam quatuor spatiis moveri, quantum libras quatuor uno spatio eodem tempore. Cet Auteur dit aussi dans la pag. 22. Si enim tanta sit tarditas motûs vis unius, respectu motûs vis alterius, quanta est proportio vis illius ad hanc, non fiet motus. Ce qui est aussi le principe de Galilée, lequel principe revient à l'autre, ou l'autre à lui ; puisque dans les Machines les espaces sont toûjours comme les vitesses.

Au reste, tout cela suit si naturellement de notre Ax. I. connu de tout le monde, qu'il n'a pas été necessaire que Galilée ni Descartes ayent ici rien emprunté de Varron, ni Descartes de Galilée. Aussi n'est-ce que pour indiquer ce principe, & pour rendre justice à tous les trois, qu'on rapporte ici ce qu'ils en ont dit.

## COROLLAIRE XIV.

Il suit du précédent Corol. 13. que dans la supposi- F ig. 169. tion qu'on fait d'ordinaire des directions paralleles des 170. poids appliquez à une Balance ou à une Romaine, mobiles en B l'une & l'autre par rapport à leur anse BH ; les poids E, F, en équilibre aux extrèmitez M, N, des bras égaux BM, BN, d'une Balance représentée dans la Fig. 169. y doivent être égaux entr'eux ; & qu'en équilibre à l'extrêmité M d'un des bras BM de la Romaine representée dans la Fig. 170. & au point quelconque O de son autre bras BN, ces deux poids doivent être entr'eux en raison reciproque des distances BM, BO, où ils se trouvent alors du point B. Ce qui fait voir l'utilité de la Balance pour peser des poids égaux, & de la Romaine pour en peser d'inégaux quelconques E contre un Peson F toûjours le même, mobile le long d'un bras BN : des poids E, dis-je, d'autant plus grands que la longueur du bras BN l'est davantage par rapport à l'autre bras BM, & que le Peson F peut s'éloigner davantage de l'appui ou de l'essieu B de la Romaine.

*Pour la sûreté de ces Machines à peser, il y a des précautions à prendre dans leur construction & dans leur usage : on en parlera dans la suite.*

## COROLLAIRE XV.

FIG. 153.<br>& suivantes<br>jusqu'à 162. Quelques soient les directions des puissances quelconques E, F, il suit aussi des part. 5. 6. que dans les Leviers des Figures marquées ici en marge, dans lesquelles la diagonale AG prolongée du parallelogramme RS, passe dans l'angle XAO compris entre les directions de ces puissances ; cette diagonale prolongée passant toûjours par quelque point de ces Leviers, quelqu'en soient les figures & les longueurs, il y aura toûjours quelque point B, sçavoir, celui de leur rencontre avec cette diagonale prolongée, sur lequel appuyez ou soûtenus, ces deux puissances E, F, pourront toûjours demeurer en équilibre entr'elles, quelque rapport qu'elles ayent l'une & l'autre, & quelqu'en soient les directions.

## COROLLAIRE XVI.

FIG. 163.<br>164. 165.<br>166. 167. Il n'en va pas de même des autres Leviers des Figures marquées pareillement ici en marge, dans lesquelles la diagonale AG, quelque prolongée qu'elle soit, ne passe point dans l'angle XAO ; mais dans son complement à deux droits. Car cette diagonale AG, quelque prolongée qu'elle soit, pouvant ne point rencontrer ces Leviers, faute d'être assez long ou de figure qui le permette, & même ne pouvant jamais les rencontrer, quelques longs qu'ils soient, lorsqu'ils sont droits, comme dans les Fig. 163. 164. & que les puissances E, F, qui leur sont appliquées, sont entr'elles en raison reciproque des sinus des angles de leurs lignes de direction avec ces Leviers, & rendant ainsi la diagonale AG parallele à ces mêmes Leviers ; tous ces Leviers peuvent être de figure ou de longueur à n'avoir jamais chacun aucun point sur lequel appuyé il puisse soutenir les puissances E, F, en équilibre entr'elles, & même les droits, quelques longs qu'ils soient, ne peuvent jamais avoir un tel point d’appui, lorfque ces puiffances y font entr’elles dans la raifon précedente.

## C O R O L L A I R E  XVII.

Ainfi en general lorfque deux puiffances E, F, étant données avec leurs directions, & la pofition MN du Levier auquel elles font appliquées, on demande le point d’appui B de ce Levier, fur lequel ces deux puiffances demeureroient en équilibre entr’elles ; il n’y a qu’à prolonger la diagonale AG du parallelogramme RS fait (comme ci-deffus) de côtez AR, AS, pris en raifon de ces deux puiffances E, F, fur leurs directions depuis le point de concours de ces mêmes directions : fi cette diagonale AG prolongée rencontre le Levier MN, leur point de rencontre fera (*part.* 5. 6.) celui de l’appui cherché ; & fi elle ne peut le rencontrer, ce Problême fera (*principe gener. Corol.* 2.) impoffible.

Fig. 153. & fuivantes jufqu’à 167.

## C O R O L L A I R E  XVIII.

Il fuit encore des part. 5. 6. conformément aux Corol. 14. 15. que les deux mêmes puiffances quelconques E, F, peuvent faire fucceffivement équilibre fur une infinité de points d’appui B d’un même Levier MN, en changeant feulement leurs directions ; puifqu’on les peut varier en tant de manieres que la diagonale AG prolongée paffera fucceffivement par tous les points imaginables de ce même Levier, excepté par les points X, O, où ces deux puiffances lui font appliquées.

## C O R O L L A I R E  XIX.

Il fuit auffi du nomb. 1. du Corol. 11. que fi un poids E eft appliqué en X à un Levier XB avec plufieurs puiffances F, F, de directions differentes, capables de le foûtenir chacune fuivant fa direction particuliere XF fur l’appui B de ce Levier ; & que fi après avoir mené d’un point A quelconque de la direction XA du poids E, la droite AZ parallele à BX menée de cet appui B au point

Fig. 162.

d'application X, quelque foit la figure de ce Levier, on prolonge toutes les directions FX, FX, jufqu'à la rencontre M, M, de cette droite AZ; chaque ligne XM exprimera la puiffance F, dont elle fera la direction, & toutes les XM toutes les puiffances F capables chacune de foûtenir le même poids E dans la même fituation XB du Levier fur fon appui B.

Car le nomb. 1. du Corol. 11. fait voir que chaque puiffance F capable de foûtenir fuivant fa direction XF fur l'appui B du Levier XB, doit être à ce poids comme le finus de l'angle BXA eft au finus de l'angle BXF, ou (à caufe de AZ fuppofée parallele à BX) comme le finus de l'angle XAM eft au finus de l'angle XMA correfpondans ; & par confequent auffi ( *Lem.* 8. *Corol.* 2.) comme chaque XM eft à XA. Donc toutes les XM feront ici entr'elles comme toutes les puiffances F capables d'y foûtenir le même poids E chacune fuivant la direction de chaque XM correfpondantes. Donc auffi,

1°. Lorfque la direction XF d'une de ces puiffances F fera en ligne droite avec XA du côté oppofé ; XM fe trouvant alors égale à XA, cette puiffance F fera auffi pour lors égale au poids E.

2°. Si l'angle BXF du côté de F fe trouve égal à l'angle BXA, la puiffance F fe trouvera encore alors égale au poids E; puifque les paralleles AZ, BX, qui rendent les angles XMA=BXF, XAM=BXA, rendroient XMA =XAM, & confequemment XM=XA.

3°. Donc (*nomb.* 1.) les puiffances F pourroient avoir deux directions, fçavoir, celles des nomb. 1. 2. fuivant lefquelles elles devroient chacune être égale au même poids E pour le foûtenir en équilibre fur l'appui B du Levier BX.

4°. Lorfque XF fe trouvera confondue avec XB parallele ( *Hyp.* ) à AZ, la prolongation de XM parallele auffi pour lors à AZ, fe trouvant alors infinie par rapport à XA ; la puiffance F qui auroit cette direction, devroit auffi être infinie par rapport au poids E pour pouvoir ici le foûtenir fur l'appui B.

## C o r o l l a i r e XX.

Si l'on imagine prefentement differens poids E, foûtenus fur l'appui B du Levier XB par une puiffance F fuivant differentes directions XF ; le nomb. 1. du Corol. 11.
fait encore voir que tous ces differens poids E, capables
d'être ainfi fucceffivement foûtenus par une même puiffance F, feront entr'eux comme les finus des angles BXF
faits des XB avec les directions correfpondantes XF de
cette puiffance.

Car ce nomb. 1. du Corol. 11. fait voir qu'en cas d'é-
quilibre cette puiffance F doit être à chaque poids E,
qu'elle foûtiendroit ainfi, comme le finus de l'angle (*Hyp.*)
conftant BXE feroit au finus de chaque angle BXF que
la direction XF fuivant laquelle cette puiffance F foûtiendroit ce poids E, feroit avec XB. Donc tous ces differens poids E feroient ici entr'eux comme les finus des angles correfpondans BXF. Donc auffi,

1°. Tant que la puiffance F foûtiendra le poids E fuivant une direction XF directement oppofée à celle XE
de ce poids, l'angle BXF fe trouvant alors complement
(à deux droits) de l'angle BXE, & les finus de ces deux
angles étant ainfi ( *Déf. 9. Corol. 2.* ) égaux ou le même ;
le poids E fera auffi pour lors égal à la puiffance F, ainfi
qu'on l'a déja vû dans le nomb. 1. du Corol. 19.

2°. Si l'angle BXF du côté de F, fe trouve égal à BXE,
le poids E fera encore ici égal à la puiffance F, ainfi que
dans le nomb. 2. du précedent Corol. 19.

3°. Donc ( *nomb.* 1. ) la puiffance F pourroit avoir deux
directions differentes, fçavoir, celles des nomb. 1. 2. fuivant lefquelles elle pourroit foûtenir des poids égaux fur
l'appui B du Levier XB ; ce qui revient auffi au nomb. 3.
du Corol. 19.

4°. Si la direction XF de la puiffance F, fe trouvoit
confondue avec XB, l'angle BXF fe trouvant alors nul
ou zero, & confequemment auffi fon finus, le poids E feroit auffi pour lors nul par rapport a cette puiffance F,

c’eſt-à-dire, abſolument zero, ſi cette puiſſance F étoit finie ; ou elle infinie, ſi ce poids étoit fini. Ce qui revient pareillement au nomb. 4 du Corol. 19.

## C o r o l l a i r e  XXI.

Fig. 153.<br>& ſuivantes<br>juſqu’à 167. Puiſqu’en general dans le cas d’équilibre ſur l’appui B de quelque Levier MN que ce ſoit, entre deux puiſſances quelconques E, F, la réſiſtance ou la charge de cet appui B eſt toûjours ( *part.* 3. 4. ) à chacune de ces deux puiſſances E, F, comme la diagonale AG du parallelogramme RS eſt à chacun de ſes côtez AR, AS, correſpondans ſur leurs directions prolongées EX, FO ; c’eſt-à-dire ( à cauſe de AS=GR ) comme le côté AG du triangle AGR eſt à ſes deux autres côtez AR, GR ; l’on aura ( *Lem.* 8. *Corol.* 2. ) cette réſiſtance ou charge de l’appui B à chacune de ces deux puiſſances E, F, comme le ſinus de l’angle ARG, ou de ſon complement RAS, eſt à chacun des ſinus des angles AGR ou GAS, & GAR ; c’eſt-à-dire, la réſiſtance ou la charge de l’appui B, & les puiſſances E, F, alors entr’elles comme les ſinus des angles RAS, GAS, GAR, ou ( à cauſe que les angles XAO, BAO, BAX, leur ſont égaux ou complemens à deux droits) comme les ſinus des angles XAO, BAO, BAX.

## C o r o l l a i r e  XXII.

Donc le ſinus de chacun des trois angles RAS, GAS, GAR, ou XAO, BAO, BAX, étant toûjours ( *Lem.* 8. *Corol.* 2. ) moindre que la ſomme des deux autres, tant que l’angle XAO, que ſont entr’elles les directions des puiſſances E, F, eſt fini, les ſinus des autres l’étant auſſi pour lors, à cauſe que leur ſommet commun A n’eſt alors qu’à une diſtance finie du Levier MN ; la charge de l’appui B, réſultante du concours de ces puiſſances E F, en équilibre ( *Hyp.* ) ſur lui, ſera pour lors ( *Cor.* 21. ) moindre que la ſomme de ces deux mêmes puiſſances ſur quelque Levier que ce ſoit, & chacune de ces deux puiſſances toû-

jours auſſi moindre que la ſomme faite de l'autre & de
la charge de l'appui B.

## COROLLAIRE XXIII.

Mais ſi l'angle XAO, que font entr'elles les directions
des puiſſances E, F, eſt infiniment aigu, c'eſt-à-dire
( *Lem. 6. Corol. 2.* ) ſi ces directions EX, FO, ſont paralleles entr'elles, ou confondues en une qui paſſe par l'appui B.

1°. Dans tous les Leviers MN, dont l'appui B eſt dans cet
angle XAO, ou dans ſon oppoſé au ſommet, & dont cet
appui B ſe trouveroit entre les directions des puiſſances
E, F, devenues paralleles entr'elles, ou entre les points
X, O, de leur application au Levier ſuivant des directions qui paſſent toutes deux par ſon appui ; l'angle RAS
s'y trouvant auſſi pour lors infiniment aigu, & le total de
GAS, GAR, ſon ſinus ſeroit égal ( *Lem. 7.* ) à la ſomme
des ſinus de ces deux autres. Par conſequent alors( *Cor. 2 1.* )
la charge de l'appui B, réſultante du concours d'action
des puiſſances E, F, en équilibre *( Hyp. )* ſur lui, eſt auſſi
toûjours égale à la ſomme de ces deux puiſſances, tant
que leurs directions y ſont paralleles entr'elles, ou ( *Lem.
6. Corol. 2.* ) que l'angle XAO compris entre leurs directions EX, FO, eſt infiniment aigu.

2°. Au contraire dans tous les Leviers MN dont l'appui
B eſt hors de l'angle XAO, ou de ſon oppoſé au ſommet,
& cet appui B auroit d'un ſeul côté les directions des
puiſſances E, F, devenues ici ( *Lem. 6. Corol. 2.* ) paralleles entr'elles par la ſuppoſition qu'on y fait de l'angle
XAO infiniment aigu ; ſon complement RAS ſe trouvant
alors ( *Déf. 1 1. Corol.* ) infiniment obtus, & total encore
de GAS, GAR, dont le premier GAS ſeroit au contraire
alors infiniment aigu, le ſinus de cet angle total RAS ne
ſeroit ici égal ( *Lem. 7. Corol. 2.* ) qu'à la difference dont
le ſinus de ſon angle partial GAR ſurpaſſeroit le ſinus de
ſon autre partial GAS. Par conſequent ( *Corol. 2 1.* ) la
charge de l'appui B, réſultante du concours d'action des

Fig. 153.
& ſuivantes
juſqu'à 162.

Fig. 163.
& ſuivantes
juſqu'à 167.

puiſſances E, F, en équilibre ( *Hyp.* ) ſur lui, n'eſt ici égale non plus qu'à la différence dont la puiſſance F y ſurpaſſe la puiſſance E, tant que les directions de ces deux puiſſances ſont paralleles entr'elles.

## Cᴏʀᴏʟʟᴀɪʀᴇ XXIV.

Fɪɢ. 153. 154. 155. &c.

Il en va tout autrement, lorſque l'angle XAO devient infiniment obtus, c'eſt-à-dire ( *Déf.* 11.) obtus juſqu'à rendre les directions EX, FO, des puiſſances E, F, en une ſeule ligne droite XO, qui paſſe par leurs points X, O, d'application au Levier MN, & par ſon appui B, ſur lequel ces deux puiſſances ainſi dirigées, ſont ici ſuppoſées en équilibre entr'elles, ſoit que ce Levier ſoit droit comme dans les Figures ici marquées, ou que courbe à volonté, il ait ſon appui dans cette droite XO.

Fɪɢ. 153. 154. &c.

1°. Dans les Leviers MN qui ont leur appui B ſur cette droite XO entre les points X, O, d'application des puiſſances E, F, à chacun de ces Leviers ; l'angle XAO, qu'on ſuppoſe ici infiniment obtus, rendant auſſi l'angle total RAS infiniment obtus, avec un de ſes partiaux GAR, GAS, infiniment aigu ; le ſinus de cet angle total RAS n'y ſera égal ( *Lem.* 7. *Corol.* 2. ) qu'à la différence des ſinus de ces deux angles partiaux GAR, GAS. Par conſequent ( *Corol.* 21. ) la charge de l'appui B, réſultante du concours des puiſſances E, F, en équilibre ( *Hyp.* ) ſur lui, & dirigées ici en ſens contraires ſuivant la droite XO, dans laquelle on le ſuppoſe, ne ſera plus ici égale qu'à la différence de ces deux puiſſances : de ſorte que ſi ces deux puiſſances étoient égales entr'elles, la charge de l'appui B en ſeroit ici entierement nulle ou zero.

De ce que les puiſſances E, F, ſont ici directement contraires, le ſeul Ax. 5. fait voir que la charge de l'appui B y ſera égale à la différence de ces deux puiſſances E, F, & dans le ſens de la plus forte.

Fɪɢ. 153. 154. &c.

2°. Au contraire dans les Leviers MN, dont l'appui B, placé ſur la droite XO, n'y eſt point entre les points X, O,

d'application

d’application à chacun de ces Leviers ; l’angle XAO, qu’on suppose ici infiniment obtus , rendant son complement RAS ( *Cor. Déf.* 11. ) infiniment aigu, le sinus de cet angle total RAS sera ici égal ( *Lem.* 7. ) à la somme des sinus de ses deux angles partiaux GAR , GAS. Par consequent ( *Corol.* 21. ) la charge de l’appui B , résultante du concours des deux puissances E, F , en équilibre (*Hyp.*) sur lui, & dirigées ici en même sens suivant la droite XO, dans laquelle on le suppose, sera ici égale à la somme de ces deux puissances E,F.

De ce que ces deux puissances E,F, sont ici dirigées en même sens suivant la même droite XO, le seul *Ax.* 4. fait voir que la charge qui en résulte ici à l’appui B, doit être égale à leur somme, & dirigée en même sens qu’elles suivant leur direction commune XO.

*L’angle XAO supposé infiniment aigu dans le Corol.* 23. *confondant quelquefois dans le nomb.* 2. *du Corol.* 23. *les directions EX , FO, des puissances E , F , en une suivant la droite XO , qui passe par leurs points X , O , d’application au Levier MN ; & cet angle XAO supposé infiniment obtus dans le Corol.* 25. *les y confondant toûjours ; on a supposé par tout là que cette direction commune XO passoit par l’appui B sur lequel on y supposoit ces deux puissances en équilibre entr’elles : parce que si cet appui B étoit hors cette droite XO prolongée , comme dans les Fig.* 155. 156. 157. 158. 159. 160. 161. 162. 165. 166. 167. *cet équilibre entre les deux puissances E , F, de directions ainsi confondues en une , ne pourroit être ( Corol.* 7. ) *à moins que ces deux puissances ne fussent directement contraires & égales entr’elles ; auquel cas ces deux puissances se soûtiendroient mutuellement ( Ax.* 3. ) *sans aucune résistance de la part de l’appui B.*

## COROLLAIRE XXV.

La charge de l’appui B de quelque Levier MN que ce soit , démontrée dans les précedens Corol. 21. 22. 23. 24. par le moyen des sinus des trois angles RAS , GAS , GAR , ou des trois XAO, BAO, BAX, de mêmes sinus

Fig. 153. & suivantes jusqu’à 167.

Tt

que ceux-là, peut encore fe démontrer par le moyen du
parallelogramme RS conftruit comme dans les part. 3. 4.
dans lefquelles il revient ( *Corol.* 1. ) au même.

En effet chacune de ces deux part. 3. 4. fait voir qu'en
cas d'équilibre entre deux puiffances quelconques E ,
F, fur l'appui B de quelque Levier MN que ce foit, auquel elles foient appliquées en X, O ; fuivant quelques
directions XE , OF, que ce foient auffi ; la charge de cet
appui B , réfultante du concours d'action de ces deux
puiffances E , F., fur lui, doit toûjours être à chacune
d'elles, comme la diagonale AG du parallelogramme RS
eft à chacun de fes côtez AR , AS, correfpondans fur
leurs directions ; ou ( à caufe de AS=RG ) comme le côté
AG du triangle ARG eft à chacun de fes deux autres
côtez AR , RG ; & confequemment que cette charge de
l'appui B eft toûjours moindre que la fomme de ces deux
puiffances E , F , tant qu'elles font équilibre entr'elles fur
cet appui, & que les angles de ce triangle ARG ou du
parallelogramme RS font finis, c'eft-à-dire, tant que les
directions EX , FO, prolongées de ces deux puiffances E,
F , font entr'elles un angle fini XAO, ainfi qu'on l'a déja
vû dans le Corol. 22.

C O R O L L A Y R E XXVI.

FIG. 153.
& fuivantes
jufqu'à 162. Mais lorfque cet angle XAO eft infiniment aigu, c'eft-
à-dire ( *Lem.* 6. *Corol.* 1. 2. ) lorfque les directions EX,
FO, des puiffances E , F , font paralleles entr'elles , ou
confondues en une qui paffe par l'appui du Levier MN.

1°. Dans tous les Leviers MN, dont l'appui B eft dans
cet angle XAO, ou dans fon oppofé au fommet, & dont
cet appui B fe trouveroit entre les directions des puiffances E, F, devenues ici paralleles entr'elles, ou entre les
points X, O , d'application de ces puiffances au Levier
lorfque ces deux points X , O, font en ligne droite avec
fon appui B, l'angle RAS du parallelogramme RS , s'y
trouvant auffi pour lors infiniment aigu, la diagonale AG
de ce parallelogramme RS fe trouve alors ( *Lem.* 9. *part.* 1.)

égale à la somme de ses côtez AR, AS. Donc la charge de l'appui B, résultante du concours des puissances E, F, en équilibre ( *Hyp.* ) sur lui, se trouve aussi pour lors ( *part.* 3. 4. ) égale à la somme de ces deux puissances, ainsi qu'on l'a déja vû dans le Corol. 23. nomb. 1.

2°. Au contraire dans tous les Leviers dont l'appui B est hors de l'angle XAO, ou de son opposé au sommet, & dont cet appui B auroit d'un seul côté les directions des puissances E, F, devenues ici ( *Lem.* 6. *Corol.* 1. 2.) paralleles entr'elles par la supposition qu'on y fait de l'angle XAO infiniment aigu ; son complement RAS se trouvant alors ( *Déf.* 11.) infiniment obtus, la diagonale AG du parallelogramme RS ne se trouve plus alors ( *Lem.* 9. *part.* 2.) égale qu'à la difference de ses côtez AR, AS. Donc la charge de l'appui B, résultante du concours des puissances E, F, en équilibre ( *Hyp.* ) sur lui, ne se trouve aussi pour lors égale qu'à la difference de ces mêmes puissances, ainsi qu'on l'a déja vû dans le Corol. 23. nomb. 2.

Fɪɢ. 163.<br>164. 165.<br>166, 167.

## COROLLAIRE XXVII.

C'est tout le contraire, lorsque l'angle XAO est infiniment obtus, c'est-à-dire ( *Lem.* 6. *Corol.* 4. ) lorsque les directions XE, OF, des puissances E, F, font en ligne droite XO, qui passe par leurs points X, O, d'application au Levier MN, & que cette droite XO passe par l'appui B, sur lequel ces deux puissances ainsi dirigées, font ici supposées en équilibre entr'elles. Car,

Fɪɢ. 153.<br>154. &c.

1°. Dans les Leviers qui ont leur appui B sur cette droite XO entre les points X, O, d'application des puissances E, F, à ces Leviers, l'angle XAO, qu'on suppose ici infiniment obtus, rendant aussi infiniment obtus l'angle RAS du parallelogramme RS, la diagonale AG de ce parallelogramme ne sera pour lors ( *Lem.* 9. *part.* 2. ) égale qu'à la difference de ses côtez AR, AS. Donc aussi la charge de l'appui B, résultante du concours des puissances E, F, en équilibre entr'elles ( *Hyp.* ) sur lui, ne

Fɪɢ. 153.<br>154. &c.

T t ij

fera non plus alors (*part.* 3. 4.) qu'égale à la différence de ces mêmes puiſſances , ainſi qu'on l'a déja vû dans le Corol. 24. nomb. 1.

2°. Au contraire dans les Leviers dont l'appui B placé ſur la droite XO , n'y eſt point entre les points X , O, d'application des puiſſances E , F, à ces Leviers, l'angle XAO , qu'on ſuppoſe ici infiniment obtus, rendant au contraire ſon complement RAS infiniment aigu , la diagonale AG du parallelogramme RS, fait ſous cet angle RAS, ſera pour lors ( *Lem.* 9. *part.* 1. ) égale à la ſomme de ſes côtez AR , AS. Donc auſſi la charge de l'appui B, réſultante du concours des puiſſances E , F, en équilibre ( *Hyp.* ) ſur lui, ſera pour lors ( *part.* 3. 4.) égale à la ſomme de ces deux puiſſances, ainſi qu'on l'a déja vû dans le Corol. 24. nomb. 2.

C O R O L L A I R E  XXVIII.

La charge de l'appui B de quelque Levier MN que ce ſoit , démontrée dans les précedens Corol. 21. 22. 23. 24. 25. 26. 27. peut encore ſe démontrer autrement, en ſuppoſant BD , BP , PT , perpendiculaires en D , P, Q, aux trois directions AX, AO : AB, & qui par leur rencontre entr'elles forment le triangle BPT. Car ce triangle ayant ( *Lem.* 8. *Corol.* 8. ) les trois côtez BT , BP , PT, entr'eux comme les ſinus des angles BAO, BAX, XAO, au travers deſquels , ou des complemens deſquels ces directions prolongées paſſeroient , l'on aura auſſi ( *Cor.* 21.) en cas d'équilibre entre les puiſſances E , F, ſur l'appui B d'un Levier quelconque MN , la charge de cet appui B , & ces deux puiſſances E , F , entr'elles comme les trois côtez PT , BT , BP , de ce triangle BPT , perpendiculaires ( *Hyp.* ) aux directions de cette charge & de ces deux puiſſances.

C O R O L L A I R E  XXIX.

Par conſequent chacun de ces trois côtez du triangle BPT , étant toûjours moindre que la ſomme des deux autres, tant que l'angle XAO est fini, tous les siens l'étant aussi pour lors ; la charge de l'appui B , résultante du concours des puissances E , F , en équilibre entr'elles ( *Hyp.* ) sur lui, sera pareillement alors ( *Corol.* 28. ) toûjours moindre que la somme de ces deux puissances, & chacune d'elles toûjours moindre aussi que la somme faite de l'autre puissance & de cette charge , ainsi qu'on l'a déja vû dans les Corol. 22. 25.

## C o r o l l a i r e  XXX.

Mais si l'angle XAO se trouve infiniment aigu par l'éloignement infini de son sommet A, c'est-à-dire ( *Lem.* 6. *Corol.* 1. 2. ) si les directions XE, OF, des puissances E, F, sont parallèles entr'elles , & conséquemment aussi à la droite BA ; cet éloignement infini du point A , rendant pareillement les angles BAX, BAO , infiniment aigus, les trois perpendiculaires ( *Hyp.* ) BD , BP , PT , à ces trois parallèles XE, OF, BA , seront alors sur une même ligne droite ; & conséquemment aussi les trois côtez BT, BP, PT, du triangle BPT , parties de ces perpendiculaires , ou ces perpendiculaires elles-mêmes , seront aussi sur une même ligne droite perpendiculaire à ces trois parallèles : de maniere que,

1°. Dans les Leviers qui auront leur appui B dans l'angle XAO, ou dans son opposé au sommet, les deux côtez BT, BP, seront alors bout à bout sur le troisiéme PT, confondu avec eux & égal à leur somme par l'arrivée de son point Q en B. Cela seroit aussi par le nomb. 1. du Corol. 3. du Lem. 9. en ce que l'angle XAO ( *Hyp.* ) infiniment aigu, rend son complement PBD ou PBT infiniment obtus dans le triangle PBT, ce nomb. 1. du Corol. 3. du Lem. 9. fait voir qu'alors son côté PT opposé à cet angle infiniment obtus, sera égal à la somme de ses deux autres côtez BT, BP. Donc la charge de l'appui B , résultante du concours des puissances E, F , en équilibre ( *Hyp.* ) sur lui, sera pour lors ( *Corol.* 28. ) égale à la somme de ces deux puissances dans les Leviers dont l'appui sera

F i g. 153. & suivantes jusqu'à 162.

T t iij

dans l'angle XAO, ainſi qu'on l'a déja vû dans le nomb. 1.
des Corol. 23. 26.

FIG. 163.
164. 165.
166. 167.

2°. Dans les Leviers qui auront leur appui B au dehors de l'angle XAO, ou de ſon oppoſé au ſommet, le cas
preſent de cet angle XAO infiniment aigu, ou ( *Lem.* 6.
*Corol.* 1. 2. ) des directions AX, AB, AO, paralleles entr'elles, rendant bout à bout les deux côtez BT, PT, du
triangle BPT ſur ſon troiſiéme BP alors confondu avec
eux & égal à leur ſomme par l'arrivée de leur concours
T ſur lui, Q arrivant auſſi pour lors en B, & conſequemment le côté PT ſera pour lors égal à la difference des
deux autres. Cela ſeroit auſſi par le nomb. 2. du Corol. 3.
du Lem. 9. en ce que l'angle infiniment aigu XAO, rendant auſſi infiniment aigus les angles OAB, PBT, BPT,
& le triangle PBT ſe trouvant alors avoir deux angles
infiniment aigus en B, P, & un infiniment obtus en T; ce
nomb. 2. du Corol. 3. du Lem. 3. fait voir qu'alors le
côté BT de ce triangle ſera égal à la difference de ſes
deux autres côtez BP, PT. Donc la charge de l'appui B,
réſultante du concours des puiſſances E, F, en équilibre
( *Hyp.* ) ſur lui, ſera pour lors ( *Corol.* 28. ) égale à la
difference de ces deux puiſſances dans les Leviers dont il
s'agit ici, ainſi qu'on l'a déja vû dans les nomb. 2. des
Corol. 23. 26.

<h2 style="text-align:center">COROLLAIRE XXXI.</h2>

FIG. 153.
154. 163.
164. &c.

Au contraire, lorſque l'angle XAO eſt infiniment obtus, c'eſt-à-dire ( *Lem.* 6. *Corol.* 4. ) lorſque les directions
XE, OF, des puiſſances E, F, ſont la ligne droite XO,
qui paſſe par leurs points X, O, d'application au Levier
MN, & que cette droite XO paſſe par l'appui B, ſur lequel ces deux puiſſances ainſi dirigées ſont ſuppoſées en
équilibre entr'elles. Alors,

FIG. 153.
154. &c.

1°. Dans les Leviers qui ont leur appui B dans l'angle
XAO, ſur la droite XO, entre les points X, O, d'application des puiſſances E, F, à chacun de ces Leviers, l'angle XAO, que l'on ſuppoſe devenir infiniment obtus,

rendant ainsi ( *Déf.* 11. *Corol.* ) son complement PBD ou PBT infiniment aigu, & les deux autres angles en P, T, du triangle BPT, un encore infiniment aigu, & l'autre infiniment obtus ; le nomb. 2. du Corol. 3. du Lem. 9. fait voir que le côté PT de ce triangle BPT, seroit pour lors égal à la difference de ses deux autres côtez BP, BT. Cela seroit encore en considerant que lorsque l'angle PBT est infiniment aigu, ses côtez, BP, BT, se couchent ( *Lemme* 6. *Corol.* 3. ) l'un sur l'autre, & le troisiéme côté PT du triangle BPT sur l'excès du plus grand de ces deux-là, desquels par consequent ce troisiéme PT ne doit être alors que la difference. Donc ( *Corol.* 28. ) dans ces sortes de Leviers la charge de l'appui B, resultante du concours des puissances E, F, supposées entr'elles en équilibre sur lui suivant des directions qui feroient entr'elles un angle XAO infiniment obtus, ne seroit alors égale qu'à la difference de ces deux puissances, ainsi qu'on l'a déja vû dans les nomb. 1. des Corol. 24. 27.

2°. Dans les Leviers qui ont leur appui B au dehors de l'angle XAO, sur la droite XO, ayant d'un seul côté les points X, O, d'application des puissances E, F, à chacun de ces Leviers, l'angle XAO, que l'on suppose devenir infiniment obtus, rendant ainsi l'angle PBT infiniment obtus par les positions perpendiculaires en B de BP au dessous, & de BT au dessus de XO prolongée, & les deux autres angles en P, T, du triangle BPT, infiniment aigus ; le nomb. 1. du Corol. 3. du Lem. 9. fait voir que le côté PT de ce triangle BPT, seroit pour lors égal à la somme de ces deux autres côtez BT, BP. Donc ( *Cor.* 28. ) dans ces sortes de Leviers la charge de l'appui B, resultante du concours des puissances E, F, supposées entr'elles en équilibre sur lui suivant des directions qui feroient entr'elles un angle XAO infiniment obtus, seroit alors égale à la somme de ces deux puissances, ainsi qu'on l'a déja vû dans les nomb. 2. des Corol. 24. 27.

FIG. 163. 164. &c.

## COROLLAIRE XXXII.

Suivant quelques directions EX, FO, que les puiffances E, F, appliquées en X, O, à quelque Levier MN que
ce foit, faffent équilibre entr'elles fur fon appui B placé
où l'on voudra; il fuit des précedens Corol. 22. 23. 24.
25. 26. 27. 28. 29. 30. 31. que la plus grande charge
qui en puiffe réfulter à cet appui B , c'eft ( *nomb.* 1. *des
Corol.* 23. 24. 26. *& nomb.* 2. *des Corol.* 24. 27. 31.)
d'être égale à la fomme de ces deux puiffances ; & que la
moindre c'eft ( *nomb.* 1. *des Corol.* 24. 27. 31. *& nomb.* 2.
*des Corol.* 23. 24. 26.) d'être égale à leur difference ;
fçavoir, l'une & l'autre de ces deux charges de l'appui B,
lorfque les directions des puiffances E, F, font paralleles
entr'elles ou en ligne droite, qui paffe par cet appui conformément à la réflexion qui fuit le Corol. 24. Quant
aux autres directions de ces deux puiffances E, F, les
Corol. 22. 25. 29. font voir chacun que la charge qui
en réfultera à l'appui B , fur lequel on les fuppofe en
équilibre entr'elles, eft toûjours moyenne entre ces deux
extrêmes, c'eft-à-dire, toûjours moindre que la fomme
de ces deux puiffances, & toûjours plus grande que leur
difference ; & ce d'autant plus grande que l'angle RAS
fe trouve plus aigu , la diagonale AG du parallelogramme RS en étant d'autant plus grande par rapport à fes
côtez AR , AS, & cette charge étant alors ( *part.* 3. 4.)
aux puiffances E, F, comme cette diagonale AG eft à ces
mêmes côtez AR , AS.

## COROLLAIRE XXXIII.

FIG. 163.
164. &c.

Lorfque les directions XE , OF, des puiffances E , F,
font en ligne droite XO, dans laquelle prolongée fe trouve l'appui B du Levier auquel on les fuppofe appliquées ;
non feulement la réfiftance ( *Hyp.* ) invincible de cet appui alors directement oppofé à chacune de ces puiffances,
les met toûjours ( *princ. gener. Corol.* 1. en équilibre ou en
repos

repos fur lui, quelque rapport qu'elles ayent entr'elles;
mais encore,

1°. Si c'eft par la réduction de l'angle XAO à l'infiniment aigu, que les directions XE, OF, des puiffances
E, F, fe confondent ainfi en une fuivant XO par l'appui B; la charge de cet appui eft alors égale (*nomb.* 1.
*des Corol.* 23. 26. 30.) à la fomme de ces deux puiffances, quand cet appui B eft entre leurs points X, O,
d'application au Levier, comme dans les Fig. 153. 154. &
feulement égale (*nomb.* 2. *des Corol.* 23. 26. 30.) à leur
différence, quand il n'y eft pas, comme dans les Fig. 163.
164. auffi ces deux puiffances E, F, agiffent-elles fur
cet appui B en même fens dans le premier cas, & en fens
directement contraire dans le fecond.

2°. Si c'eft par la réduction de l'angle XAO à l'infiniment obtus, que les directions XE, OF, des puiffances
E, F, fe confondent en une fuivant XO qui paffe par
l'appui B; la charge de cet appui n'eft égale (*nomb.* 1. *des
Corol.* 24. 27. 31.) qu'à la différence de ces deux puiffances, quand cet appui B eft entre leurs points d'application X, O, comme dans les Fig. 153. 154. & égale
(*nomb.* 2. *des Carol.* 24. 27. 31.) à leur fomme, quand
il n'y eft pas, comme dans les Fig. 163. 164. Auffi ces
deux puiffances E, F, font-elles ici directement contraires dans le premier cas, & en même fens dans le fecond.

## COROLLAIRE XXXIV.

Suivant le Corol. 28. les puiffances E, F, dirigées à
volonté, & en équilibre entr'elles fur l'appui B d'un Levier quelconque MN, font alors entr'elles comme les
côtez BT, BP, qui leur répondent dans le triangle BPT,
c'eft-à-dire alors, E. F : : BT. BP. Mais le Corol. 2. donne
auffi pour lors E. F : : BP. BD. Donc en cas d'équilibre
dans toutes fortes de Leviers, & de directions de puiffances, on a toûjours BT. BP : : BP. BD. Par conféquent en
menant la droite DP, les triangles PBT, DBP, qui ont
l'angle commun en B, font toûjours alors femblables en-

Fig. 153.<br>& fuivantes<br>jufqu'à 167.

V u

tr'eux ; & confequemment les trois côtez DP, BP, BD, du fecond DBP de ces triangles, font toûjours alors en- tr'eux comme les trois côtez PT, BT, BP, qui leur font homologues dans le premier PBT. Or en ce cas d'équi- libre des puiffances E, F, fur l'appui B, la charge qui en réfulte à cet appui, & ces deux puiffances E, F, font toû- jours entr'elles ( *Corol.* 28. ) comme les trois côtez PT, BT, BP, de ce triangle PBT. Donc cette charge de l'ap- pui B, & ces deux puiffances E, F, feront toûjours auffi pour lors entr'elles comme les trois côtez DP, BP, BD, du triangle DBP, qui n'a que deux côtez BD, BP, per- pendiculaires ( *Corol.* 2. ) à deux EX, FO, des trois dire- ctions EX, FO, AB, des puiffances E, F, & de la charge de l'appui B, réfultante du concours d'action de ces deux puiffances fur lui, au lieu que ( *Corol.* 28. ) l'autre trian- gle PBT à fes trois côtez BT, BP, PT, perpendiculaires à ces trois directions.

*On voit que toutes les differentes valeurs de charges d'ap- puis de Leviers quelconques déterminées depuis le Corol. 21. jufqu'ici, pour toutes les directions poffibles des puiffances en équilibre fur eux deux à deux de directions quelconques, pour- roient encore fe déterminer par le moyen du triangle DBP, comme l'on a fait par le moyen de fon femblable PBT dans les Corol. 28. 29. 30. 31. Mais en voilà affez, & peut-être trop pour la quantité ou valeur de ces fortes de charges. Voici prefentement quelles en font les directions, c'eft-à-dire, en quel fens, ou vers quels côtez les appuis des Leviers en font chargez.*

## COROLLAIRE XXXV.

On a vû dans les démonftrations des part. 2. 3. 4. qu'en cas d'équilibre entre deux puiffances quelconques E, F, fur un appui de quelque Levier que ce foit, au- quel ces deux puiffances feroient appliquées en deux points X, O, auffi quelconques fuivant quelques dire- ctions EX, FO, que ce fuffent ; la charge de cet appui B, réfultante du concours d'action de ces deux puiffances,

doit toûjours être de A vers G fuivant la diagonale AG
d'un parallelogramme RS fait de côtez AR , AS , pris
fur les directions de ces puiffances , laquelle diagonale AG
prolongée paffe par l'appui B. Donc,

1°. En general , quelque foit l'angle XAO compris entre ces directions prolongées EX, FO, des puiffances E,
F, en équilibre entr'elles ( *Hyp.* ) fur l'appui B ; la droite
menée du fommet A de cet angle par cet appui B, fera
la direction de fa charge de A vers G, réfultante du concours de ces deux puiffances. Donc auffi en particulier,

2°. Lorfque cet angle XAO fera infiniment aigu,c'eft-
à-dire ( *Lem. 6. Corol.* 1. 2. ) lorfque les directions EX,
FO , des puiffances E , F , feront paralleles entr'elles , ou
confondues en une, qui paffe par l'appui B ; cette direction AB de la charge de cet appui B, encore de A vers
G, fera auffi parallele à celles-là ( *Lem. 6. Corol.* 1. 2.)
ou confondue avec elles , & dans le fens de ces deux
puiffances E,F , fi elles tirent vers le même côté, ou
dans le fens de la plus voifine de cet appui, fi elles tirent
vers des côtez differens.

3°. Lorfque l'angle XAO fera infiniment obtus, c'eft-
à-dire ( *Lem. 6. Corol.* 4. ) lorfque les directions EX, FO,
des puiffances E, F, feront auffi en ligne droite XO, qui
paffe par leurs points X , O , d'application au Levier
MN , & par l'appui B ( *Ax.* 5. ) de chacun des Leviers
fur lefquels l'équilibre ici fuppofé feroit alors poffible fur
cet appui : la direction AB de la charge de A vers G de
ce même appui B, fe trouvera pour lors ( *Lem. 6. Cor.* 3. 4.)
confondue dans cette même droite XO avec les directions
EX , FO, de ces deux puiffances E , F, & dans le fens
( *Ax.* 5. ) de la plus forte d'entr'elles , fi elles font contraires l'une à l'autre , ou dans le fens de toutes les deux,
fi elles s'accordent à tirer vers le même côté.

## Corollaire XXXVI.

Il fuit prefentement des Corol. 21. 22. 23. 24. 25.
26. 27. 28. 29. 30. 31. 32. 33. 34. 35. qu'en cas d'é-

quilibre fur l'appui B d'un Levier quelconque MN, entre deux puiſſances auſſi quelconques E, F, appliquées à
quelques points X, O, qu'on voudra de ce Levier, & dirigées auſſi comme l'on voudra.

1°. Tant que l'angle XAO compris entre leurs directions EX, FO, prolongées ſera fini, la direction de la
charge réſultante du concours d'action de ces deux puiſſances E, F, ſur l'appui B de ce Levier, ſera ( Corol. 35.
nomb. 1.) de A vers G ſuivant AB; & cette charge ſera
toûjours alors ( Corol. 32.) moyenne entre la ſomme de
ces deux puiſſances & leur difference; c'eſt-à-dire, toûjours moindre que leur ſomme, & toûjours plus grande
que leur difference, & ce d'autant plus grande (Cor. 25.)
que l'angle RAS ( égal à XAO, ou à ſon complement )
ſera plus grand.

2°. Lorſque l'angle XAO eſt infiniment aigu, c'eſt-à-
dire ( Lem. 6. Corol. 1. 2. ) lorſque les directions EX, FO,
des puiſſances E, F, ſont paralleles entr'elles ou confondues en une, qui paſſe par l'appui B, la direction de la
charge réſultante du concours d'action de ces deux puiſſances ſur cet appui B de leur équilibre ſuppoſé, ſera
encore ( Corol. 35. nomb. 2.) de A vers G ſuivant AB
alors parallele à leurs directions EX, FO, ou confondues avec elles en une, qui paſſera ( Ax. 5.) par l'appui
B; & ſoit que ces directions des puiſſances E, F, ſoient
paralleles entr'elles, ou confondues en une, qui paſſe par
cet appui B, ſa charge ſera toujours alors ( nomb. 1. des
Corol. 23. 26. 30.) égale à la ſomme de ces deux puiſſances E, F, ſi cet appui B eſt entre leurs directions ou entre
leurs points X, O, d'application au Levier, & ſeulement
égale à leur difference ( nomb. 2. des Corol. 23. 26. 30.)
lorſqu'il n'y eſt pas.

3°. Lorſque l'angle XAO eſt infiniment obtus, c'eſt-à-
dire ( Lem. 6. Corol. 4. ) lorſque les directions EX, FO,
des puiſſances E, F, ſont en ligne droite XO, qui paſſe
par les points X, O, d'application de ces deux puiſſances
au Levier MN, & par l'appui B ( Ax. 5.) de tous les Le-

viers dans lefquels l'équilibre fuppofé entre ces deux
puiffances E, F, feroit alors poffible fur cet appui B ; la
charge réfultante de leur concours d'action fur ce même
appui B de leur équilibre fuppofé, aura (*Lem. 6. Cor. 3. 4.*)
fa direction confondue dans XO avec les leurs, dans le
fens de la plus forte d'entr'elles (*Ax. 5.*) fi elles font contraires l'une à l'autre, & fera pour lors égale (*Corol. 24.
nomb. 1.*) à leurs differences ; ou fi ces deux puiffances
E, F, s'accordent à tirer vers le même côté, cette charge
de l'appui B aura pour lors (*Lem. 9. Corol. 2.*) fa direction
vers ce côté-là dans le fens de toutes ces deux puiffances,
& fera pour lors (*Corol. 24. nomb. 2.*) égale à leur fomme.

*En 1 6 8 7. que le Projet de ceci fut publié, perfonne ( que
je fçache ) n'avoit encore démontré la charge ni la direction
des points d'appuis des Leviers : il ne paroît pas même qu'il
foit aifé de le faire par les principes ordinaires, où l'on ne conclud l'équilibre entre deux puiffances ou deux poids appliquez
à un Levier, que de leur égale oppofition à être circulairement
enlevez l'un par l'autre autour de l'appui-fixe de ce Levier :
au lieu que c'eft de leur accord & de leur réunion d'action fur
cet appui que l'on conclud ici cet équilibre entr'eux fur ce même appui : confideration qui renferme neceffairement celle de
la charge & de la direction de cet appui, lefquelles n'entrent
point du tout dans les principes ordinaires. Cependant fans la
connoiffance de cette charge & de cette direction des appuis
des Leviers, il y a bien des Problêmes qu'on ne fçauroit ré-
foudre : par exemple, fans la connoiffance de la direction des
appuis il n'eft pas poffible de démontrer quelles devroient
être les directions de deux puiffances quelconques pour
faire équilibre entr'elles fur quelque Levier que ce foit,
dont l'appui feroit une fphere ; ni fur combien de points
de ce Levier ainfi appuyé, il feroit poffible que ces mêmes puiffances fiffent équilibre en changeant feulement
leurs directions. Il n'eft pas poffible non plus, fans la connoiffance de la direction & de la charge des appuis des Leviers de trouver le point d'appui de celui auquel tant de
puiffances qu'on voudra foient appliquées, pour toutes*

V u iij.

les directions possibles dans lesquelles on les peut supposer ; *ni* deux puissances étant données avec leurs directions & leurs points d'application à un Levier, de trouver quelle doit être la direction & point d'application
d'une troisième puissance aussi donnée , pour que toutes
trois ensemble fassent équilibre entr'elles sur quelque
point donné que ce soit de ce Levier , & pour quelque
direction que ce soit de ce point d'appui. *Il en sera de mé-*
*me de toute autre puissance sur les Leviers dont la solution dé-*
*pendra de la détermination de la charge & de la direction des*
*appuis.*

*Depuis* 1687 *que cette réflexion fut faite dans le Projet*
*de ceci , il a paru une Mécanique , dans laquelle , après avoir*
*démontré que deux poids en équilibre sur un Levier droit per-*
*pendiculaire aux directions de ces poids qu'on y suppose paral-*
*leles entr'elles , & d'un appui posé entr'eux , sont toûjours l'un*
*à l'autre en raison reciproque des bras de ce Levier auquel ces*
*deux poids sont ainsi appliquez ; & après avoir passé de-là*
*aux autres Leviers, & aux autres directions des puissances*
*qui y sont appliquées : on est enfin arrivé par des substitutions*
*& par des transformations de Leviers, à des raisons compo-*
*sées , qui ont enfin donné celle qui se presente tout d'un coup ici*
*( Corol.* 25*.* ) *& dans le Projet de ceci (* pag. 61. Corol. 4. *)*
*de la charge de l'appui à chacune des deux puissances qu'il soû-*
*tient en équilibre entr'elles. Ce qui justifie ce que l'on vient de*
*dire au commencement de cette réflexion-ci , comme on l'avoit*
*déja dit dans la pag.* 64. *du Projet de ceci :* qu'il ne paroît
pas aisé de démontrer la charge ni la direction des points
d'appuis des Leviers par les principes ordinaires : *choses*
*qu'on vient de voir sauter aux yeux , & s'offrir d'elles-mêmes*
*comme consequences immédiates du principe qu'on suit ici.*

## COROLLAIRE XXXVII.

Si l'on suppose presentement que tous les points de chaque corps sont chacun d'une pesanteur par tout la même,
à quelque distance qu'il se trouve du centre de la Terre,

auquel toutes ces pesanteurs tendent toûjours, & que ce
corps s'en approche ou s'en éloigne en se meuvant toûjours parallelement à lui-même, c'est-à-dire, sans tourner aucunement sur lui-même, & en gardant toûjours
une même situation de tous ses points par rapport à ce
centre de la Terre : les part. 3. 4. font voir que ce corps
pesera d'autant moins qu'il sera plus près de ce même
centre.

Car si dans les Fig. 154. 156. 158. 160. les pesanteurs des points X, O, d'un corps quelconque MN, sont
representées par des puissances E, F, égales à ces pesanteurs, & dirigées comme elles au centre de la Terre, lequel soit ici A ; les part. 3. 4. font, dis-je, voir que la
charge ou pesanteur qui en résultera à ce corps MN,
sera à chacune des puissances E, F, ou des pesanteurs
qu'elles expriment dans les points X, O, comme la diagonale AG du parallelogramme RS, est à chacun de ses
côtez AR, AS, pris sur les directions de ces puissances en
même raison qu'elles. Or il est manifeste qu'à mesure que
le corps MN, mû parallelement à lui-même, approchera
du point fixe A, plus l'angle RAS augmentera, & plus
au contraire la diagonale AG du parallelogramme RS
diminuera, ses côtez AR, AS, demeurant toûjours les
mêmes. Donc aussi plus ce corps MN, toûjours parallele
à lui-même, approchera de ce centre A de la Terre,
moins sera grande la charge ou la pesanteur qui lui résultera du concours de celles de ses points X, O, vers le
point A. La même chose se démontrera de tous les autres points de ce corps quelconque MN, ainsi pris deux
à deux. Donc tout ce corps, toûjours ( *Hyp.* ) en même situation de ses parties par rapport au centre A de la Terre, quoiqu'à differentes distances de ce centre, recevra
d'impression ou de pesanteur vers ce même centre par
le concours des pesanteurs constantes de tous les points
ou parties toûjours tendantes ( *Hyp.* ) à ce centre A, sera
toûjours d'autant moindre, c'est-à-dire, qu'il sera toûjours d'autant moins pesant, quoiqu'en raison differente,

qu'il fera plus près de ce même centre , fa fituation ou
difpofition par rapport à ce centre, demeurant du refte
toûjours la même. Ainfi une fphere ayant toûjours même fituation de toutes fes parties par rapport au centre
de la Terre, quelque tour qu'elle faffe fur elle-même,
devroit toûjours être, fuivant ceci, d'autant moins pe-
fante qu'elle en feroit plus près.

## COROLLAIRE XXXVIII.

Mais fi la fituation des parties du corps MN tout autre que fpherique, changeoit par rapport au centre de
la Terre, en faifant quelque mouvement autour d'un
de fes points quelconques B ; quand même ce point B demeureroit à même diftance BA du centre A de la Terre,
ce corps MN ne laifferoit pas d'en devenir plus leger ou
plus pefant, felon que les angles XAO ou RAS, faits
des directions concourantes des pefanteurs particulieres
& conftantes de fes points pris deux à deux, en deviendroient plus grands ou plus petits. Tout cela fuit encore
des part. 3 . 4. de même que le précedent Corol. 37.

## COROLLAIRE XXXIX.

Au contraire , fi au lieu de directions concourantes
des poids, on les fuppofe à l'ordinaire paralleles entre-
elles , & les points de ces corps encore de pefanteurs
toûjours les mêmes dans chacun d'eux, à quelques diftances qu'ils fe trouvent du centre de la Terre, ou de
tout autre point auquel on fuppofât que chacun de ces
poids tendent ; les nomb. 1. des Corol. 23. 26. font voir
que ces poids entiers feront auffi pour lors chacun de
même pefanteur à toute diftances de ce centre, quelque
fituation qu'ils prennent par rapport à lui : puifque fuivant ces nomb. 1. des Corol. 23. 26. la pefanteur ou la
charge de chacun de ces poids , réfultante du concours
des pefanteurs particulieres de toutes fes parties , feroit
alors égale à la fomme de toutes les pefanteurs particulieres, lefquelles fuppofées conftantes, la rendroient auffi

par

par tout la même, & d'une direction toûjours (*Corol.* 3 5.
*nomb.* 2.) parallele aux leurs.

## Corollaire XL.

De cette hypothese des directions des poids paralleles Fig. 171.
entr'elles, & des pesanteurs toûjours les mêmes dans chacune de leurs parties ou points, & consequemment aussi
(*Corol.* 3 9.) de leurs pesanteurs entieres toûjours les
mêmes à toutes sortes de distances de la Terre ou de son
centre; deux de ces poids quelconques E, F, appliquez
en X, O, à un Levier quelconque MN, qui n'en auroit
aucune, & en équilibre sur un appui B posé entr'eux
dans un point commun à ce Levier & à la droite XO,
qui joint aussi leurs points d'application à ce Levier, demeureroient toûjours en équilibre sur cet appui B, quelque varieté de situation *mn* qu'on donnât ensuite à ce
Levier, les directions *ex*, *fω*, des poids E, F, alors en
*e*, *f*, y étant encore paralleles entr'elles.

Car puisque les directions EX, FO, *ex*, *fω*, sont (*Hyp.*)
toutes paralleles entr'elles, si l'on mene par l'appui B la
droite DP perpendiculaire aux deux premieres EX, FO,
en D, P, elle le sera aussi aux deux autres *ex*, *fω*, en *d*, *p*;
& les triangles tant BDX, BPO, que B*dx*, B*pω*, seront
ici semblables entr'eux. Donc B*p*. B*d* :: Bω. B*x* :: BO. BX
:: BP. BD. Or l'équilibre supposé entre les poids E, F, sur
l'appui B dans la premiere situation MN du Levier, donne (*Corol.* 2.) BP. BD :: E. F (*Hyp.*) :: *e*. *f*. Donc aussi
*e*. *f* :: B*p*. B*d*. Par consequent (*Corol.* 3.) ces deux poids
E, F, en *e*, *f*, dans toute autre situation *mn* que la premiere supposée MN de ce Levier, y resteront toûjours
aussi en équilibre sur le même appui B.

Donc dans cette hypothese des directions des poids paralleles entr'elles, deux quelconques de pesanteurs constantes une fois en équilibre sur un Levier aussi quelconque MN, dont l'appui B soit dans la droite XO, qui
joint leurs points X, O, d'application à ce Levier, demeureront toûjours en équilibre sur cet appui, quelque

X x

varieté de situations *mn* qu'on donne à ce Levier : c'est-
à-dire, dans toutes les situations possibles de ce même Levier.

*La même chose se trouvera encore démontrée d'une autre*
*maniere dans le Corol. 6. du Th. 23.*

## COROLLAIRE XLI.

Ainsi le point B, qui ( *Corol. 2. 3.* ) divise la droite DP,
& consequemment aussi le Levier droit XO , en bras reciproques aux poids E, F, appliquez à leurs extrêmitez,
sera ici ( *Déf. 14.* ) le centre de gravité du Levier droit
XO ainsi chargé en X, O, des poids E, F, de pesanteurs
( *Hyp.* ) constantes, & de directions ( *Hyp.* ) paralleles entr'elles ; & consequemment ( *Corol. 35. nomb. 2.* ) la direction de ce centre de gravité ou de sa charge doit être
suivant la droite BG parallele à celles-là, & cette charge
( *nomb. 1. des Cor. 23. 26. 30.* ) doit être égale à la somme
de ces poids.

## COROLLAIRE XLII.

Suivant cela , si l'on imagine un corps ou poids quelconque soûtenu en repos par un de ses points aussi quelconque,
la direction de sa pesanteur résultante du concours des
pesanteurs particulieres de toutes les parties , passant toûjours ( *part. 2.* ) par ce point d'appui ou de suspension,
suivant une ligne ( *Corol. 35. nomb. 2.* ) parallele aux directions ( *Hyp.* ) paralleles entr'elles de toutes ces pesanteurs particulieres , & cette pesanteur totale du corps en
question se trouvant ainsi toute réunie dans cette ligne
d'équilibre, comme si elle seule l'avoit toute entiere ; celui des points mitoyens de cette ligne, sur lequel appuyé
ou suspendu elle demeureroit en équilibre ou en repos,
sera aussi celui sur lequel le corps ou le poids entier demeureroit de même en équilibre ou en repos. Or les pesanteurs particulieres de toutes les parties de cette ligne,
étant ( *Hyp.* ) toûjours ici les mêmes pour chacune, & de
directions toutes paralleles entr'elles ; l'équilibre de cette

même ligne fe conferveroit toûjours fur ce point ( *Corol.*
.40. ) quelque fituation qu'on donnât à cette ligne autour
de cet appui. Donc l'équilibre du corps ou du poids fe
conferveroit auffi toûjours ici fur ce point dans toutes les
fituations poffibles qu'on pourroit donner à ce corps autour de ce même appui. Par confequent dans tous les
points où toutes les parties auroient des pefanteurs par
tout les mêmes pour chacune , & toûjours dirigées fuivant des lignes toutes paralleles entr'elles , il y auroit toûjours un point par où ce corps étant fufpendu ou appuyé, toutes fes parties demeureront toûjours en repos ,
quelque fituation qu'on leur donnât par rapport au lieu
vers lequel il tendroit. C'eft ce point qu'on appelle d'ordinaire ( *D éf.* 14. ) le *centre de gravité* de ce corps ou de
ce poids.

*On verra dans le Corol. 8. du Th. 23. qu'un tel centre de*
*gravité fe trouveroit auffi dans les poids de directions concou-*
*rantes au centre de la Terre , pourvû que leurs parties foient*
*ainfi dirigées par des pefanteurs proportionnelles dans chacu-*
*ne aux differentes diftances d'elles à ce centre. Mais fi avec de*
*telles directions les pefanteurs en étoient conftantes & toûjours*
*les mêmes , on va voir dans le Corol. 45. de ce Théoreme-ci*
*qu'un tel poids n'auroit point de tel centre de gravité.*

<h3 style="text-align:center">C O R O L L A I R E  XLIII.</h3>

Si prefentement on fuppofe que les directions des poids
ou des parties de chacun , concourent en quelque point,
par exemple , au centre de la Terre , & que leurs pefanteurs foient encore par tout les mêmes pour chacun d'eux
à toutes diftances de ce centre ; il arrivera le contraire du
Corol. 40. fuppofé dans le précedent Corol. 42. c'eft-à-
dire, que ces poids ne pourront être en équilibre deux à
deux fur un même point d'appui d'un Levier pofé entre
leurs points d'application à ce Levier dans la droite qui
joindra ces deux points, que dans une feule fituation de
ce même Levier , au lieu que fuivant le Corol. 40. cet
équilibre fe conferveroit dans toutes les fituations poffi-

X x ij

bles de ce Levier, fi ces poids avoient des directions toûjours paralleles entr'elles.

*Fig. 172.*   Pour voir le premier comme l'on a déja vû le fecond
dans le Corol. 40. foient deux poids quelconques E, F,
de pefanteurs conftantes, & conftamment dirigées vers
le point A, qui foit ( fi l'on veut ) le centre de la Terre;
lefquels poids foient appliquez à deux points quelconques
X, O, du Levier MN de figure quelconque, & en équilibre entr'eux dans la fituation MN de ce Levier fur un
appui B placé ( comme dans le Corol. 40. ) entre ces deux
points d'application dans un qui foit commun au Levier
& à la droite XO qui joint ces deux-là. Si l'on change
cette fituation MN de ce Levier en telle autre *mn* qu'on
voudra, quelque foit le bras abaiffé B*x* par rapport à
l'élevé B*ω*, ces deux poids E, F, alors en *e*, *f*, n'y feront
plus en équilibre fur l'appui B; au contraire l'abaiffé en *e*
vers A, emportera toûjours l'autre, jufqu'à ce que la
droite XO, ou *xω*, qui joint leurs points d'application à
ce Levier, foit dans la droite BA menée de l'appui B au
centre A de la Terre, fçavoir, X ou *x* en R, & O ou *ω* en
S plus éloigné que R du point A.

Car fi du point B on imagine BD, BP, B*d*, B*p*, perpendiculaires fur les directions XA, OA, *x*A, *ω*A, l'on aura
( *Lem.* 15. ) BP. BD > B*p*. B*d*. Mais l'équilibre fuppofé entre les poids E, F, fur l'appui B dans la fituation MN du
Levier auquel ils font appliquez, donne ( *Corol.* 2. ) BP.
BD :: E, F ( *Hyp.* ) :: *e*. *f*. Donc auffi *e*. *f* > B*p*. B*d*. Par confequent le poids E en *e* lorfque le Levier eft en *mn*, l'emportera ( *Corol.* 5. ) fur le poids F alors en *f*, & toûjours de
même jufqu'à ce que OX ou *ωx* foit en BA, dans laquelle
fituation ces deux poids feront enfin arrêtez ( *Ax.* 3. &
*Corol.* 1. *du princ. gener.* ) par l'appui B alors directement
oppofé à chacun d'eux.

## C O R O L L A I R E  XLIV.

Puifque, lorfque le Levier MN, fur l'appui B duquel les
poids E, F, faifoient ( *Hyp.* ) équilibre en cette fituation MN,

est passé en *mn*, & ces poids en *e*, *f*, avec des directions
toûjours concourantes en A, & des pesanteurs toûjours
les mêmes qu'auparavant ; il en résulte ( *Corol.* 43. )
*e*.*f* > B*p*. B*d*. C'est-à-dire ( en prenant AB pour sinus total ) *e* à *f* en plus grande raison que le sinus de l'angle BA*ω*
au sinus de l'angle BA*x* ; & ces raisons devant être égales ( *Corol.* 2. ) pour l'équilibre entre ces deux poids *e*, *f*,
sur le point B du Levier en *mn*. Il est visible que pour cet
équilibre en *mn*, l'appui de ce Levier devroit être placé
en B, *x*, sur un point *b*, qui rendît le sinus de l'angle *b*A*ω*
au sinus de l'angle *b*A*x* comme *e* à *f*.

De sorte que si ces deux poids *e*, *f*, ou ( *Hyp.* ) E, F,
étoient égaux entr'eux, les angles *b*A*ω*, *b*A*x*, devroient
aussi l'être entr'eux pour que ces poids de directions concourantes A, pussent faire équilibre entr'eux en *mn* sur
l'appui *b* ; ce qui rendroit alors *bx*. *bω* :: A*x*. A*ω*. Donc
pour mettre ainsi en équilibre sur un Levier de situation
quelconque *mn*, deux poids égaux *e*, *f*, de directions concourantes en A ; l'appui de ce Levier devroit être placé
dans un point *b* qui divisât la droite *xω* en deux parties
*bx*, *bω*, qui fussent entr'elles comme les distances *x*A,
*ω*A du centre A des directions de ces deux poids aux points
*x*, *ω*, de leurs applications à ce Levier.

D'où l'on voit que lorsque ce Levier, s'il est droit, ou la
droite *xω* seroit en RS sur la droite AB, ainsi qu'il y doit
arriver ( *Corol.* 43. ) lorsque de sa situation MN où les
poids E, F, faisoient ( *Hyp.* ) équilibre entr'eux sur son appui B, on l'aura fait passer en *mn* ; l'appui *b* qui les y soûtiendroit en équilibre, seroit alors sur AB en un point *β*,
qui avec le point R diviseroit la droite AS en trois parties
AR, R*β*, *β*S, telles qu'on auroit alors la toute AS. AR.
:: *β*S. *β*R.

Pour trouver ce point *β* sur AB, il n'y a qu'à mener par
S, R, deux parallèles quelconques SG, RH, rencontrées en G, H, par une droite quelconque AG, menée
du point A, & après avoir pris RK = RH sur HR prolongée vers K, soit menée la droite GK qui rencontre AS

X x iij

en β ; ce point β sera le requis ici : puisque cette construction rendant les triangles tant SAG, RAH, que SβG, RβK, semblables entr'eux deux à deux, l'on aura AS. AR : : SG. RH ( *Hyp.* ) : : SG. RK : : βS. βR. c'est-à-dire, AS. AR : : βS. βR. ainsi qu'il étoit requis.

## COROLLAIRE XLV.

Il suit de ces deux derniers Corol. 43. 44. que si toutes les parties d'un poids quelconque non spherique, étoient de pesanteurs toûjours les mêmes pour chacune à toutes distances du centre de la Terre, auquel elles tendissent toutes constamment ; il n'y auroit aucun point dans ce corps par lequel appuyé ou suspendu ailleurs qu'au centre de la Terre, ce corps demeurât en repos dans plus d'une situation ; puisque dans quelque situation qu'il y fût en repos sur celui de ses points qu'on voudra, dès qu'on le feroit tourner sur ce point, sa partie abaissée vers le centre de la Terre l'emporteroit toûjours ( *Corol.* 43. ) sur l'autre qu'on en auroit ainsi éloignée. D'où l'on voit que dans la presente hypothese ce corps n'auroit aucun *centre de gravité* pris à l'ordinaire dans le sens de la Déf. 14. supposé, dis-je, que toutes les parties fussent chacune d'une pesanteur par tout la même, & qu'elles tendissent toûjours toutes au centre de la Terre.

*On excepte ici la Sphere, parce que quoiqu'à distances differentes du centre de la Terre, elle & ses parties eussent ( Corol. 37. ) des pesanteurs successivement differentes dans la presente hypothese des directions des poids concourantes à ce centre; les dispositions semblables de toutes ses parties autour du sien, la rendroient toûjours entiere de même position ou situation par rapport à celui-là, quelque mouvement qu'on lui donnât autour du sien appuyé ou suspendu, ses parties suppléant alors les unes aux autres à mesure qu'elles auroient les mêmes positions & les mêmes pesanteurs que celles ausquelles elles succederoient.*

*Fig. 173.*    *Il est vrai qu'en regardant les secteurs xBx, xBX, XBω, ωBO, OBx, de la Sphere xXOωx, comme autant de divers*

corps semblables entr'eux , qui dans l'hypothese du Corol. 42.
auroient tous leurs centres b de gravité à distances égales du
centre B de grandeur de cette Sphere ; tous ces centres particuliers b de gravité servient à la circonference d'une moindre
Sphere bbbb concentrique à celle-là. Mais outre que nous ne
sommes pas ici dans l'hypothese de ce Corol. 42. la raison précedente fait voir que le centre B de grandeur de la Sphere
xXωOx , chargé de tous les centres particuliers b de gravité,
en seroit encore lui-même un centre commun de gravité sur
lequel appuyé ou soûtenu ils demeureroient tous en équilibre ;
& consequemment aussi. que cette Sphere seroit encore en repos
dans tout ce qu'elle pourroit avoir de situations differentes autour de son centre fixe B. Ainsi dans la presente hypothese des
directions des poids concourantes au centre de la Terre , ou en
tel autre point qu'on voudra de l'Univers, ce centre B de grandeur de la Sphere xXωOx , en doit aussi être le centre de gravité pris au sens ordinaire de la Déf. 14. comme il l'est
(Corol. 42.) dans l'hypothese de ces directions paralleles entr'elles.

Quant aux autres corps ou poids non spheriques , il est à remarquer que le précedent Cor. 45. ne leur refuse un tel centre
de gravité dans la presente hypothese des directions des poids
concourantes au centre de la Terre , ou en tel autre point qu'on
voudra , qu'en cas que leurs changemens de position par rapport à ce point , n'en apportassent point à la pesanteur ou aux
efforts de tendance de leurs parties vers ce point. Mais le contraire paroît dans le Corol. 37. lequel fait voir que dans le
mouvement de chacun de ces corps autour du point fixe sur lequel il seroit en équilibre ou en repos , celles de ses parties qu'on
approcheroit ainsi du centre de la Terre , où elles sont supposées
tendre toutes, en deviendroient d'autant plus legeres (quoiqu'en
raison differente) qu'on les en approcheroit davantage , & les
autres au contraire d'autant plus pesantes, qu'on les en éloigne-
roit alors davantage. De sorte que les premieres, qui suivant le
Corol. 43. l'emportéroient ici sur les autres, si elles y conser-
voient toutes leurs premieres pesanteurs, pourroient peut-être
par cette diminution de la leur , & par l'augmentation de

*celle des autres, ne point l'emporter ici sur elles, & y con-*
*server toûjours leur premier équilibre avec elles dans tout*
*ce qu'on pourroit donner de situations nouvelles autour du*
*point d'appui de ce premier équilibre, au corps non spherique*
*fait ( Hyp. ) de toutes ces parties : auquel cas ce point seroit*
*ici le centre de gravité de ce corps au sens ordinaire de la Déf.*
*14. comme lui ou un autre le seroit ( Corol. 42. ) dans l'hy-*
*pothese des directions des poids paralleles entr'elles.*

*Mais il y auroit là une compensation, de la justesse de la-*
*quelle il seroit d'autant plus difficile de s'assûrer, qu'il fau-*
*droit pour cela déterminer tous les angles au centre de la Ter-*
*re, compris entre les directions de tous les points de chaque*
*corps ou poids qui y tendroient. Cela joint à ce que l'éloigne-*
*ment des corps d'ici au centre de la Terre, est si grand, que sans*
*erreur sensible toutes les directions de leurs parties y peuvent*
*être prises pour paralleles entr'elles ; & consequemment ( Co-*
*rol. 42. ) tous ces corps ou poids, de quelques figures qu'ils*
*soient, pour avoir chacun un centre de gravité au sens ordi-*
*naire de la Déf. 14. Nous les prendrons donc ainsi dans la*
*suite, en y prenant toûjours leurs directions & celles de leurs*
*parties comme paralleles entr'elles, à moins que nous n'aver-*
*tissions du contraire.*

## COROLLAIRE XLVI.

Suivant le Corol. 42. le centre de gravité d'un corps
ou poids quelconque étant ( *Déf.* 14. ) un point de ce
corps, par lequel ce même corps étant appuyé ou suspendu, il demeureroit en équilibre ou en repos dans toutes les situations possibles autour de ce point fixe ; ce
point y doit être chargé ( *Corol.* 36. *nomb.* 2. ) de la somme des pesanteurs particulieres de toutes les parties de
ce corps, supposées de directions toutes paralleles entre-
elles, comme si ces pesanteurs étoient toutes réünies en
ce seul point, ou comme si ce centre de gravité avoit seul
la pesanteur entiere de tout ce poids. Donc par quelque
point que ce soit que ce corps ou poids soit suspendu,
par exemple, à un bras de Levier, ou qu'il soit appuyé

*sur*

ſur lui, il agira toûjours ſur ce bras de Levier, comme, s'il
n'y étoit ſuſpendu ou appuyé que par ſon centre de gravité au point où ce bras ſe trouve rencontré par la direction de ce même centre de gravité, parallele ( *Corol.*
36. *nomb.* 2. ) aux directions ( *Hyp.* ) paralleles des parties
de ce même poids.

### COROLLAIRE XLVII.

Cela étant, ſi deux poids E, F, de directions paralleles Fig. 174.
entr'elles, & fixement appliquées ( comme on les voit dans 175. 176.
les Fig. 174. 175. 176.) à un Levier quelconque XO,
dont l'appui B ſoit entr'eux dans la droite RS, qui paſſe
par leurs centres de gravité R, S, ſont en équilibre entr'eux ſur cet appui B par le moyen de la branche BG de
Levier XO d'une piece avec elle; le Corol. 40. fait voir
qu'ils reſteront toûjours en équilibre entr'eux dans toutes les ſituations poſſibles de ce Levier XO autour de ce
même appui B, lequel par conſequent ( *Déf.* 14. ) en
ſera ici le centre commun de gravité, chargé ( *Corol.* 36.
*nomb.* 2. ) de la ſomme de ces deux poids E, F, ſuivant
une direction parallele aux leurs.

Il eſt viſible ( *Corol.* 46. ) que les poids E, F, fixement
attachez au Levier droit XO, qui paſſe par leurs centres de gravité R, S, dans la Fig. 174. n'y ont que l'effet
qu'ils auroient, s'ils y étoient ſuſpendus aux extrêmitez
R, S, de ce Levier prolongé juſques-là ; & qu'ainſi faiſant ( *Hyp.* ) équilibre entr'eux ſur l'appui B de ce Levier
dans la ſituation RS, ils le feroient encore alors ſur ce même appui B dans toutes les autres ſituations poſſibles de ce
Levier.

### COROLLAIRE XLVIII.

Mais ſi cet appui B, autour duquel le Levier XO peut
tourner par le moyen de la branche BG de ce Le- Fig. 177.
vier, accrochée à cet appui, eſt au-deſſus de la droite 178. 179.
RS, qui paſſe par les centres de gravité, R, S, des 180.
deux poids E, F, encore de directions paralleles entr'elles, & fixement appliquées au Levier XO dans les

Y y

Fig. 177. 179. 180. comme dans celles du précedent
Corol. 47. ou qui passe dans la Fig. 178. par les points
R, S, de libre suspension de ces deux poids à ce Levier;
& si ces deux poids E, F, sont en équilibre entr'eux sur
cet appui B dans une situation quelconque XO de ce Levier: quelqu'autre situation $x\omega$ qu'on lui donne autour
de ce point fixe B, le poids F qu'on aura ainsi élevé en $f$,
l'emportera toûjours sur l'abaissé E en $e$, jusqu'à ce qu'il
ait ramené le Levier dans la premiere situation XO, excepté lorsqu'on l'aura mis dans celle où $rf$ seroit parallele
au-dessus de l'appui B à la premiere situation RS.

Pour le voir soit par cet appui B la droite DP perpendiculaire en D, P, aux directions ( *Hyp.* ) paralleles entr'elles DR, PS, des poids E, F, & rencontrées en $d$, $p$, par
les directions $rd$, $fp$, de ces deux poids en $e$, $f$, paralleles
aussi ( *Hyp.* ) entr'elles & à celles-là, & qui rencontrent
RS, en H, K, rencontrée aussi en M par $rf$. Enfin de
l'appui B soit menée sur RS en N la droite BN parallele à
ces directions, laquelle se trouve en B$n$, lorsque RS est en $rf$.

Cela fait, les triangles semblables MK$f$, MH$r$, donneront MK. MH :: M$f$. M$r$. Or M$f$. M$r$ $>$ $nf$. $nr$. Et ( *constr.* )
$nf$. $nr$ :: NS. NR :: BP. BD. Donc MK. MH $>$ BP. BD. Or
( *constr.* ) NK. NH $>$ MK. MH. Et B$p$. B$d$ :: NK. NH.
Donc à plus forte raison B$p$. B$d$ $>$ BP. BD. Mais l'équilibre supposé dans la situation XO du Levier, donne
( *Corol.* 2. ) BP. BD :: E. F ( *Hyp.* ) :: $e$. $f$. Donc B$p$. B$d$ $>$ $e$. $f$.
Ou $f$. $e$. $>$ B$d$. B$p$. Donc aussi ( *Corol.* 5. ) le poids F en $f$,
l'emportera ici sur le poids E en $e$ dans la situation $x\omega$ du
Levier auquel ils sont appliquez; & toûjours de même
jusqu'à ce que ce Levier soit revenu dans la premiere situation XO de leur équilibre supposé, excepté lorsqu'on
l'aura mis dans celle où RS seroit au dessus de l'appui B parallele à la situation d'équilibre qu'on lui suppose ici au-
dessous de ce même point B. La raison de cette exception
est visible en imaginant les figures de ce Corollaire-ci dans
cette autre situation; puisque BD, BP, y restant les mêmes
qu'ici, l'on y auroit encore E. F :: BP. BD. ainsi que le dou-

ne (*Cor.* 2.) l'équilibre supposé entre ces deux poids E, F, dans
la premiere situation XO du Levier au-dessous de l'appui B.
Par consequent ( *Corol.* 3. ) ces deux poids seroient encore alors en équilibre entr'eux au-dessus de cet appui B.

### COROLLAIRE XLIX.

Si l'on renverse directement de bas en haut autour du
point fixe B les Fig. 177. 178. 179. 180. du précedent
Corol. 48. en sorte que cet appui B se trouve ici au-
dessous de la droite RS, comme il étoit au-dessus dans
le Corol. 48. on verra ici par le raisonnement qu'on a
fait là, que les poids E, F, ne pourront faire équilibre
entr'eux que dans une seule situation du Levier XO ainsi
placé au-dessus de cet appui B; & qu'en toute autre situation qu'on lui donne autour de cet appui, le poids
abaissé l'emportera toûjours sur l'autre, jusqu'à ce que
RS soit arrivée au-dessous de ce même appui B dans une
situation parallele à la premiere supposée d'équilibre autour de ce point. On laisse au Lecteur le soin de renver-
ser ainsi ces figures pour ne les pas multiplier inutile-
ment. Mais s'il veut s'en épargner la peine, il n'a qu'à
imaginer les poids E, F, avec des tendances suivant RD,
SP, directement contraires à celles qu'ils avoient suivant
DR, PS, dans le précedent Corol. 48. & ainsi de ces
mêmes poids en $r$, $f$, le raisonnement de ce Corol. 48.
leur fera, dis-je, voir ici comme là, que si ces deux poids
E, F, sont en équilibre dans la position XO du Levier
auquel on les suppose appliquées, en quelqu'autre situation $x\omega$ qu'on mette ce Levier, l'on aura ici comme là
$f.e > Bd.$ $Bp.$ & consequemment ( *Corol.* 5. ) que le poids
F alors en $f$, l'emportera ici sur le poids E alors en $e$; &
toûjours de même jusqu'à ce que le Levier soit tombé au-
dessous de B dans une situation qui y rende $rf$ parallele
à la premiere position RS d'équilibre d'abord supposé,
dans laquelle consequemment il restera au-dessous de B
comme dans le Corol. 48.

Y y ij

## COROLLAIRE L.

Les deux derniers Corol. 48. 49. fe peuvent encore
conclure autrement de ce qui les précede. Pour cela foit
N le point de la ligne RS, fur lequel appuyé ou foûtenu
les poids E, F, demeureroient en équilibre entr'eux dans
une fituation telle qu'on voudra de cette ligne droite regardée comme un Levier auquel ces deux poids feroient appliquez en R, S, par leurs centres de gravité
R, S, dans les Figures 177. 179. 180. ou par leurs
points R, S, de libre fufpenfion dans la Figure. 178.
les directions de ces deux poids étant fuppofées paralleles
entr'elles, ce point N en fera auffi un (*Corol.* 48.) fur lequel appuyé ou foûtenu ces mêmes poids feroient encore
équilibre entr'eux dans toute autre fituation de cette ligne RS, & confequemment auffi du Levier XO auquel
ces deux poids font fuppofez attachez ou fufpendus, c'eft-
à-dire, dans toutes les fituations poffibles de l'une & de
l'autre. Donc dans toutes ces differentes fituations la direction réfultante du concours de ces deux poids E, F,
paffera toûjours (*part.* 2.) par ce point N, & toûjours
(*Corol.* 36. *nomb.* 2.) parallelement à leurs directions,
c'eft-à-dire, verticalement. Donc n'y ayant ici (*Hyp.*)
d'appui qu'en B, ces deux poids ne peuvent (*princ. gener.
Corol.* 2.) demeurer en équilibre entr'eux fur ce point B,
que lorfqu'il fe trouvera dans la verticale qui paffera par
N, ou (ce qui revient au même) feulement lorfque ce
point N fe trouvera dans la verticale qui paffera par B,
telle qu'eft (*conftr.*) BN dans ces figures-ci. Or il eft vifible que de toutes les fituations poffibles de la droite RS,
ou du Levier XO autour de l'appui B, il n'y en a que deux
où le point N de la droite RS puiffe fe rencontrer dans la
verticale menée par ce point fixe B, fçavoir, une au-
deffous de lui, & l'autre directement au-deffus parallele
à celle-là. Donc foit que cet appui B fe trouve au-deffus
de RS comme dans le Corol. 48. ou qu'il fe trouve au-
deffous, comme dans le Corol. 49. il n'y a que ces deux
fituations où le Levier XO puiffe demeurer en repos, &

les poids E, F, en équilibre entr'eux sur cet appui B, sçavoir, lorsque le point N de la ligne RS se trouvera dans la verticale qui passera par cet appui B, soit au-dessous ou au-dessus de cet appui ; & que dans quelqu'autre situation qu'on mette ce Levier, il retombera toûjours au-dessous de l'appui B jusqu'à ce que le point N de la droite RS soit dans la verticale qui passera par ce point B, telle qu'on suppose ici BN. Ce qui comprend à la fois les Corol. 48. 49.

### COROLLAIRE LI.

Suivant cela, le point N étant ici ( *Corol.* 47. ) le centre commun de gravité des poids E, F, de directions ( *Hyp.* ) paralleles entr'elles ; le Levier XO, ni ces deux poids ne s'arrêteront en équilibre sur l'appui B, que lorsque leur centre commun de gravité sera le plus bas ou le plus haut qu'il puisse être au-dessous ou au-dessus de B dans la verticale qui passera par ce point : ainsi lorsque ce centre commun N de gravité ne sera point au plus haut qu'il puisse être, il retombera toûjours au plus bas dans cette verticale, où il demeurera, & y retiendra le Levier avec les poids E, F, en équilibre entr'eux.

### COROLLAIRE LII.

Puisque ( *Corol.* 47. 48. 49. 50. ) deux poids appliquez fixement à un Levier, ne peuvent rester en équilibre dans toutes les situations possibles de ce Levier, que sur un point qui soit entr'eux dans la droite qui passe par leurs centres particuliers de gravité, & qu'il y a toûjours ( *Cor.* 2. 47. ) un tel point dans cette ligne ; leur centre commun de gravité ( *Déf.* 14. ) doit toûjours être dans cette même ligne, & jamais ailleurs, c'est-à-dire, toûjours entr'eux en ligne droite avec leurs centres particuliers de gravité, & diviser toûjours ( *Corol.* 2. 3. ) la distance d'un de ces centres particuliers à l'autre, ou cette ligne en raison reciproque de ces poids : de sorte qu'un tel point de division de la distance de leurs centres particuliers de gravité, fera toûjours ( *Corol.* 47. & *Déf.* 14.) le centre commun de gravité de ces deux poids.

## S C H O L I E.

Les proprietez du Tour, du Treüil, du Vindas & des autres Machines qui y ont rapport, déja démontrées dans la Section 4. fans le fecours d'aucune autre Machine, fe démontrent auffi d'ordinaire par le moyen des Leviers aufquels on les réduit : par exemple, dans les Figures comprifes depuis la 135e. jufqu'à la 146e. inclufivement de part & d'autre, on confidere MAN comme un Levier dont l'appui eft en A, & aux bras AM, AN, duquel le poids P & la puiffance R font perpendiculairement appliquez, c'eft-à-dire, fuivant des directions perpendiculaires à ces bras ; & l'on trouve par ce moyen ( *Th.* 21. *Corol.* 2. ) P. R : : AN. AM. lorfque ce poids P & cette puiffance R font en équilibre fur l'appui A de cette efpece de Machine, ainfi que nous l'avons déja trouvé fans le fecours d'aucune autre dans la Section 4. Th. 19. Corol. 1. & nomb. 2. du Corol. 3. En réduifant ainfi en Leviers le Tour, le Treüil, & les autres Machines qui y ont rapport, le prefent Th. 21. avec fes Corollaires pourroit fervir de même à démontrer tout le contenu de cette Sect. 4. Mais auffi reciproquement cette Section pourroit-elle fervir à démontrer ce Théoreme avec fes Corollaires, en regardant au contraire les Leviers comme faits de bras de Tour, de Vindas, &c. l'indépendance de toutes ces Machines entr'elles, eft ce qui m'a porté à les démontrer idépendamment les unes des autres, le précedent principe general convenant également & immédiatement à toutes fortes de Machines, fans être obligé de fe forcer l'imagination à les transformer ainfi d'une efpece en une autre.

*Fig.*135.<br>& fuivantes<br>jufqu'à146.

## THEOREME XXII.

*Fig.* 153.<br>& fuivantes<br>jufqu'à167.

*En cas d'équilibre dans les Figures précedentes Th.* 21. *entre les puiffances E, F, fur l'appui B du Levier quelconque*

*MN*, auquel elles sont appliquées suivant des directions aussi
quelconques; si d'un des angles *R* ou *S* du parallelogramme
*ARGS*, par exemple, de l'angle *R* on mene *RK* perpendiculaire en *K* sur la diagonale *AG* prolongée.

I. *Les efforts de ces deux puissances* E., F, *sur l'appui* B
*suivant sa direction* AB *ou* BA, *seront toûjours entr'eux en
raison de* AK *à* KG.

II. *Chacun de ces efforts sera aussi toûjours à la charge de
cet appui résultante de leur somme ou de leur difference, comme chacune de leurs expressions* AK, KG, *sera à la diagonale
AG du parallelogramme ARGS.*

### DEMONSTRATION.

PART. I. Après avoir aussi mené SL perpendiculaire
en L sur la diagonale AG prolongée, soient appellez K,
L, les efforts que les puissances E, F, font ( selon Lem. 3.
part. 2.) sur l'appui B suivant cette diagonale AG, laquelle en ce cas d'équilibre passe ( *Th.* 21. *part.* 4.) par ce
point d'appui B. Ce même Lem. 3. part. 2. fait voir que
K. E:: AK. AR. Et F. L:: AS. AL. De plus la part. 3. &
le Corol. 1. du Th. 21. fait voir aussi que E. F:: AR. AS.
De sorte qu'en ce present cas d'équilibre,

L'on aura toûjours $\begin{cases} \text{K. E:: AK. AR.} \\ \text{E. F:: AR. AS.} \\ \text{F. L:: AS. AL.} \end{cases}$

Donc ( en multipliant par ordre ) K. L:: AK. AL. Mais
les triangles ( *constr.* ) semblables GRK, ALS, ayant GR
=AS à cause du parallelogramme ARGS, ont pareillement AL=KG. Donc aussi K. L:: AK. KG. *Ce qu'il falloit* 1°. *démontrer.*

PART. II. Puisque ( *part.* 1. ) K. L:: AK. KG. ou L. K::
KG. AK. l'on aura pareillement ici L+K. K:: KG+AK.
AK. sçavoir, L+K. K:: KG+AK. AK:: AG. AK. dans
les Fig. 153. 154. 155. 156. 157. 158. 159. 160.
161. 167. Et L—K. K:: KG—AK. AK:: AG. AK. dans

les Fig. 162. 163. 164. 165. 166. Donc la charge de
l'appui B réfultante de la fomme ou de la différence des
efforts K, L, que les puiffances E, F, font fur lui en même fens dans les premieres de ces Figures, étant $= L + K$;
& étant $= L - K$ dans les autres Figures où ces efforts
K, L, font directement contraires : la charge de l'appui B
réfultante du concours des puiffances E, F, en équilibre
( *Hyp.* ) fur lui, c'eft-à-dire, réfultante de la fomme ou
de la différence des efforts K, L, que ces deux puiffances
font fur lui fuivant une même ligne droite AB, fera toûjours ici à un tel effort K de la puiffance E : : AG. AK.
Or ( *part.* 1. ) K. L : : AK. AL. Donc ( en raifon ordonnée)
cette charge de l'appui B fera auffi toûjours à l'effort L
de la puiffance F : : AG. AL. Par conféquent en appellant
B cette charge de l'appui B, l'on aura par tout ici B. K : :
AG. AK. & B. L : : AG. AL. ou K. B : : AK. AG. & L. B
: : AL. AG. c'eft-à-dire, que chacun des efforts K, L,
des puiffances E, F, fur l'appui B de leur équilibre entre-
elles, fera par tout ici à la charge de cet appui, réfultante de la fomme ou de la différence de ces efforts, comme
chacune des expreffions ( *part.* 1. AK, AL ou KG, fera à
la diagonale AG du parallelogramme ARGS. *Ce qu'il*
*falloit* 2°. *démontrer.*

C o r o l l a i r e I.

La *part.* 1. donnant K. L : : AK. KG. & les triangles
( *conftr.* ) rectangles femblables AKR, GLS ; & ALS,
GKR, ayant ( de même que le parallelogramme ARGS )
AR = GS, AS = GK, auront auffi KR = LS, AL = GK ;
& conféquemment, fi l'on prolonge KR jufqu'à la rencontre de AF en V, l'on aura ici KV. KR : : KV. LS : :
AK. AL : : AK. KG : : K. L. Mais en prenant AK pour le
rayon, la Déf. 10. fait voir que KV, KR, font les tangentes des angles VAK, RAK, ou de leurs égaux ou complemens FAB, EAB. Donc les efforts K, L, des puiffances E, F, fur l'appui B fuivant fa direction AB ou BA, en
cas d'équilibre entr'elles fur cet appui, feront auffi toûjours

jours entr'eux comme ces tangentes KV, KR des angles
FAB, EAB, compris entre chacune des directions AE, AF,
de ces puissances, & la direction AB de la charge (*Th.* 21.
*Corol.* 35.) de l'appui B de leur équilibre entr'elles.

## COROLLAIRE II.

La part. 2. fait aussi voir que chacune de ces puissances
E, F, en équilibre (*Hyp.*) sur l'appui B, contribue à la
charge de cet appui, lorsqu'elles conspirent ensemble à
le charger, comme dans les Fig. 154. 155. 156. 157.
158. 159. 160. 161. 167. ou de combien l'une lui
aide à soûtenir l'effort de l'autre sur lui, lorsqu'elles le
pressent à contre-sens, comme dans les autres Fig. 162.
163. 164. 165. 166. cette partie 2. fait, dis - je,
voir que la perpendiculaire RK sur la diagonale AG
prolongée, donne toûjours AK à KG, comme ce que la
puissance E a de part à la charge de cet appui B, est à ce
que la puissance F y en a dans le premier cas ; ou comme
ce que la puissance E soûtient de l'effort de la puissance F
sur cet appui, est à ce même effort de la puissance F.

Cette part. 2. fait voir de plus que la perpendiculaire
SL sur la même diagonale AG prolongée, donne aussi
GL à AL en cette même raison ; puisque les triangles
(*constr.*) semblables AKR ; GLS ; & ALS, GKR, ayant
AR=GS, & AS=GR, à cause du parallelogramme
ARGF, ont aussi GL=AK, & AL=KG.

## COROLLAIRE III.

Suivant cela, & suivant la part. 3. & les Corol. 1. 3. 5
du Th. 21. deux puissances quelconques, appliquées à
un Levier aussi quelconque MN suivant telles directions
qu'on voudra, étant supposées en équilibre entr'elles sur
l'appui B de ce Levier ; si l'on mene de cet appui au concours A de ces directions une droite AB, sur laquelle
prolongée (s'il est necessaire) soit la diagonale AG d'un
parallelogramme ARGS fait de côtez AR, AS, pris sur
ces mêmes directions des puissances E, F ; & qu'ensuite

de son angle R on mene RK perpendiculaire en K sur cette diagonale AG prolongée: l'on aüra tout à la fois,

1°. Par la part. 3. & le Corol. 1. du Th. 21. les puissances E, F, entr'elles comme les côtez AR, AS, correspondans du parallelogramme ARGS; & chacune à la charge de l'appui B, résultante de leur concours, comme chacun de ses côtez AR, AS, est à la diagonale AG de ce parallelogramme.

2°. Par le Corol. 35. du Th. 21. l'on aura AB ou BA, en un mot AG pour la direction de cette charge de l'appui B.

3°. Par le précedent Corol. 2. les parties AK, KG ou GL, LA, de la diagonale AG prolongée entr'elles comme ce que les puissances E, F, contribuent à cette charge de l'appui B, lorsqu'elles conspirent ensemble à le charger; ou comme ce que la puissance E soûtient de l'effort de la puissance F, est à ce même effort de cette puissance F.

C O R O L L A I R E  IV.

Ayant ici (*part.* 2.) K. B:: AK. AG. Et L. B:: AL. AG. Outre (*Lem.* 3. *Corol.* 1. *nomb.* 3.) E. K:: AR. AK. Et F. L:: AS. AL. la premiere & la troisiéme de ces quatre analogies donneront (en raison ordonnée) E. B:: AR. AG. la seconde & la quatriéme donneront de même F. B:: AS. AG. Donc en cas d'équilibre entre les puissances E, F, sur l'appui B, chacune d'elles sera toûjours à la charge de cet appui, résultante de leur concours d'action sur lui, comme chacun des côtez AR, AS, sont à la diagonale AG du parallelogramme ARGS qui a ses côtez sur les directions de ces puissances, & sa diagonale sur une ligne droite menée du concours A de ces directions sur l'appui B, conformément à la part. 3. du Th. 21.

*Tous les Corollaires tirez de cette partie 3. du Th. 21. pourroient être pareillement déduits de ce Corol. 4. les Corollaires du Th. 2. font aussi voir qu'on en pourroit encore tirer de pareils de celui-ci. Tout cela est presentement trop aisé pour s'y arrêter davantage.*

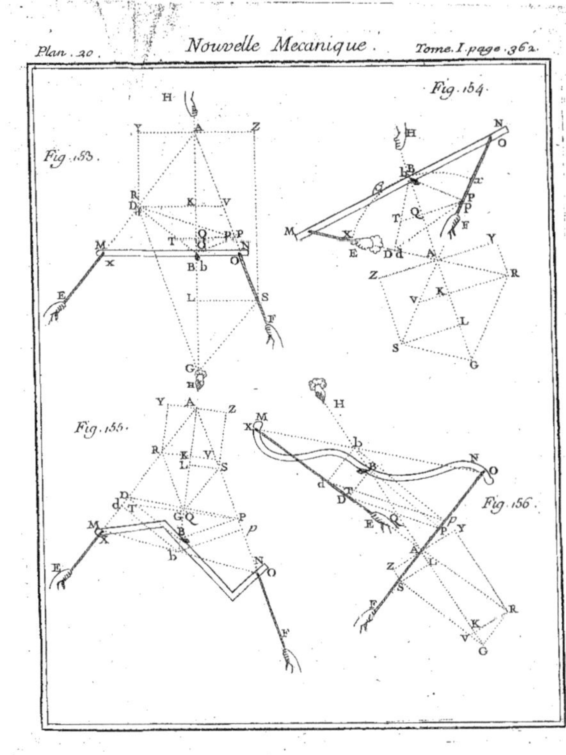
Fig. 154.
Fig. 153.
Fig. 155.
Fig. 156.

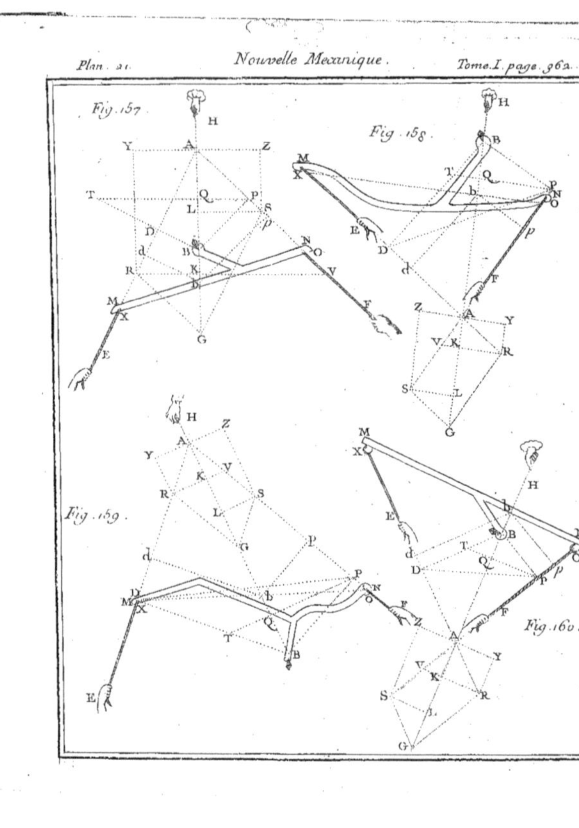


Plan. 21.
Nouvelle Mexanique.
Tome. I. page. 362.
Fig. 157.
Fig. 158.
Fig. 159.
Fig. 160.

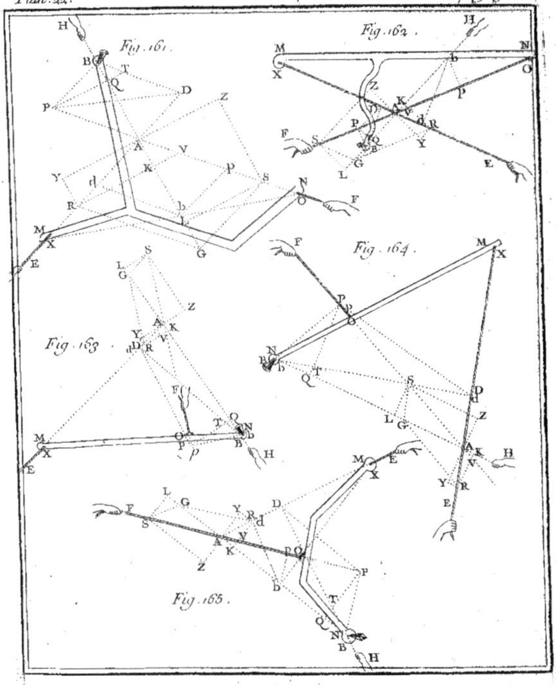

Plan. 22.
Nouvelle Mecanique.
Tome. I. pag. 362.
Fig. 161.
Fig. 162.
Fig. 163.
Fig. 164.
Fig. 165.

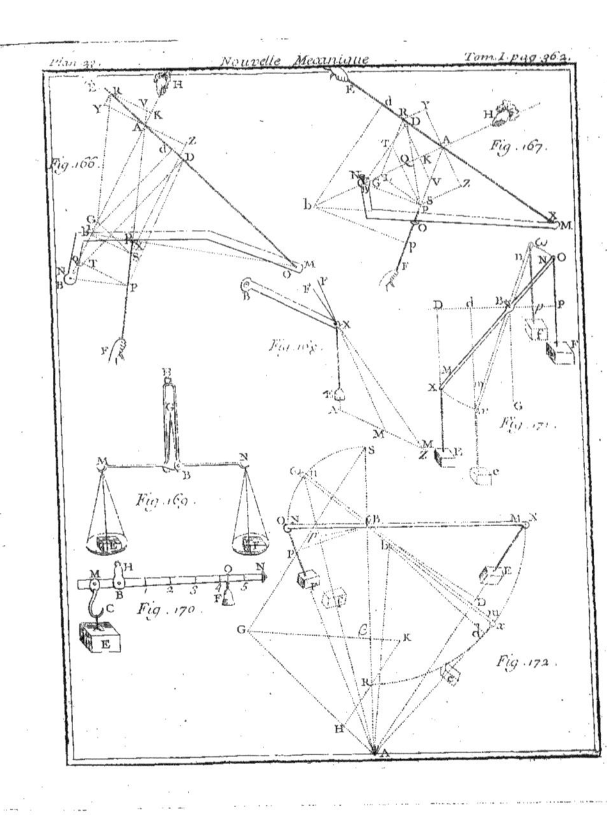

Plan 31.
Nouvelle Mecanique
Tom. I. pag. 362.
Fig. 166.
Fig. 167.
Fig. 168.
Fig. 169.
Fig. 170.
Fig. 171.
Fig. 172.

## Sᴄʜᴏʟɪᴇ.

Si l'on imagine les parallelogrammes rectangles AKRY, ALSZ, dont les diagonales AR, AS, soient sur les directions AE, AF, des puissances E, F, depuis leur concours A : les forces absolues de ces puissances suivant ces directions, étant composées ( *Lem. 3. Corol. 6.* ) chacune de deux autres suivant AK, AY, pour la premiere E, & suivant AL, AZ, pour la seconde F ; on verra comme dans la part. 3. du Lem. 3. que de ces quatre forces composantes, les deux suivant AY, AZ, toûjours égales & directement opposées entr'elles, se détruisent ou se soûtiennent toûjours mutuellement, & que les deux autres composantes suivant AK, AL, se trouvent aussi détruites ou soûtenues par la résistance invincible de l'appui B placé dans leur direction commune AG, lorsqu'elles agissent en même sens suivant cette direction ; ou par la résistance de cet appui aidé de la plus foible, lorsqu'elles agissent en sens contraires suivant cette même direction AG : de sorte que pour lors les composées E, F, le sont aussi toûjours, & consequemment hors d'état de faire pancher le Levier MN d'aucun côté, ainsi qu'on l'a déja vû dans la part. 5. du Th. 21.

## THEOREME XXIII.

Soient deux puissances quelconques E, F, appliquées en X, O, au Levier droit MN de situation quelconque, suivant des directions XE, OF, qui prolongées concourent en tel point A qu'on voudra.

Fɪɢ. 181. & suivantes jusqu'à 186.

I. Si ces deux puissances E, F, ainsi appliquées au Levier MN, sont en équilibre entr'elles sur quelque point B de ce Levier, l'on aura toûjours alors E . F :: AX×BO . AO×BX.

II. Reciproquement si ces deux puissances E, F, appliquées ( comme ci-dessus ) au Levier MN, sont entr'elles en cette raison ; elles feront équilibre entr'elles sur le point B de ce Levier.

Y y ij

## DEMONSTRATION.

PART. I. Soit menée BA prolongée vers G ; & autour de sa partie quelconque AG, comme diagonale, soit le parallelogramme ARGS fait de côtez AR, AS, pris sur les directions prolongées AX, AO, des puissances E, F. Cela fait, si l'on y ajoûte par R la droite RV parallele à ce Levier MN, & qui prolongée rencontre BG, OS, en K, V; les triangles XAO, RAV; BAO, KAV; BAX, KAR, AKV, GKR, qu'on voit ici ( *constr.* ) semblables entr' eux deux à deux, donneront AX, AO :: AR. AV. Et BO. BX :: KV. KR :: AV. GR :: AV. AS. c'est-à-dire,

$$\begin{cases} AX.\ AO :: AR.\ AV. \\ BO.\ BX :: AV.\ AS. \end{cases}$$

Donc ( en multipliant par ordre ) AX×BO. AO×BX :: AR×AV. AS×AV :: AR. AS. Or en cas d'équilibre entre les puissances E, F, sur l'appui B du Levier MN, l'on en ce cas d'équilibre l'on aura aussi toûjours ici E. F :: AX×BO. AO×BX. *Ce qu'il falloit* 1°. *démontrer.*

*Autrement.* En prenant ſ pour la marque ou la caracteristique des sinus, la Trigonométrie donnera ſBAO. ſABO :: BO. AO. Et ſABX. ſBAX :: AX. BX. Donc les angles ABX, ABO, égaux entr'eux, ou complemens l'un de l'autre à deux droits, rendant ( *Déf. 9. Corol. 2.* ) leurs sinus ſABX, ſABO, égaux entr'eux ; l'on aura ici ( en multipliant par ordre les deux analogies précedentes) ſBAO. ſBAX :: AX×BO. AO×BX. Or l'équilibre ici supposé entre les puissances E, F, y donne ( *Th. 21. Cor. 11. nomb. 1.* ) E. F :: ſBAO. ſBAX. Donc en ce cas d'équilibre, l'on aura toûjours ici E. F :: AX×BO. AO×BX. *Ce qu'il falloit encore* 1°. *démontrer.*

PART. II. Reciproquement si l'on suppose ici E. F :: AX×BO. AO×BX, il y aura ici équilibre entre ces deux puissances E, F, sur l'appui B du Levier MN, auquel elles soient appliquées comme ci-dessus. Car la constru-

&ion demeurant la même ici que là, l'on aura encore ici comme là ( *démonſtrat.* 1. *de la part.* 1. ) AX×BO. AO×BX :: AR. AS. Donc on aura ici E. F:: AR. AS. Par conſequent ( *Th.* 21. *part.* 6. ) ces deux puiſſances E, F, demeureront ici en équilibre entr'elles ſur le point B du Levier MN, par lequel paſſe la diagonale AG prolongée du parallelogramme ARGS, fait de côtez AR, AS, pris ſur les directions AX, AO prolongées de ces deux puiſſances E, F. *Ce qu'il falloit* 2°. *démontrer.*

*Autrement.* La conſtruction donnera ici ( comme dans la démonſtration 2. de la part. 1. ) ſBAO. ſBAX :: AX×BO. AO×BX. Donc ſuivant l'hypotheſe qu'on fait ici de E. F :: AX×BO. AO×BX. l'on y aura E. F :: ſBAO. ſBAX. Par conſequent ( *Th.* 21. *Corol.* 11. *nomb.* 2. ) ces deux puiſſances E, F, ſeront ici en équilibre entr'elles ſur l'appui B du Levier MN auquel on les ſuppoſe appliquées. *Ce qu'il falloit encore* 2°. *démontrer.*

<h3 style="text-align:center">COROLLAIRE I.</h3>

Le cas d'équilibre entre les poids E, F, ſur le point B de leur Levier XO, donnant toûjours ici ( *part.* 1. ) E. F :: AX×BO. AO×BX. Et conſequemment E×AO×BX=F× AX×BO. l'on y aura auſſi toûjours alors BX. BO :: F× AX. E×AO. c'eſt-à-dire, que l'appui de cet équilibre diviſera toûjours le Levier droit XO en deux bras BX, BO, qui ſeront entr'eux en raiſon compoſée de la reciproque des poids E, F, & de la directe de leurs diſtances AX, AO, au centre A de la Terre.

<h3 style="text-align:center">COROLLAIRE II.</h3>

Reciproquement dans la même hypotheſe de la peſanteur de chaque poids en raiſon de ſa diſtance au centre de la Terre, auquel il tende toûjours, deux tels poids E, F, ſeront toûjours en équilibre ſur le point B qui diviſera leur Levier XO en cette raiſon de BX. BO :: F×AX. E× AO. Puiſque cette raiſon ou proportion donnant E×AO ×BX=F×AX×BO, l'on aura pour lors E. F :: AX×BO.

Z z iij

AO×BX. Ce qui (*part. 2.*) rend toûjours ici ces deux poids E, F, en équilibre entr'eux sur ce point B.

### C o r o l l a i r e  III.

Fig. 187. & suivantes jusqu'à 192. Tout ce qu'on voit des précedentes Fig. 181. 182. 183. 184. 185. 186. dans les presentes Fig. 187. 188. 189. 190. 191. 192. demeurant les mêmes ici que là, si l'on y ajoûte BH, BL qui fassent en B avec XO les angles XBH=XAB, OBL=OAB;

1°. La part. 1. fait voir qu'en cas d'équilibre entre les puissances E, F, sur l'appui B, on aura toûjours E. F:: BL. BH. Car les triangles semblables AXB, BXH; AOB, BOL, résultans de la presente supposition des angles XBH=XAB, OBL=OAB, donneront AX. AB:: BX. BH. Et AB. AO:: BL. BO. D'où résulte (en multipliant par ordre) AX. AO:: BX×BL. BO×BH. Ce qui donne AX×BO×BH=AO×BX×BL; & consequemment BL. BH:: AX×BO. AO×BX. Or en ce cas d'équilibre des puissances E, F, sur l'appui B du Levier MN, auquel elles sont (*Hyp.*) appliquées en X, O, suivant des directions concourantes en A; la part. 1. donne E. F:: AX× BO. AO×BX. Donc en ce même cas l'on aura aussi E. F:: BL. BH. ainsi qu'on le vient d'avancer.

2°. La part. 2. fait reciproquement voir que si E. F:: BL. BH. Ces deux puissances E, F, appliquées comme ci-dessus aux points X, O, du Levier MN, seront en équilibre entr'elles sur l'appui B de ce Levier: car la construction demeurant ici la même que dans le precedent nomb. 1. l'on aura encore ici comme là, BL. BH:: AX×BO. AO×BX. Donc la presente hypothese donnant ici E. F:: BL. BH. l'on y aura pareillement E. F:: AX× BO. AO×BX. Par consequent (*part. 2.*) ces deux puissances E, F, seront ici en équilibre entr'elles sur le point B du Levier MN, auquel on les suppose appliquées comme ci-dessus.

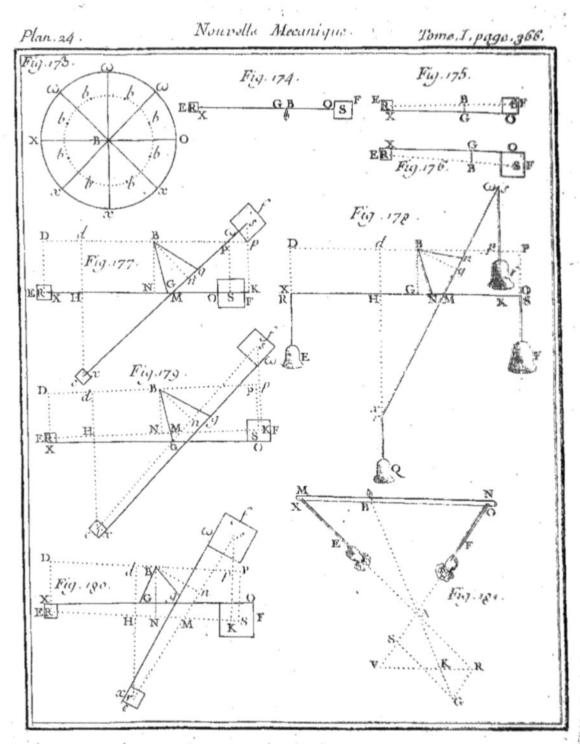

Fig. 173.
Fig. 174.
Fig. 175.
Fig. 176.
Fig. 177.
Fig. 178.
Fig. 179.
Fig. 180.
Fig. 181.

## C O R O L L A I R E  IV.

Pour voir prefentement l'accord du précedent Corol. 1.
avec les Corol. 2. 3. du Th. 21. dans lefquels ayant mené BD, BP, perpendiculaires aux directions XE, OF,
des puiſſances E, F, l'on a vû que le cas d'équilibre entre ces deux puiſſances ſur un point quelconque B de
leur Levier MN, donne toûjours E.F∷BP.BD. Et reciproquement que ce rapport rend toûjours ces deux puiſſances E, F, en équilibre entr'elles ſur cet appui B. Cela
joint au précedent Corol. 3. fait voir que l'on doit toûjours avoir ici BP. BD∷BL. BH. quoique les deux triangles PBL, DBH, ne ſoient point ſemblables entr'eux. Pour
voir (dis-je) cet accord, voici comment il réſulte du
preſent Th. 23.

1°. Que E. F∷BP. BD. en cas d'équilibre entre les
puiſſances E, F, ſur le point B de leur Levier MN ; car
la Trigonométrie fait voir (en prenant encore ici ſ pour
la marque des ſinus) que AX. BX∷ ſABX. ſBAX. Et
BO. AO∷ ſBAO. ſABO. Ce qui (en multipliant par
ordre) donne AX×BO. AO×BX ∷ ſABX×ſBAO.
ſABO×ſBAX ( à cauſe de ſABX=ſABO )∷ ſBAO.
ſBAX ( en prenant AB pour ſinus total) ∷ BP. BD. Or
la part. 1. fait voir qu'en cas d'équilibre entre les puiſſances E, F, ſur l'appui B du Levier MN, auquel on les
ſuppoſe appliquées, l'on aura toûjours E. F∷ AX×BO.
AO×BX. Donc en ce cas d'équilibre cette part. 1. donne auſſi toûjours E. F∷BP. BD. de même que le Corol.
2. du Th. 21. ainſi qu'il le falloit 1°. faire voir.

2°. La part. 2. fait reciproquement voir que ce rapport rend toûjours ces deux puiſſances E, F, en équilibre entr'elles ſur le point B de leur Levier MN. Car ſi
E. F∷BP. BD∷ ſBAO. ſBAX. l'égalité ſABX=ſABO
rendra pour lors E. F∷ ſABX×ſBAO. ſABO×ſBAX.
( en raiſonnant comme dans le précedent nomb. 1.)
∷ AX×BO. AO×BX. Donc ( part. 2.) les puiſſances E,
F, ſuppoſées en raiſon de BP à BD, ſeront ici en équili-

bre entr'elles ( comme dans le Corol. 3. du Th. 21. ) sur l'appui B déterminé par ce rapport. Ce qu'il falloit aussi 2°. faire voir.

## COROLLAIRE V.

Puisque ( *part.* 1. ) en cas d'équilibre sur l'appui B du Levier MN entre les puissances E, F, qui ( *Hyp.* ) y sont appliquées en X, O, avec des directions concourantes en A, l'on aura toûjours E. F :: AX×BO. AO×BX. & que reciproquement ( *part.* 2. ) il y aura toûjours équilibre sur le même appui B entre cés deux puissances E, F, tant qu'elles seront entr'elles en ce rapport : il suit,

1°. Que si BX=BO, quelques soient AX, AO, l'équilibre entre les puissances E, F, sur l'appui B, donnera toûjours ( *part.* 1. ) E. F :: AX. AO. Et reciproquement que dans cette hypothese de BX=BO, ce rapport entre ces deux puissances E, F, les mettra toûjours ( *part.* 2. ) en équilibre entr'elles sur le même appui B.

2°. Que si AX=AO, comme lorsque le point A est infiniment éloigné du Levier MN, & que ces directions AX, AO, sont consequemment ( *Lem.* 6. *Corol.* 1. ) paralleles entr'elles ; l'équilibre sur l'appui B entre les puissances E, F, donnera toûjours alors ( *part.* 1. ) E. F :: BO, BX. Et reciproquement ( *part.* 2. ) que ce rapport les mettra toûjours en équilibre entr'elles sur le même appui B dans ce cas de leurs directions paralleles entr'elles. Tout ceci s'accorde encore pour ce cas avec les Corol. 2. 3. du Th. 21.

## COROLLAIRE VI.



Si au lieu des puissances E, F, des Fig. précedentes, on suppose ici deux poids ou deux points pesans E, F, appliquez aux extrêmitez X, O, du Levier droit XO suivant des directions XA, OA, qui concourent en un point quelconque A, qui soit ( si l'on veut ) le centre de la Terre, auquel point nous allons presentement supposer que tous les poids tendent.

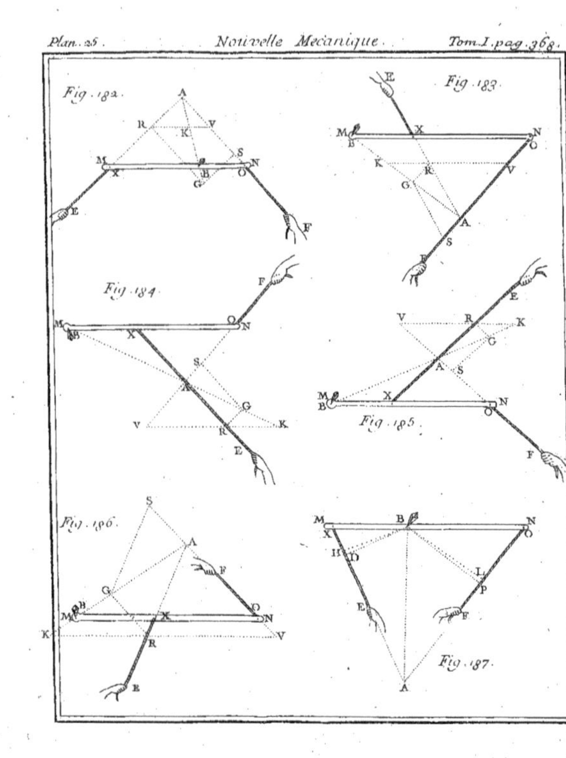

Plan. 25.
Nouvelle Mecanique.
Tom.I.pag.368.
Fig. 182.
Fig. 183.
Fig. 184.
Fig. 185.
Fig. 186.
Fig. 187.

1°. En cas d'équilibre entre ces deux poids quelconques E , F , fur tel point B que l'on voudra de leur Levier XO , la part. 1. fait voir que l'on aura toûjours E. F ::
AX×BO. AO×BX.

2°. La part. 2. fait reciproquement voir que fi ces deux poids E , F , font entr'eux en ce rapport , ils feront en équilibre entr'eux fur le point B de leur Levier XO.

3°. Si après avoir mené BA , on fait les angles XBH=
XAB , OBL=OAB , le nomb. 1. du Corol. 3. fait voir qu'en cas d'équilibre entre les poids F , F , fur le point B de leur Levier XO , l'on aura toûjours E. F :: BL. BH.

4°. Le nomb. 2. du même Corol. 3. fait reciproquement voir que fi E. F :: BL. BH. ces deux poids E , F , feront en équilibre entr'eux fur le point B de leur Levier XO.

## C O R O L L A I R E  V I I.

Les poids E , F , étant fixement appliquez aux extrêmi- F I G. 195.
tez du Levier droit XO , comme on les voit dans les Fig. 196. 197.
195. 196. 197. & de directions toûjours concourantes
au centre A de la Terre , fi l'on suppose que la pefanteur
de chacun d'eux varie en raison de fes differentes diftances à ce centre ; en forte que quelque fituation $x\omega$ qu'on
donne au Levier XO , en faifant paffer les poids E , F , en
$e , f$ , la pefanteur du poids E en X , foit en ce qu'il en aura
en $x$ , comme XA à $x$A ; & que celle du poids F en O , foit
à ce qu'il en aura en $\omega$ , comme OA à $\omega$A : il fuit du precedent Corol. 6. que quelques foient d'ailleurs les pefanteurs d'un de ces poids à celles de l'autre , s'ils font en
équilibre entr'eux en X , O , fur le point B du Levier XO ,
ils feront encore en équilibre entr'eux en $x$ , $\omega$ , fur le même point B paffé en $b$ dans toute autre fituation $x\omega$ de ce
Levier , laquelle donne par tout $bx=$BX , & $b\omega=$BO.

Car en prenant encore ici E , F , pour les pefanteurs
totales de ces deux poids en X , O , & $e , f$ , pour ce qu'ils
en ont en $x$ , $\omega$ , la prefente hypothefe de E. $e$ :: AX. A$x$.

& de F. $f$ :: AO. A$\omega$. donnera $E=\dfrac{e\times AX}{Ax}$ , & $F=\dfrac{f\times AO}{A\omega}$. Or

A a a

l'équilibre fuppofé en XO fur le point B, donne ( *Corol.* 6. *nomb.* 1.) E. F :: AX. ×BO. AO×BX ( à caufe de BO $=$ $b\omega$, & de BX $= bx$ ) :: AX×$b\omega$. AO×$bx$. Donc auffi $\dfrac{e\times AX}{Ax}$ $\dfrac{f\times AO}{A\omega}$ :: AX×$b\omega$. AO×$bx$. c'eft-à-dire ( en divifant les deux antecedens par $\dfrac{AX}{Ax}$; & les deux confequens par $\dfrac{AO}{A\omega}$ ) $e.f$ :: A$x$×$b\omega$. A$\omega$×$bx$. Par confequent ( *Corol.* 6. *nomb.* 2.) les mêmes corps E, F, des pefanteurs ( *Hyp.* ) variables en raifon de leurs diftances au centre A de la Terre, lefquels étoient ( *Hyp.* ) en équilibre en X, O, fur le point B du Levier XO, feront encore en équilibre entr'eux en $x$, $\omega$, fur le même point B paffé en $b$, de ce Levier paffé en toute autre fituation $x\omega$.

## Corollaire VIII.

Si prefentement on imagine le centre A, auquel on fuppofe que les poids E, F, ou $e$, $f$, tendent toûjours, infiniment éloigné d'eux ; leurs directions fe trouvant alors ( *Lem.* 6. *Corol.* 1.) toutes paralleles entr'elles, & les diftances de ces poids à ce centre toutes égales entr'elles, confequemment la pefanteur de chacun d'eux toûjours la même dans l'hypothefe qu'on fait ici ( comme dans le précedent Corol. 7.) en raifon des diftances des poids au centre de la Terre ; il fuit du précedent Corol. 7. que fi deux poids quelconques de directions toûjours paralleles entr'elles ; & de pefanteurs toûjours les mêmes, font équilibre entr'eux fur un point quelconque d'un Levier auquel ils foient appliquez, ils fe trouveront de même toûjours en équilibre entr'eux fur ce point de ce Levier dans toute autre fituation de ce même Levier, ainfi qu'on l'a déja vû d'une autre maniere dans le Corol. 40. du Th. 21.

## COROLLAIRE IX.

Donc ( *Corol.* 7. 8. ) un Levier droit chargé de deux
poids quelconques à ses extrêmitez, ayant toûjours ( *Th.*
21. *part.* 6. ) un point sur lequel ces deux poids demeureront en équilibre entr'eux ; il aura aussi toûjours un
point ( qui sera celui-là ) sur lequel cet équilibre se con-
servera toûjours, quelques differentes situations qu'on
donne à ce Levier, soit que ces poids de pesanteurs ( *Hyp.* )
proportionnelles dans chacun d'eux à ses differentes distances du centre de la Terre, auquel on les suppose toûjours tendre, ayent leurs directions concourantes, ou
( *Lem.* 6. *Corol.* 1. ) paralleles entr'elles, selon que ce
centre sera finiment ou infiniment éloigné d'eux. Par
consequent ce point ou appui d'équilibre perpetuel sur la
ligne droite qui enfile ces poids par leurs centres de forces particulieres, principes de leurs directions, s'appellant ( *Déf.* 14. ) *centre de gravité* commun à ces deux poids;
il suit que deux poids quelconques, soit ( *Corol.* 7. ) de directions concourantes toutes au centre de la Terre avec
des pesanteurs proportionnelles pour chacun d'eux aux
differentes distances finies de ce centre à lui, soit ( *Corol.*
8. ) de directions toutes paralleles entr'elles avec des pesanteurs constantes, & toûjours les mêmes, doivent toûjours avoir entr'eux un centre commun de gravité dans
une ligne droite menée par leurs centres de forces particulieres, sur lequel ces deux poids fixes aux extrêmitez
de cette ligne droite inflexible & sans pesanteur demeureroient toûjours en équilibre entr'eux, quelque varieté
de situations qu'on donnât à cette ligne droite ainsi prise pour un Levier.

## COROLLAIRE X.

Donc tout poids de l'une ou de l'autre de ces deux hy-
pothefes pouvant être regardé comme ainsi fait de deux
autres, ou de deux parties ainsi en équilibre entr'elles
sur quelqu'un de ses points, quelque situation qu'on lui

A a ij

donne ; il suit neceſſairement de-là ( *Corol.* 9. ) qu'il n'y a
point de poids qui dans l'une & dans l'autre de ces deux
hypotheſes, n'ait un centre de gravité toûjours le même ;
c'eſt-à-dire, un point toûjours le même, ſur lequel ap‑
puyé ou ſoutenu, il ne demeurât en repos, quelque ſitua‑
tion qu'on lui donnât autour de ce point fixe, ainſi qu'on
l'a déja vû dans le *Corol.* 42. du *Th.* 21. pour les poids
de la ſeconde de ces deux hypotheſes, qui eſt de poids
faits de parties toutes de peſanteurs conſtantes & de dire‑
ctions toutes paralleles entr'elles.

S C H O L I E.

FIG. 195.
196.

I. Le *Corol.* 7. qui vient de donner ces centres de gra‑
vité par le moyen des *Corol.* 8. 9. 10. qui en réſultent,
ſe peut encore démontrer par le moyen du *Corol.* 11.
du *Th.* 21. Pour cela, après avoir mené les droites AB,
A$b$, dans les *Fig.* 195. 196. ſoit encore priſe ∫ pour la
caractériſtique des ſinus, la Trigonométrie donnera AO.
AX :: ∫AXO. ∫AOX :: ∫AXB. ∫AOB. Et A$x$. A$\omega$ : ∫A$\omega x$.
∫A$x\omega$ :: ∫A$\omega b$. ∫A$xb$. Donc ( en multipliant par ordre ).
AO×A$x$. AX×A$\omega$ :: ∫AXB×∫A$\omega b$. ∫AOB×∫A$xb$. Or en
prenant E, $e$, pour les peſanteurs du même corps E en
ces points, & F, $f$, pour les peſanteurs du même corps F
en ces autres points, l'on aura ( *Hyp.* ) F. $f$ :: AO. A$\omega$. Et
$e$. E :: A$x$. AX. Ce qui ( en multipliant par ordre ) donne
F×$e$. E×$f$ :: AO×A$x$ :: AX×A$\omega$. Donc on aura auſſi F×$e$.
E×$f$ :: ∫AXB×∫A$\omega b$. ∫AOB×∫A$xb$(H).

Or la Trigonométrie donne pareillement BX. AB ::

$$\int\mathrm{BAX}.\ \int\mathrm{AXB}=\frac{\mathrm{AB}\times\int\mathrm{BAX}}{\mathrm{BX}}.\ \text{Deplus BO. AB ::}\ \int\mathrm{BAO}.$$

$$\int\mathrm{AOB}=\frac{\mathrm{AB}\times\int\mathrm{BAO}}{\mathrm{BO}}.\ \text{Deplus encore } b\omega.\ \mathrm{A}b ::\ \int b\mathrm{A}\omega.\ \int\mathrm{A}\omega b$$

$$=\frac{\mathrm{A}b\times\int b\mathrm{A}\omega}{b\omega}.\ \text{Et enfin } bx.\ \mathrm{A}b ::\ \int b\mathrm{A}x.\ \int\mathrm{A}xb=\frac{\mathrm{A}b\times\int b\mathrm{A}x}{bx}.$$

$$\text{Par conſequent } \int\mathrm{AXB}.\ \int\mathrm{AOB} ::\ \frac{\mathrm{AB}\times\int\mathrm{BAX}}{\mathrm{BX}}.\ \frac{\mathrm{AB}\times\int\mathrm{BAO}}{\mathrm{BO}} ::$$

$$\frac{\int \mathrm{BAX}}{\mathrm{BX}} \cdot \frac{\int \mathrm{BAO}}{\mathrm{BO}}. \quad \text{Et } \int \mathrm{A}\omega b. \; \int \mathrm{A}xb :: \frac{\mathrm{A}b \times \int b\mathrm{A}\omega}{b\omega} \cdot \frac{\mathrm{A}b \times \int b\mathrm{A}x}{bx} ::$$

$$\frac{\int b\mathrm{A}\omega}{b\omega} \cdot \frac{\int b\mathrm{A}x}{bx}.$$

Par conséquent aussi $\int \mathrm{AXB} \times \int \mathrm{A}\omega b. \; \int \mathrm{AOB} \times$

$$\int \mathrm{A}xb :: \frac{\int \mathrm{BAX} \times \int b\mathrm{A}\omega}{\mathrm{BX} \times b\omega} \cdot \frac{\int \mathrm{BAO} \times \int b\mathrm{A}x}{\mathrm{BO} \times bx}$$

( la supposition de $\mathrm{BX} = bx$, $\mathrm{BO} = b\omega$, rendant $\mathrm{BX} \times b\omega = \mathrm{BO} \times bx$ ) $:: \int \mathrm{BAX} \times \int \mathrm{BA}\omega.$ $\int \mathrm{BAO} \times \int b\mathrm{A}x.$

Donc suivant la précédente analogie H, l'on aura toûjours ici E$\times e$. E$xf :: \int \mathrm{BAX} \times \int b\mathrm{A}\omega. \int \mathrm{BAO} \times \int b\mathrm{A}x$. Or l'équilibre supposé entre les poids en E, F, sur l'appui B, donne (*Th.* 21. *Corol.* 11. *nomb.* 1.) F. E $:: \int \mathrm{BAX}. \int \mathrm{BAO}$. Donc, en divisant par ordre la précédente analogie par celle-ci, l'on aura $e. f :: \int b\mathrm{A}\omega. \int b\mathrm{A}x$. Par conséquent il y aura encore ici équilibre sur l'appui $b$ (*Th.* 21. *Cor.* 11. *nomb.* 1.) entre les mêmes corps en $e. f$. Ainsi ces poids de pesanteurs chacun en raison de ses differentes distances au centre A de la Terre, une fois en équilibre entr'eux sur un point quelconque B de leur Levier en situation quelconque XO, conserveront toûjours cet équilibre sur le même appui B passé en $b$ dans toute autre situation $x\omega$ qu'on voudra de ce même Levier, ainsi qu'on l'a déja vû dans le précedent Corol. 7. D'où l'on peut conclure ici comme là, les centres de gravité démontrez dans les Corol. 8. 9. 10. qui résultent de ce Corol. 7.

II. A l'occasion de ces centres de gravité, voici un Théoreme assez curieux, que j'ai vû quelque part, sans pouvoir me souvenir où je l'ai vû : je me souviens seulement que l'Auteur, après avoir supposé trois poids A, B, C, en raison de 1, 2, 3, de pesanteurs constantes, & de directions paralleles entr'elles, placez à volonté, pour en trouver le centre commun de gravité, menoit par leurs centres particuliers deux droites AB, AC, qu'il divisoit en E, D, en raison reciproque des poids qui les terminoient : ensuite il menoit par ces points deux autres droi-

tes BD , CE , qui se coupoient en G ; il prétendoit que ce
point G étoit le centre commun de gravité de ces trois
poids. Mais comme il ne les supposoit qu'en raison de 1 ,
2 , 3 , & qu'il paroissoit ( autant que je peux m'en souvenir ) vouloir toûjours avoir recours à des nombres, pour
en faire la démonstration ; voici le tout en general pour
des poids quelconques, sans y employer de nombres.

Soit donc presentement trois poids quelconques A , B ,
C, lesquels soient aussi de pesanteurs constantes , & de
directions paralleles entr'elles ; que ces trois poids soient
encore disposez comme l'on voudra. Je dis , comme cet
Auteur , que la construction précedente , à laquelle il
ajoûte EF parallele à BD , donnera toûjours le point G
d'intersection des droites BD , CE , pour le centre commun de gravité de ces trois poids quelconques A , B, C.

Car la construction donnant C. A :: DA. DC$= \dfrac{A \times DA}{C}$.

Et A. B :: EB. EA. laquelle seconde analogie ( en composant) donne A$+$B.B :: EB$+$EA. EA :: AB. EA :: BD. EF
:: DA. FA.　D'où resulte EF$= \dfrac{B \times BD}{A + B}$, & FA$= \dfrac{B \times DA}{A + B}$;

& consequemment DF ( DA$-$FA ) $=$DA$- \dfrac{B \times DA}{A + B} =$

$\dfrac{A \times DA}{A + B}$. L'on aura ici FC ( DF$+$DC ) $= \dfrac{A \times DA}{A + B} + \dfrac{A \times DA}{C}$

$= \dfrac{\overline{A + B + C} \times A \times DA}{A + B \times C}$ ; & consequemment ( à cause de

DC$= \dfrac{A \times DA}{C}$ ) FC. DC :: $\dfrac{\overline{A + B + C} \times A \times DA}{A + B \times C}$. $\dfrac{A \times DA}{C}$ ::

$\dfrac{A + B + C}{A + B}$. 1 :: A$+$B$+$C. A$+$B. Or les paralleles (*Hyp.*)

EF , DC , rendent FC. DC :: FE. DG ( à cause de FE$=$

$\dfrac{B \times BD}{A + B}$ ) :: $\dfrac{B \times BD}{A + B}$. DG :: B×BD. $\overline{A + B} \times$DG. Donc

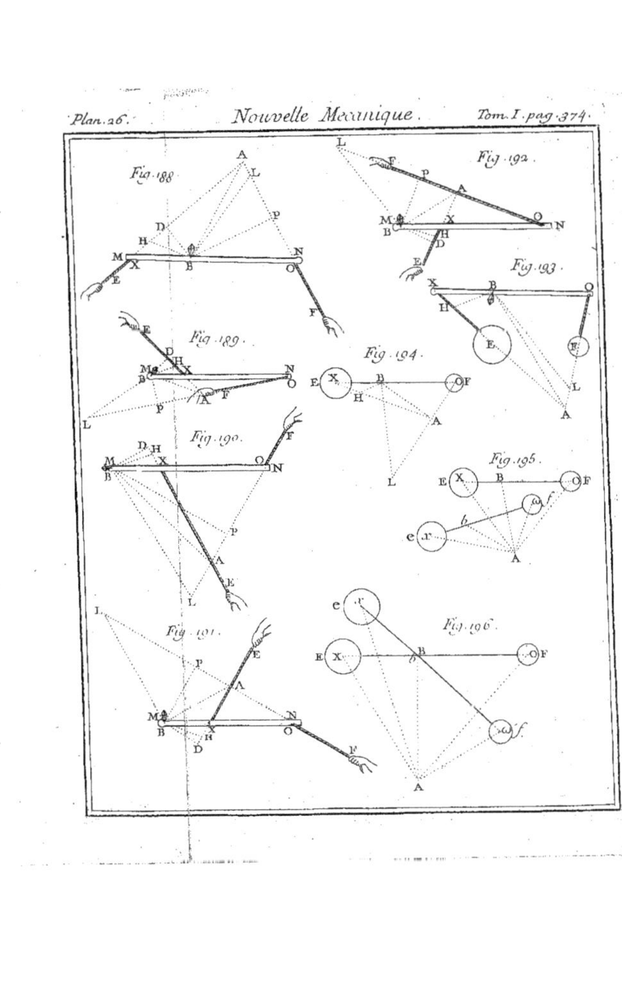


Plan.26.
Nouvelle Mecanique.
Tom.I.pag.374.
Fig.188.
Fig.189.
Fig.190.
Fig.191.
Fig.192.
Fig.193.
Fig.194.
Fig.195.
Fig.196.

A—+B—+C. A—+B :: B×BD. A—+B×DG. Ce qui ( en divisant les consequens par A—+B ) rend A—+B—+C. 1 ::
B×BD. DG. D'où résulte A—+B—+C. B :: BD. DG. Et
( en retranchant les consequens ) A—+C. B :: BG. DG.

Or suivant les hypotheses qu'on fait ici de DA. DC ::
C. A. & des pesanteurs constantes avec des directions paralleles de ces deux poids A, C, le point D de leur Levier
AC étant ( par les précedens Corol. 5. 8. & aussi par le
Corol. 41. du Th. 21. ) leur centre commun de gravité,
& ( *Th. 21. Corol. 41.* ) chargé de la somme A—+C de ces
deux poids suivant une direction parallele aux leurs,
qu'on suppose aussi l'être à celle du poids B ; le Levier BD
se trouve ici chargé en B, D, de deux poids B, A—+C,
de pesanteurs constantes, & de directions paralleles entr'elles. Donc l'analogie A—+C. B :: BG. DG. qu'on vient
de trouver ; donne ici ( suivant les précedens Corol. 5. 8.
& suivant le Corol. 41. du Th. 21. ) le point G de ce
Levier BD pour le centre commun de gravité de ces trois
poids A, B, C. *Ce qu'il falloit démontrer.*

*Voilà pour le centre commun de gravité de trois poids de*
*pesanteurs constantes, & de directions paralleles entr'elles,*
*donnez de position arbitraire. Voici presentement pour trouver*
*celui de trois poids de directions concourantes au centre de la*
*Terre avec des pesanteurs pour chacun d'eux en raison des dif-*
*ferentes distances de ce centre à chacun de leurs centres parti-*
*culiers de gravité, démontrez dans le Corol. 10. du précedent*
*Th. 23. De ceci résultera encore une autre démonstration du*
*précedent art. 2. dans le Corollaire du Théoreme suivant.*

## THEOREME XXIV.

*Soient trois poids quelconques A, B, C, entr'eux de posi-*    Fig. 199.
*tion constante quelconque, & de pesanteurs qui pour chacun*
*d'eux soient en raison des distances de son centre de gravité*
*( démontré dans le Corol. 10. du Th. 23. ) à celui T de la*
*Terre, auquel ces poids & leurs parties tendent toutes. Après*
*avoir mené les droites AB, AG, par les centres de gravité A,*

*B , C , de ces trois poids , soient imaginées trois proportion-
nelles Ta , Tb , Tc , à ces trois poids A , B , C , prises depuis T
sur leurs directions AT , BT , CT ; des deux extrémes Ta ,
Tc , de ces trois proportionnelles soit fait le parallelogramme
SaTc , dont la diagonale ST rencontre la droite C A en D ; de
même des deux premieres Ta , Tb , de ces trois proportionnelles
soit aussi fait le parallelogramme VaTb , dont la diagonale
VT rencontre pareillement la droite AB en E.*

*Je dis que le point G de rencontre des deux droites BD , CE ,
sera le centre commun de gravité des trois poids proposez A ,
B , C , dans la position donnée entr'eux.*

D E M O N S T R A T I O N.

I. La part. 6. du Th. 21. fait voir que les deux poids
A , C , appliquez ( comme on les voit ) aux extrêmitez du
Levier droit AC , feroient équilibre entr'eux sur le point
D de ce Levier ; & consequemment ( *Th.* 23. *Corol.* 9. )
que ce poids D seroit leur centre commun de gravité , duquel la charge seroit ( *Th.* 21. *part.* 2. 3. 4. ) de D vers T
suivant la diagonale ST du parallelogramme SaTc , & à
chacun de ces deux poids A , C , comme cette diagonale
TS à chacune de leurs proportionnelles Ta , Tc.

On verra de même ( *Th.* 21. *part.* 6. ) que les deux poids
A , B , appliquez ( comme on les voit ) aux extrêmitez du
Levier droit AB , feroient équilibre entr'eux sur le point
E de ce Levier ; & consequemment ( *Th.* 23. *Corol.* 9. )
que ce point E seroit leur centre commun de gravité , duquel la charge seroit ( *Th.* 21. *part.* 2. 3. 4. ) de E vers T
suivant la diagonale VT du parallelogramme VaTb , &
à chacun de ces deux poids A , B , comme cette diagonale
VT à chacune de leurs proportionnelles Ta , Tb.

II. Concevons presentement deux autres parallelogrammes , dont le premier soit STbR , fait des proportionnelles ( *art.* 1. ) Tb , TS , au poids B : & à la force résultante du concours des deux autres A , C ; & dont le second
soit VTcZ fait des proportionnelles ( *art.* 1. ) Tc , TV , au
poids C , & à la force résultante du concours des deux autres

tres poids A, B. Le Corol. 10. du Lem. 3. fera voir dans
le premier ST*b*R de ces deux parallelogrammes, que
l'impreſſion ou la force réſultante du concours de ces
trois poids A, B, C, fera de R vers T ſuivant la diagonale RT de ce parallelogramme, laquelle ſera à chacune des proportionnelles de ces trois poids, comme cette
force à chacun d'eux ; & dans le ſecond VT*c*Z, que cette
impreſſion ou force réſultante du concours des trois mêmes poids A, B, C, de poſition ( *Hyp.* ) conſtante entre-
eux, ſera auſſi de Z vers T ſuivant la diagonale ZT de
cet autre parallelogramme ; laquelle ſera de même à chacune des proportionnelles de ces deux poids comme cette
force à chacun d'eux : d'où l'on voit que ces deux diagonales RT, ZT, doivent ici ſe confondre en une, qui
fera la direction vers T de toute la force réſultante du
concours des trois poids A, B, C ; & les points R, Z, ſe
confondre auſſi en un ſeul.

III. Donc ( *princ. gener.* ) le plan mobile BAC, dans lequel les centres de gravité de ces trois poids A, B, C,
ſont ſuppoſez fixement placez, demeurera immobile, &
eux en équilibre entr'eux ſur le point G, où ce plan eſt
traverſé par cette direction RT de l'impreſſion ou force
réſultante ( *art.* 2. ) du concours de ces trois poids. Or
des deux droites BD, CE, qui ſont dans le plan BAC des
centres de gravité A, B, C, de ces trois poids, la premiere BD étant ( *conſtr.* ) dans le plan ST*b* du parallelogramme ST*b*R avec ſa diagonale RT, & la ſeconde CE
étant auſſi ( *conſtr.* ) dans le plan VT*c* du parallelogramme VT*c*Z avec ſa diagonale ZT, ou ( *art.* 2. ) RT ; ces
droites BD, CE, doivent rencontrer toutes deux cette direction RT au point G, où elle traverſe le plan BAC
des centres de gravité des poids. Donc ce plan avec ces
trois poids, doit auſſi demeurer en équilibre ſur un appui
placé au point G, où ces deux droites BD, CE, ſe rencontrent.

IV. Or quelque nouvelle ſituation qu'on donne à ce
pan mobile, ou à ces trois poids A, B, C, de poſition

(*Hyp.*) conſtante entr'eux, le point d'équilibre D (*art.* 1.) des deux poids A , C, ſur leur Levier AC , & celui E (*art.* 1.) des deux A , B, ſur leur Levier AB, feront (*Th.* 23. *Corol.* 7.) toûjours les mêmes. Donc le point G de rencontre des deux droites BD , CE, & d'équilibre (*art.* 3.) entre ces trois poids A , B , C , ſera auſſi toûjours le même ; & conſéquemment ( *Déf.* 14. ) ce point d'interſe-ction G des droites BD , CE, ſera le centre commun de gravité de ces trois poids A , B , C. *Ce qu'il falloit démontrer.*

COROLLAIRE.

Si l'on prend preſentement A , B , C , pour les maſſes des poids appellez juſqu'ici de ces noms, & encore leurs diſtances AT , BT , CT, au centre T de la Terre, pour les peſanteurs de chacun de leurs points ou parties éga-les ; ces poids appellez juſqu'ici A , B , C , pour abreger, feront ici A×AT , B×BT , C×CT.

Cela étant, ſi l'on ſuppoſe preſentement le centre T de la Terre infiniment éloigné de ces poids de diſtances fi-nies entr'eux, en ſorte que ( *Déf.* 11. ) tous les angles en T ſoient infiniment aigus , & leurs complemens ( à deux droits ) en *a* , *b* , *c*, infiniment obtus ; ce cas rendant ( *Lem.* 6. *Corol.* 1. ) les droites AT , BT , CT , VT , RT , ST , toutes paralleles entr'elles , & les terminées en *a* , *b* , *c* , confondues ( *Lem.* 6. *Corol.* 3. ) avec *a*A , *b*B , *c*C ; le tout comme dans la Fig. 200. Alors les diſtances AT , BT , CT , qui expriment ( *Hyp.* ) les peſanteurs des parties des poids A×AT , B×BT , C×CT, au centre T de la Terre, ſe trouvant toutes égales entr'elles ; ces poids ſeront alors de directions toutes paralleles entr'elles , & de peſanteur conſtante , qui les rendra pour lors en raiſon de leurs maſſes A , B , C ainſi les points E , D , d'équilibre (*art.* 1.) de ces poids deux à deux ſur leurs Leviers droits AB , AC , diviſant alors ( *Th.* 21. *Corol.* 13. ) chacun de ces Leviers en raiſon reciproque des deux poids appliquez à ſes extrêmitez ; le preſent Th. 24. fait conſequemment voir qu'en diviſant ainſi ces deux Leviers AB , AC, par deux droites CE , BD , le point G d'interſection de ces deux droites ſera encore ici le centre commun de gravité des trois poids quelconques A , B , C, de peſanteurs conſtantes , & de directions paralleles entr'elles , ainſi qu'on l'a déja vû d'une autre maniere dans l'art. 2. du Schol. du Th. 23.

### DEFINITION XXIV.

De pluſieurs forces ou puiſſances appliquées à un Levier, j'appelle *contraires* celles qui tendent à lui donner des mouvemens contraires autour de ſon point fixe ; & *conſpirantes* entr'elles, celles qui tendent à le mouvoir en même ſens autour de cet appui, ſoit que les points d'application des conſpirantes de chaque part , ſoient tous, ou non, du même côté de cet appui. Suivant ces noms, les puiſſances M , N, qui dans les Fig. 201. 202. 203. tendent chacune à faire tourner de bas en haut le bras BG du Levier AG autour de ſon appui fixe B, ſeront appellées *conſpirantes* entr'elles ; de même les puiſſances O , P, Q, qui tendent chacune à faire tourner de haut en bas ce bras BG de ce Levier autour de ce même appui B, ſeront auſſi appellées *conſpirantes* entr'elles : mais ces deux mouvemens étant contraires entr'eux, ces trois puiſſances O , P , Q , ſeront appellées *contraires* aux deux autres M , N , & ces deux-ci à ces trois-là. Les *Momens* ( Momenta ) de ces puiſſances ſeront auſſi appellez *conſpirans* ou *contraires*, ſelon que ces puiſſances le ſeront. Enfin la ſomme des *Momens* conſpirans d'une part , ſera auſſi appellée *contraire* à celle des conſpirans en ſens contraire de l'autre part.

Il eſt cependant à remarquer qu'on n'appelle ici *contraires* les forces ou leurs momens , qu'à raiſon des mouvemens contraires, que ces forces ſéparément priſes cauſeroient au Levier autour de ſon appui ; puiſque concourant toutes enſemble , elles conſpirent & ſe réduiſent toutes ( *princ. gener.* ) à une ſeule contre ce Levier , lequel demeurera en repos , ou non , & en conſequence



Fig. 201.
202. 203.

toutes ces puiſſances en équilibre, ou non, ſelon que la direction de cette force réſultante de leur concours paſ-ſera, ou non, par l'appui de ce Levier.

## THEOREME XXV.



*Tant de puiſſances qu'on voudra M, N, O, P, Q, &c. étant appliquées en autant de points A, C, E, H, G, &c. d'un Levier quelconque AG ſuivant des directions quelconques en un même plan; du concours V de celles HP, GQ, de deux quelconques P, Q, de ces puiſſances, ſoient priſes ſur ces deux directions HP, GQ, des parties VR, VS, proportionnelles à ces deux puiſſances P, Q: après en avoir fait le parallelogramme VRKS, dont la diagonale KV prolongée rencontre le Levier en λ, & en T la direction OE prolongée de la puiſſance O; ſur ces deux lignes Tλ, TO, ſoient pris TY=VK, & TZ. VR :: O. P. De même après avoir fait le parallelogramme TYXZ, dont la diagonale TX prolongée de part & d'autre rencontre le Levier en F, & en β la direction NC prolongée de la puiſſance N; ſur ces deux lignes βF, βC, ſoient priſes βγ=TX, & βε. VR :: N. P. De même encore, après avoir fait le parallelogramme βεδγ, dont la diagonale βδ prolongée rencontre en D le Levier prolongé, & en L la direction prolongée AM de la puiſſance M; ſur ces deux lignes βL, AL, prolongées ſoient priſes Lθ=βδ, & Lω. VR :: M.P. Et toûjours de même juſqu'à la derniere de tout ce qu'il pourroit y avoir ici d'autres puiſſances, deſquelles on dira ce qu'on va voir des cinq qu'on y voit, deſquelles la derniere étant M, je dis,*

*I. Que ſi des côtez Lθ, Lω, qu'on vient de déterminer, on fait le parallelogramme Lθiω, dont la diagonale iL prolongée vers le Levier, le rencontre en B; un appui fixe en ce point B du Levier, ſoûtiendra en équilibre entr'elles toutes les cinq puiſſances M, N, O, P, Q, qu'on ſuppoſe ici appliquées à ce Levier.*

*II. Reciproquement s'il y a ici équilibre ſur l'appui B entre les cinq puiſſances qu'on y ſuppoſe données, & de directions don-*

nées ; la diagonale prolongée *LI* du dernier *LθIω* des quatre
parallelogrammes qu'on voit ici, paſſera par cet appui *B*.

III. *La charge de cet appui B réſultante du concours d'action
de toutes les puiſſances, ſera dirigée de B vers I ſuivant la
diagonale LI du parallelogramme LθIω.*

IV. *Cette charge ſera à chacune de ces puiſſances M, N,
O, P, Q, comme cette diagonale LI à chacun des côtez Lω,
βε, TZ, VR, VS, que les parallelogrammes LθIω, βεδγ,
TZXY, VRKS, ont ſur les directions de ces puiſſances.*

V. *En ce cas d'équilibre ſur l'appui B du Levier AG, ſi de
ce point B on mene ſur ces directions prolongées AM, NC,
EO, PH, GQ, autant de perpendiculaires Ba, Bc, Be, Bh,
Bg, qui les rencontrent en* a, c, e, h, g, *l'on aura toûjours*
$M \times Ba + N \times Bc = O \times Be + P \times Bh + Q \times Bg$.

VI. *Reciproquement ſi l'on a ici* $M \times Ba + N \times Bc = O \times Bc + P \times Bh + Q \times Bg$, *il y aura équilibre ſur l'appui fixe B entre
les cinq puiſſances M, N, O, P, Q, qu'on y ſuppoſe données
& de directions données AM, NC, EO, PH, QG, auſquelles on ſuppoſe auſſi que Ba, Bc, Be, Bh, Bg, ſont perpendiculaires.*

DEMONSTRATION.

PART. I. Ayant ( *conſtr.* ) la puiſſance P à chacune des
quatre autres Q, O, N, M, comme le côté VR que le
parallelogramme VRKS a ſur la direction PG prolongée
de cette puiſſance P, eſt à chacun des côtez VS, TZ, βε,
Lω, que ce parallelogramme & les trois autres qu'on voit
ici, ont ſur les directions de ces quatre autres puiſſances
Q, O, N, M ; ces cinq lignes VR, VS, TZ, βε, Lω,
ſont proportionnelles à ces cinq puiſſances P, Q, O, N, M.

Si preſentement on appelle λ l'effort réſultant du concours des puiſſances P, Q ; F, le réſultant du concours
de λ & de la puiſſance O ; D, le réſultant du concours F
& de la puiſſance N ; & B, le réſultant de D & de la puiſſance M : les proportionnelles précedentes jointes aux
ſuppoſitions faites d'abord de TY = VK, βγ = TY, Lθ =
βδ, donneront ( *Lem.* 3, *Corol.* 1. *nomb.* 1. 2. ) l'effort λ

Bbb iij

( réfultant du concours des puiffances P, Q, ) de V vers K fuivant VK, & λ. P :: VK. VR ( *conftr.* ) :: TY. VR. De forte qu'ayant ( *conftr.* ) P. O :: VR. TZ. l'on aura auffi ( en raifon ordonnée ) λ. O :: TY. TZ. Par confequent l'effort F réfultant du concours de l'effort λ & de la puiffance O, c'eft-à-dire, du concours des trois puiffances P, Q, O, fera de même de T vers X fuivant TX, & à la puiffance O :: TX. TZ. De forte qu'ayant ( *conftr.* ) O. P :: TZ. VR. & P. N :: VR. βε. l'on aura auffi F. N :: TX. βε ( *conftr.* ) :: βγ. βε. Donc par la même raifon l'effort D réfultant du concours de l'effort F & de la puiffance N, c'eft-à-dire, du concours des quatre puiffances P, Q, O, N, fera de β vers δ fuivant βδ, & à la puiffance N :: βδ. βε. De forte qu'ayant ( *conftr.* ) N. P :: βε. VR. & P. M :: VR. Lω. l'on aura auffi D. M :: βδ. Lω ( *conftr.* ) :: Lθ. Lω. Donc par la même raifon encore l'effort B réfultant du concours de l'effort D & de la puiffance M, c'eft-à-dire, du concours des cinq puiffances P, Q, O, N, M, fera de L vers I fuivant la diagonale LI du parallelogramme LθIω. Donc enfin ( *princ. gen. Corol.* 1. ) ces cinq puiffances feront en équilibre entr'elles fur un appui fixe placé au point B, où cette diagonale LI prolongée rencontre le Levier. *Ce qu'il falloit* 1°. *démontrer.*

Part. II. Pour l'équilibre fur l'appui B entre toutes les puiffances qu'on fuppofe appliquées au Levier AG, il faut ( *princ. gen. Corol.* 2. ) que cet appui B fe trouve dans la direction de l'effort réfultant du concours d'action de toutes ces puiffances. Or fuivant la démonftration de la part. 1. la direction de cet effort commun eft ici de L vers I fuivant la diagonale LI du parallelogramme LθIω. Donc en cas d'équilibre entre toutes ces puiffances M, N, O, P, Q, fur l'appui fixe B du Levier auquel on les fuppofe appliquées; cette diagonale LI prolongée paffera par cet appui B. *Ce qu'il falloit* 2°. *démontrer.*

Part. III. Suivant la démonftration de la partie 1. tout ce que les puiffances M, N, O, P, Q, font enfemble d'effort fur le Levier AG, fe réduifant à leur

effort commun de L, vers I ſuivant LI ; & l'appui fixe B
placé dans cette direction ou ligne prolongée, ſoûtenant
( *Ax.* 3. ) cet effort tout entier qui ( *Déf.* 21. ) en fait
toute la charge : c'eſt une conſequence neceſſaire que la
direction de la charge de cet appui fixe B ſoit ici de L
vers I ſuivant LI diagonale du parallelogramme LθIω. *Ce*
*qu'il falloit* 3°. *démontrer.*

PART. IV. Suivant la démonſtration de la partie 1.
l'effort D non ſeulement réſulte de β vers δ ſuivant βδ,
du concours des quatre puiſſances N, O, P, Q, mais encore eſt à la puiſſance M : : Lθ. Lω. Donc ( *Lem.* 3. *Cor.* 1.
*nomb.* 2. ) l'effort B, qui ſuivant la démonſtration de la
partie 3. eſt la charge de l'appui de ce nom, réſultante
du concours de cet effort D & de cette puiſſance M,
c'eſt-à-dire, du concours des cinq puiſſances M, N, O,
P, Q, eſt à cette puiſſance M, comme la diagonale LI du
parallelogramme LθIω eſt à ſon côté correſpondant Lω ;
ou ( ce qui revient au même ) B. M : : LI. Lω. Mais ( *conſtr.* )
M. P : : Lω. VR. Donc auſſi ( en raiſon ordonnée ) la charge B. P : : LI. VR. Or ( *conſtr.* ) la puiſſance P eſt à chacune des quatre autres Q, O, N, M, comme le côté
VR du parallelogramme VRKS eſt à chacun des côtez
correſpondans VS, TZ, βε ; Lω, de ce parallelogramme
& des trois autres TZXY, βεδγ, LωIθ. Donc ( en raiſon
ordonnée ) la charge B de l'appui de ce nom, réſultante
du concours des cinq puiſſances propoſées M, N, O, P,
Q, eſt à chacune de ces puiſſances, comme la diagonale LI du dernier LωIθ de ces parallelogrammes, eſt à
chacun des côtez Lω, βε, TZ, VR, VS, que tous ces
parallelogrammes ont ſur les directions de ces puiſſances.
*Ce qu'il falloit* 4°. *démontrer.*

PART. V. Il faut ici ſe ſouvenir que dans la conſtru-
ction faite dans l'énoncé du preſent Th. 25. on a pris
Lθ = βδ, βγ = TX, TY = VK : cela joint au Corol. 1.
du Lem. 16. donnera Lω×Ba ( *Lem.* 16. *Corol.* 1. *nomb.* 4. )
= Lθ×Bd = βδ×Bd ( *Lem.* 16. *Corol.* 1. *nomb.* 2. ) = βγ×
Bf — βε×Bc = — βε×Bc + TX×Bf ( *Lem.* 16. *Cor.* 1. *nomb.* 1. )

$= -\beta\epsilon \times Bc + TZ \times Bc + TY \times Bl = -\beta\acute{e} \times Bc + TZ \times Bc + VK \times Bl$ ( *Lem.* 16. *Corol.* 1. *nomb.* 1. ) $= -\beta\epsilon \times Bc + TZ \times Bc + VS \times Bg + VR \times Bh.$ Donc $L\omega \times Ba + \beta\epsilon \times Bc = TZ \times Bc + VS \times Bg + VR \times Bh.$

Or ( *conſtr.* )
$$\begin{cases} P.\ M :: VR.\ L\omega = \dfrac{M \times V R.}{P} \\[2ex] P.\ N :: VR.\ \beta\epsilon = \dfrac{N \times V R.}{P} \\[2ex] P.\ O :: VR.\ TZ = \dfrac{O \times V R}{P}. \\[2ex] P.\ Q :: VR.\ VS = \dfrac{Q \times V R}{P}. \end{cases}$$

Donc en ſubſtituant toutes ces valeurs de $L\omega$, $\beta\epsilon$, $TZ$, $VS$, dans la derniere équation qui précede ces analogies, elle ſe changera en $\dfrac{M \times V R \times Ba + N \times V R \times Bc}{P} = \dfrac{O \times V R \times Be + Q \times V R \times Bg}{P} + VR \times Bh.$ Donc auſſi en multipliant le tout par $\dfrac{P}{VR}$, l'on aura enfin dans le cas d'équilibre ici ſuppoſé, $M \times Ba + N \times Bc = O \times Be + Q \times Bg + P \times Bh.$ *Ce qu'il falloit* 5°. *démontrer.*

PART. VI. Je dis reciproquement que ſi $M \times Ba + N \times Bc = O \times Be + Q \times Bg + P \times Bh$, il y aura équilibre ſur le point fixe B du Levier AG entre les puiſſances M, N, O, P, Q, qu'on lui ſuppoſe appliquées. Car ſi elles ne demeuroient pas ainſi en équilibre toutes enſemble ſur cet appui fixe B, il y en auroit quelqu'une d'elles, par exemple, M, qui ſeroit trop grande ou trop petite pour cela. En ce cas ( tout le reſte demeurant le même ) ſoit quelqu'autre puiſſance $\mu$ ſubſtituée à la place de M, & qui tirant le cordon AM de celle-ci vers le même côté, & ſuivant la même direction qu'elle, demeure en équili-

bre

bre fur ce même appui B avec les quatre autres puiſſances N, O , P, Q , auſquelles on n'ait rien changé. En
ce cas d'équilibre fur cet appui B entre ces cinq puiſſances $\mu$ , N , O , P, Q , dirigées ( *Hyp.* ) comme les cinq
M , N , O , P, Q , & en même fens qu'elles : la part. 5.
donneroit $\mu \times Ba + N \times Bc = O \times Be + Q \times Bg + P \times Bh$. Mais
en cas d'équilibre fur ce même appui B entre les cinq
dernieres ainſi dirigées , la même part. 5. vient de don-
ner auſſi $M \times Ba + N \times Bc = O \times Be + Q \times Bg + P \times Bh$. Donc
on auroit alors $\mu \times Ba = M \times Ba$ , c'eſt-à-dire , $\mu = M$. Par
conſequent puiſque ( *Hyp.* ) la puiſſance $\mu$ feroit ici équilibre fur l'appui B avec les quatre N , O , P, Q ; la
puiſſance M renduë à ſon cordon AM au lieu de cette
puiſſance $\mu$ , & dirigée ( *Hyp.* ) comme elle , & en même
fens, demeurera de même en équilibre avec ces quatre
autres puiſſances N , O , P , Q , fur le même appui B.
Donc ſi $M \times Ba + N \times Bc = O \times Be + Q \times Bg + P \times Bh$ , il y aura équilibre fur cet appui fixe B du Levier AG entre les
cinq puiſſances M , N , O , P, Q , qu'on lui ſuppoſe appliquées. *Ce qu'il falloit 6°. démontrer.*

C O R O L L A I R E  I.

Les produits qui compoſent les égalitez des part. 5. 6.
exprimant ( *Déf.* 22.) les forces relatives ou *Momens* .
( *Momenta* ) des puiſſances qui s'y trouvent multipliées
chacune par la diſtance de ſa direction à l'appui B du
Levier AG , auquel elles font appliquées , & ce qu'on y
vient de voir des cinq precedentes puiſſances M , N ,
O , P, Q , convenant de même à ce qu'on voudroit en
ſuppoſer d'autres quelconques appliquées à ce Levier
quelconque, & de directions à volonté ;

1°. La part. 5. fait voir qu'en cas d'équilibre entre
toutes ces puiſſances fur l'appui du Levier auquel on les
ſuppoſe appliquées, les ſommes contraires de *Momens* en
feront toûjours égales entr'elles, c'eſt-à-dire ( *Déf.* 24. )
que la ſomme de leurs momens conſpirans à faire tourner le Levier en un fens fur ſon appui , fera toûjours

C c c

alors égale à la somme des conspirans à le faire tourner
en sens contraire sur cet appui, ainsi qu'on l'a déja vû
dans le Corol. 9. du Th. 21.

2°. La part. 6. fait reciproquement voir que lorsque
ces deux sommes de *Momens* seront égales entr'elles, il
y aura toûjours équilibre entre toutes ces puissances sur
l'appui fixe du Levier auquel on les suppose appliquées,
ainsi qu'on l'a aussi déja vû dans le Corol. 9. du Th. 21.

### COROLLAIRE II.

Cela étant, on voit qu'en cas d'équilibre entre plusieurs
puissances sur l'appui fixe d'un Levier quelconque, on
peut en changer à son gré les directions & les points d'application à ce Levier, même d'un côté à l'autre de l'appui, sans que ces puissances cessent de faire équilibre
entr'elles sur ce Levier mobile autour de cet appui, pourvû ( *Corol.* 1. *nomb.* 2.) qu'on les y applique suivant des
directions & vers des côtez qui rendent toûjours leurs
sommes contraires de *Momens* égales entr'elles. D'où il
suit que toutes ces puissances quelconques, en quelque
nombre qu'elles soient, peuvent demeurer en équilibre
entr'elles sur le même appui de ce Levier quelconque
suivant une infinité de directions en une infinité de points
d'application à ce Levier.



 C'est pour cela que nonobstant le passage du point C
d'application de la puissance N d'un côté à l'autre de l'appui B dans les Figures 201. 202. en la faisant tirer
dans une de ces Figures vers un côté opposé à celui vers
lequel elle tiroit dans l'autre, & suivant une direction,
dont la distance à l'appui B soit égale à celle de cet appui à l'autre direction qu'elle avoit de l'autre côté de lui;
cette puissance N, qui aura encore ici ( *Déf.* 21. ) le même *Moment* qu'auparavant, & de même des autres puissances M, O, P, Q, ausquelles ( *Hyp.*) on n'a rien changé, fera encore ( *Corol.* 1. *nomb.* 2. ) équilibre avec elles
sur le même point d'appui B qu'auparavant : puisque de

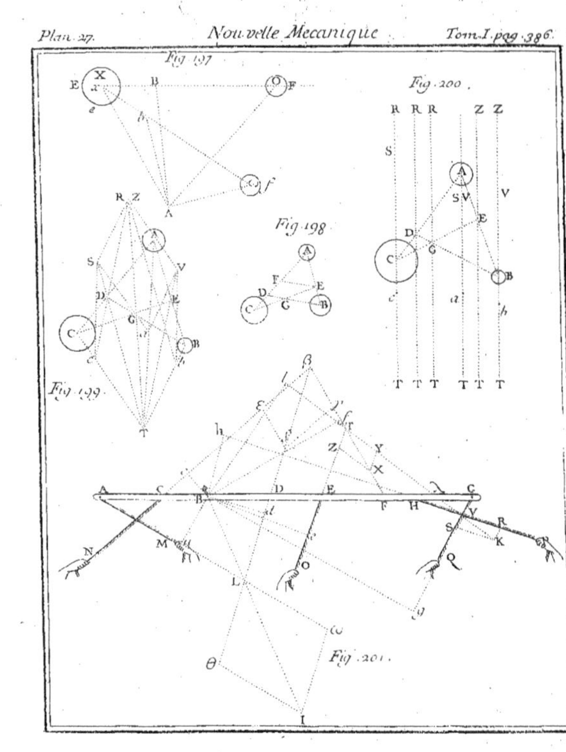


Plan. 27.
Nouvelle Mecanique
Tom. I. pag. 386.
Fig. 197
Fig. 198
Fig. 199
Fig. 200
Fig. 201

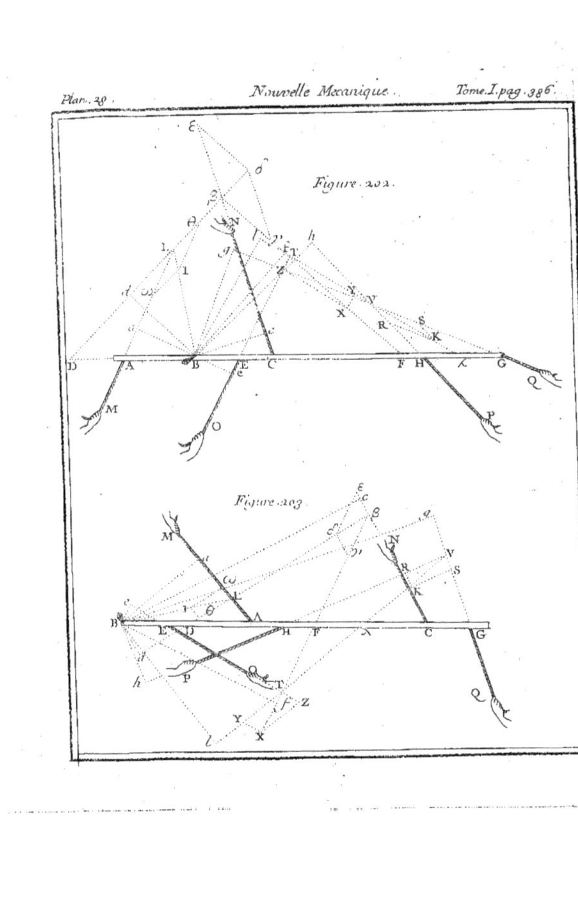
Figure. 202.
Figure. 203.

cette maniere les fommes contraires de *Momens* font encore ici égales entr'elles.

C'eft auffi pour cela que les puiffances M , N , appli- FIG. 202.
201.
quées du même côté que toutes les autres O , P , Q ,
par rapport à l'appui B dans la Fig. 203. y font équilibre avec ces trois autres puiffances , comme dans la Fig.
201. où ces deux-là font de l'autre côté de cet appui
tendant vers un côté oppofé à celui vers lequel elles
tendent dans la Fig. 203. & fuivant des directions qui
leur donnent encore ici une fomme de Momens égale à
celle qu'elles ont là , rien n'ayant ( *Hyp.* ) changé dans
les autres.

*Fin du premier Tome.*

*Fautes à corriger.*

**P**age 49. *lig.* 19. LEMME IV. *lif.* LEMME VI.
Page 51. *lig.* 10. BAC, *lif.* DAC.
Page 57. *lig.* 4. DE, *lif.* DB.
Page 64. *lig.* 18. GC, *lif.* G, C.
Page 72. *lig.* 30. Leibrutz, *lif.* Leibnitz.
Page 89. *lig.* 2. RS, *lif.* RP.
Page 94. *lig.* 19. PC, *lif.* PG.
Page 183 *lig.* 12. CS, *lif.* GS.

# ORDRE DES FIGURES.

## TOME I.